[NCS 구조해석 L5 기반]

ANSYS Workbench를 이용한 LS-DYNA

I

심관보 지음

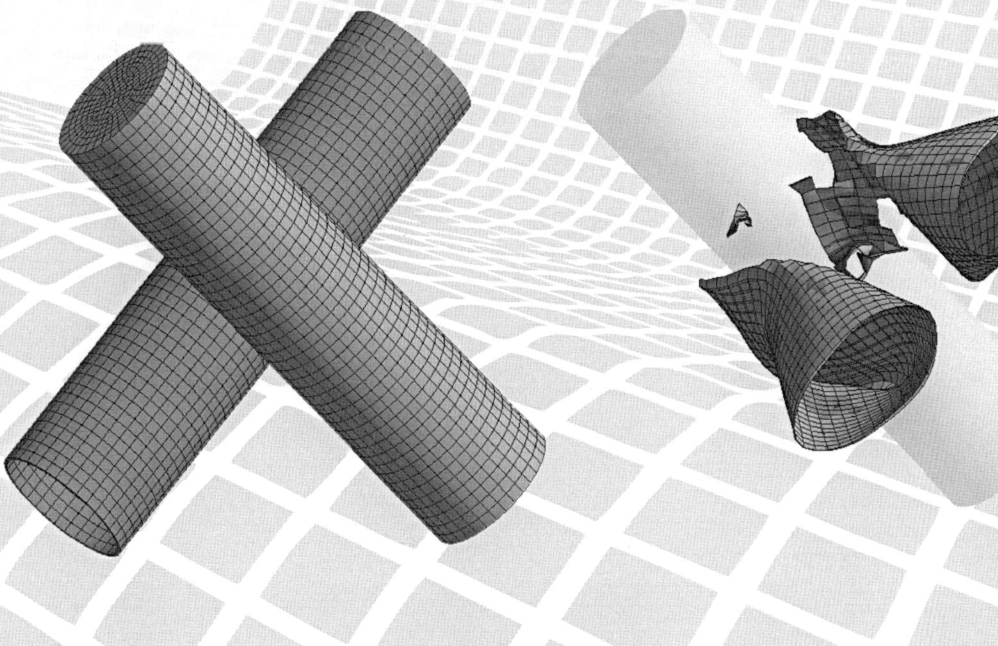

도서출판 홍릉

※ 모델링 데이터는 구글 드라이브에서 다운 받을 수 있습니다.

https://drive.google.com/drive/folders/15CPyVKxtJIri9f-Rufb1kBkbqbB-U9Ti?usp=sharing

※ 예제문제풀이는 유튜브에서 볼 수 있습니다(검색 : 심관보, KPS의 썸네일을 클릭하시면 됩니다).

[NCS 구조해석 L5 기반]

ANSYS Workbench를 이용한 LS-DYNA I

인 쇄 : 2024년 6월 24일 초판 1쇄
발 행 : 2024년 6월 28일 초판 1쇄

저 자 : 심관보
발행인 : 송 준
발행처 : 도서출판 홍릉
주 소 : 01093 서울시 강북구 인수봉로 50길 10
등 록 : 1976년 10월 21일 제5-66호

전 화 : 02-999-2274~5
팩 스 : 02-905-6729
e-mail : hongpub@hongpub.co.kr
http://www.hongpub.co.kr
ISBN : 979-11-5600-210-9(93550)

정 가 : 24,000원

[NCS 구조해석 L5 기반]

ANSYS Workbench를 이용한

관련도서

구조해석(입문과정)

구조해석(심화과정)

정역학해석

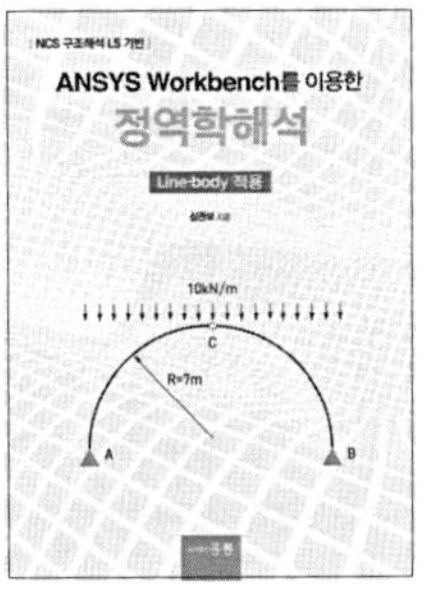

Explicit Dynamic

기계역학해석

구조해석사례집(IV)

구조해석사례집(V)

구조해석사례집(VI)

진동해석

LS-DYNA(1)

AUTODYN(1)

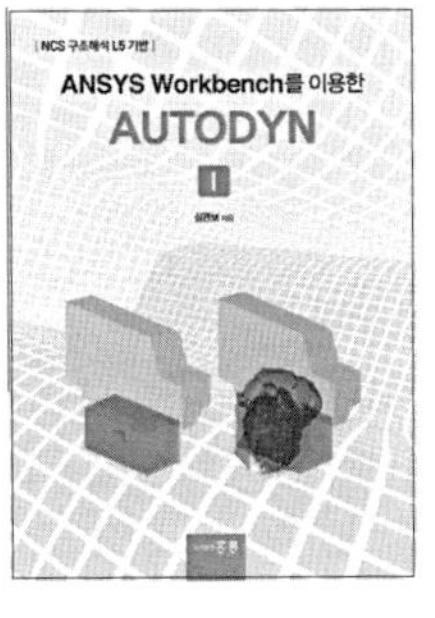

저자소개

심관보

현) 한국공학대학교 교수
LG전자(주) 근무
㈜유디피 근무
연세대학교 기계공학과 석사
한국산업기술대학교 기계시스템설계 박사
품질관리기술사, 공장관리기술사

- 하중분배법에 실험계획법을 적용한 콘크리트 충진형 강판문의 최적설계, 한국강구조학회 논문집32(6)pp.351~3612020.12
- 하중분배법을 사용한 격자형 방폭문의 최적화 설계, 한국강구조학회 논문집32(6)pp.397~4042020.12
- 방폭문 실증시험을 반영한 골조형 방폭문 설계, 한국강구조학회 논문집32(2)pp.67~742020.04
- 하중분배법과 수치해석을 사용한 방폭문의 최대탄성변위 실용 계산법, 대한기계학회논문집 A43(10)pp.737~7452019.10
- 3면 지지 철근콘크리트 복합구조 방폭문의 최대탄성변위 산정 방법, 국정밀공학회지36(12)pp.1165~11722019.12
- 폭발실증시험에서 철근 콘크리트 충전형 강판 방폭문의 성능등급 판정법, 표준인증안전학회지 11(4)pp.43~632021.12
- 슬라이딩 방폭문의 최대탄성변위 산정, 표준인증안전학회지9(2)pp.1~132019.06
- 하중분배법에 실험계획법을 적용한 콘크리트 충진형 강판문의 최적설계, 한국강구조학회 논문집 32(6)pp.351~3612020.12
- 하중분배법을 사용한 격자형 방폭문의 최적화 설계, 한국강구조학회 논문집 32(6)pp.397~4042020.12

목 차

1. Free fall of ball

1. 구조해석 정의

지름 100mm의 구가 자유낙하를 한다. (단위 : mm)

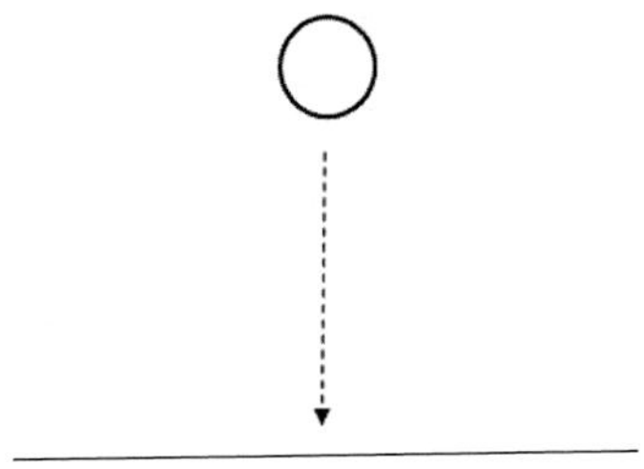

2. 구조해석 목적

- 구(Sphere)를 rigid와 flexible로 각각 선언하였을 때 구조해석 결과를 비교한다.
- LS-DYNA Restart 사용해 본다.

3. 구조해석 절차

A. Sphere를 유연제(flexible)로 설정하고 해석한다.

1) 프로젝드 설정

① workbench에서 LS-DYNA를 사용할 수 있도록 Extensions Manager에서 설정한다.

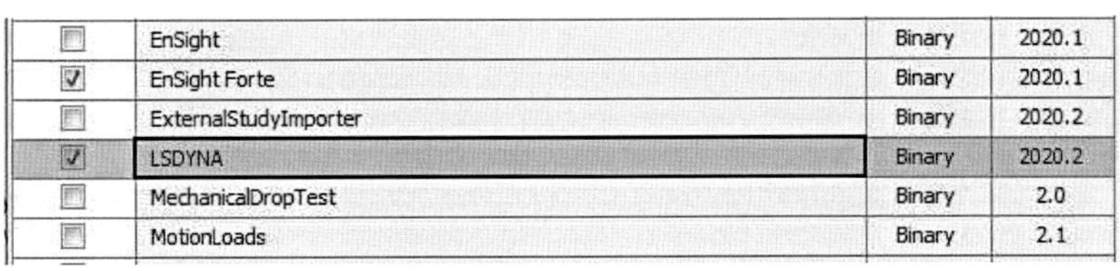

☐	EnSight	Binary	2020.1
☑	EnSight Forte	Binary	2020.1
☐	ExternalStudyImporter	Binary	2020.2
☑	LSDYNA	Binary	2020.2
☐	MechanicalDropTest	Binary	2.0
☐	MotionLoads	Binary	2.1

② LS-DYNA가 활성화된다.

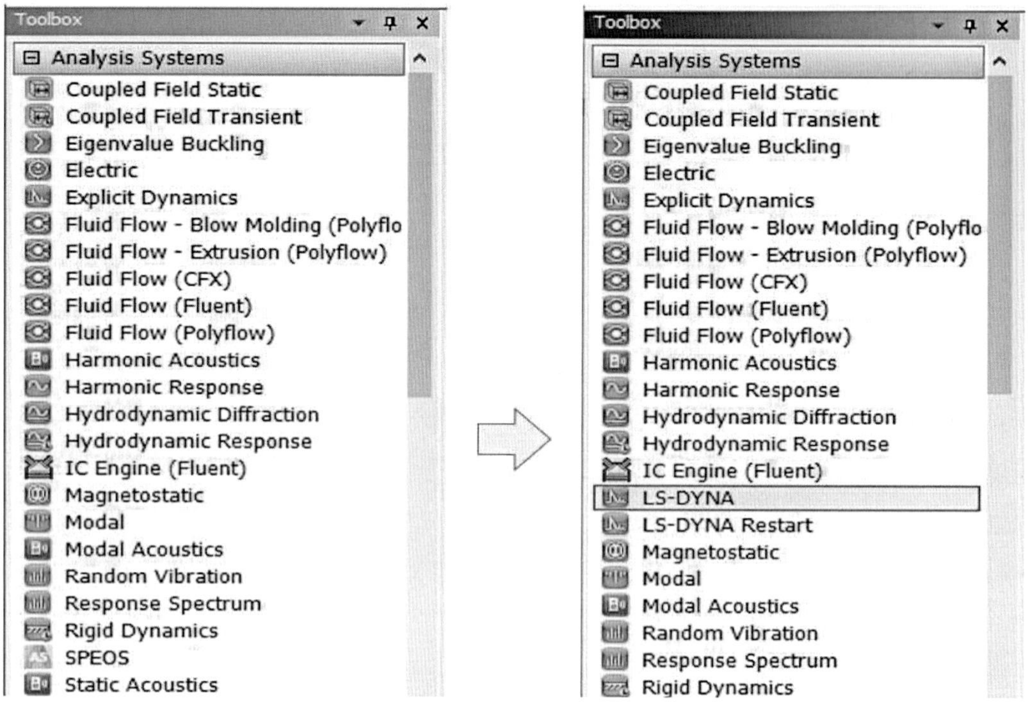

③ workbench에서 LS-DYNA를 드래그(또는 더블클릭) 한다.

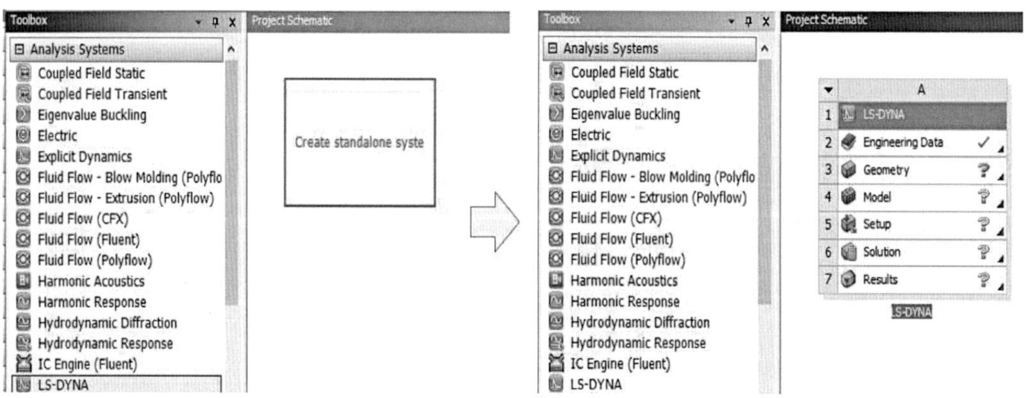

2) 엔지니어링 데이터 정의

엔지니어링 데이터 정의에서 재료에 대한 정보를 찾을 수 있습니다.
참고: Material Assignment 폴더는 LS-DYNA에서 지원되지 않습니다.

Help 엔지니어 데이터 정의에 대한 일반적인 정보는 ANSYS Mechanical 사용자 안내서에서 엔지니어링 데이터 정의를 참조한다. 재료 특성은 선형 탄성 또는 직교 이방성일 수 있다. 초탄성, 속도 및 온도 의존성 소성, 압력 의존성 소성, 다공성, 재료 강도 저하 (손상), 재료 파괴 / 실패 / 조각화를 포함하여 많은 다른 형태의 재료 비선형성이 표현될 수 있다.

본 문제에서는 Workbench에서 제공하는 기본재질(Structural steel)을 사용한다.

3) 형상 부착 **모델 데이터 불러오기(또는 모델 만들기)**

해석 모델은 SpaceClaim, DesignModeler를 사용하여 디자인한다.

또는 다른 소프트웨어서 디자인한 모델을 stp, IGES 등의 파일 형식으로 Import Geometry를 사용하여 가져온다.

이번 구조해석에서는 DesignModeler를 사용하여 디자인한다.

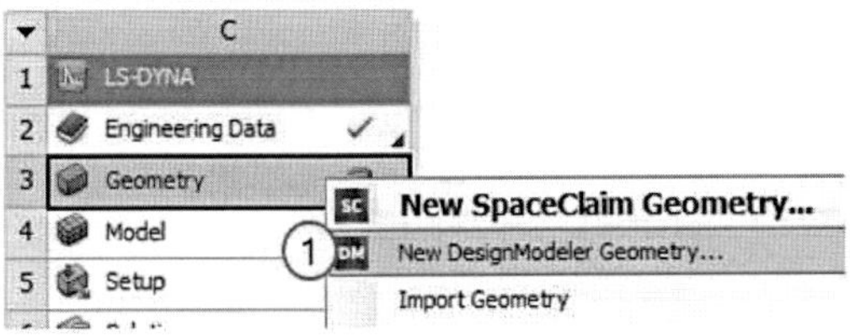

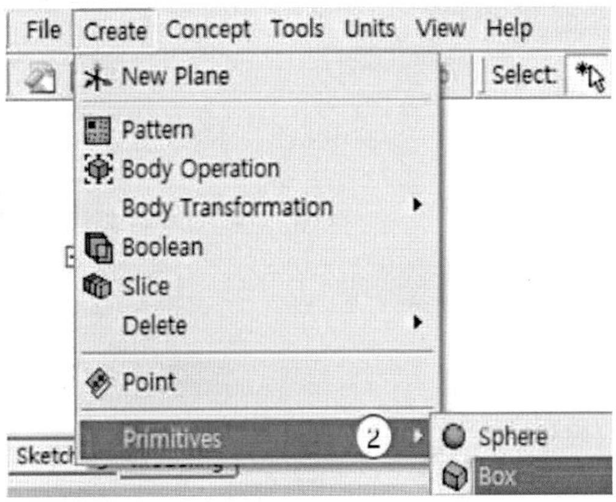

① Geometry에서 New DesignModeler 를 불러온다.

② DesignModeler에서 Primitives로 sphere 만든다.

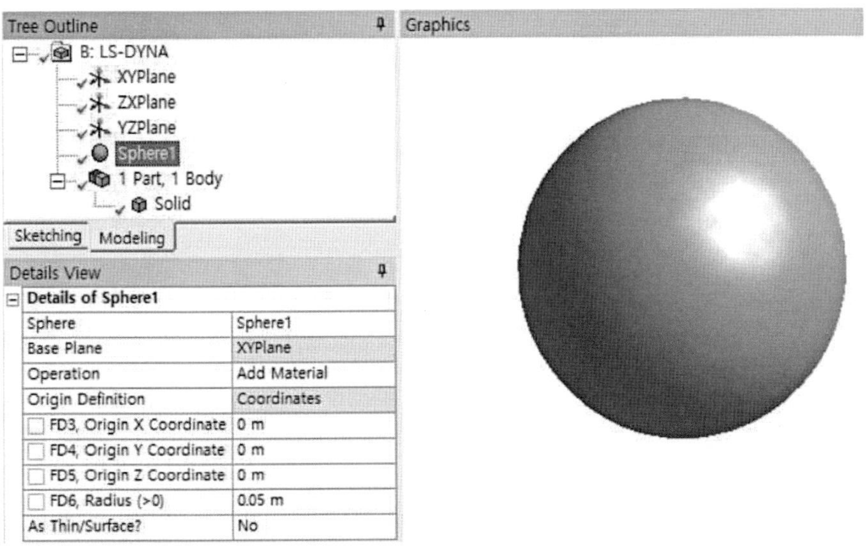

③ 지름 100mm의 sphere1을 모형화한다.

4) 부품 동작 정의

(1) 구조해석을 하기 위하여 Mechanical 창을 활성화한다.

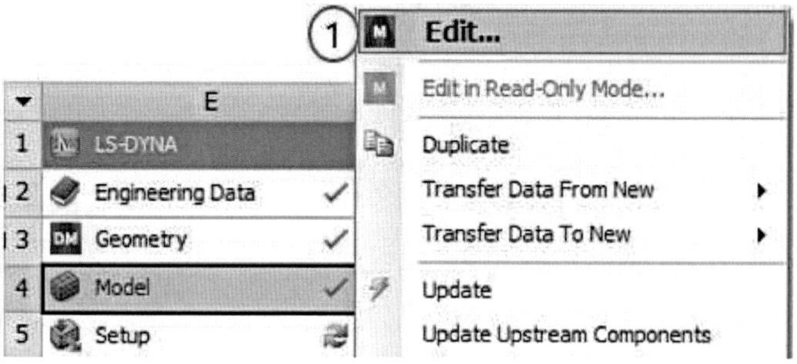

(2) 부품 동작 정의에서 부품 동작에 대한 정보를 정의한다.

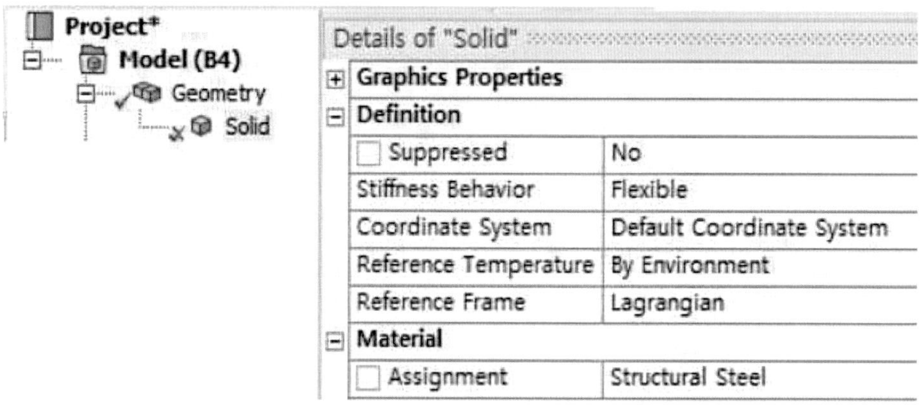

① sphere는 Stiffness Behavior를 flexible로, 재질은 Structural steel로 설정한다.

② sphere의 무게는 4.1kg 정도이다.

5) 좌표계 정의

시스템에서 설정한 Global 좌표계를 사용한다.

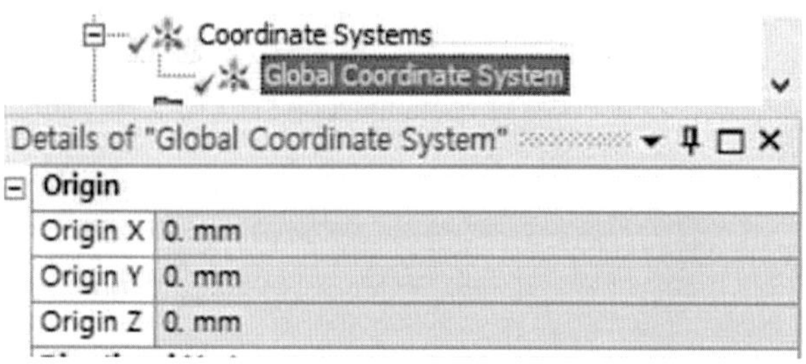

6) 연결 정의

Connections에서 연결에 대한 정보를 찾을 수 있습니다.

이번 구조해석에서는 지속적인 구조물의 접촉 관계가 없으므로 Body Interaction만 기본설정을 사용한다.

Body Interaction은 Frictional로 설정하고 마찰계수는 0.3으로 한다.

7) 메쉬 설정 정의

메쉬 컨트롤 적용/메시 미리 보기에서 메쉬 설정에 대한 정보를 찾을 수 있다.

(1) 메쉬 크기는 자동 설정으로 하고, 생성되는 메쉬의 크기를 같게 하려고 메쉬의 형상을 조정한다. 이를 위하여 Method를 사용한다.

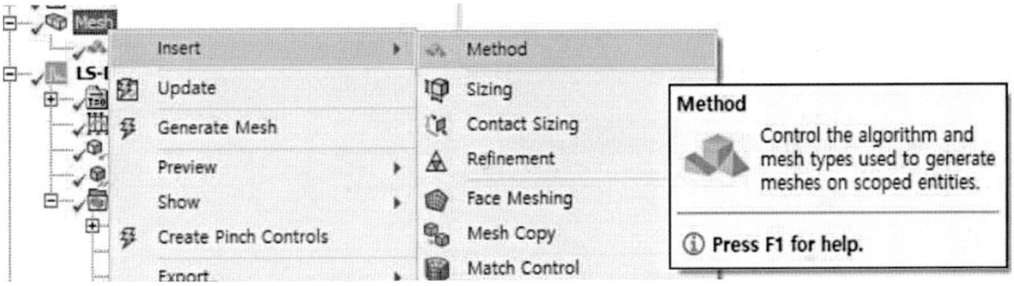

※ Method : 범위가 지정된 엔터티에서 메시를 생성하는 데 사용되는 알고리즘과 메시 유형을 제어합니다.

Sizing : 요소 크기, 모서리를 따른 분할 수, 구 또는 영향체 사용, 최소 크기 등 과 같은 크기 관련 설정을 제어합니다.

(2) 메쉬 디자인

① Method에서 Geometry는 sphere를 선택하고, method는 Multizone을 선택하여 실행한다.

② 메쉬 치수는 50mm로 설정한다.

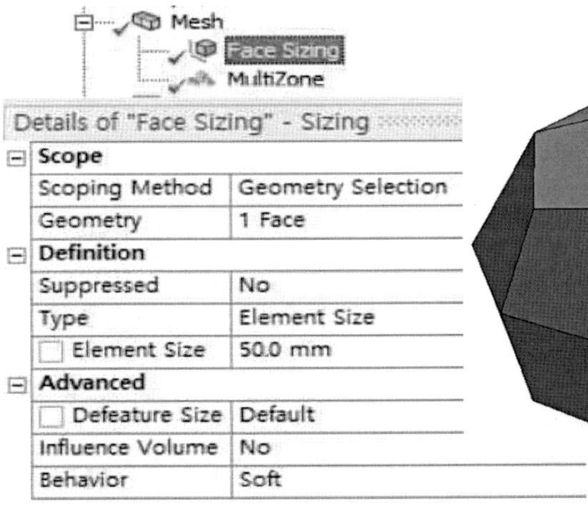

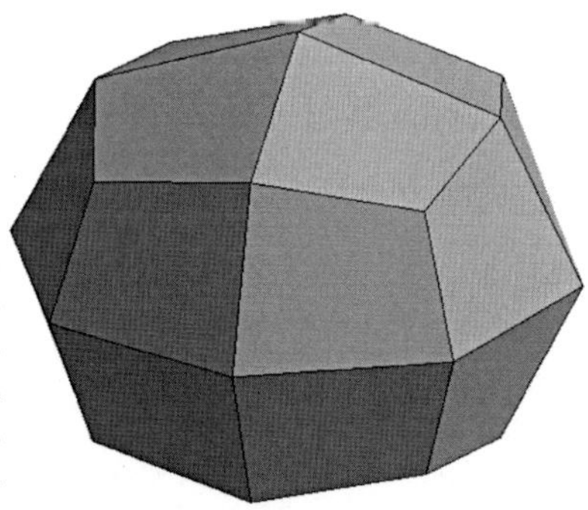

8) LS-DYNA 분석 설정 정의

Analysis Setting에서 분석 설정에 대한 정보를 찾을 수 있다.

솔버 제어(Solver Controls)에서 솔버 정밀도(Solver Precision)를 단일 또는 이중(Double)으로 설정하거나 프로그램 제어로 둘 수 있다.

① LS-DYNA에서는 End Time만 필수 입력정보이다. 1sec으로 설정한다. SMP 또는 MPP 병렬 처리는 CPU 수를 변경하여 활성화할 수 있다.
② Hourglass Controls는 기본 설정으로 한다.
③ Output Controls에서는 계산 결과 데이터가 20개 산출되도록 설정한다.
Equally Spaced Points를 20으로 설정한다.

Details of "Analysis Settings"

Step Controls	
End Time	1
Time Step Safety Factor	0.9
Maximum Number Of Cycles	10000000
Automatic Mass Scaling	No

Output Controls	
Output Format	Program Controlled
Binary File Size Scale Factor	70
Stress	Yes
Strain	No
Plastic Strain	Yes
History Variables	No
Calculate Results At	Equally Spaced Points
--- Value	20
Stress File for flexible parts	No

9) 구조해석 초기 조건 정의 : 설정 없음.

10) 구조해석 경계 조건 정의

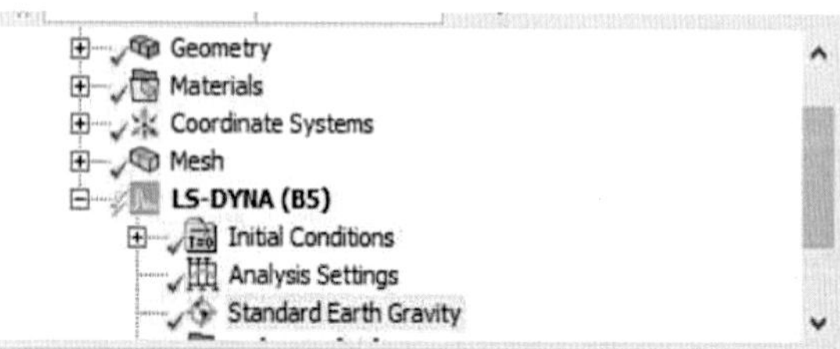

Details of "Standard Earth Gravity"

Scope	
Geometry	All Bodies
Definition	
Coordinate System	Global Coordinate System
X Component	0. m/s² (step applied)
Y Component	-9.8066 m/s² (step applied)
Z Component	0. m/s² (step applied)
Suppressed	No
Direction	-Y Direction

(1) 하중 조건 설정

① 중력가속도를 설정한다.

(2) 구조물의 변위 구속조건 설정 : 설정 없음.

10) 구조해석하기

경계 조건이 설정이 완료되면 구조해석을 수행한다.
Solve 클릭하여 해석한다.

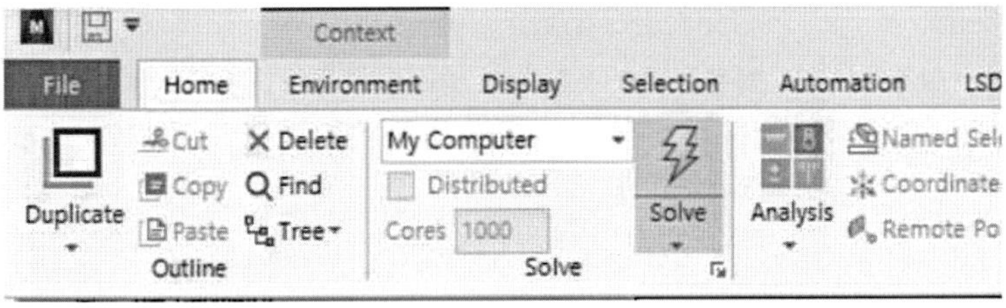

(1) 해석 소요 시간

```
initialization completed
        1 t 0.0000E+00 dt 4.10E-06 flush i/o buffers
        1 t 0.0000E+00 dt 4.10E-06 write d3plot file
 cpu time per zone cycle............          0 nanoseconds
 average cpu time per zone cycle....          0 nanoseconds
 average clock time per zone cycle..      79542 nanoseconds

 estimated total cpu time          =         2 sec (       0 hrs  0 mins)
 estimated cpu time to complete    =         0 sec (       0 hrs  0 mins)
 estimated total clock time        =       157 sec (       0 hrs  2 mins)
 estimated clock time to complete  =       155 sec (       0 hrs  2 mins)
 termination time                  = 1.000E+00
 termination cycle                 = 10000000
```

1	5000	t	2.05E-02	dt	4.11E-06	flush	i/o	buffers
2	10000	t	4.10E-02	dt	4.10E-06	flush	i/o	buffers
3	**12193**	**t**	**5.00E-02**	**dt**	**4.10E-06**	**write**	**d3plot**	**file**
4	15000	t	6.15E-02	dt	4.10E-06	flush	i/o	buffers
5	20000	t	8.20E-02	dt	4.11E-06	flush	i/o	buffers
6	**24386**	**t**	**1.00E-01**	**dt**	**4.11E-06**	**write**	**d3plot**	**file**
7	25000	t	1.03E-01	dt	4.10E-06	flush	i/o	buffers
8	30000	t	1.23E-01	dt	4.10E-06	flush	i/o	buffers
9	35000	t	1.44E-01	dt	4.10E-06	flush	i/o	buffers
10	**36578**	**t**	**1.50E-01**	**dt**	**4.11E-06**	**write**	**d3plot**	**file**
11	40000	t	1.64E-01	dt	4.10E-06	flush	i/o	buffers
62	220000	t	9.02E-01	dt	4.10E-06	flush	i/o	buffers
63	225000	t	9.23E-01	dt	4.10E-06	flush	i/o	buffers
64	230000	t	9.43E-01	dt	4.10E-06	flush	i/o	buffers
65	**231650**	**t**	**9.50E-01**	**dt**	**4.11E-06**	**write**	**d3plot**	**file**
66	235000	t	9.64E-01	dt	4.11E-06	flush	i/o	buffers
67	240000	t	9.84E-01	dt	4.11E-06	flush	i/o	buffers
68	**243842**	**t**	**1.00E+00**	**dt**	**4.10E-06**	**write**	**d3plot**	**file**

위 각 항에서 write 부분이 사용자에게 제공되는 데이터이다.

```
Problem time       =    1.0000E+00
Problem cycle    =    243842
Total CPU time  =  9 seconds (   0 hours   0 minutes   9 seconds)
CPU time per zone cycle  =        3588.389 nanoseconds
Clock time per zone cycle=        3860.594 nanoseconds

Number of CPU's     1
NLQ used/max       136/   136
Start time    10/30/2023 14:32:53
End time     10/30/2023 14:33:01
Elapsed time   8 seconds for   243842 cycles using   1 SMP thread
             ( 0 hour    0 minute    8 seconds)
```

11) 구조해석 결과에 확인

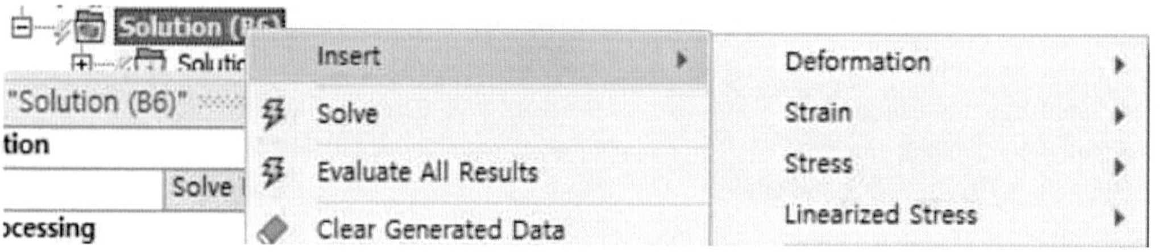

Solution에서 Deformation, Strain, Stress 등의 해석 결과를 불러온다.

(1) Total Deformation을 검토한다.

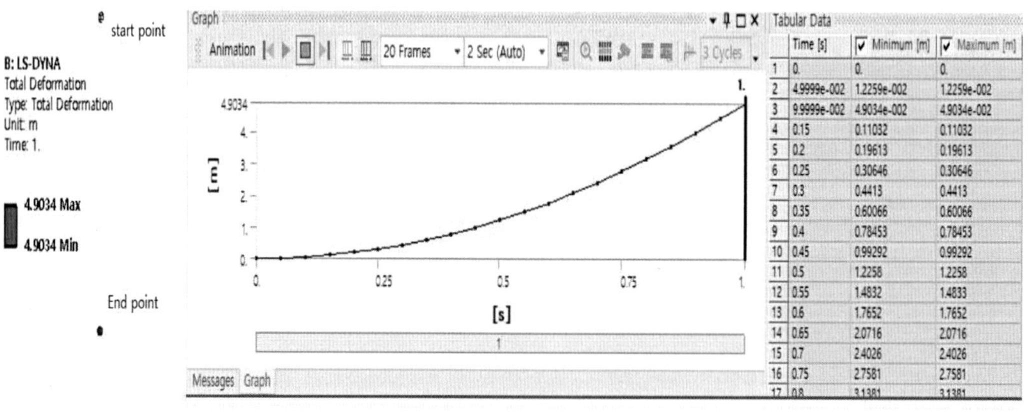

Output control을 20개로 설정하여서 그래프의 점이 20개다.

B. Sphere를 강제(rigid)로 설정하고 해석한다.

A.의 해석방법과 같으며 변경되는 내용은 다음과 같다.

1) 부품 동작 정의

sphere를 Rigid로 변경한다.

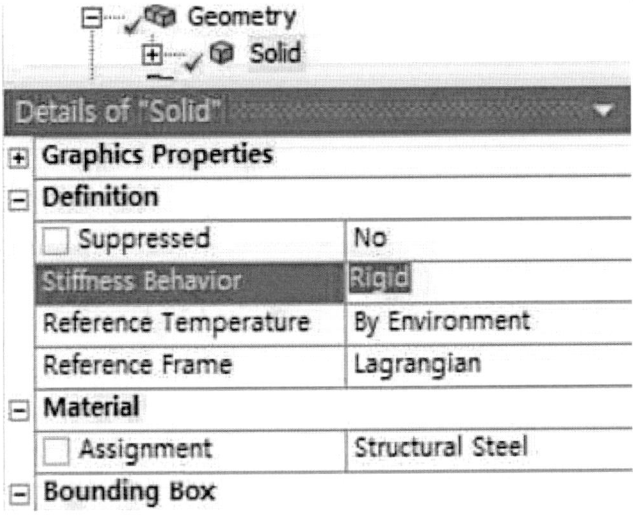

① sphere는 Stiffness Behavior를 flexible로, 재질은 Structural steel로 설정한다.

② sphere의 무게는 4.1kg 정도이다.

11) 구조해석 결과 확인

(1) Total Deformation을 검토한다.

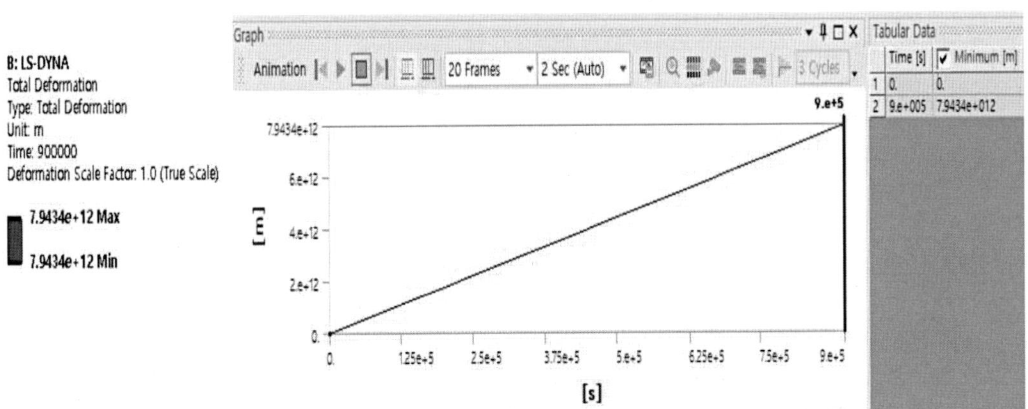

sphere의 이동 거리가 매우 크게 산정되어 해석을 신뢰할 수 없다.

C. Sphere를 유연제(flexible)로 설정하고, plate(rigid)에 충돌 해석

1) 프로젝트 설정

① workbench에서 LSDYNA를 사용할 수 있도록 Extensions Manager에서 설정한다.

② workbench에서 LS-DYNA를 드래그(또는 더블클릭) 한다.

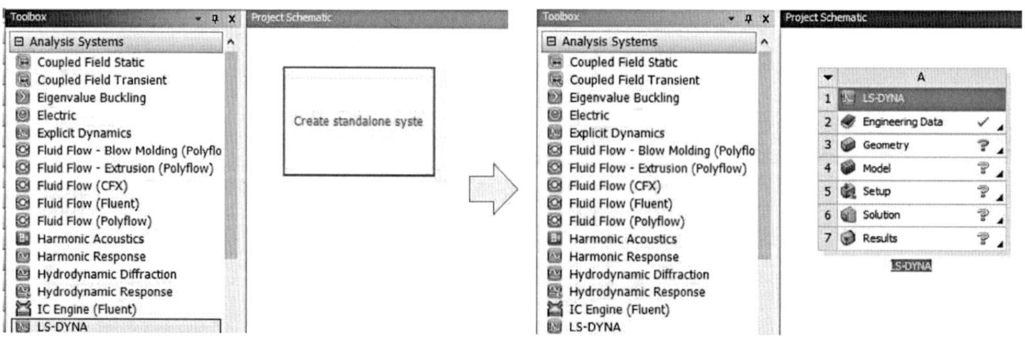

2) 엔지니어링 데이터 정의 : 이전 문제(B)와 같이 설정함.

3) 형상 부착 모델 데이터 불러오기(또는 모델 만들기)

해석 모델은 SpaceClaim, DesingModeler를 사용하여 디자인한다.

또는 다른 소프트웨어서 디자인한 모델을 stp, IGES 등의 파일 형식으로 Import Geometry를 사용하여 가져온다.

이번 구조해석에서는 DesingModeler를 사용하여 디자인한다.

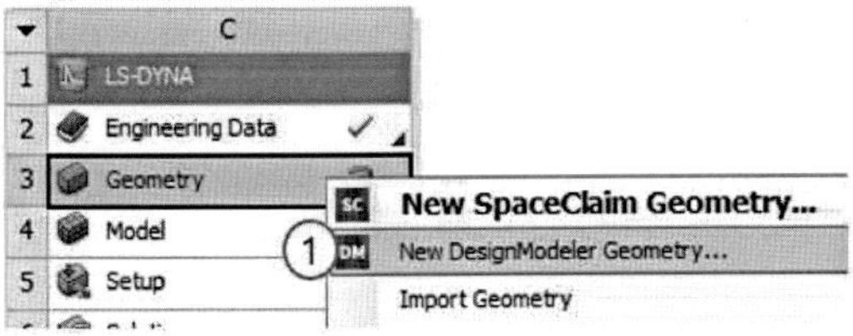

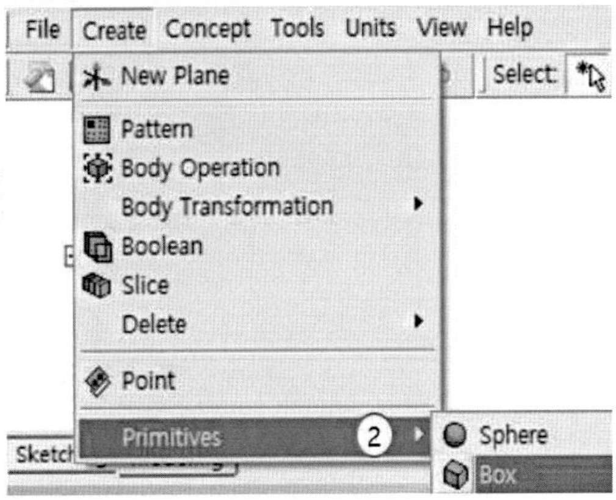

① Geometry에서 New DesignModeler 를 불러온다.

② DesignModeler에서 Primitives로 sphere 만든다.

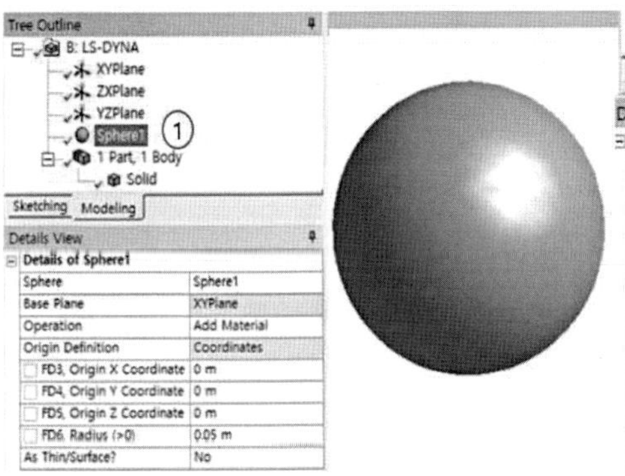

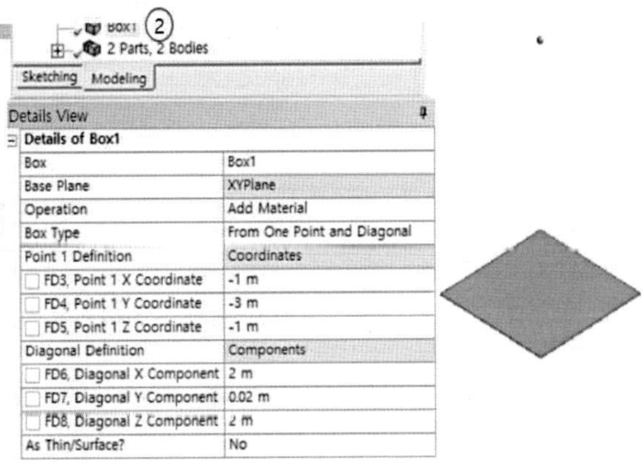

① 지름 100mm의 sphere1을 모

① 2000x2000x20 mm의 Box1을 모형화한다.

Sphere와 Box 간격은 3000mm 이다.

4) 부품 동작 정의

(1) 구조해석을 하기 위하여 Mechanical 창을 활성화한다.

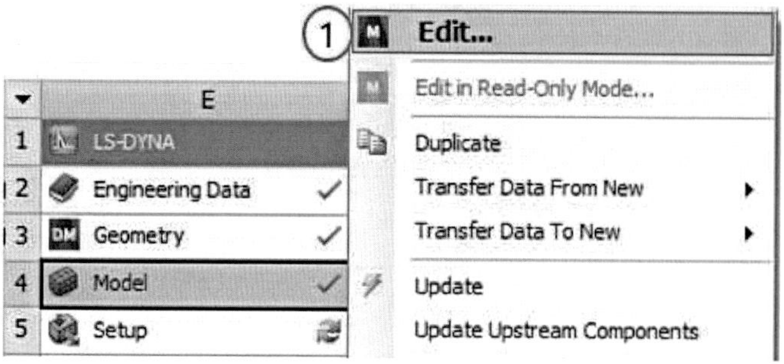

(2) 부품 동작 정의에서 부품 동작에 대한 정보를 정의한다.

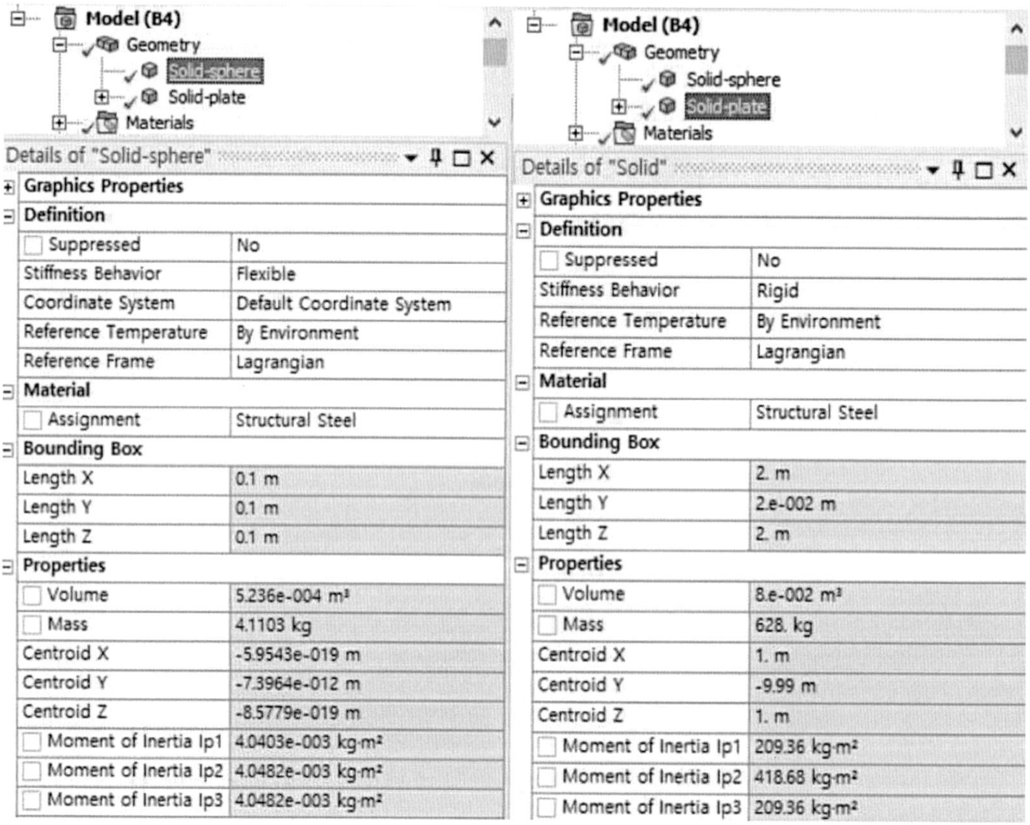

① sphere는 Stiffness Behavior를 flexible로, 재질은 Structural steel로 설정한다. sphere의 무게는 4.1kg 정도이다.

② plate는 Stiffness Behavior를 rigid로, 재질은 Structural steel로 설정한다.

5) 좌표계 정의

시스템에서 설정한 Global 좌표계를 사용한다.

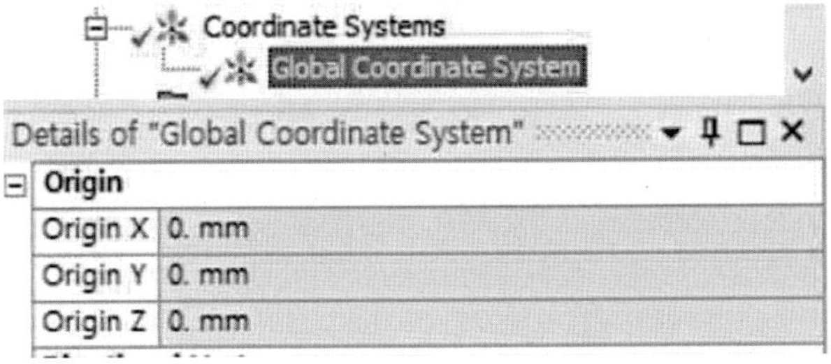

6) 연결 정의

Connections 에서 연결에 대한 정보를 찾을 수 있습니다.

이번 구조해석에서는 지속적인 구조물의 접촉 관계가 없으므로 Body Interaction만 기본 설정을 사용한다.

7) 메쉬 설정 정의

메쉬 컨트롤 적용/메시 미리 보기에서 메쉬 설정에 대한 정보를 찾을 수 있습니다.

(1) 이번 구조해석에서는 메쉬 크기는 sphere은 50mm로 설정하고, Plate 자동설정으로 하고 메쉬의 형상을 조정하기 위하여 Method를 사용한다.

(2) 메쉬 디자인

① Body Sizing에서 Geometry는 sphere를 선택하고, method는 Multizone을 선택하여 실행하다.

② 메쉬 사이즈는 50mm로 설정한다.

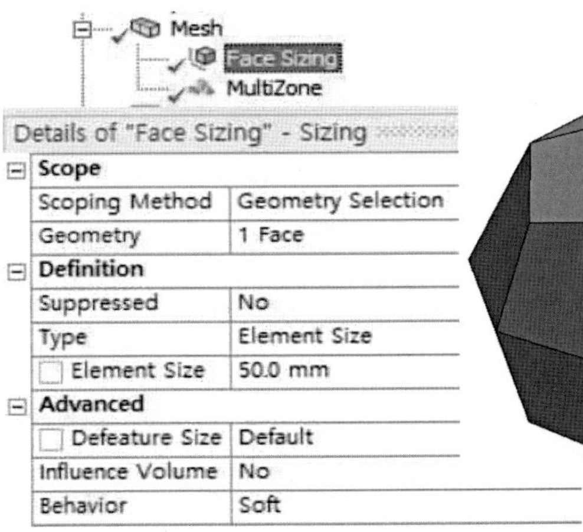

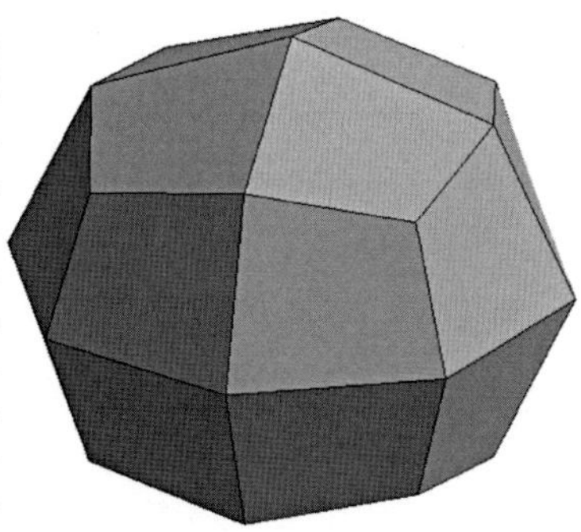

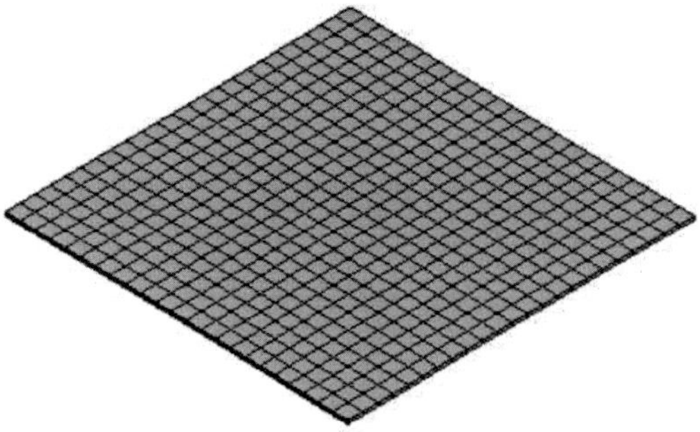

③ Plate는 기본 설정으로 메쉬를 디자인한다.

참고 : 메쉬 크기와 해석시간 관계

명시적 방법을 사용하면 솔루션의 안정성과 정확성을 보장할 수 있을 만큼 적분 시간 단계가 충분히 작아야 한다. 시간 단계는 얼마나 작아야 할까? 독일 수학자(Courant, Fridrichs, Lewy)들은 단일 시간 단계 Δt에서 파동이 가장 작은 요소 크기보다 더 멀리 이동해서는 안 된다고 제안했다.

$$\Delta t \leq \frac{h}{c} \qquad \text{(a)}$$

여기서 h는 가장 작은 요소 크기이고, c는 요소의 파동 속도이다.
식(a)은 CFL 조건이라 불린다. 명시적 동역학에서는 솔루션 안정성을 더욱 보장하기 위해 안전 계수 f가 사용된다.

$$\Delta t \leq f\frac{h}{c} \qquad \text{(b)}$$

명시적인 역학을 위한 메쉬 생성 시 몇 가지 매우 작은 요소가 CFL 조건에 따라 계산되는 시간 단계를 제어하지 않는지 확인해야 하다.
일반적으로 명시적인 역학 시뮬레이션에서는 균일한 메쉬 크기가 바람직하다.

8) LS-DYNA 분석 설정 정의

Analysis Setting에서 분석 설정에 대한 정보를 찾을 수 있다.
솔버 제어(Solver Controls)에서 솔버 정밀도(Solver Precision)를 단일 또는 이중(Double)으로 설정하거나 프로그램 제어로 둘 수 있다.

① LS-DYNA에서는 End Time만 필수 입력정보이다. 1sec으로 설정한다.
SMP 또는 MPP 병렬 처리는 CPU 수를 변경하여 활성화할 수 있다.
② Hourglass Controls는 기본 설정으로 한다.
③ Output Controls에서는 계산 결과 데이터가 20개 산출되도록 설정한다.

Equally Spaced Points를 20으로 설정한다.

Details of "Analysis Settings"

Step Controls	
End Time	1
Time Step Safety Factor	0.9
Maximum Number Of Cycles	10000000
Automatic Mass Scaling	No

Output Controls	
Output Format	Program Controlled
Binary File Size Scale Factor	70
Stress	Yes
Strain	No
Plastic Strain	Yes
History Variables	No
Calculate Results At	Equally Spaced Points
--- Value	20
Stress File for flexible parts	No

9) 구조해석 초기 조건 정의 : 설정 없음.

10) 구조해석 경계 조건 정의

(1) 하중 조건 설정

중력가속도를 설정한다.

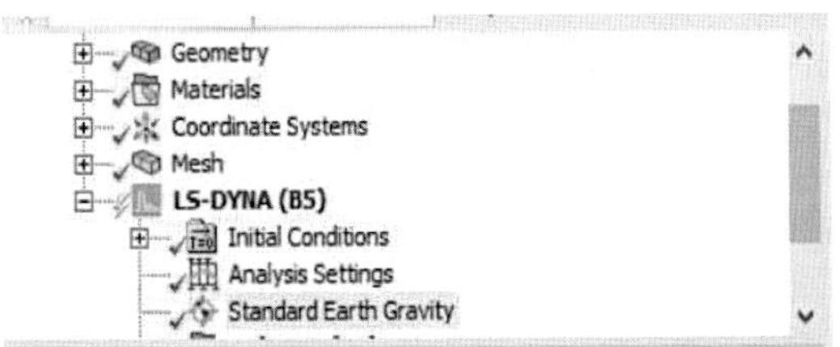

Details of "Standard Earth Gravity"

Scope	
Geometry	All Bodies
Definition	
Coordinate System	Global Coordinate System
X Component	0. m/s² (step applied)
Y Component	-9.8066 m/s² (step applied)
Z Component	0. m/s² (step applied)
Suppressed	No
Direction	-Y Direction

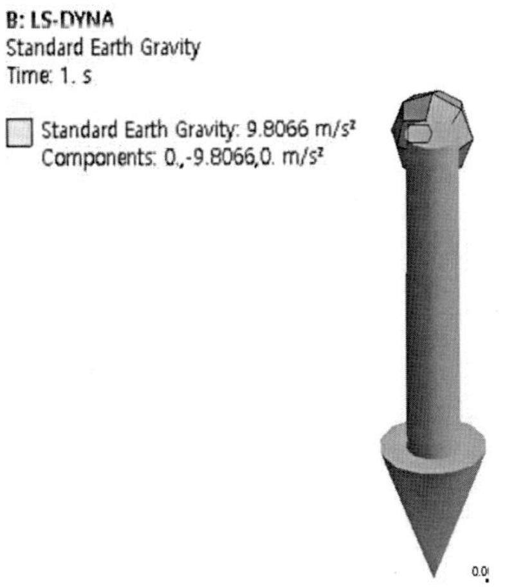

(2) 구조물의 변위 구속조건 설정

① plate를 Rigid Body Constraint를 설정한다.

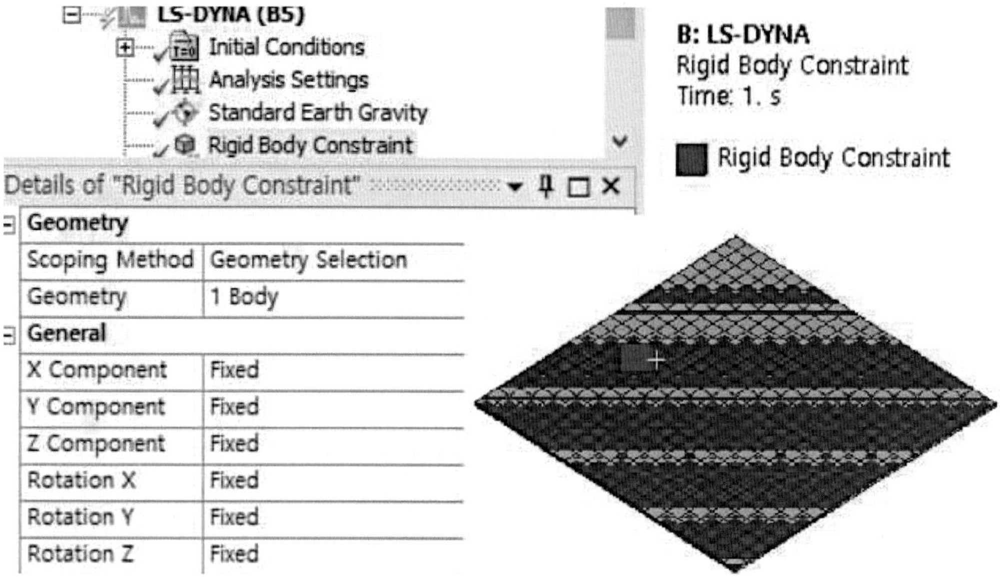

10) 구조해석하기

경계 조건이 설정이 완료되면 구조해석을 수행한다. Solve 클릭하여 해석한다.

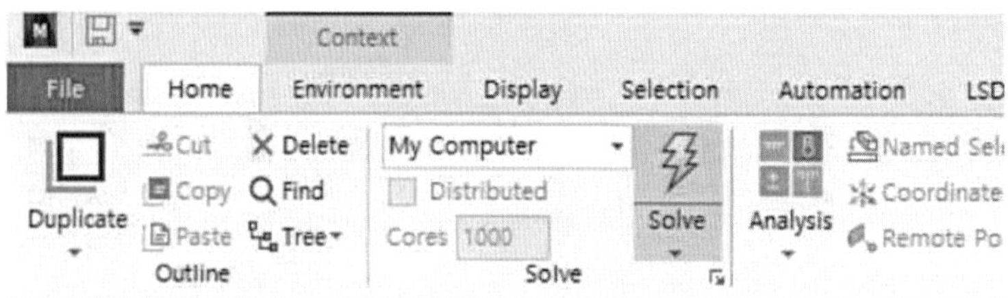

(1) 해석 소요 시간

```
initialization completed
      1 t 0.0000E+00 dt 4.10E-06 flush i/o buffers
      1 t 0.0000E+00 dt 4.10E-06 write d3plot file
      1 t 0.0000E+00 dt 4.10E-06 write intfor file
cpu time per zone cycle............        0 nanoseconds
average cpu time per zone cycle....        0 nanoseconds
average clock time per zone cycle..     1862 nanoseconds

estimated total cpu time          =        2 sec (      0 hrs  0 mins)
estimated cpu time to complete    =        0 sec (      0 hrs  0 mins)
estimated total clock time        =      245 sec (      0 hrs  4 mins)
estimated clock time to complete  =      243 sec (      0 hrs  4 mins)
termination time                  = 1.000E+00
termination cycle                 =  10000000
   5000 t 2.0500E-02 dt 4.11E-06 flush i/o buffers
  10000 t 4.1005E-02 dt 4.10E-06 flush i/o buffers
  12193 t 4.9999E-02 dt 4.10E-06 write d3plot file  ...............
```

```
Problem time          =     1.0000E+00
Problem cycle         =     243652
Total CPU time        =     59 seconds (    0 hours   0 minutes 59 seconds)
CPU time per zone cycle  = 435.643 nanoseconds
Clock time per zone cycle=  439.388 nanoseconds

Number of CPU's     1
NLQ used/max       136/   136
Start time    10/30/2023 15:49:50
End time      10/30/2023 15:50:49
Elapsed time        59 seconds for   243652 cycles using   1 SMP thread
            (       0 hour    0 minute   59 seconds)
```

11) 구조해석 결과 확인

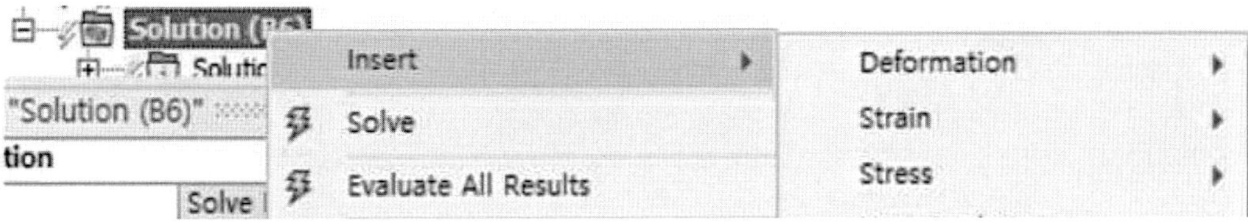

Solution에서 Deformation, Strain, Stress 등의 해석 결과를 불러온다.

(1) Total Deformation을 검토한다.

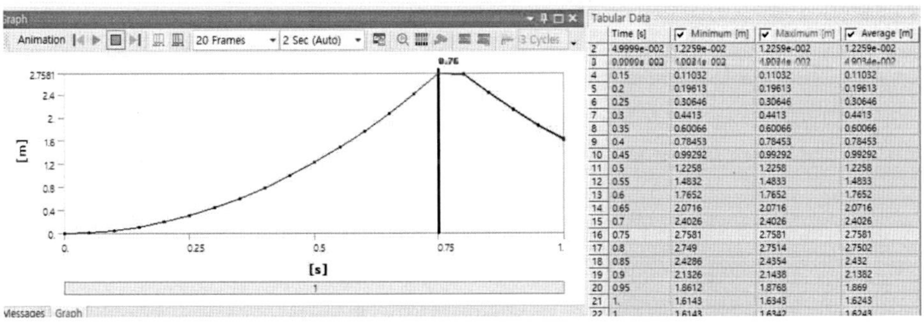

Output control을 20개로 설정하여서 그래프의 점이 20개다.
0.75sec에 sphere가 plate에 충돌하여 다시 튀어 오르는 것을 관찰할 수 있다.

참고

Analysis Setting에서 Output Controls에서는 계산 결과 데이터가 100개 산출되도록 설정하면 결과는 다음과 같다.

```
 initialization completed
       1 t 0.0000E+00 dt 4.10E-06 flush i/o buffers
       1 t 0.0000E+00 dt 4.10E-06 write d3plot file
       1 t 0.0000E+00 dt 4.10E-06 write intfor file
 cpu time per zone cycle............        0 nanoseconds
 average cpu time per zone cycle....          0 nanoseconds
 average clock time per zone cycle..       2200 nanoseconds

 estimated total clock time          =         290 sec (         0 hrs   4 mins)
 estimated clock time to complete   =          288 sec (         0 hrs   4 mins)
 termination time                    = 1.000E+00
 termination cycle                   =   10000000
    2439 t 9.9972E-03 dt 4.10E-06 write d3plot file
    2440 t 1.0001E-02 dt 4.10E-06 write intfor file
    4878 t 1.9999E-02 dt 4.11E-06 write d3plot file  ..............................

 Problem time          =     1.0000E+00
 Problem cycle         =     243652
 Total CPU time        =     58 seconds (    0 hours   0 minutes 58 seconds)
 CPU time per zone cycle  =          428.000 nanoseconds
 Clock time per zone cycle=          433.082 nanoseconds

 Number of CPU's      1
 NLQ used/max       136/   136
 Start time     10/30/2023 15:59:22
 End time       10/30/2023 16:00:19
 Elapsed time   57 seconds for   243652 cycles using   1 SMP thread
              ( 0 hour    0 minute   57 seconds)
```

Total Deformation

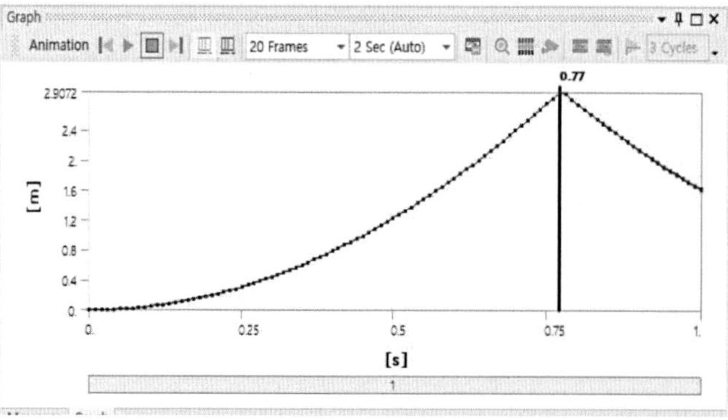

Tabular Data

	Time [s]	Minimum [m]	Maximum [m]	Average [m]
71	0.7	2.4026	2.4026	2.4026
72	0.71	2.4717	2.4718	2.4717
73	0.72	2.5419	2.5419	2.5419
74	0.73	2.613	2.613	2.613
75	0.74	2.6851	2.6851	2.6851
76	0.75	2.7581	2.7581	2.7581
77	0.76	2.8322	2.8322	2.8322
78	0.77	2.9072	2.9072	2.9072
79	0.78	2.8841	2.8847	2.8844
80	0.79	2.8161	2.8176	2.8168
81	0.8	2.749	2.7514	2.7502
82	0.81	2.683	2.6862	2.6846
83	0.82	2.6179	2.622	2.62
84	0.83	2.5538	2.5588	2.5563
85	0.84	2.4907	2.4966	2.4936
86	0.85	2.4286	2.4354	2.432
87	0.86	2.3674	2.3751	2.3713
88	0.87	2.3073	2.3158	2.3115
89	0.88	2.2481	2.2575	2.2528
90	0.89	2.1899	2.2002	2.195

참고

1) Time step safety factor : 1

Automatic Mass scaling : Yes, Time step size : 1e-5

calculation with mass scaling for minimum dt

added mass = 1.3179E-02

physical mass= 6.3115E-01

ratio = 2.0881E-02

1 t 0.0000E+00 dt 1.00E-05 flush i/o buffers

100000 t 1.0000E+00 dt 1.00E-05 write intfor file

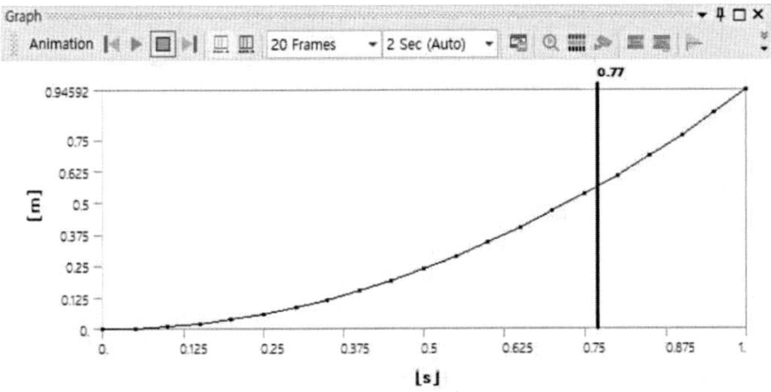

Tabular Data

	Time [s]	Minimum [m]	Maximum [m]	Average [m]
1	0.	0.	0.	0.
2	5.e-002	2.3652e-003	2.3653e-003	2.3653e-003
3	1.e-001	9.4601e-003	9.4601e-003	9.4601e-003
4	0.15	2.1284e-002	2.1284e-002	2.1284e-002
5	0.2	3.7838e-002	3.7838e-002	3.7838e-002
6	0.25	5.9122e-002	5.9122e-002	5.9122e-002
7	0.29999	8.5129e-002	8.5129e-002	8.5129e-002
8	0.35	0.11588	0.11588	0.11588
9	0.4	0.15135	0.15135	0.15135
10	0.45	0.19155	0.19155	0.19155
11	0.5	0.23648	0.23648	0.23648
12	0.55	0.28614	0.28614	0.28614
13	0.6	0.34053	0.34053	0.34053
14	0.65	0.39965	0.39965	0.39965
15	0.7	0.4635	0.4635	0.4635
16	0.75	0.53208	0.53208	0.53208
17	0.8	0.60539	0.60539	0.60539
18	0.85	0.68343	0.68343	0.68343
19	0.9	0.7662	0.7662	0.7662

2) Time step safety factor : 1

Automatic Mass scaling : Yes, Time step size : 1e-6

calculation with mass scaling for minimum dt

added mass = 0.0000E+00

physical mass= 6.3115E-01

ratio = 0.0000E+00

1 t 0.0000E+00 dt 4.55E-06 flush i/o buffers

219249 t 1.0000E+00 dt 4.55E-06 write intfor file

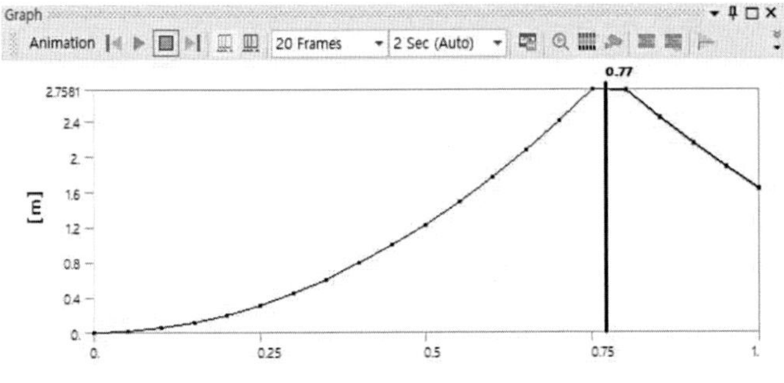

Tabular Data

	Time [s]	Minimum [m]	Maximum [m]	Average [m]
1	0.	0.	0.	0.
2	4.9999e-002	1.2259e-002	1.2259e-002	1.2259e-002
3	9.9996e-002	4.9032e-002	4.9032e-002	4.9032e-002
4	0.15	0.11033	0.11033	0.11033
5	0.2	0.19613	0.19613	0.19613
6	0.25	0.30646	0.30646	0.30646
7	0.3	0.4413	0.4413	0.4413
8	0.35	0.60066	0.60066	0.60066
9	0.4	0.78454	0.78454	0.78454
10	0.45	0.99292	0.99292	0.99292
11	0.5	1.2258	1.2258	1.2258
12	0.55	1.4833	1.4833	1.4833
13	0.6	1.7652	1.7652	1.7652
14	0.65	2.0717	2.0717	2.0717
15	0.7	2.4026	2.4026	2.4026
16	0.75	2.7581	2.7581	2.7581
17	0.8	2.7499	2.7522	2.7511

D. Restart를 사용한 해석 시간 연장해석.

참고 : LS-DYNA 분석 Restart 사용 이유

LS-DYNA Restart 한다는 것은 이전 분석에서 계속되는 분석을 수행하는 것을 의미하다. 재시작은 이전 분석의 결론이 나 중간부터 시작할 수 있다.

(1) 재시작을 수행하는 가능한 이유는 다음과 같다.
① 이전 분석이 운영 체제 또는 사용자(sw1)에 의해 중단되었습니다.
② 이전 분석에서는 사용자가 정의한 CPU 제한을 초과했습니다.
③ 이전 분석에 오류가 있었고 다시 시작하여 오류를 진단 및/또는 수정한다.
④ 이전 분석은 종료 시간이 충분히 길 때까지 실행되지 않는다.

(2) LS-DYNA Restart 종류
재시작에는 단순 재시작, 소규모 재시작, 전체 재시작의 세 가지 유형이 있습니다.

① 단순 재시작은 새 분석에서 원래 모델이 변경되지 않은 경우입니다. LS-DYNA 솔루션이 일정 시간 초과로 인해 조기 중단되면 단순 재시작이 수행된다.
사용자가 정의한 CPU 제한 또는 감지 스위치 제어 sw1을 발행한다.

② 소규모 다시 시작은 처음 지정된 것보다 더 긴 종료 소요 시간까지 해석을 실행하거나 모델을 약간 수정하는 데 사용됩니다. 소규모 재시작에서는 다음 작업이 허용됩니다.
ⓐ 고정/변형 스위치 제어를 지정하다.
ⓑ 변형 가능한 부품에서 고정된 부품으로 전환한다.

③ 전체 다시 시작은 다음을 포함하여 대부분의 새로운 분석 작업을 지원한다.
ⓐ 모델의 일부가 추가되거나 제거될 수 있습니다.
ⓑ 추가 자재 및 적재 변경이 허용됩니다.

(3) 전체 다시 시작에는 다음과 같은 몇 가지 제한 사항이 있습니다.
① 접점사양 및 초기속도는 변경할 수 없습니다.
② 초기 실행에 존재하더라도 적응형 메싱은 지원되지 않습니다.
전체 재시작 시 스트레스 초기화가 가능하다. 이전 해석의 변형된 절점 위치와 응력/변형은 전체 재시작 해석으로 전달됩니다.

참고 :

작은 재시작 또는 전체 재시작에서 강성을 전환하려면 다음과 같이 원래 LS-DYNA 시스템 아래에 Deformable To Rigid 개체를 추가해야 한다.
개체를 추가하려면 LS-DYNA 개체를 선택하고 마우스 오른쪽 버튼을 클릭한 다음 변형 가능 개체 삽입(Insert Deformable To Rigid)을 선택한다. 개체를 추가한 후 해당 개체를 선택하고 세부 정보 보기에서 강성을 변경하려는 본체로 개체 범위를 지정한다. 범위가 지정된 본체의 Stiffness Behavior 속성이 유연함으로 설정되어 있는지 확인하세요.

1) 프로젝트 설정

① workbench에서 LS-DYNA Restart를 드래그하여 LS-DYNA project에 올려놓는다.

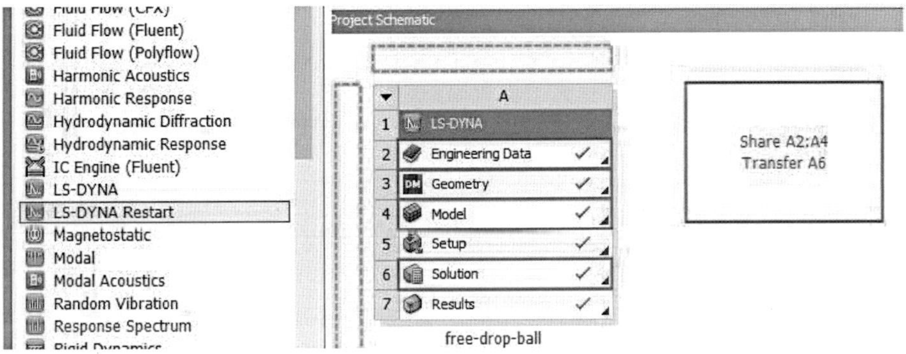

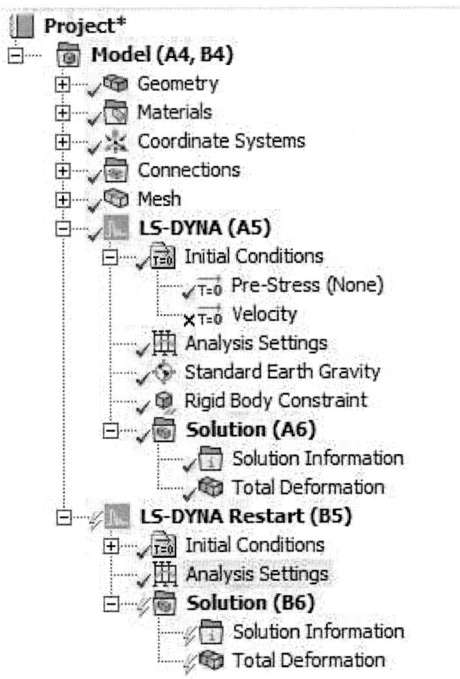

2) Analysis Setting을 설정한다.

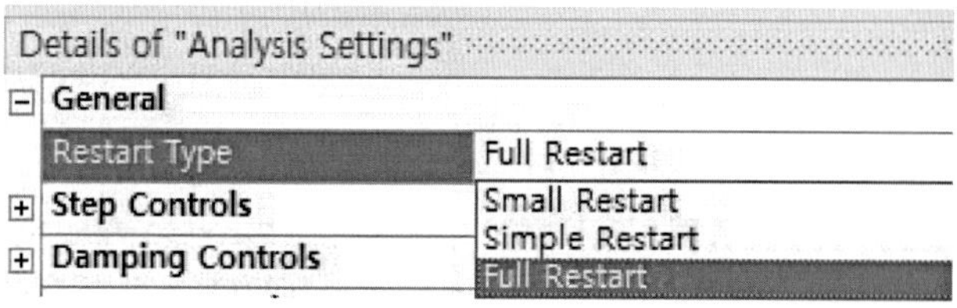

① 분석 설정 개체의 세부 정보 패널에서 재시작 유형으로 완전 재시작을 선택한 다음 해결을 선택하다.

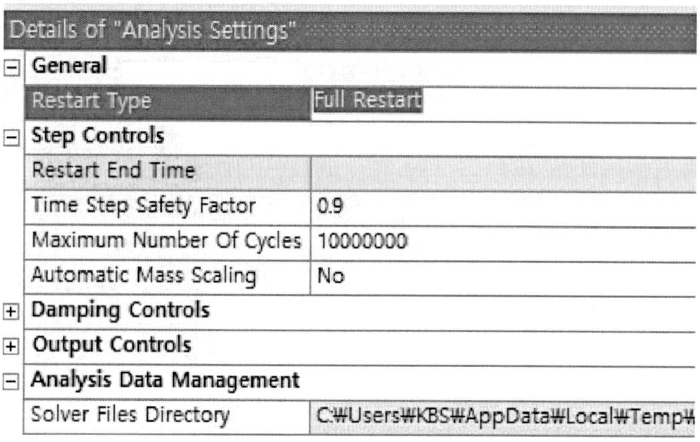

.② Restart End Time을 4sec로 설정한다.

참고

전체 재시작은 이전 계산이 종료된 시점부터 시작된다. 전체 재시작 중에 적용되는 새로운 시간 종속 로딩은 이전 계산에서 경과된 물리적 시간 이후에 시작되어야 한다.

3) Solver를 실행한다.

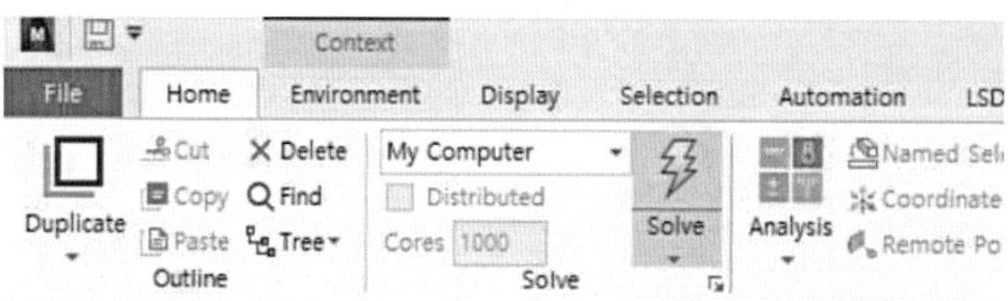

(1) 해석 시간

994,590 t 4.0000E+00 dt 3.99E-06 write intfor file

Elapsed time 154 seconds for 994590 cycles using 1 SMP thread

(0 hour 2 minutes 34 seconds)

4) 구조해석 결과 확인

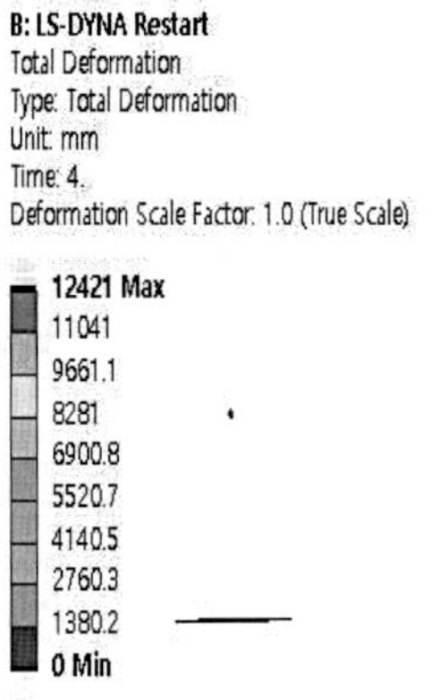

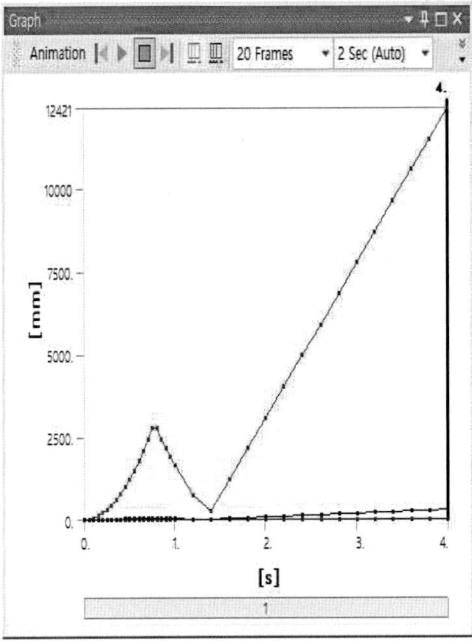

Tabular Data

	Time [s]	Minir	Maximum [mm]	Ave
12	0.55	0.	1483.3	33.968
13	0.6	0.	1765.2	40.425
14	0.65	0.	2071.6	47.442
15	0.7	0.	2402.6	55.022
16	0.75	0.	2758.1	63.163
17	0.8	0.	2751.4	62.982
18	0.85	0.	2435.4	55.694
19	0.9	0.	2143.8	48.967
20	0.95	0.	1876.8	42.802
21	1.	0.	1634.3	37.198
22	1.	0.	1634.2	37.198
23	1.2	0.	712.94	15.907
24	1.4	0.	261.64	5.4003
25	1.6	0.	1198.4	26.685
26	1.8	0.	2137.	47.977
27	2.	0.	3075.5	69.269
28	2.2	0.	4013.4	90.562
29	2.4	0.	4950.6	111.85
30	2.6	0.	5886.8	133.15
31	2.8	0.	6821.8	154.44
32	3.	0.	7755.3	175.73
33	3.2	0.	8687.3	197.03
34	3.4	0.	9619.9	218.32
35	3.6	0.	10555	239.61
36	3.8	0.	11489	260.9
37	4.	0.	12421	282.2
38	4.	0.	12421	282.2

2. Cylinder drop

A. Cylinder drop(I)

1. 구조해석 정의

지름 Φ80x100 실린더가 100 높이에서 강철판(200x200)으로 낙하한다. (단위 : mm)
재질은 Workbench에서 기본으로 제공 Structural Steel을 적용한다.
Cylinder와 Plate의 접촉은 마찰계수 0.3을 적용한다. 메쉬 크기는 자동 설정으로 하고, method는 Multizone으로 설정한다. 해석은 0.1sec로 동안 수행한다.
Clyinder의속도는 5m/s로 설정한다. Cylinder 상면에 100N의 삼각형 하중을 $3x10^{-4}$ 동안 설정한다.

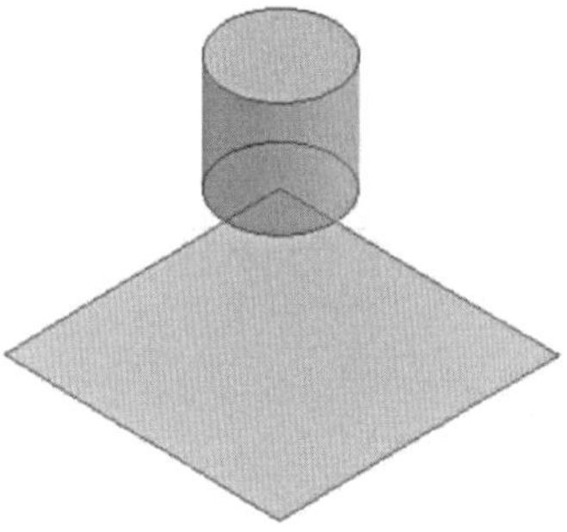

2. 구조해석 목적

- Plate를 강제(rigid)로 설정하고 해석한다.
- Plate를 rigid로 각각 변경하여 해석한다.
- 초기속도, 초기 가속도를 적용한다.
- Energy의 변화를 관찰한다.
- 반력을 산정한다.
- Post Process에서 확인할 수 있는 항목

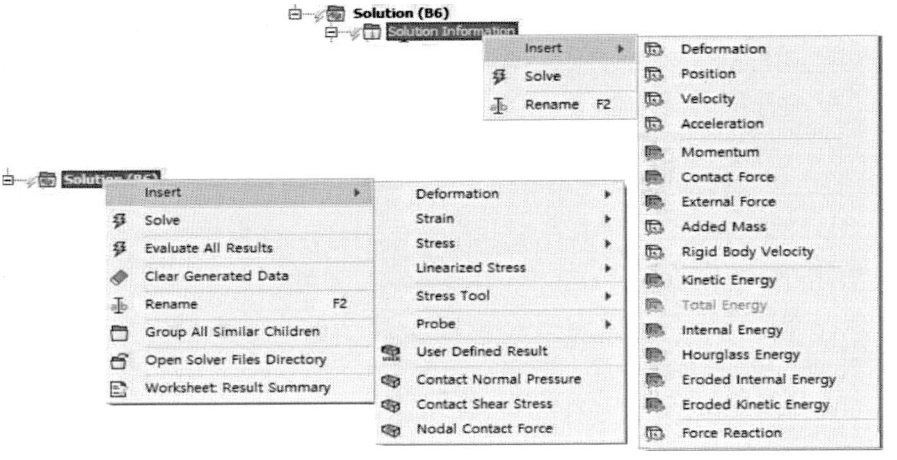

3. 구조해석 절차

1) 프로젝트 설정

① workbench에서 LSDYNA를 사용할 수 있도록 Extensions Manager에서 설정한다.

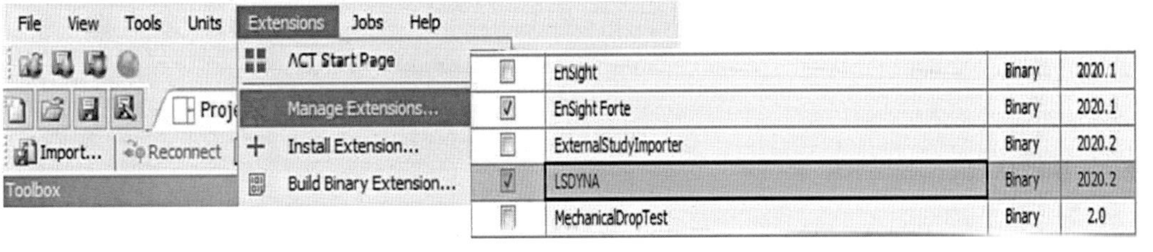

② LS-DYNA가 활성화된다.

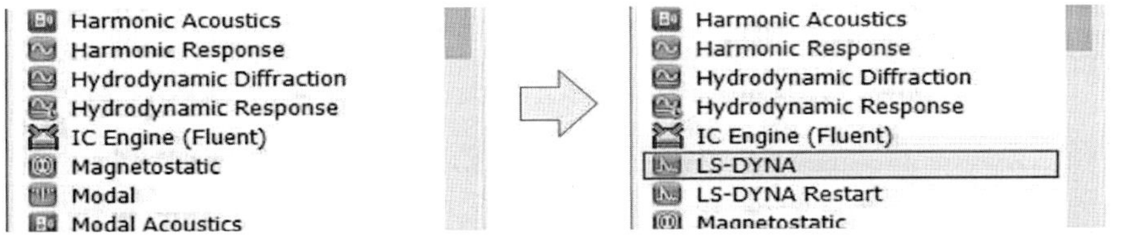

③ workbench에서 LS-DYNA를 드래그(또는 더블클릭) 한다.

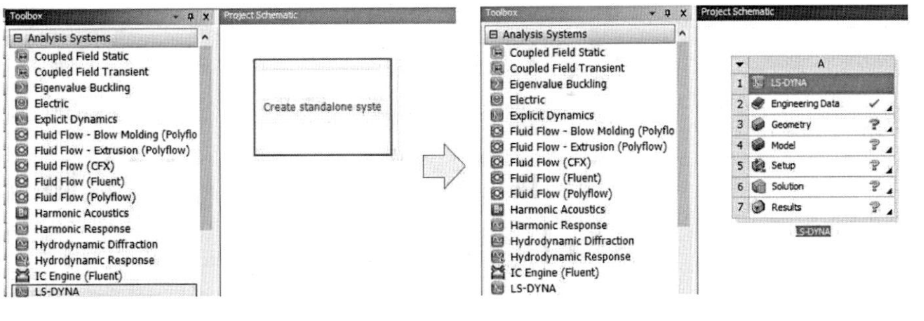

2) 엔지니어링 데이터 정의
엔지니어링 데이터 정의에서 재료에 대한 정보를 찾을 수 있습니다.
참고: Material Assignment 폴더는 LS-DYNA에서 지원되지 않습니다.

Help 엔지니어 데이터 정의에 대한 일반적인 정보는 ANSYS Mechanical 사용자 안내서에서 엔지니어링 데이터 정의를 참조한다. 재료 특성은 선형 탄성 또는 직교 이방성 일 수 있다. 초 탄성, 속도 및 온도 의존성 소성, 압력 의존성 소성, 다공성, 재료 강도 저하 (손상), 재료 파괴 / 실패 / 조각화를 포함하여 많은 다른 형태의 재료 비선형성이 표현될 수 있다.
본 문제에서는 Workbench에서 제공하는 비선형 재질을 사용한다.

① 재질은 Workbench에서 기본으로 제공 Structural Steel을 적용한다.

3) 형상 부착 모델 데이터 불러오기(또는 모델 만들기)
해석 모델은 SpaceClaim, DesingModeler를 사용하여 디자인한다.

또는 다른 소프트웨어서 디자인한 모델을 stp, IGES 등의 파일 형식으로 Import Geometry를 사용하여 가져온다.

(1) Case 1:

① Geometry > Import Geometry에서 파일을 가져온다.

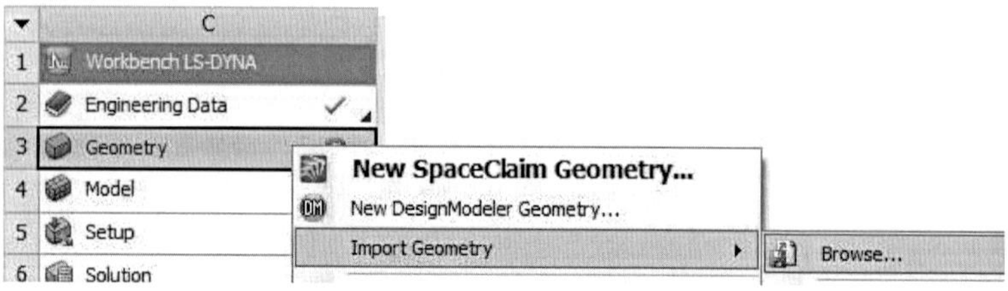

(2) Case 2:

이번 구조해석에서는 DesingModeler를 사용하여 디자인한다.

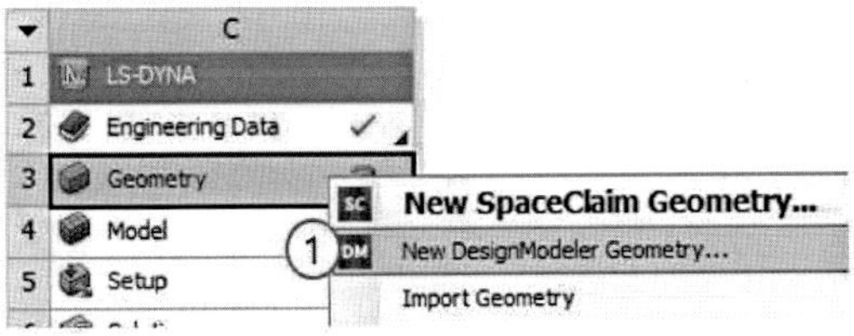

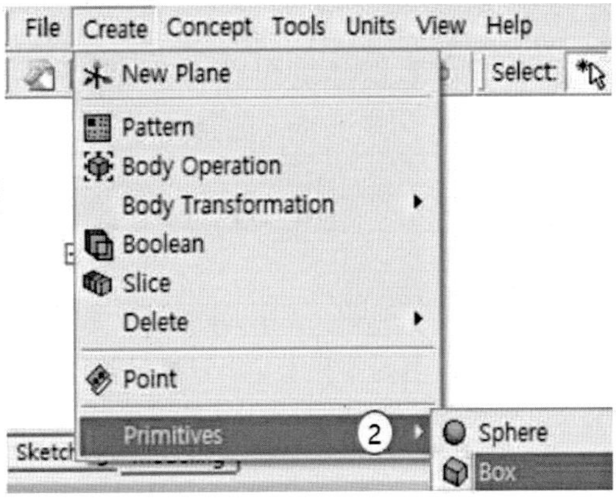

① Geometry에서 New DesignModeler 를 불러온다.

② DesignModeler에서 Primitives로 box와 cylinder를 만든다.

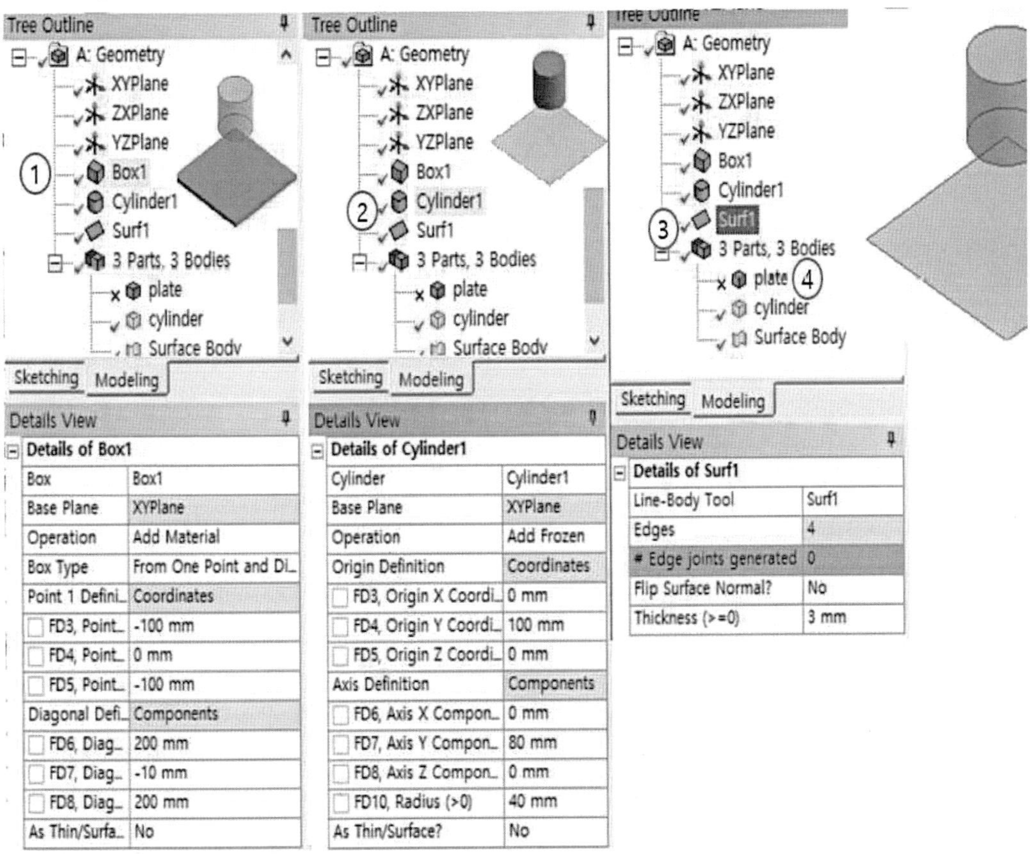

① 위치 좌표를 참조하여 Box1을 모형화한다.

② 지름 80, 길이 100의 cylinder1을 모형화한다.

③ 셀모형으로 해석하기 위하여, Box1을 사용하여 Surf1을 모형화한다.

④ Box1을 해석에서 제외하기 위하여 Suppress 시킨다.

4) 부품 동작 정의

(1) 구조해석을 하기 위하여 Mechanical 창을 활성화한다.

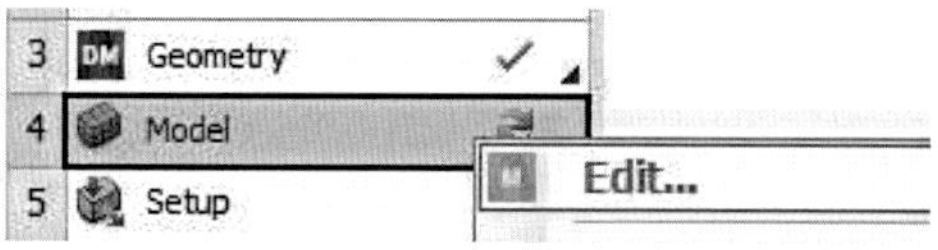

※ 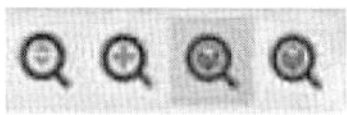 F7를 클릭하여 모델을 화면에 나타낸다.

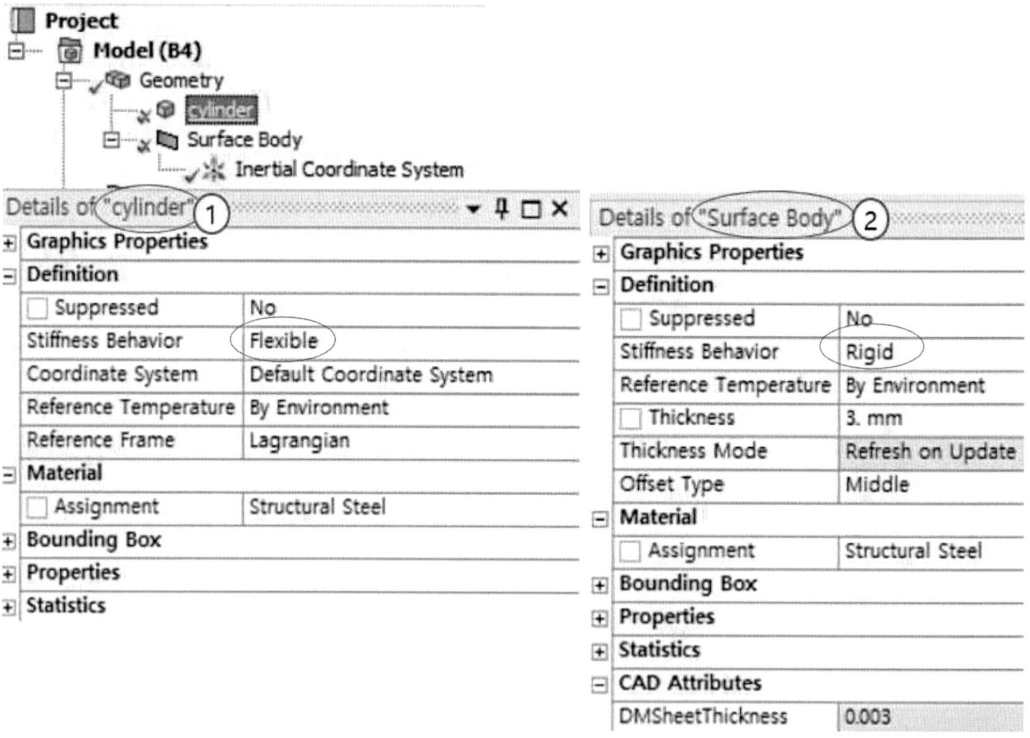

(2) 부품 동작 정의에서 부품 동작에 대한 정보를 정의한다.

① Cylinder는 Stiffness Behavior를 flexible로,
재질은 Structural steel로 설정한다.

② Surface Body는 Stiffness Behavior를 Rigid로, Thickness=3mm,
재질은 Structural steel로 설정한다.

5) 좌표계 정의

시스템에서 설정한 Global 좌표계를 사용한다.

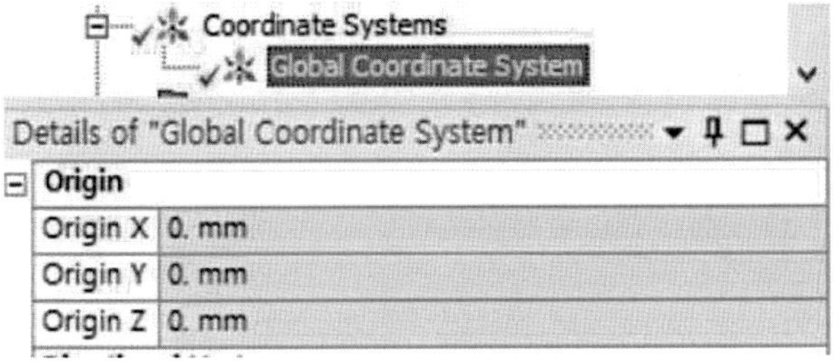

6) 연결 정의

Connections에서 연결에 대한 정보를 찾을 수 있습니다.

이번 구조해석에서는 지속적인 구조물의 접촉 관계가 없으므로 Body Interaction만 설정한다.

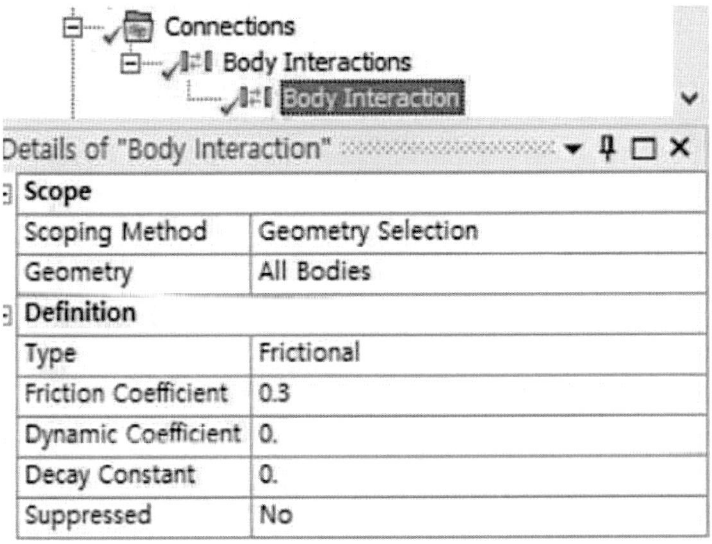

Body Interaction은 Frictional로 설정하고 마찰계수는 0.3으로 한다.

7) 메쉬 설정 정의

메쉬 컨트롤 적용/메시 미리 보기에서 메쉬 설정에 대한 정보를 찾을 수 있다.

(1) 이번 구조해석에서는 메쉬 크기는 자동 설정으로 하고,
메쉬의 형상을 조정하기 위하여 Method를 사용한다.

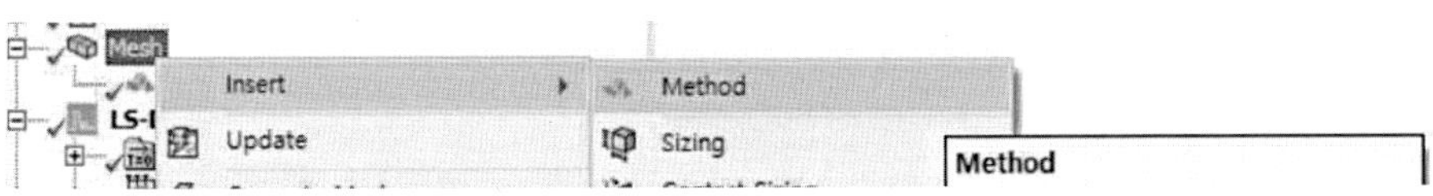

(2) ① Method에서 Geometry는 실린더를 선택하고,
method는 Multizone을 선택하여 실행하다. ② 와 같은 메쉬가 형성된다.

Mesh
MultiZone

Details of "MultiZone" - Method

Scope	
Scoping Method	Geometry Selection
Geometry	1 Body
Definition	
Suppressed	No
Method	MultiZone
Mapped Mesh Type	Hexa
Surface Mesh Method	Program Controlled
Free Mesh Type	Not Allowed
Element Order	Use Global Setting
Src/Trg Selection	Automatic
Source Scoping Method	Program Controlled
Source	Program Controlled
Sweep Size Behavior	Sweep Element Size
Sweep Element Size	Default
Advanced	
Preserve Boundaries	Protected
Mesh Based Defeaturing	Off
Minimum Edge Length	251.33 mm
Write ICEM CFD Files	No

①

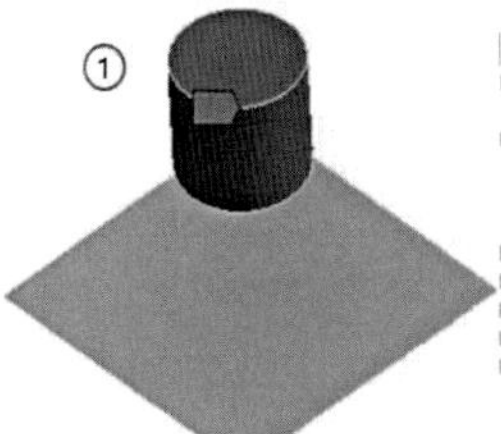

Mesh
MultiZone

Details of "Mesh"

Display	
Display Style	Use Geometry Setting
Defaults	
Physics Preference	Explicit
Element Order	Linear
Element Size	Default (16.546 mm)
Sizing	
Quality	
Inflation	
Advanced	
Statistics	

②

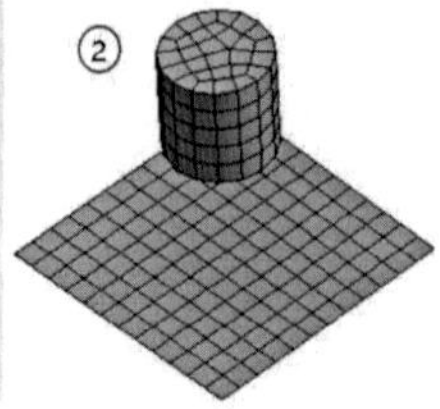

8) LS-DYNA 분석 설정 정의

Analysis Setting에서 분석 설정에 대한 정보를 찾을 수 있습니다.
솔버 제어(Solver Controls)에서 솔버 정밀도(Solver Precision)를 단일 또는 이중(Double)으로 설정하거나 프로그램 제어로 둘 수 있습니다.

① LS-DYNA에서는 End Time만 필수 입력정보이다. 0.1sec으로 설정한다.
SMP 또는 MPP 병렬 처리는 CPU 수를 변경하여 활성화할 수 있습니다.

② Hourglass Controls는 기본 설정으로 한다.

③ Output Controls에서는 계산 결과 데이터가 80개 산출되도록 설정한다.

Step Controls	
End Time ①	0.1
Time Step Safety Factor	0.9
Maximum Number Of Cycles	10000000
Automatic Mass Scaling	No
CPU and Memory Management	
Memory Allocation	Program Controlled
Number Of CPUS	4
Processing Type	Program Controlled
Hourglass Controls	
Hourglass Type ②	Program Controlled
LS-DYNA ID	0
Default Hourglass Coefficient	0.1
Output Controls	
Output Format	Program Controlled
Binary File Size Scale Factor	70
Stress	Yes
Strain	No
Plastic Strain	Yes
History Variables	No
Calculate Results At ③	Equally Spaced Points
--- Value	80
Stress File for flexible parts	No

9) 구조해석 초기 조건 정의

Initial Conditions에서 초기 조건에 대한 정보를 찾을 수 있습니다.

실린더에 5000mm/s를 설정하여 실린더가 판에 충돌하도록 한다.

LS-DYNA (B5)
- Initial Conditions
  - Pre-Stress (None)
  - Velocity

Details of "Velocity"

Scope	
Scoping Method	Geometry Selection
Geometry	1 Body
Definition	
Input Type	Velocity
Pre-Stress Environment	None Available
Define By	Components
Coordinate System	Global Coordinate System
X Component	0. mm/s
Y Component	-5000. mm/s
Z Component	0. mm/s
Suppressed	No

10) 구조해석 경계 조건 정의

(1) 하중 조건 설정

① Force

실린더의 상면에 x축 방향으로 100N의 충격을 준다.

Force

Details of "Force"

Scope	
Scoping Method	Geometry Selection
Geometry	1 Face
Definition	
Type	Force
Define By	Components
Coordinate System	Global Coordinate System
X Component	Tabular Data
Y Component	0. N (step applied)
Z Component	0. N (step applied)
Suppressed	No

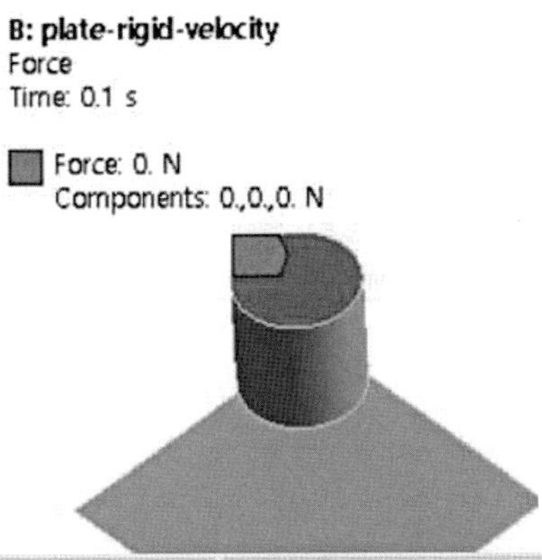

Graph

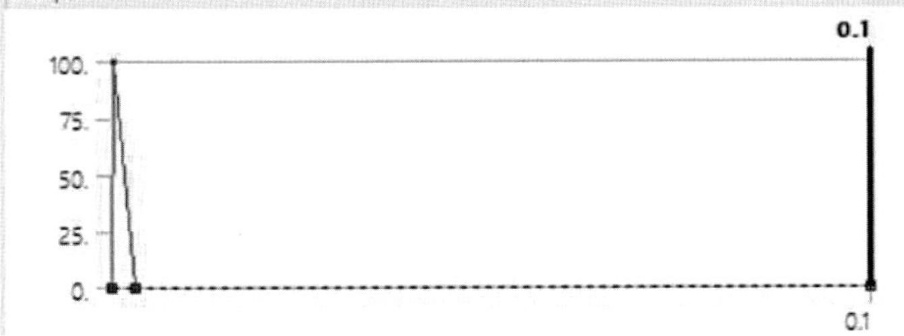

Tabular Data

	Steps	Time [s]	X [N]
1	1	0.	0.
2	1	3.e-004	100.
3	1	3.e-003	0.
4	1	0.1	= 0.
*			

(2) 구조물의 변위 구속조건 설정

① 강체 도구

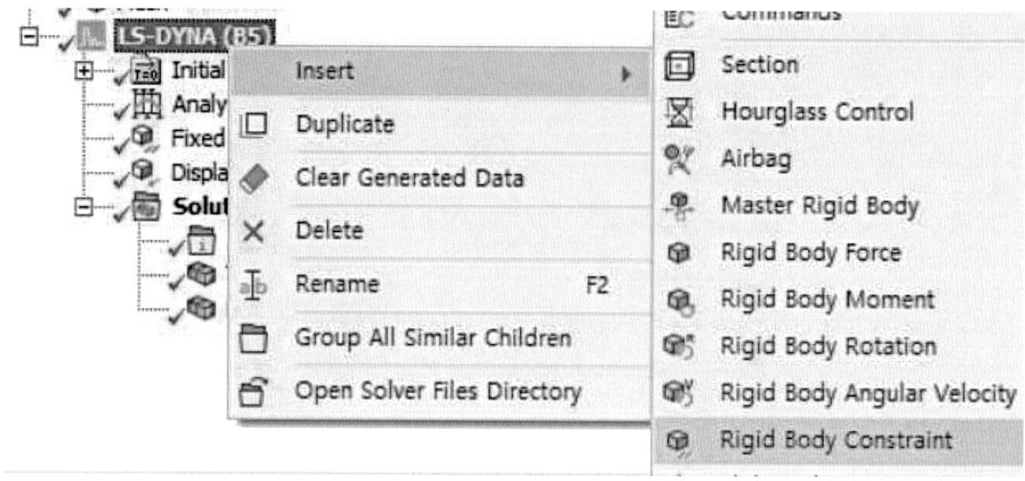

② 본 구조해석에서 plate를 구속한다.

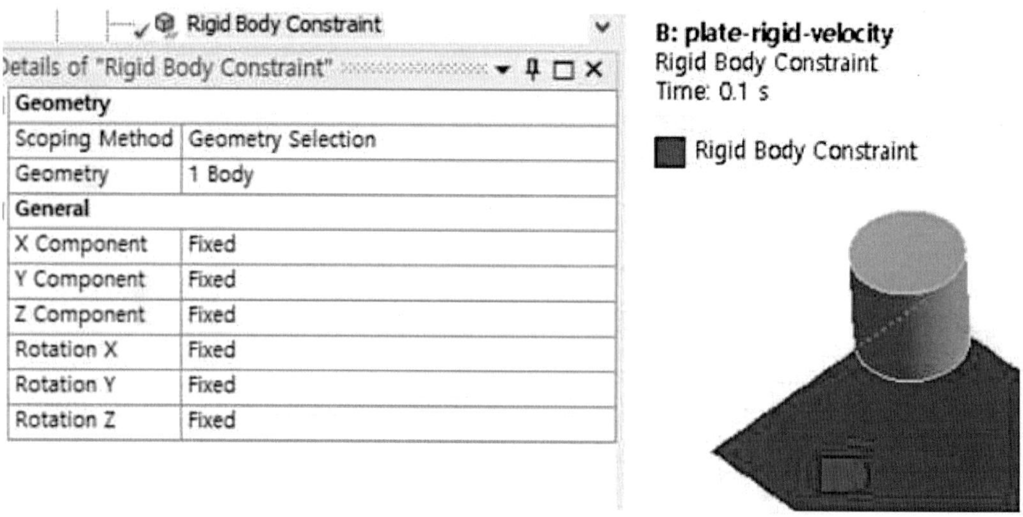

Geometry	
Scoping Method	Geometry Selection
Geometry	1 Body
General	
X Component	Fixed
Y Component	Fixed
Z Component	Fixed
Rotation X	Fixed
Rotation Y	Fixed
Rotation Z	Fixed

11) 구조해석 수행하기

경계 조건이 설정이 완료되면 구조해석을 수행한다.

Solve 클릭하여 해석한다.

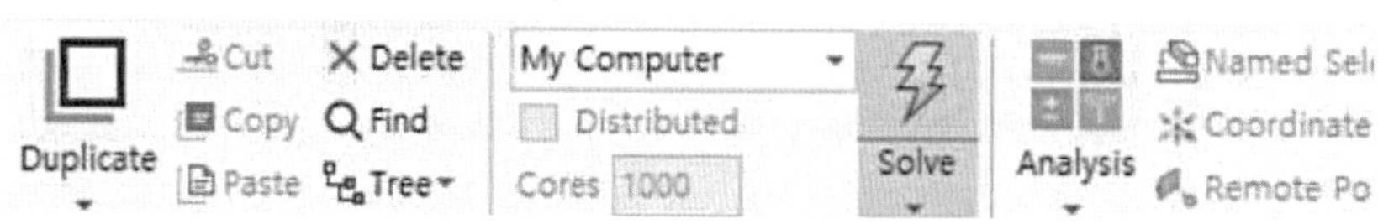

12) 구조해석 결과 확인

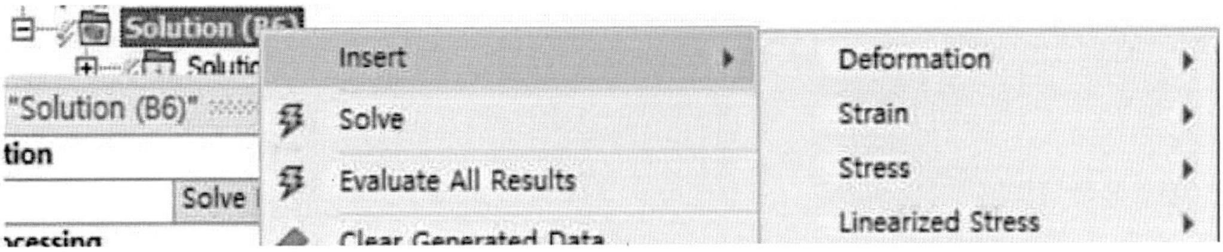

Solution에서 Deformation, Strain, Stress 등의 해석 결과를 불러온다.

(1) Total Deformation을 검토한다.

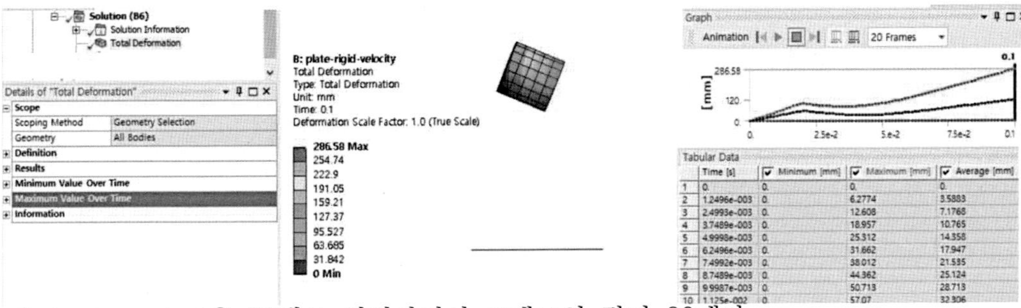

Output control을 80개로 설정하여서 그래프의 점이 80개다.

(2) User Defined Result

User Defined Result : 해법에 따라 얻은 결과에 대해 수학적 연산을 수행하여 결과값을 도출하기 위해 사용자 정의 결과 개체를 삽입한다.

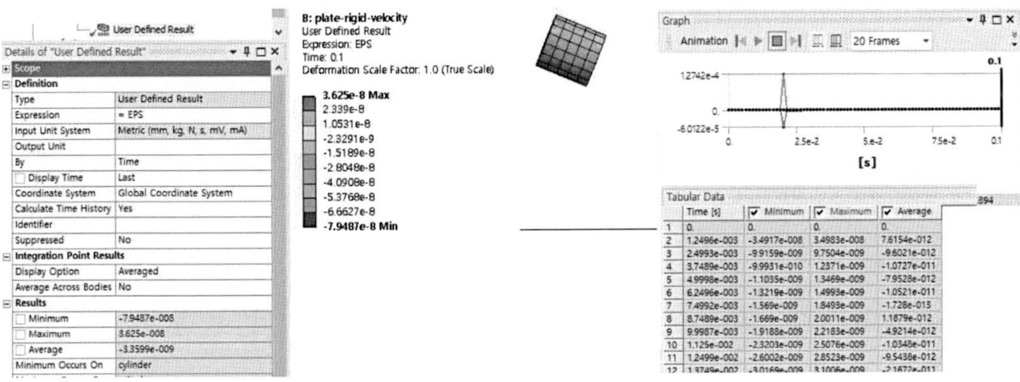

B. Cylinder drop (II)

1. 구조해석 정의

지름 Φ80x100 실린더가 100 높이에서 강철판(200x200)으로 낙하한다. (단위 : mm)
재질은 Workbench에서 기본으로 제공 Structural Steel을 적용한다.
Cylinder와 Plate의 접촉은 마찰계수 0.3을 적용한다. 메쉬 크기는 자동 설정으로 하고, method는 Multizone으로 설정한다. 해석은 0.1sec로 동안 수행한다.
Clyinder의속도는 5m/s로 설정한다. Cylinder 상면에 100N의 삼각형 하중을 $3x10^{-4}$ 동안 설정한다.

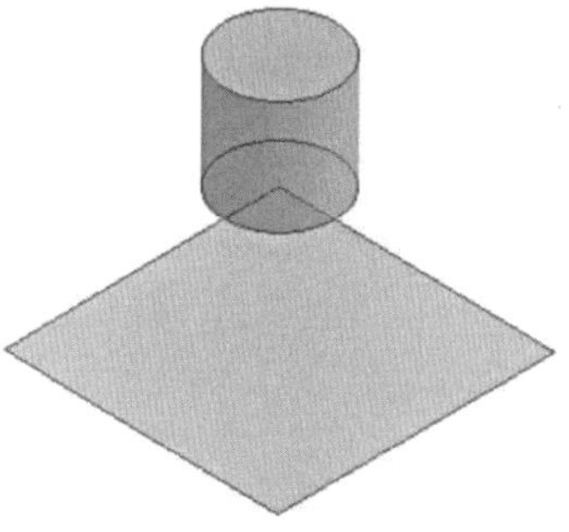

2. 구조해석 목적

- Plate를 유연체(flexcible)로 설정하고 해석한다.
- Plate를 flexible로 각각 변경하여 해석한다.
- 초기속도, 초기 가속도를 적용한다.
- Energy의 변화를 관찰한다.
- 반력을 산정한다.

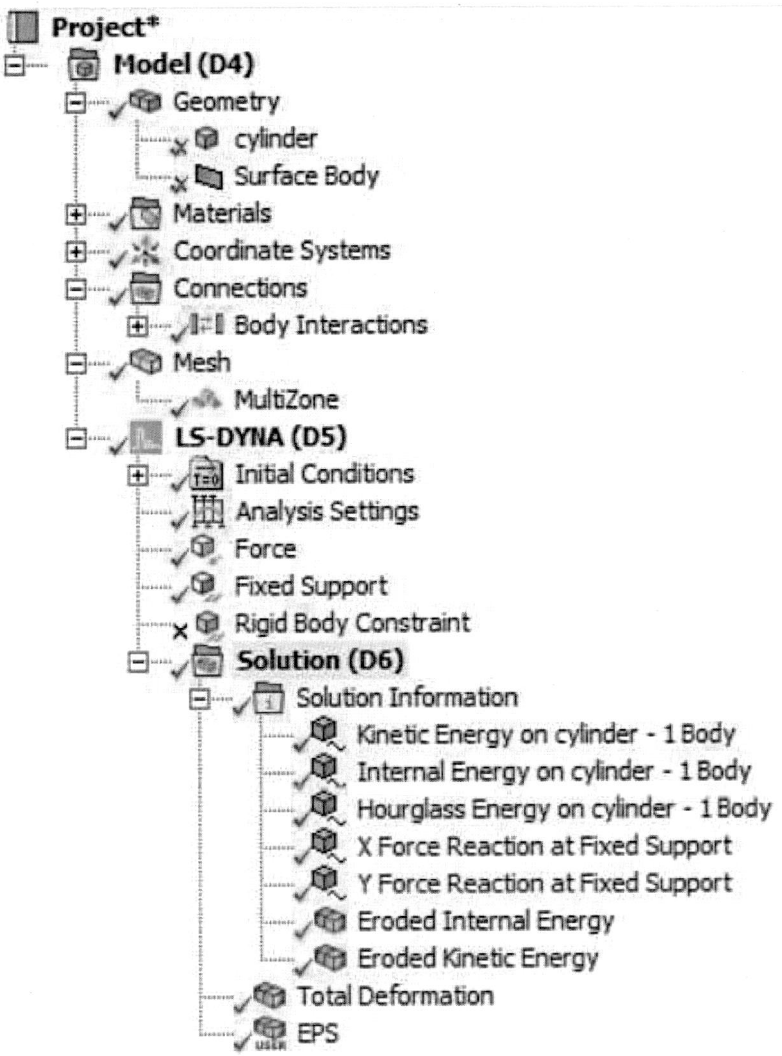
Project*
Model (D4)
Geometry
cylinder
Surface Body
Materials
Coordinate Systems
Connections
Body Interactions
Mesh
MultiZone
LS-DYNA (D5)
Initial Conditions
Analysis Settings
Force
Fixed Support
Rigid Body Constraint
Solution (D6)
Solution Information
Kinetic Energy on cylinder - 1 Body
Internal Energy on cylinder - 1 Body
Hourglass Energy on cylinder - 1 Body
X Force Reaction at Fixed Support
Y Force Reaction at Fixed Support
Eroded Internal Energy
Eroded Kinetic Energy
Total Deformation
EPS

3. 구조해석 절차

1) 프로젝트 설정

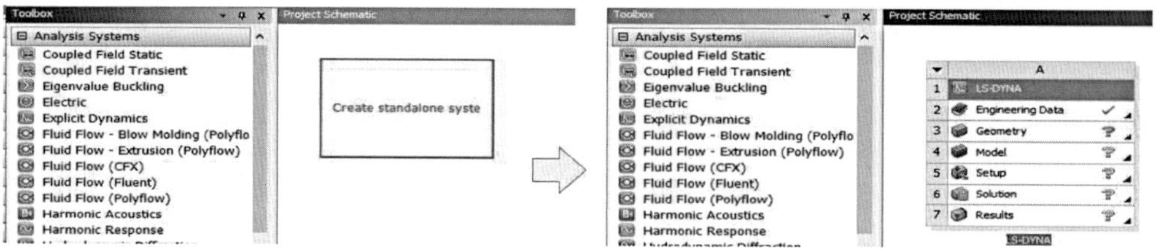

2) 엔지니어링 데이터 정의

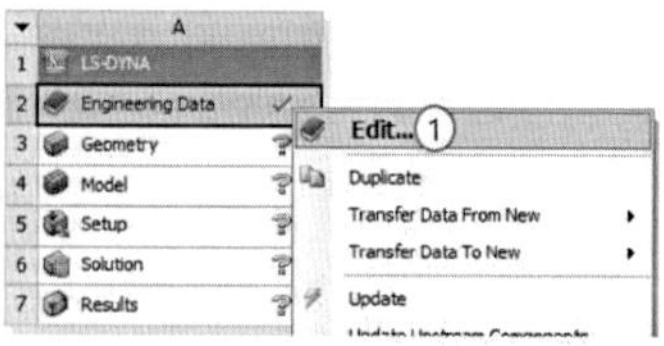

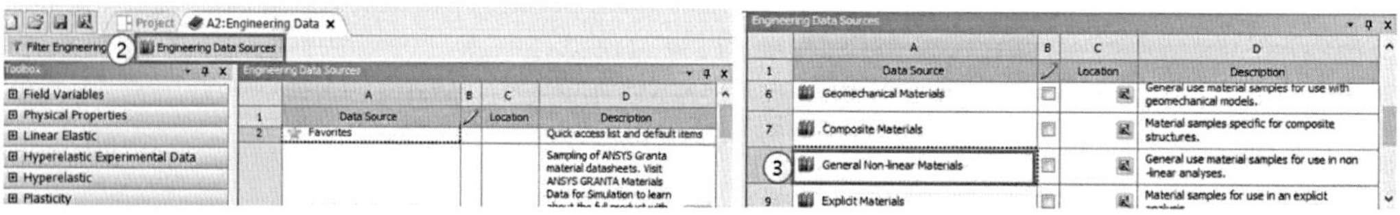

3) 형상 부착 모델 데이터 불러오기(또는 모델 만들기)

Cylinder drop(I)의 모델을 같이 사용한다.

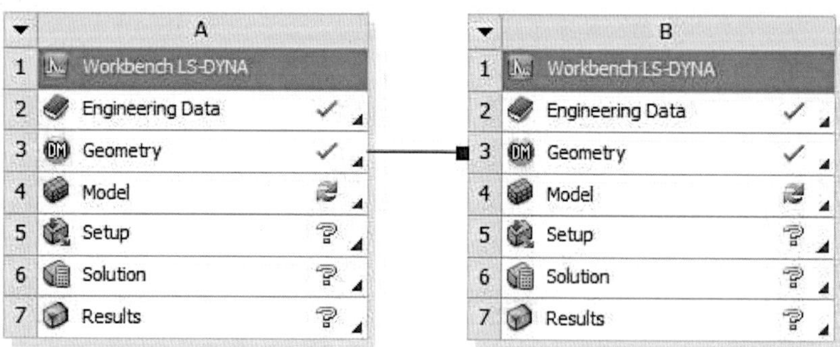

4) 부품 동작 정의

① Surface Body는 Stiffness Behavior를 Rigid로, Thickness=3mm, 재질은 Copper Alloy NL로 설정한다.

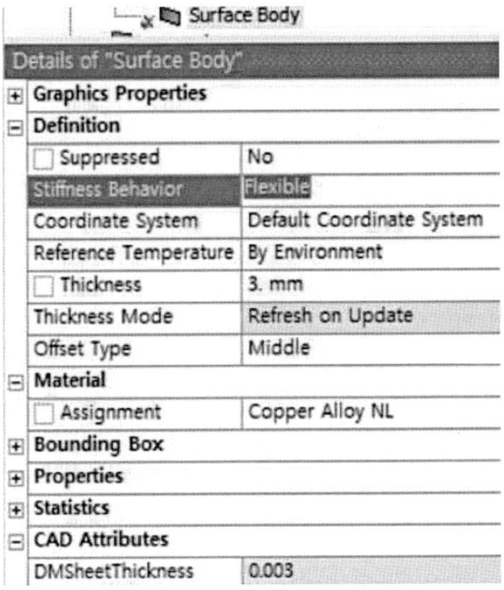

5) 좌표계 정의

시스템에서 설정한 Global 좌표계를 사용한다.

6) 연결 정의 : Taylor Impact(I)와 같이 적용한다.

7) 메쉬 설정 정의 : Taylor Impact(I)와 같이 적용한다.

8) LS-DYNA 분석 설정 정의 : Taylor Impact(I)와 같이 적용한다.

9) 구조해석 초기 조건 정의 : Taylor Impact(I)와 같이 적용한다.

10) 구조해석 경계 조건 정의 :

(1) 하중 조건 설정 : 이전 문제와 같게 Force를 설정한다.

(2) 구조물의 변위 구속조건 설정

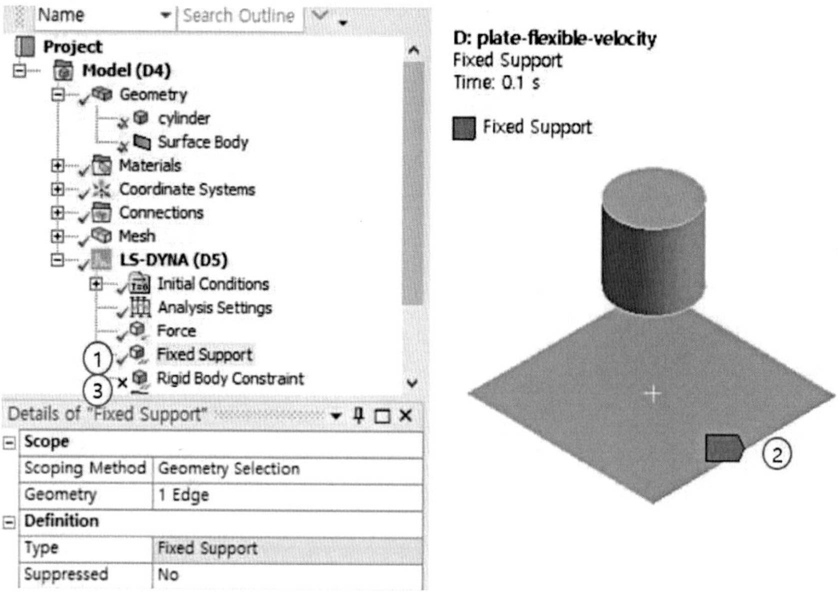

① Fixed support를 설정하여 ②부분의 선을 선택하여 설정한다.

③ 이전에 설정했던 Rigid Body Constraint를 우클릭하여 suppress를 설정한다.

11) 구조해석 수행하기

(1) 해석 소요 시간

경계 조건이 설정이 완료되면 구조해석을 수행한다. Solve 클릭하여 해석한다.

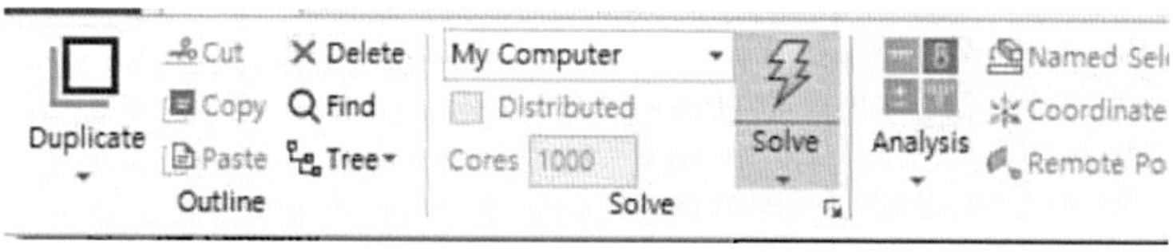

12) 구조해석 결과 확인

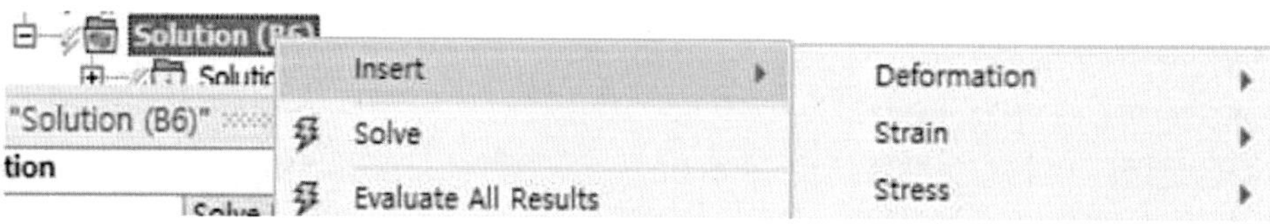

(1) Total Deformation을 검토한다.

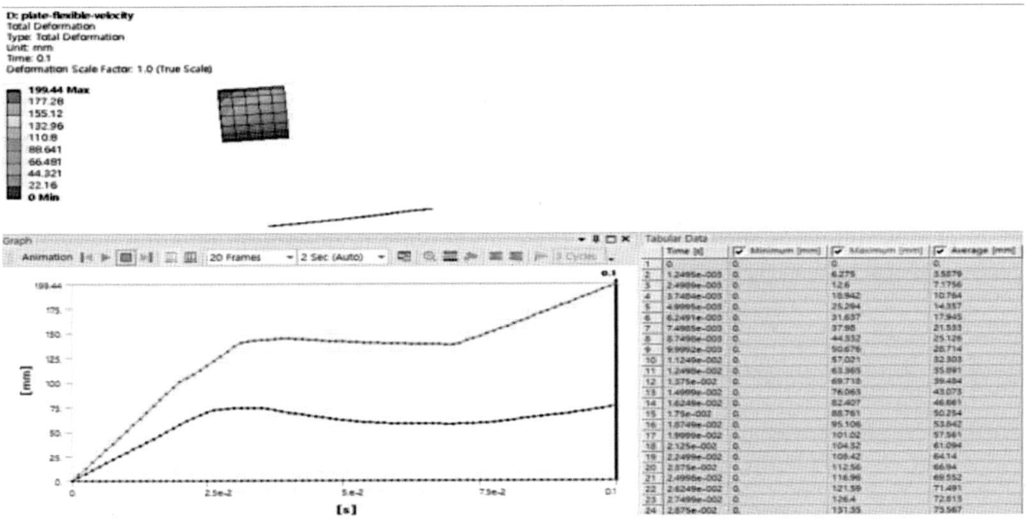

plate에 충돌한 후 plate가 휘는 현상이 관찰된다.

(2) Solution information 결과 확인

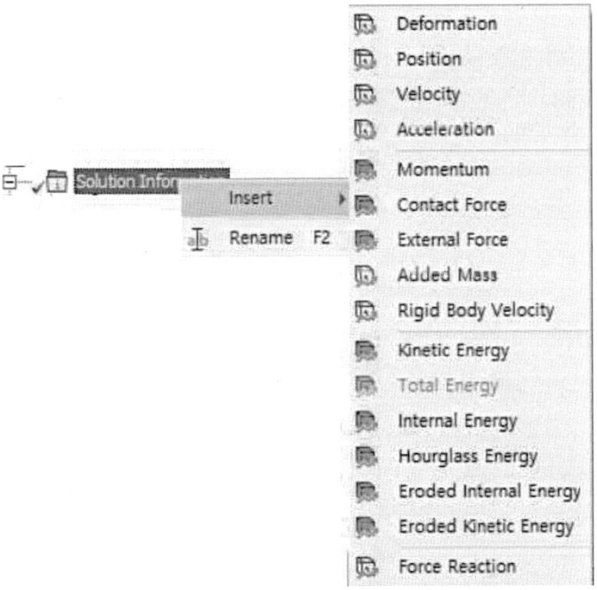

ⓐ Kinetic Energy :

운동 에너지 추적기는 범위가 지정된 엔터티의 운동 에너지를 추적합니다.

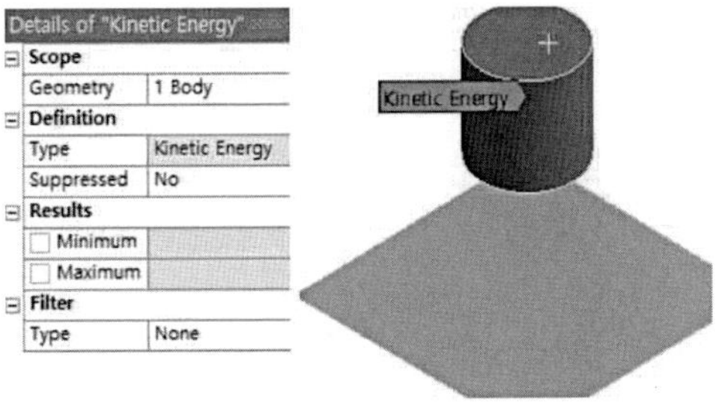

ⓑ Total Energy :

총 에너지 추적기는 범위가 지정된 엔터티의 총 에너지를 추적합니다.

ⓒ Internal Energy :

내부 에너지 추적기는 범위가 지정된 엔터티의 내부 에너지를 추적합니다.

ⓓ Hourglass Energy :

모래시계 에너지 추적기는 범위가 지정된 개체의 모래시계 에너지를 추적합니다.

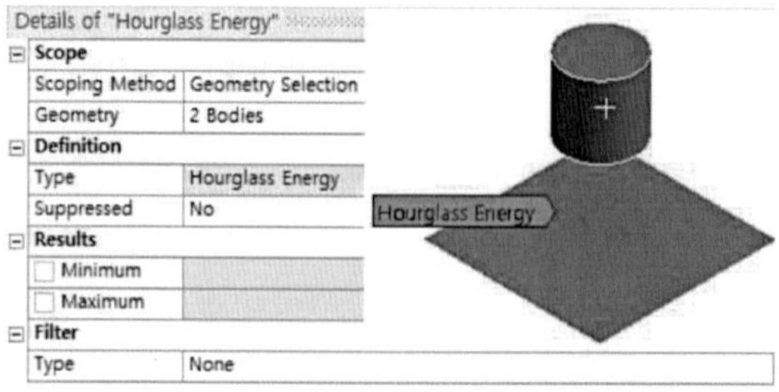

ⓔ Eroded Kinetic Energy:

침식된 운동 에너지 추적기는 범위가 지정된 개체의 침식된 요소에 저장된 운동 에너지를 추적합니다.

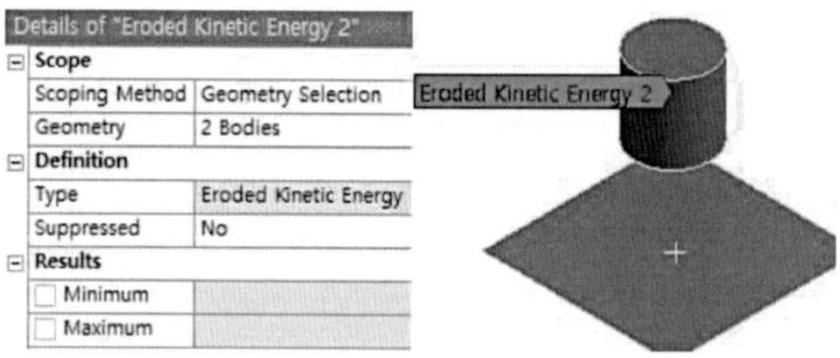

ⓕ Force Reaction :

힘 반응 추적기는 경계 조건이나 범위가 지정된 엔터티의 반력을 추적합니다.

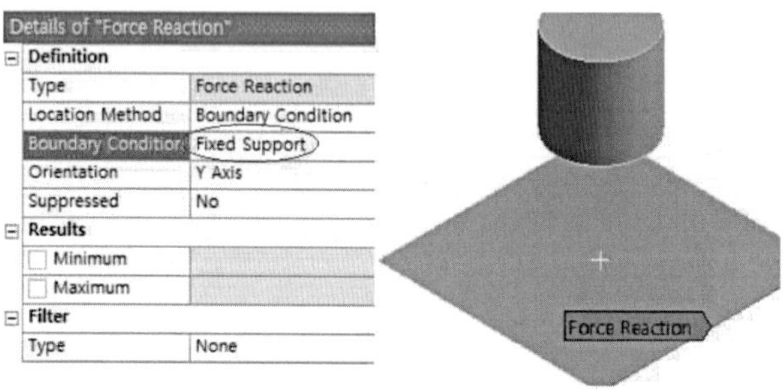

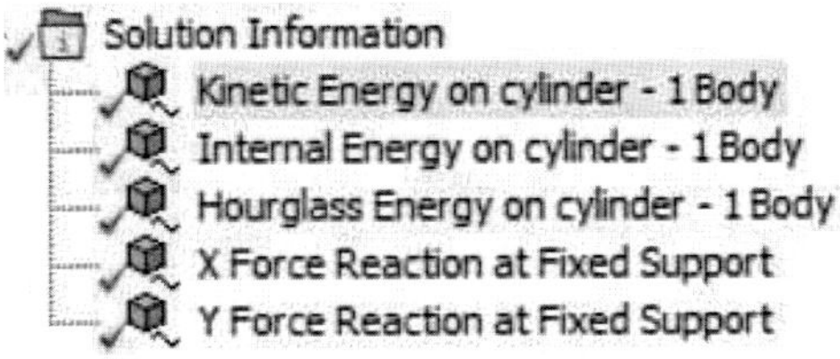

ⓐ Kinetic Energy

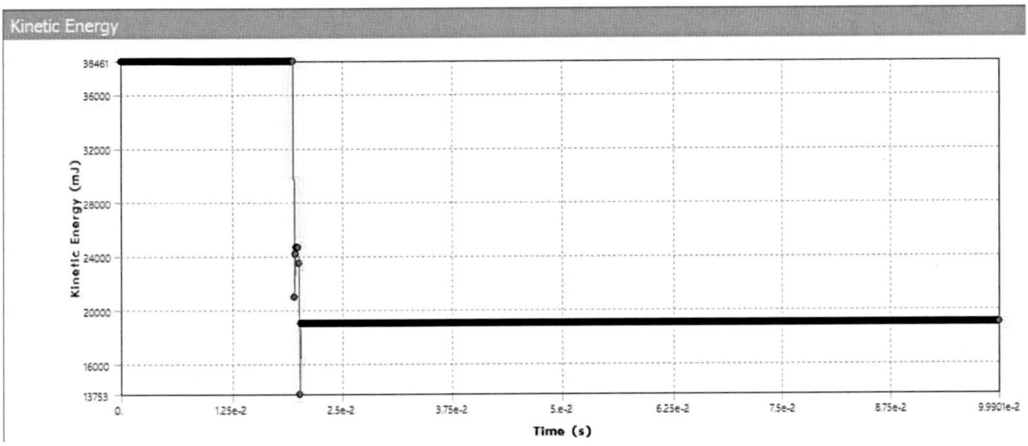

ⓑ Total Energy :

데이터 없음

ⓒ Internal Energy

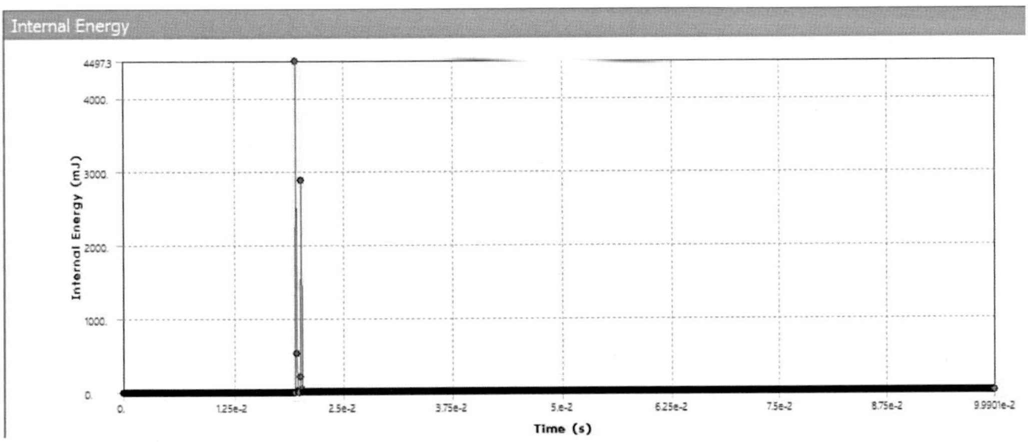

ⓓ Hourglass Energy

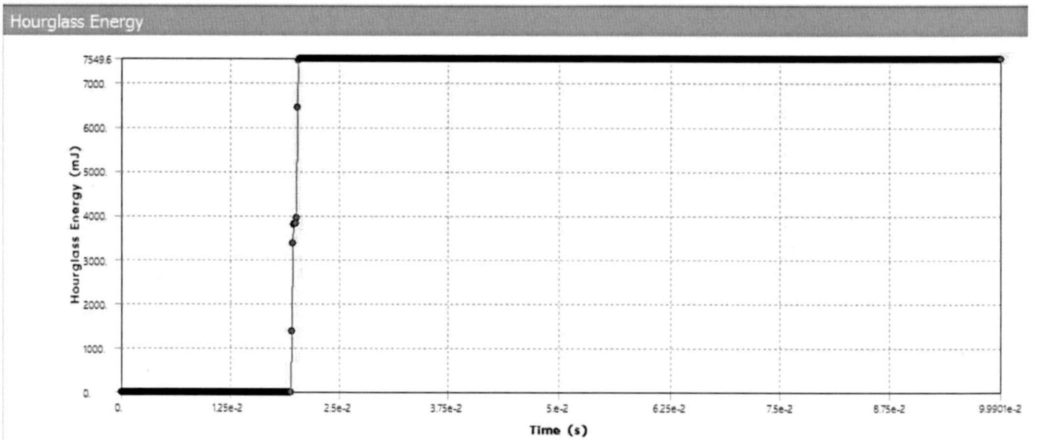

ⓔ Eroded Kinetic Energy:

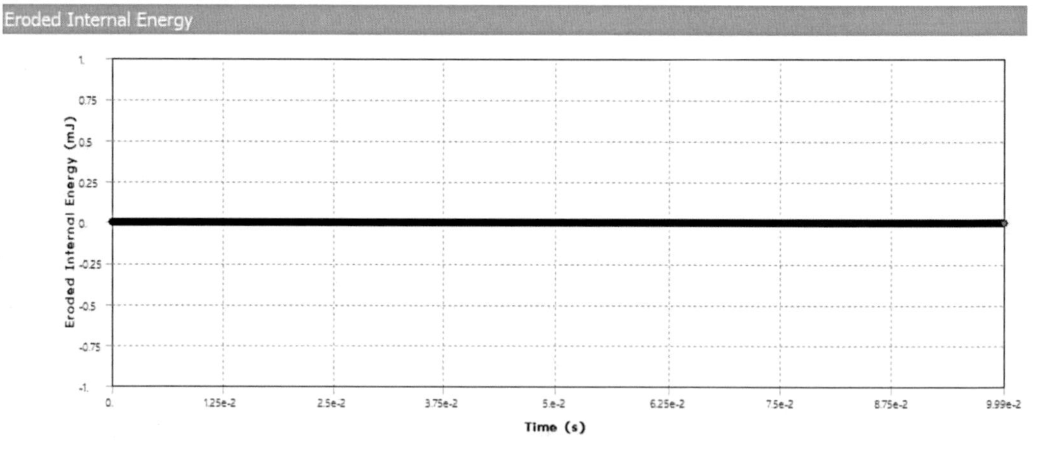

ⓕ Force Reaction

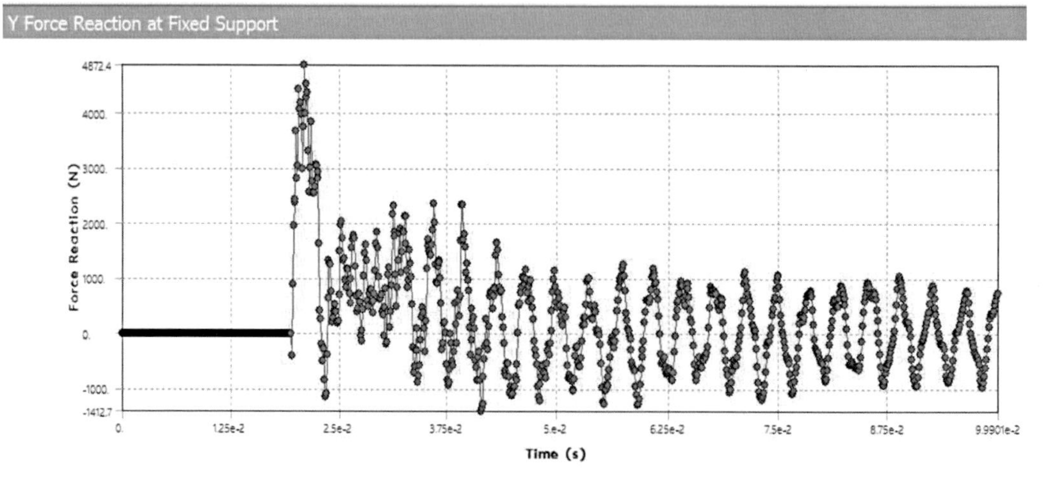

3. Taylor Impact

A. Taylor Impact (I)

1. 구조해석 정의

지름 Φ10x15 실린더가 사각 블록(18x18x5)에 충돌한다. (단위 : mm)
재질을 Structural steel(Workbench에서 제공)로 탄소성 모델을 적용 한다.
Cylinder와 Plate의 접촉은 마찰계수 0.3을 적용한다. cylinder의 메쉬는 1mm, plate의 메쉬는 5mm로 한다. 해석시간은 0.0001 sec 동안 수행한다. Cylinder는 300m/s로 이동한다.

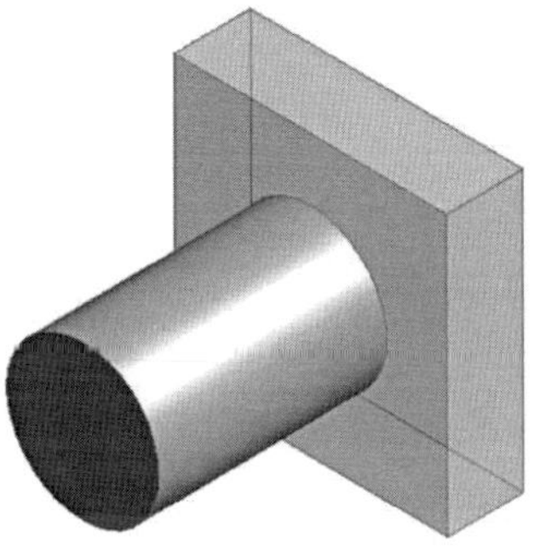

2. 구조해석 목적

- 탄소성 모델에 대하여 해석한다.
- 탄소성 steel로 이루어진 실린더가 일정한 초기속도로 Rigid wall과 충돌 해석한다.
- 완전탄소성 재질과 탄소성 재질의 거동을 비교한다.
- Contact force를 관찰한다.
- Energy 변화를 관찰한다.

3. 구조해석 절차

1) 프로젝트 설정

① workbench에서 LSDYNA를 사용할 수 있도록 Extensions Manager에서 설정하고, workbench에서 LS-DYNA를 드래그(또는 더블클릭) 한다.

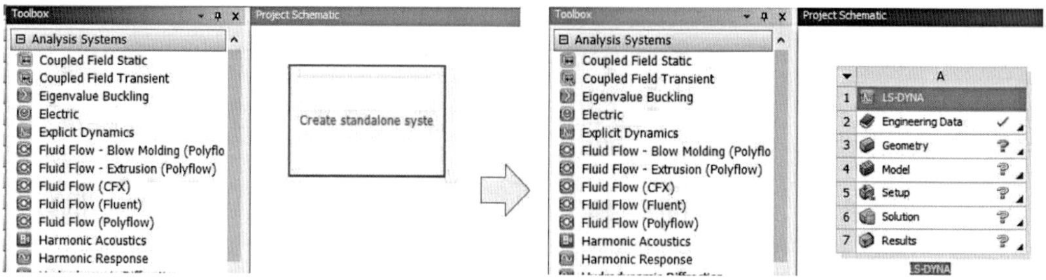

2) 엔지니어링 데이터 정의

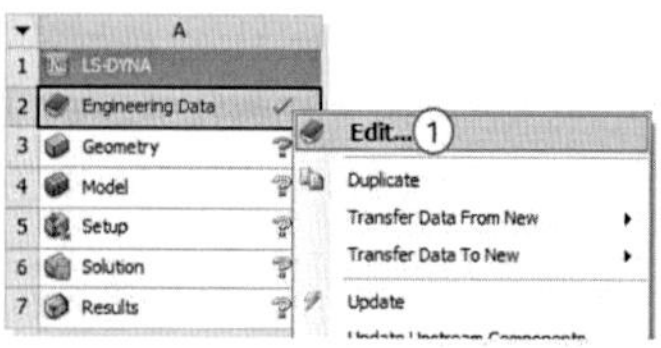

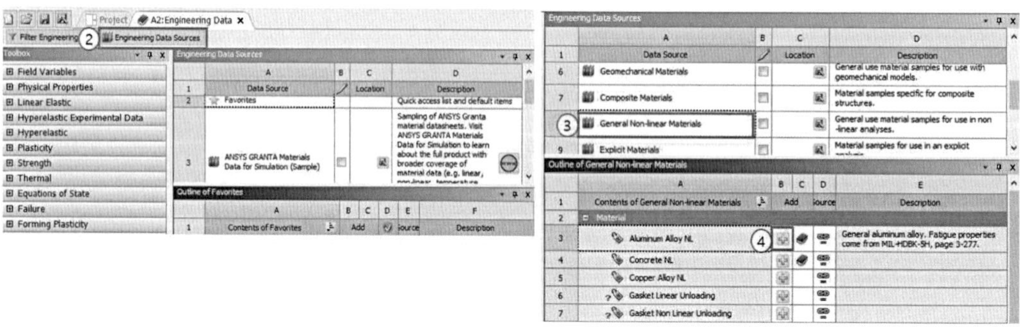

① Engineering Data를 우클릭하여 Editor를 들어간다. (또는 더블클릭)

② Engineering Data Source를 클릭하여 Engineering Data Source를 활성화한다.

③ 비선형 재료를 사용하기 위하여, General Non-liner Materials로 들어간다.

④ 해석에 사용하는 재료의 + 마크를 클릭하여 책모양을 활성화 시킨다.

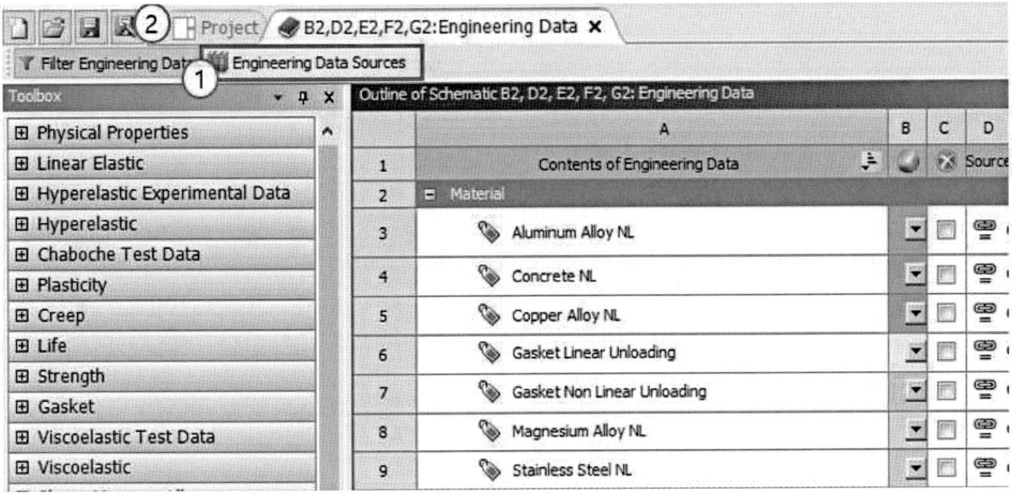

① Engineering Data Source를 클릭하여 사용할 데이터를 확인한다.

② Project를 클릭하여 Workbench Project 화면으로 돌아간다.

이번 해석에서는 Structural Steel NL을 사용한다, (탄소성 모델)

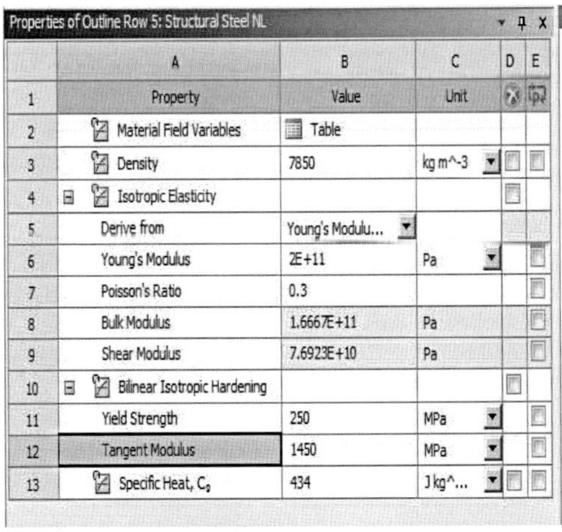

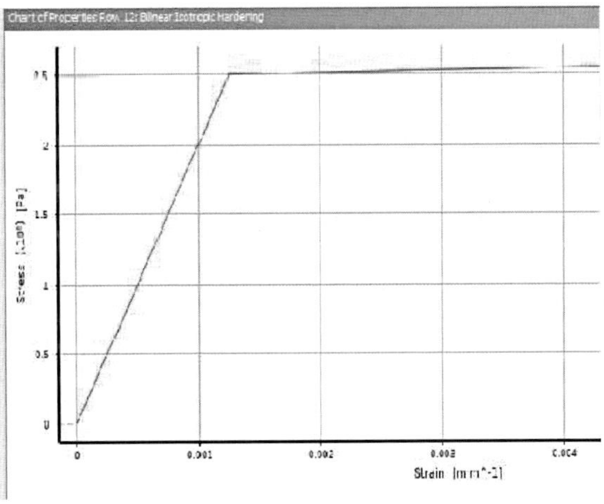

탄성계수는 200000MPa, 접선탄성계수는 1450MPa, 항복강도는 250MPa 이다.

3) 형상 부착 모델 데이터 불러오기(또는 모델 만들기)

해석 모델은 SpaceClaim, DesingModeler를 사용하여 디자인한다.

또는 다른 소프트웨어서 디자인한 모델을 stp, IGES 등의 파일 형식으로 Import Geometry를 사용하여 가져온다.

(1) Case 1:

① Geometry > Import Geometry에서 파일을 가져온다.

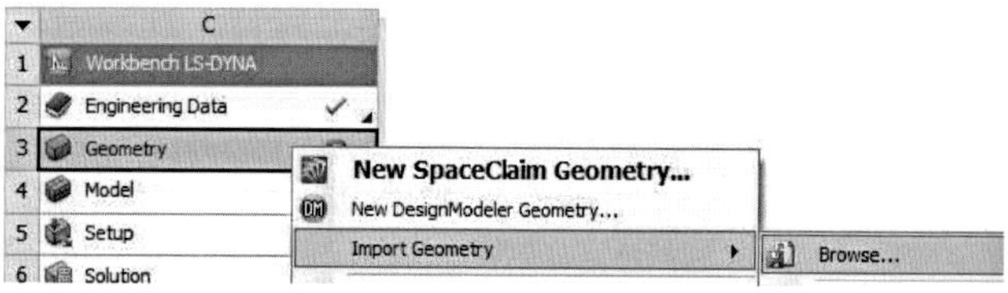

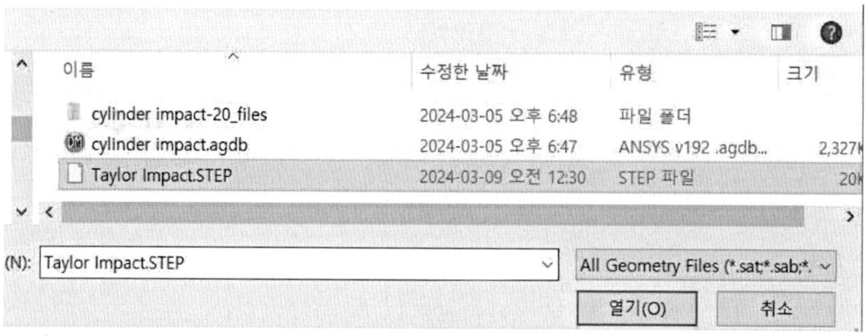

(2) Case 2:

이번 구조해석에서는 DesingModeler를 사용하여 디자인한다.

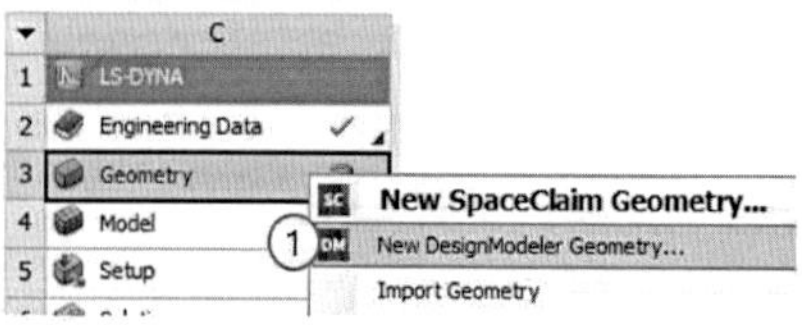

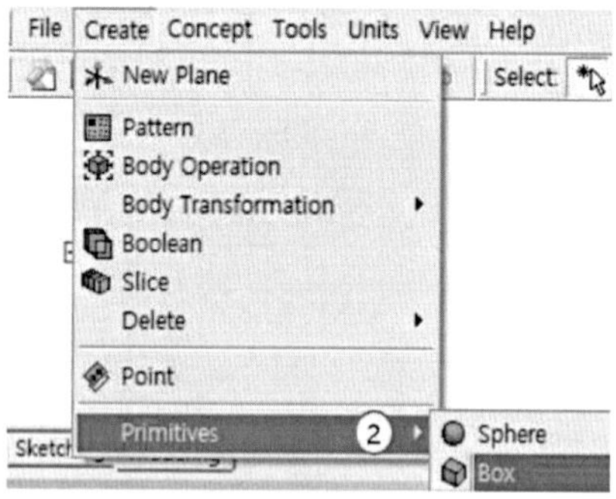

① Geometry에서 New DesignModeler를 불러온다.

② DesignModeler에서 Primitives로 sphere 만든다.

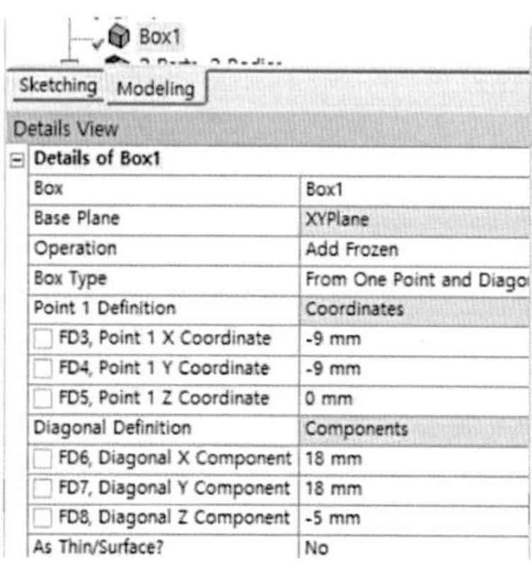

Details of Box1	
Box	Box1
Base Plane	XYPlane
Operation	Add Frozen
Box Type	From One Point and Diago
Point 1 Definition	Coordinates
FD3, Point 1 X Coordinate	-9 mm
FD4, Point 1 Y Coordinate	-9 mm
FD5, Point 1 Z Coordinate	0 mm
Diagonal Definition	Components
FD6, Diagonal X Component	18 mm
FD7, Diagonal Y Component	18 mm
FD8, Diagonal Z Component	-5 mm
As Thin/Surface?	No

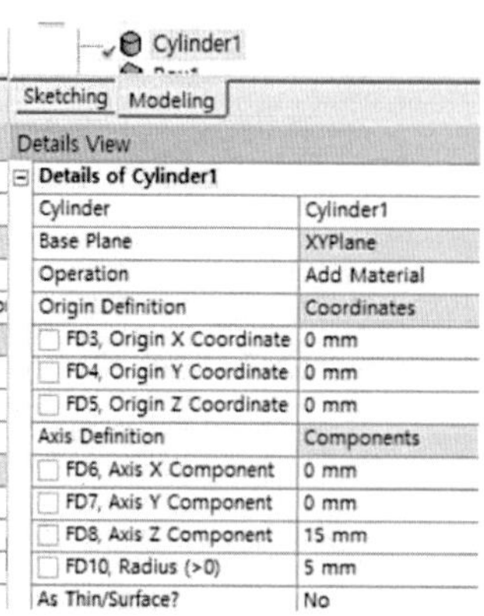

Details of Cylinder1	
Cylinder	Cylinder1
Base Plane	XYPlane
Operation	Add Material
Origin Definition	Coordinates
FD3, Origin X Coordinate	0 mm
FD4, Origin Y Coordinate	0 mm
FD5, Origin Z Coordinate	0 mm
Axis Definition	Components
FD6, Axis X Component	0 mm
FD7, Axis Y Component	0 mm
FD8, Axis Z Component	15 mm
FD10, Radius (>0)	5 mm
As Thin/Surface?	No

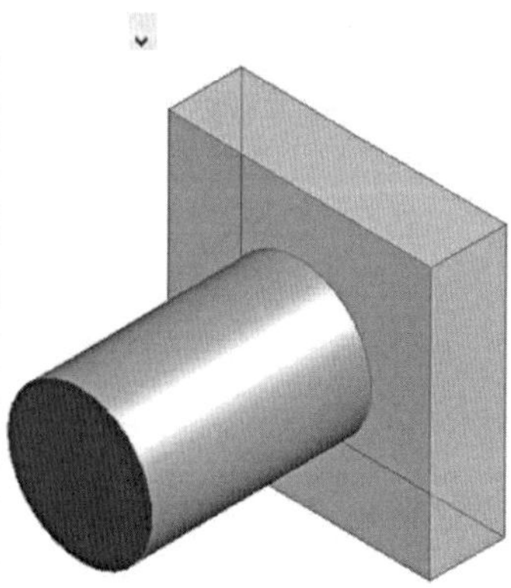

Cylinder1을 Add material 하고, Box1을 Add Frozen 한다.

① cylinder Φ10x15을 모형화한다.

② Box1 (18x18x5)을 모형화한다.

4) 부품 동작 정의

(1) 구조해석을 하기 위하여 Mechanical 창을 활성화한다.

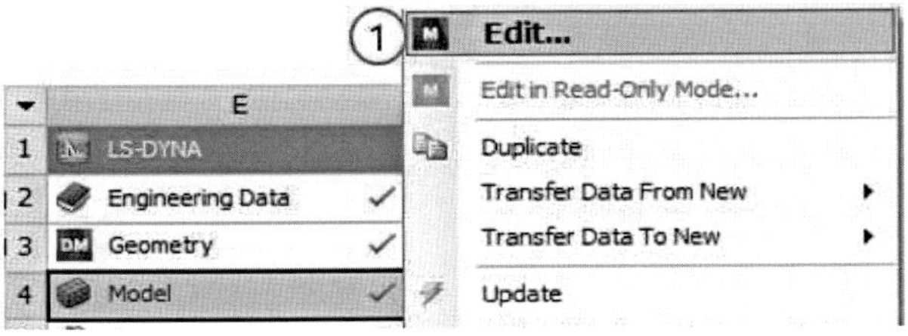

(2) 부품 동작 정의에서 부품 동작에 대한 정보를 정의한다.

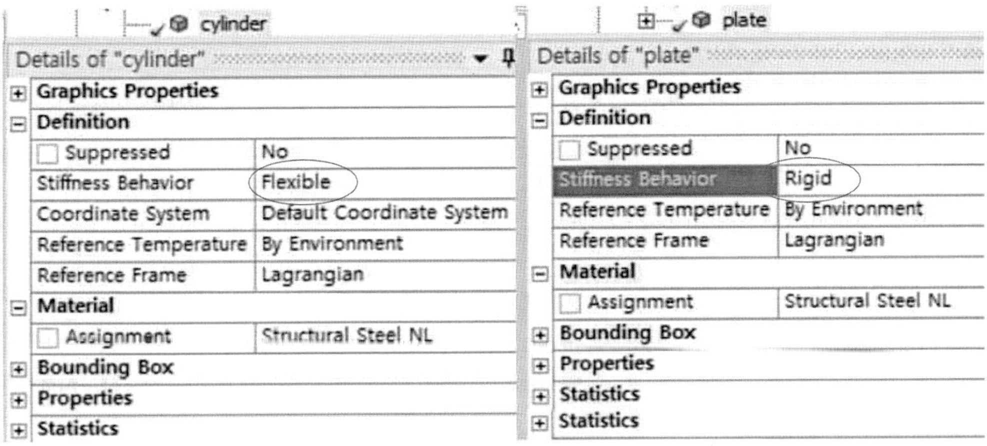

① cylinder는 Stiffness Behavior를 flexible로,

재질은 Structural steel NL로 설정한다.

cylinder의 무게는 9.2481e-3 kg 정도이다.

② plate는 Stiffness Behavior를 rigid로,

재질은 Structural steel NL로 설정한다.

5) 좌표계 정의

시스템에서 설정한 Global 좌표계를 사용한다.

6) 연결 정의

① Contacts 삭제

자동으로 생성되는 Contacts를 suppress 시킨다.

② Body Interaction은 Frictional로 설정하고 마찰계수는 0.3으로 한다.

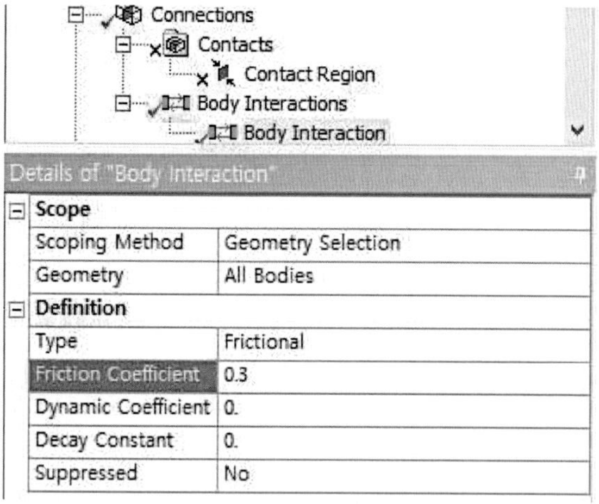

7) 메쉬 설정 정의

참고

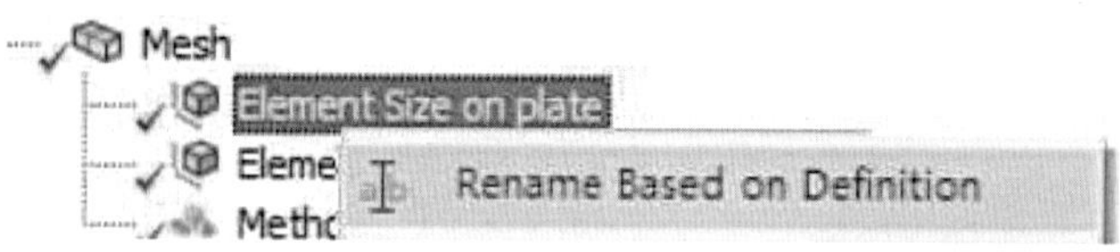

Rename Based on Definition : 이 옵션은 정의에 따라 개체의 이름을 바꿉니다.

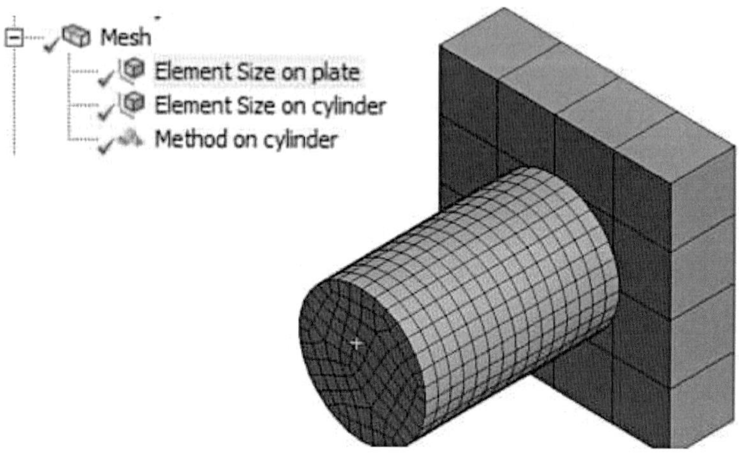

① plate는 element size를 5mm로 설정한다.

② cylinder는 element size를 1mm로 설정한다.

③ cylinder를 Method로 Multizone으로 설정한다.

④ Rename Base on Definition으로 이름을 변경한다.

8) LS-DYNA 분석 설정 정의

① Step Controls
   End Time = 0.0001
   Automatic Mass Scaling = No
② CPU and Memory Management
   Number of CPUS = 2
③ Hourglass Control Type = Belyschko-Bindeman
④ Output Controls
   Calculate Results At = Equally Scoped Points, Value = 50
⑤ Time History Output = No

9) 구조해석 초기 조건 정의
Initial velocity를 Z 축으로 -300m/s로 설정한다.

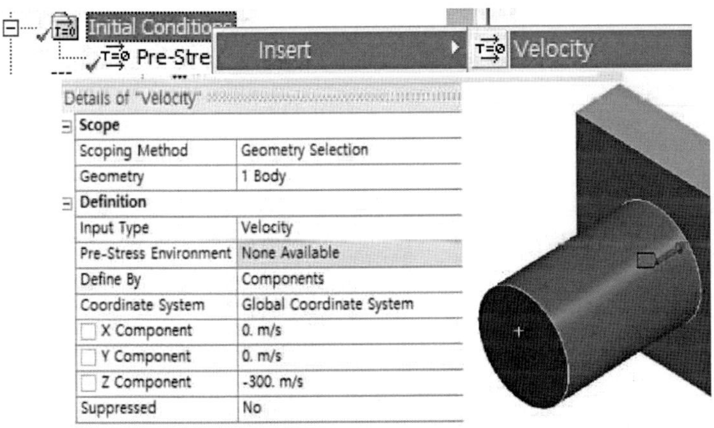

10) 구조해석 경계 조건 정의

(1) 하중 조건 설정 : 없음
(2) 구조물의 변위 구속조건 설정

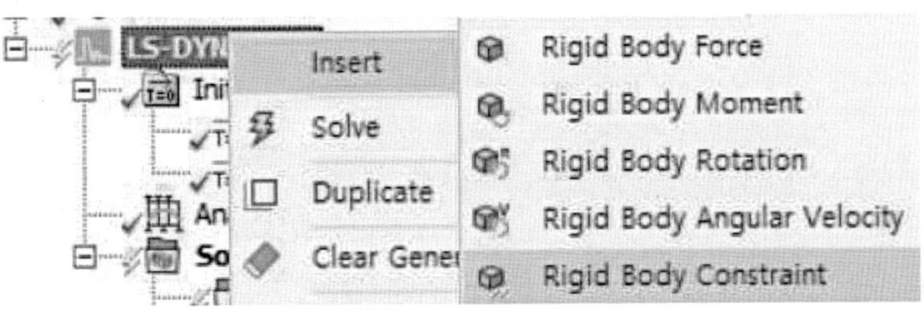

Plate를 Rigid Body Constraint를 추가한다.

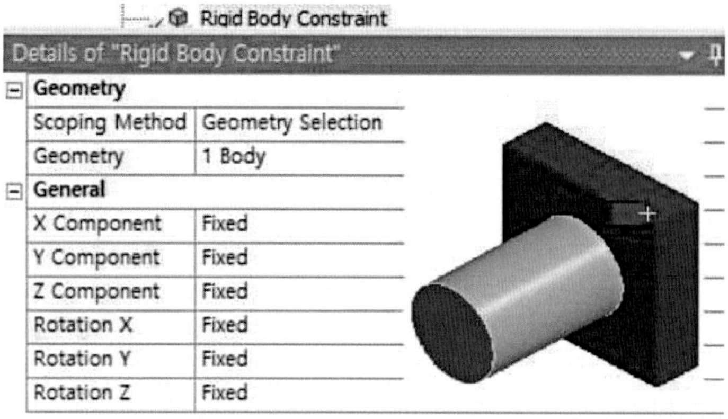

(3) Request Results

cylinder에 Body contact tracter를 추가한다.

- contact force를 “rcforc”에 저장

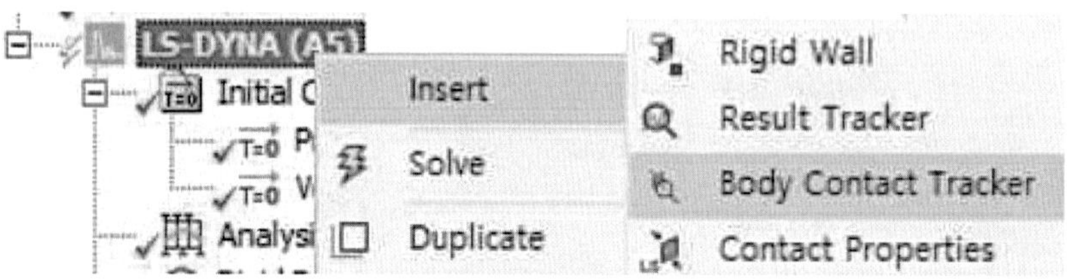

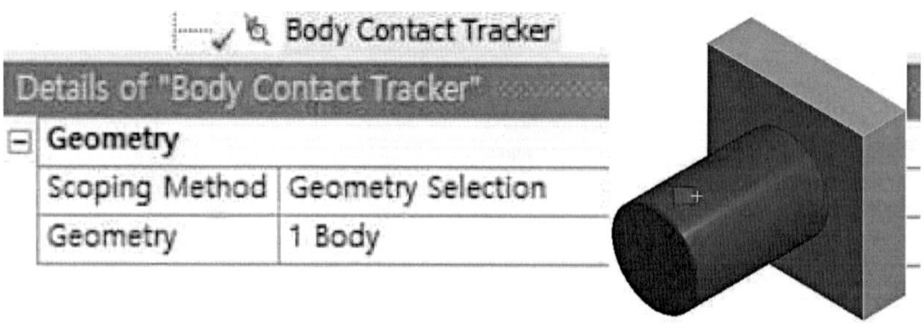

11) 구조해석 수행하기

경계 조건이 설정이 완료되면 구조해석을 수행한다. Solve 클릭하여 해석한다.

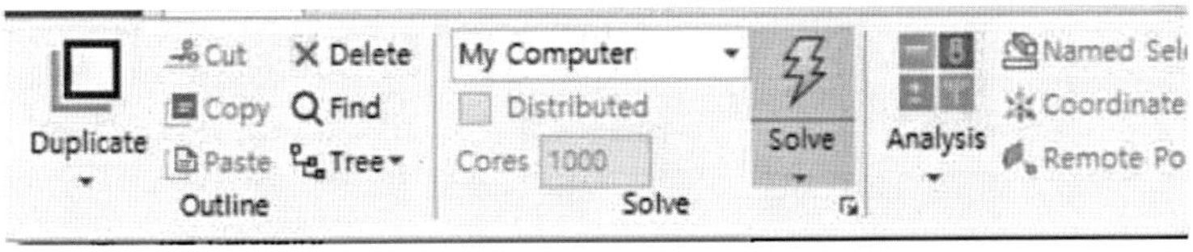

(1) 해석 소요 시간

해석 시간 정보 :

6837 t 1.0000E-04 dt 1.14E-08 write intfor file

Elapsed time 54 seconds for 6837 cycles using 2 SMP threads
(0 hour 0 minute 54 seconds)

12) 구조해석 결과 확인

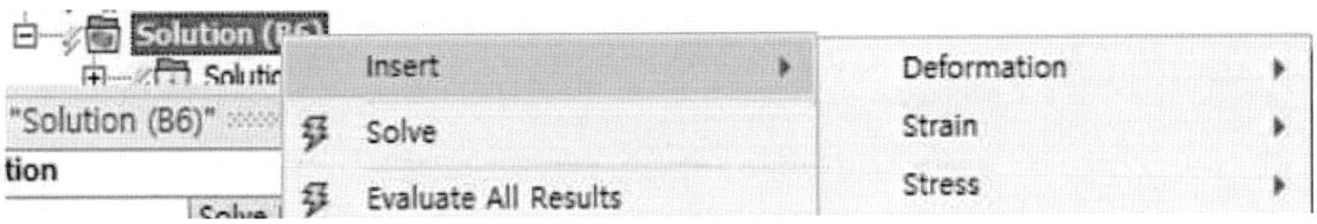

Solution에서 Deformation, Strain, Stress 등의 해석 결과를 불러온다.

(1) Total Deformation을 검토한다.

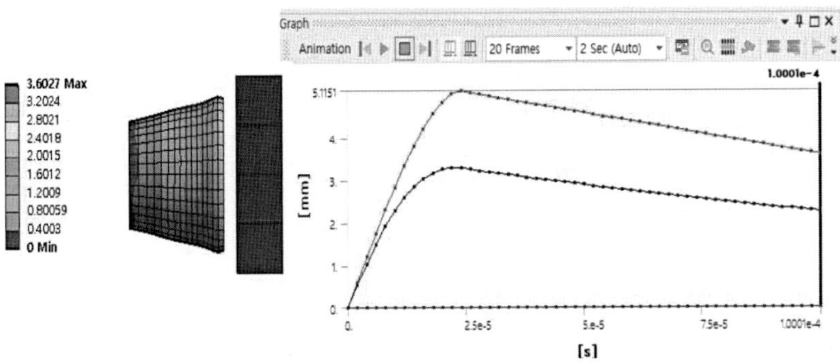

Tabular Data

	Time [s]	Maximum [...	Average...
1	0.	0.	0.
2	1.9876e-006	0.59629	0.5271
3	3.9927e-006	1.2194	1.0326
4	5.9337e-006	1.7447	1.4923
5	7.9656e-006	2.3058	1.9223
6	9.9772e-006	2.8396	2.2949
7	1.1978e-005	3.3402	2.6041
8	1.3991e-005	3.8017	2.848
9	1.5945e-005	4.206	3.0307
10	1.7994e-005	4.5676	3.1734
11	1.9992e-005	4.8429	3.2586
12	2.1988e-005	5.0322	3.2892
13	2.3988e-005	5.1151	3.2811
14	2.5994e-005	5.0624	3.2521
15	2.7947e-005	5.0368	3.2218
16	2.9963e-005	4.9898	3.1915
17	3.1968e-005	4.9474	3.1591
18	3.399e-005	4.9178	3.1298
19	3.5972e-005	4.8631	3.0986

cylinder가 plate에 충돌하여 튀어 올라오는 모습이 관찰된다.

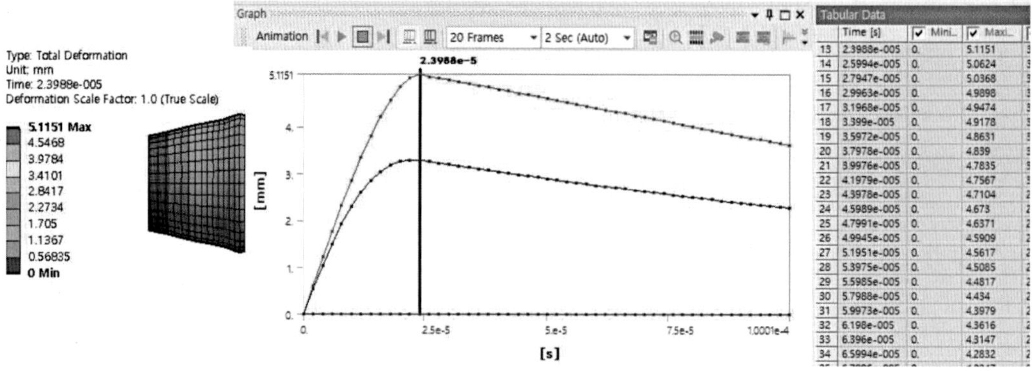

2.39e-5 sec에 plate에 충돌하여 최대 변형이 발생한다.

(2) Plastic Strain Evaluation : User Defined Result

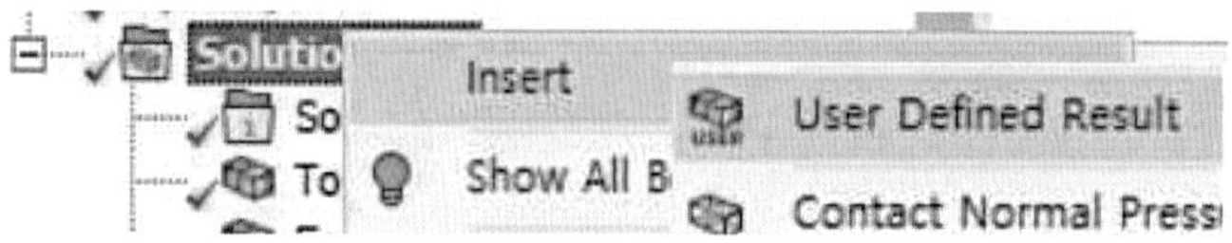

EPS (Plastic Strain) 추가

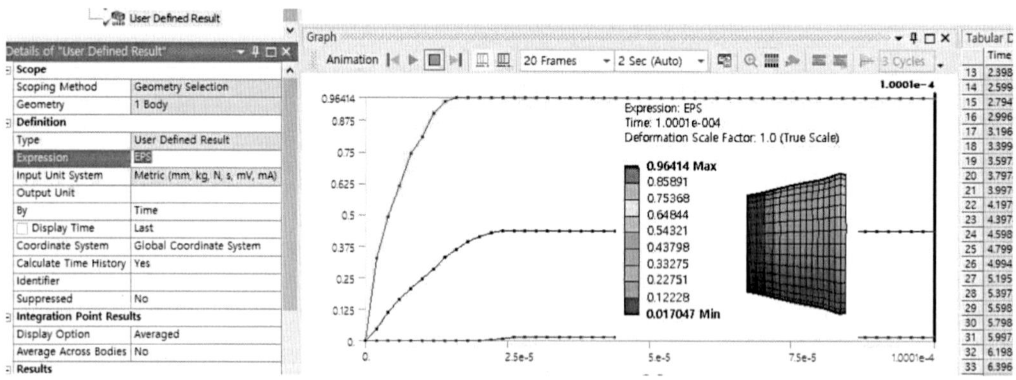

(3) Energy Evaluation

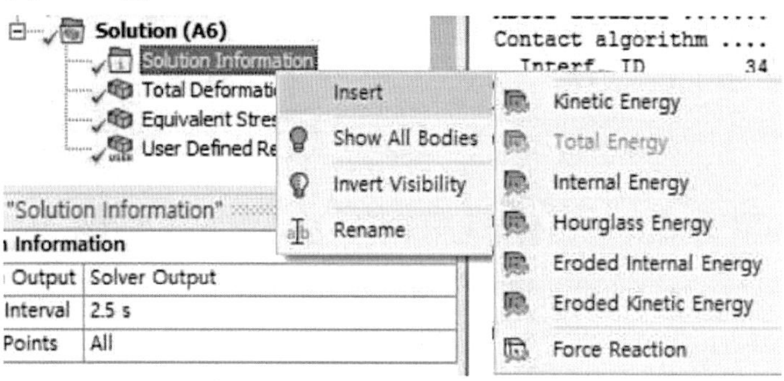

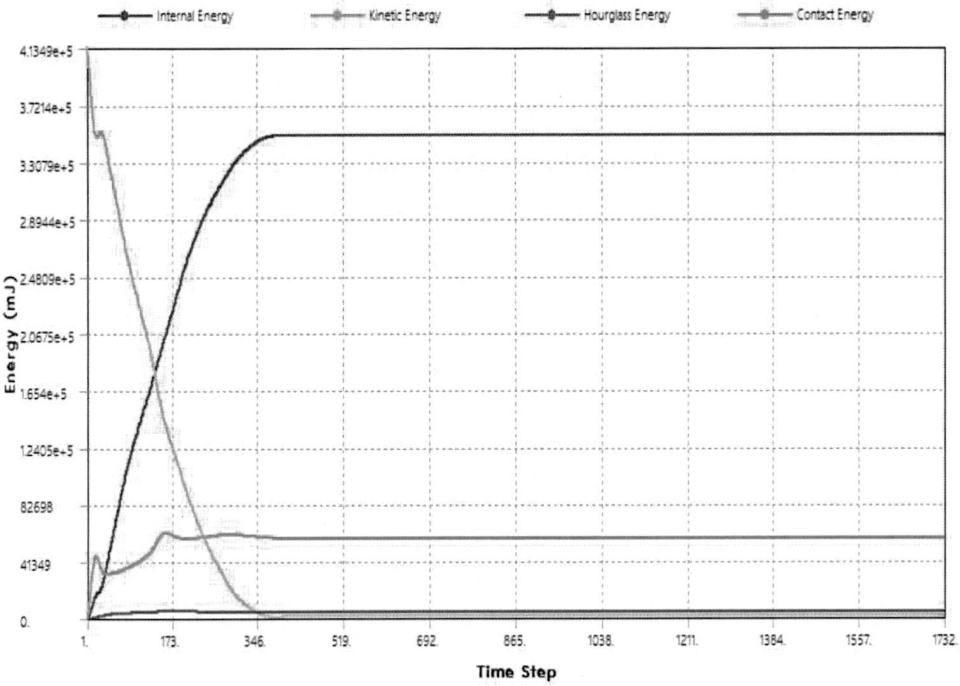

(4) 반력

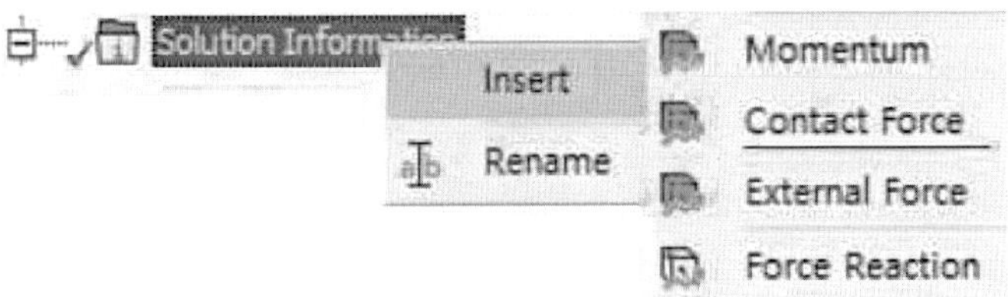

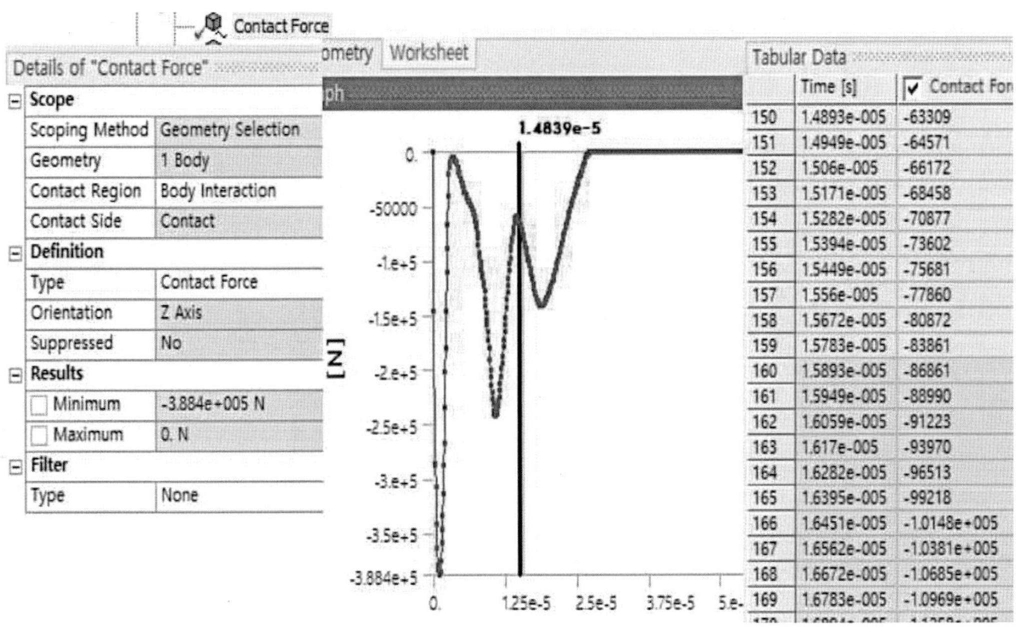

Details of "Contact Force"

Scope	
Scoping Method	Geometry Selection
Geometry	1 Body
Contact Region	Body Interaction
Contact Side	Contact
Definition	
Type	Contact Force
Orientation	Z Axis
Suppressed	No
Results	
Minimum	-3.884e+005 N
Maximum	0. N
Filter	
Type	None

Tabular Data

	Time [s]	Contact For
150	1.4893e-005	-63309
151	1.4949e-005	-64571
152	1.506e-005	-66172
153	1.5171e-005	-68458
154	1.5282e-005	-70877
155	1.5394e-005	-73602
156	1.5449e-005	-75681
157	1.556e-005	-77860
158	1.5672e-005	-80872
159	1.5783e-005	-83861
160	1.5893e-005	-86861
161	1.5949e-005	-88990
162	1.6059e-005	-91223
163	1.617e-005	-93970
164	1.6282e-005	-96513
165	1.6395e-005	-99218
166	1.6451e-005	-1.0148e+005
167	1.6562e-005	-1.0381e+005
168	1.6672e-005	-1.0685e+005
169	1.6783e-005	-1.0969e+005

참고 : 실린더가 블록을 투과하는 해석

속도를 초기속도를 사용하지 않고 일반적인 속도를 사용하면 실리던가 블록을 관통하는 현상이 발생한다.

1) 속도 설정 방법 변경

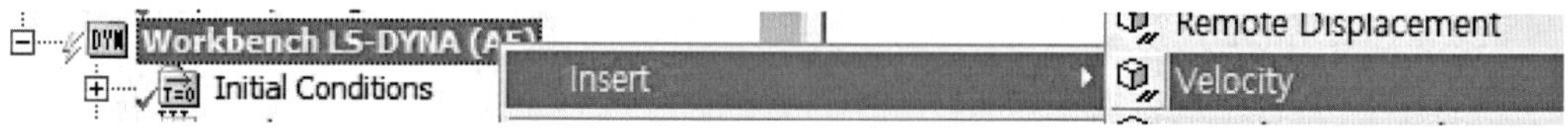

Details of "Velocity"

Scope	
Scoping Method	Geometry Selection
Geometry	1 Body
Definition	
Type	Velocity
Define By	Components
Coordinate System	Global Coordinate System
X Component	Free
Y Component	Free
Z Component	-300. m/s (step applied)
Suppressed	No

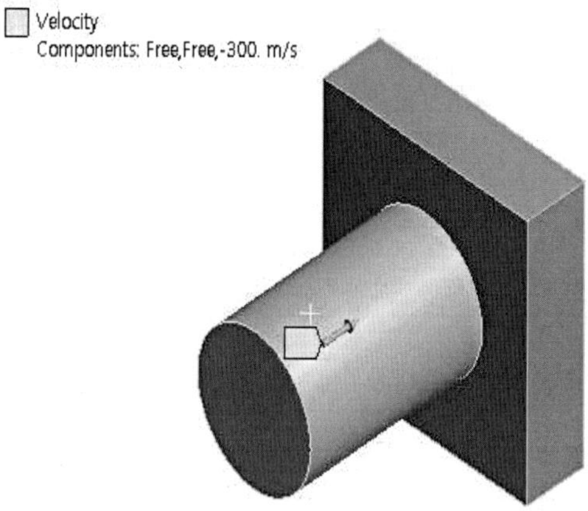

2) 해석 결과

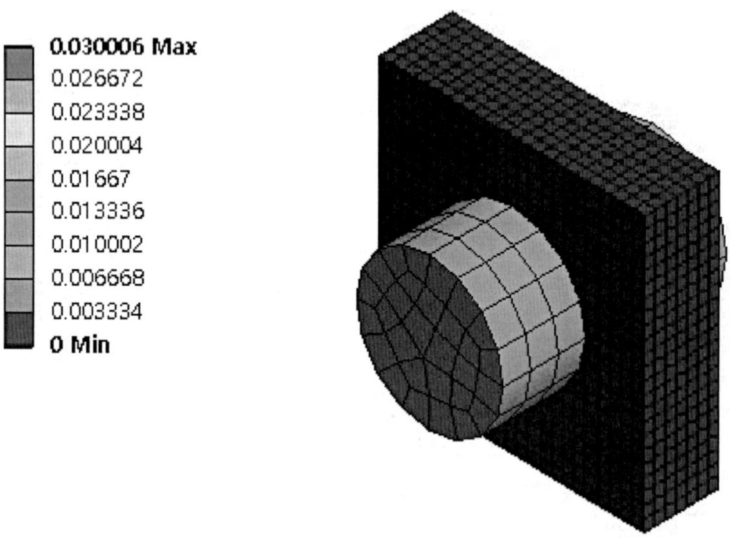

참고 : 실린더의 재질이 Structural Steel로 설정된 경우

1) Cylinder의 재질이 Structural steel로 설정된 경우

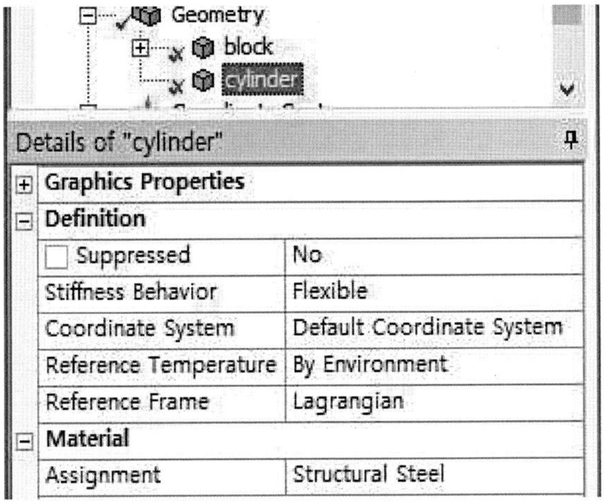

2) Total deformation에서 cylinder가 팀 켜나 간다.

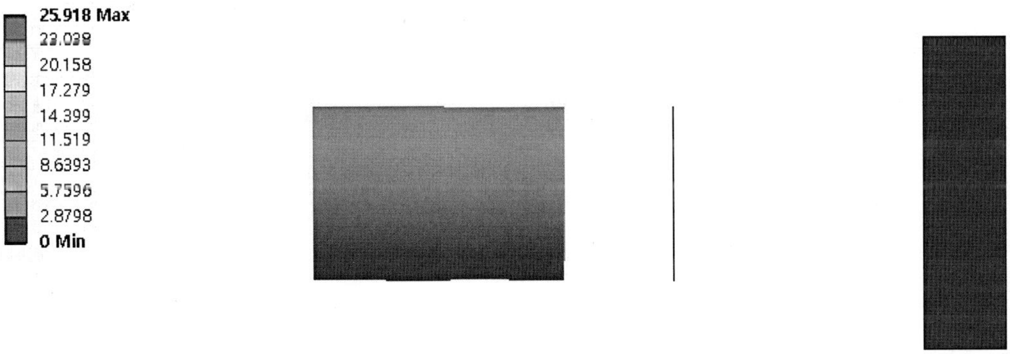

B. Taylor Impact (II)

1. 구조해석 정의

지름 Φ10x15 실린더가 사각 블록(18x18x5)에 충돌한다. (단위 : mm)
Cylinder와 Plate의 접촉은 마찰계수 0.3을 적용한다. cylinder의 메쉬는 1mm, plate의 메쉬는 5mm로 한다. 해석시간은 0.0001 sec 동안 수행한다. Cylinder는 300m/s로 이동한다.
재질을 Structural steel(Workbench에서 제공)로 완전-소성 모델로 적용한다.

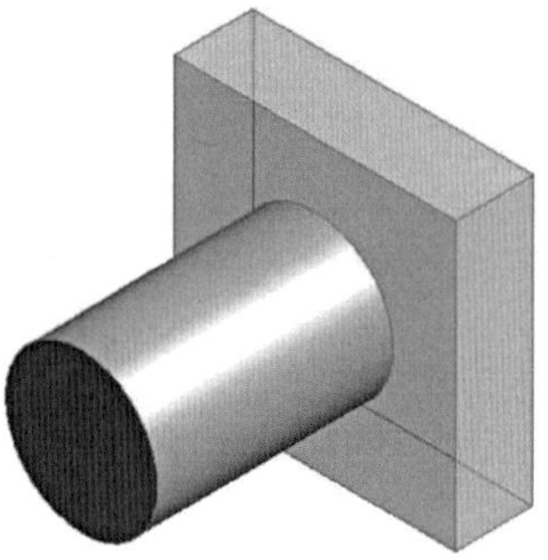

2. 구조해석 목적

- Structural steel을 완전-소성 모델로 변경한다.
- 탄소성 steel로 이루어진 실린더가 일정한 초기속도로 Rigid wall과 충돌 해석한다.
- 완전탄소성 재질과 탄소성 재질의 거동을 비교한다.
- Contact force를 관찰한다.
- Energy 변화를 관찰한다.

3. 구조해석 절차

1) 프로젝트 설정

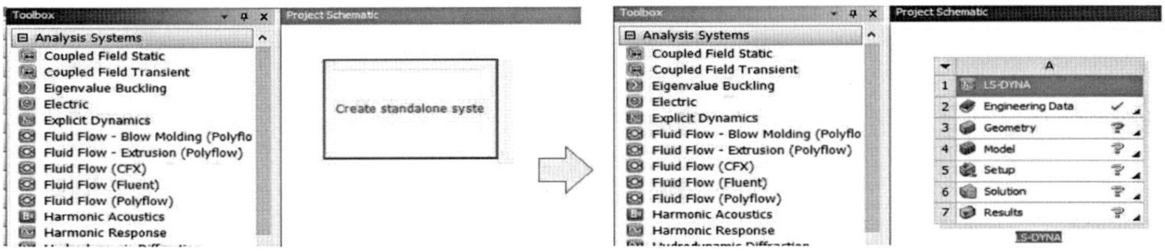

2) 엔지니어링 데이터 정의

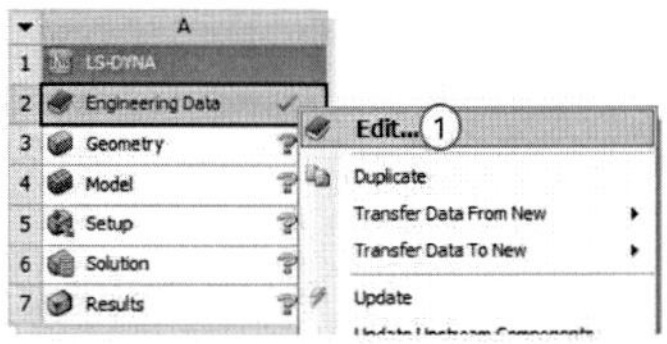

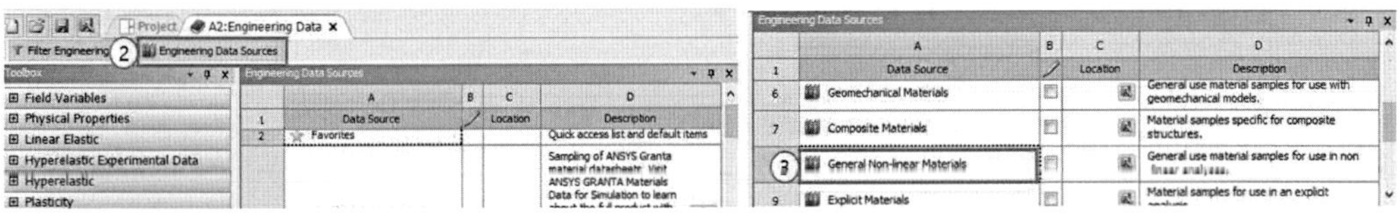

이번 해석에서는 완전 탄소성 Structural Steel을 사용한다.

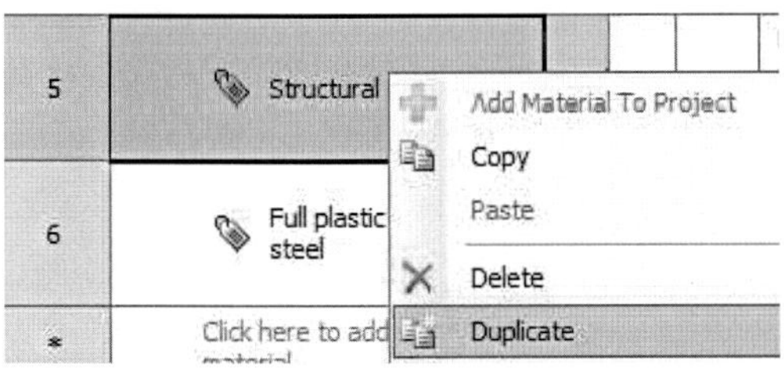

① Engineering Data Source에서 structural Steel NL를 복사하고 이름을 "Full plastic structural steel" 로 변경한다.

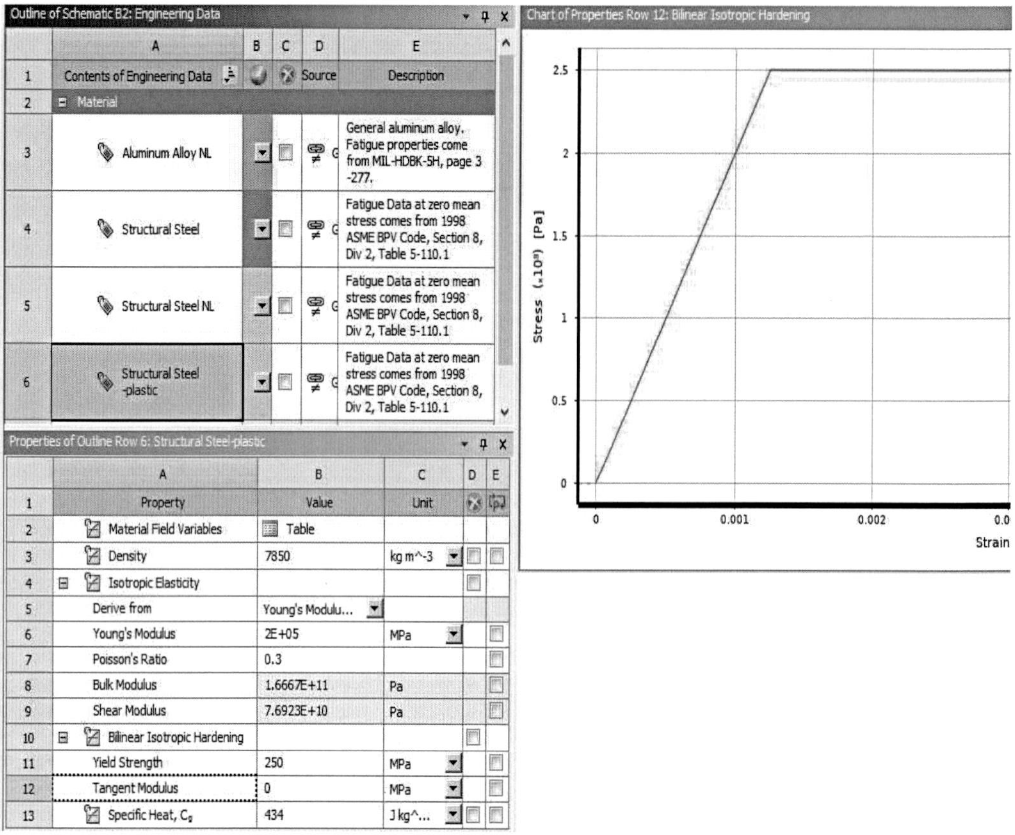

② 탄성계수는 200000MPa, 접선탄성계수는 0MPa, 항복강도는 250MPa 로 변경한다.

3) 형상 부착 모델 데이터 불러오기(또는 모델 만들기)

Taylor Impact(I)의 모델을 같이 사용한다.

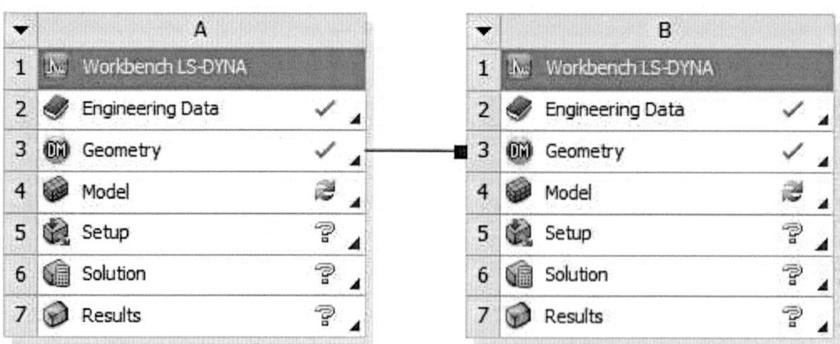

Taylor Impact(I) Taylor Impact(II)

4) 부품 동작 정의

① cylinder의 재질을 변경한다.

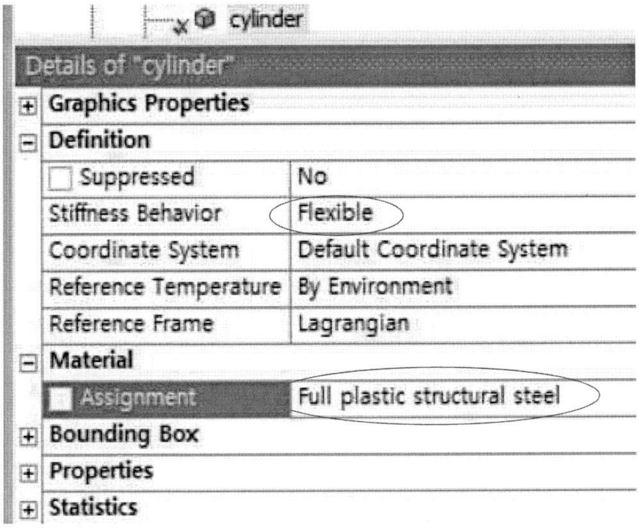

5) 좌표계 정의
시스템에서 설정한 Global 좌표계를 사용한다.

6) 연결 정의 : Taylor Impact(I)와 같이 적용한다.

7) 메쉬 설정 정의 : Taylor Impact(I)와 같이 적용한다.

8) LS-DYNA 분석 설정 정의 : Taylor Impact(I)와 같이 적용한다.

9) 구조해석 초기 조건 정의 : Taylor Impact(I)와 같이 적용한다.

10) 구조해석 경계 조건 정의 : Taylor Impact(I)와 같이 적용한다.

11) 구조해석 수행하기

(1) 해석 소요 시간
경계 조건이 설정이 완료되면 구조해석을 수행한다. Solve 클릭하여 해석한다.

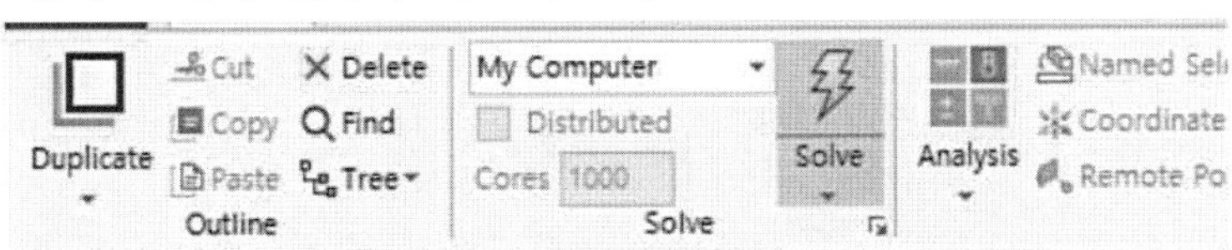

(2) Energy 변화 추이

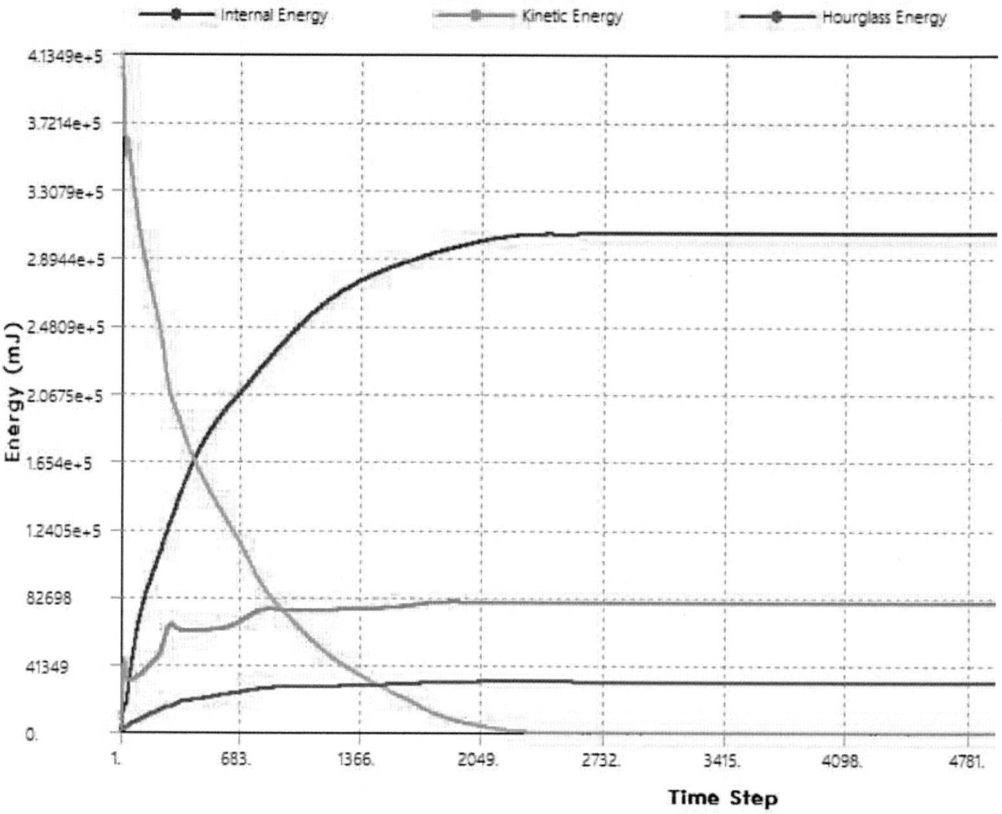

12) 구조해석 결과 확인

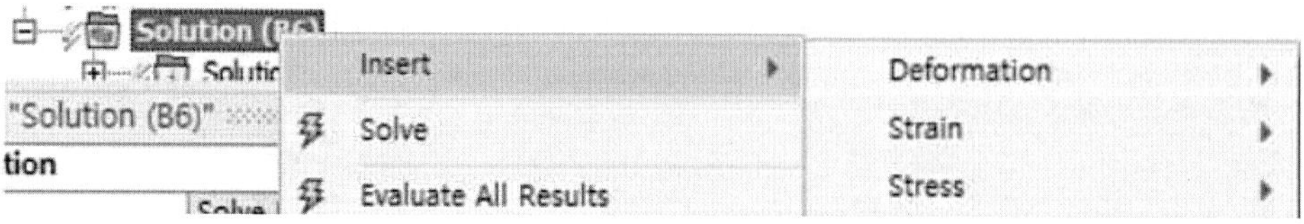

(1) Total Deformation을 검토한다.

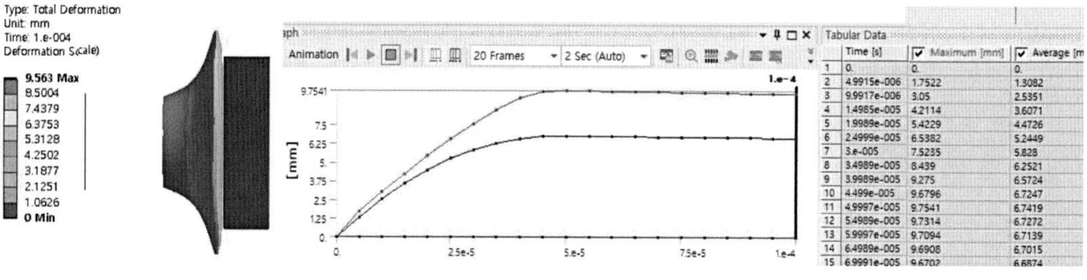

	Time [s]	Maximum [mm]	Average [m
1	0.	0.	0.
2	4.9915e-006	1.7522	1.3082
3	9.9917e-006	3.05	2.5351
4	1.4985e-005	4.2114	3.6071
5	1.9989e-005	5.4229	4.4726
6	2.4999e-005	6.5382	5.2449
7	3.e-005	7.5235	5.828
8	3.4989e-005	8.439	6.2521
9	3.9989e-005	9.275	6.5724
10	4.499e-005	9.6796	6.7247
11	4.9997e-005	9.7541	6.7419
12	5.4989e-005	9.7314	6.7272
13	5.9997e-005	9.7094	6.7139
14	6.4989e-005	9.6908	6.7015
15	6.9991e-005	9.6702	6.6874

cylinder가 plate에 충돌하여 튀어 올라오는 현상이 없이 plate에 접착하는 모습을 관찰할 수 있다.

(2) Plastic Strain Evaluation : User Defined Result

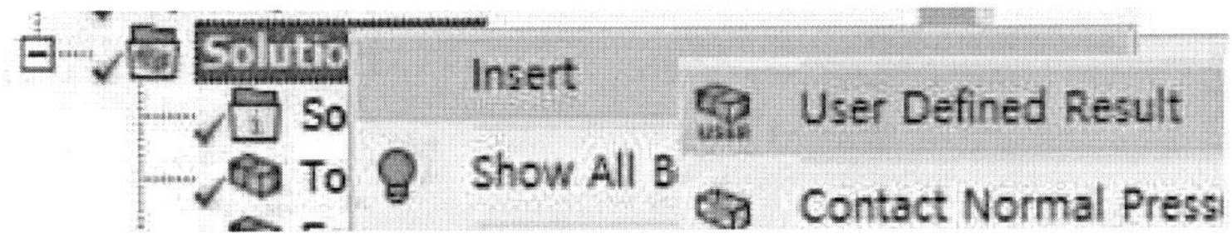

EPS (Plastic Strain) 추가

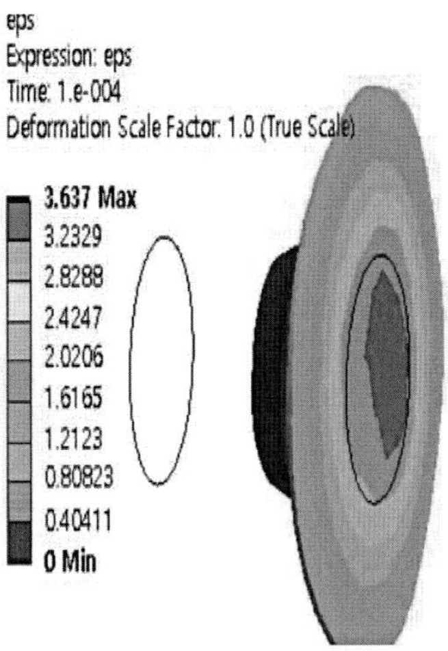

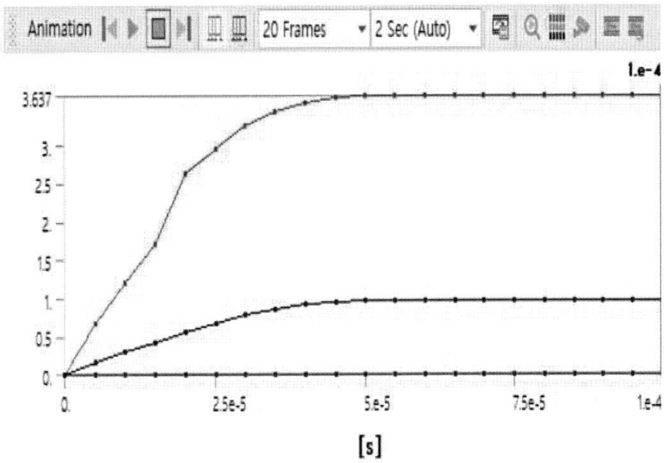

(4) 반력 산정

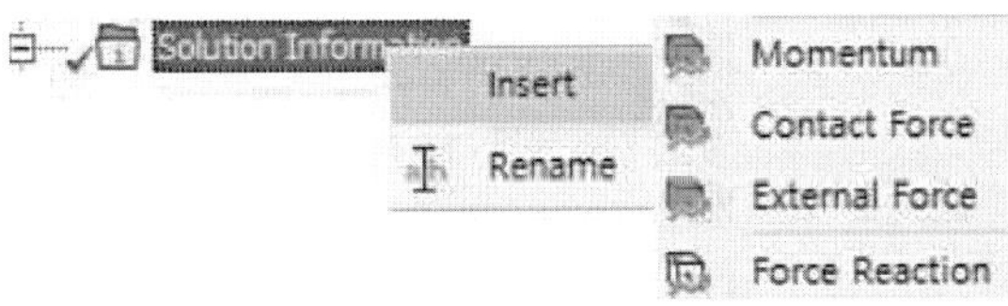

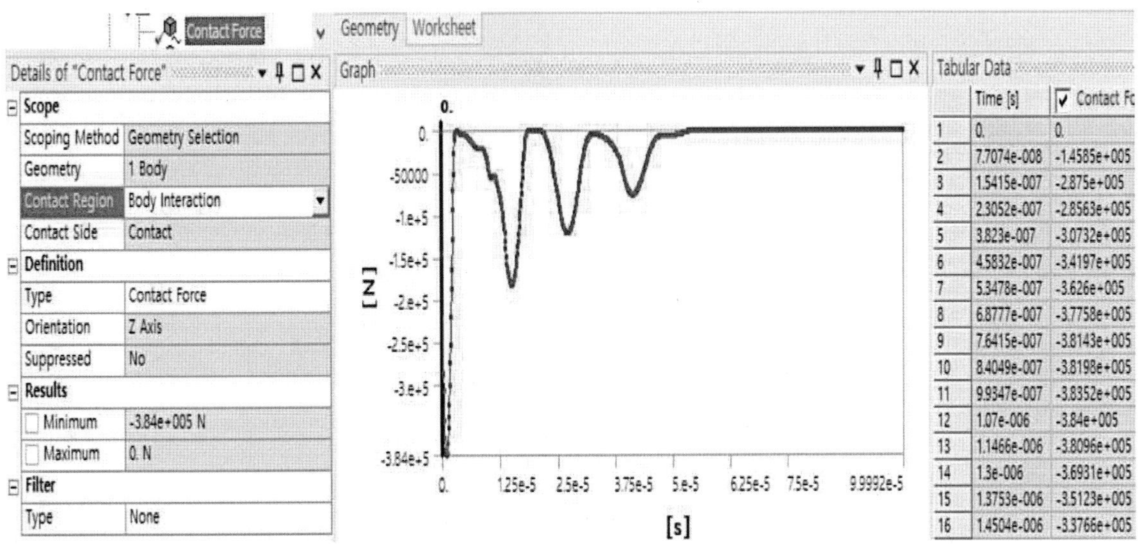

4. Buckling of a square can

1. 구조해석 정의

50x50x300(T=1)의 사각기둥을 좌굴 시킨다.

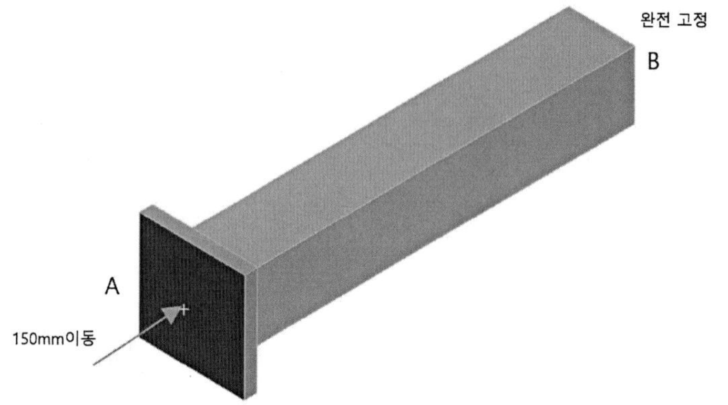

2. 구조해석 목적

- 탄 소성 재질을 사용한다.
- 메쉬 사이즈를 사용한다.
- Hourglass Control을 사용한다.
- Section을 사용한다.
- Reaction Force를 계산한다.

3. 구조해석 절차

A. Explicit Dynamic 해석

1) 프로젝트 설정

① workbench에서 LSDYNA를 사용할 수 있도록 Extensions Manager에서 설정하고, workbench에서 LS-DYNA를 드래그(또는 더블클릭) 한다.

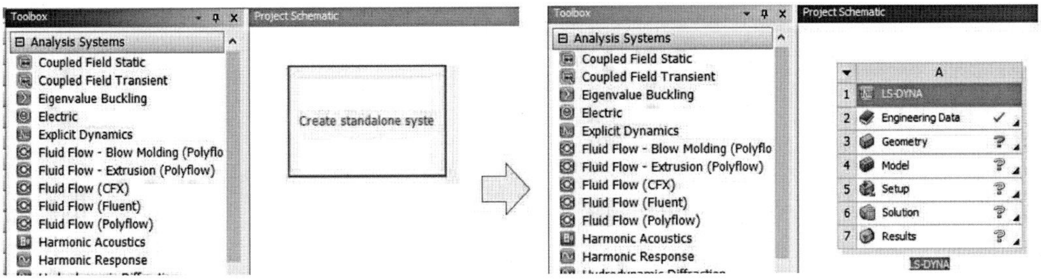

2) 엔지니어링 데이터 정의

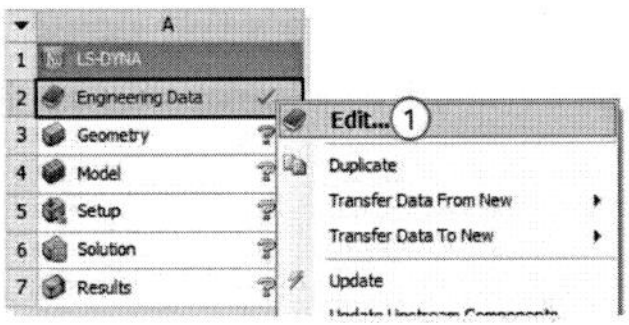

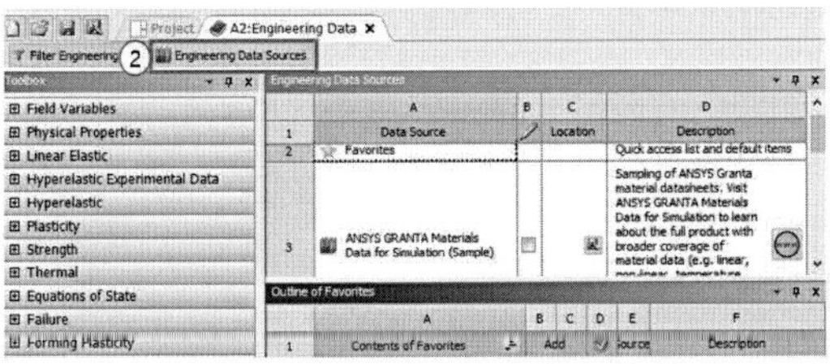

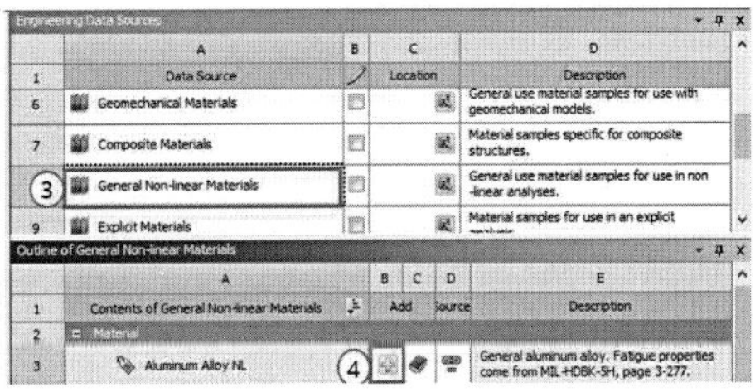

① Engineering Data를 우클릭하여 Editor를 들어간다. (또는 더블클릭)
② Engineering Data Source를 클릭하여 Engineering Data Source를 할성화한다.
③ 비선형 재료를 사용하기 위하여, General Non-liner Materials로 들어간다.
④ 해석에 사용하는 재료의 + 마크를 클릭하여 책모양을 활성화 시킨다.

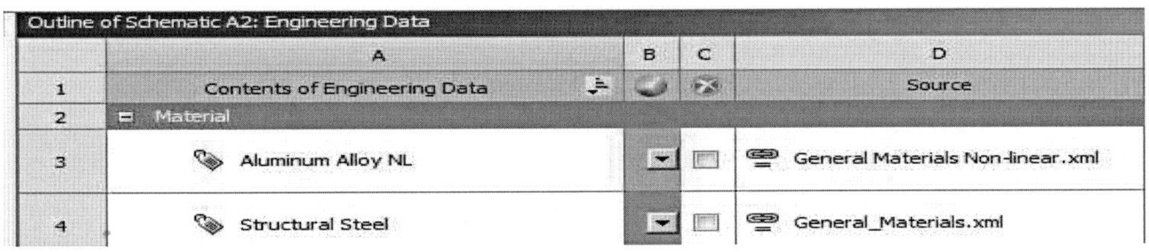

Outline of Schematic A2: Engineering Data

	A	B	C	D
1	Contents of Engineering Data			Source
2	Material			
3	Aluminum Alloy NL			General Materials Non-linear.xml
4	Structural Steel			General_Materials.xml

Engineering Data에 가져온 Aluminum Alloy NL은 위와 같다.
Aluminum Alloy NL의 물성을 변경하여 My-steel을 만들어 사용한다, (탄소성 모델)

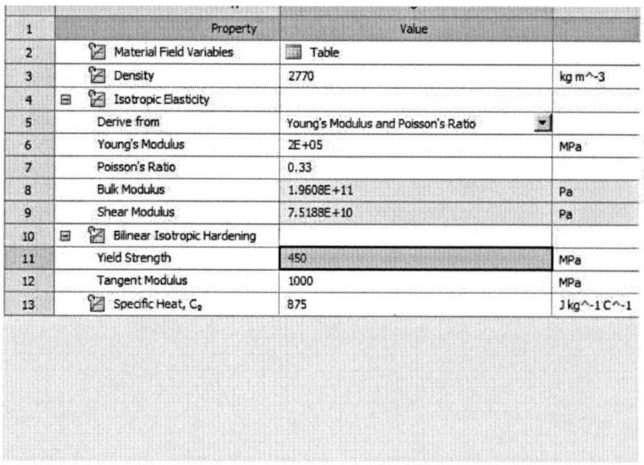

	Property	Value	
1	Property	Value	
2	Material Field Variables	Table	
3	Density	2770	kg m^-3
4	⊟ Isotropic Elasticity		
5	Derive from	Young's Modulus and Poisson's Ratio	
6	Young's Modulus	2E+05	MPa
7	Poisson's Ratio	0.33	
8	Bulk Modulus	1.9608E+11	Pa
9	Shear Modulus	7.5188E+10	Pa
10	⊟ Bilinear Isotropic Hardening		
11	Yield Strength	450	MPa
12	Tangent Modulus	1000	MPa
13	Specific Heat, Cₚ	875	J kg^-1 C^-1

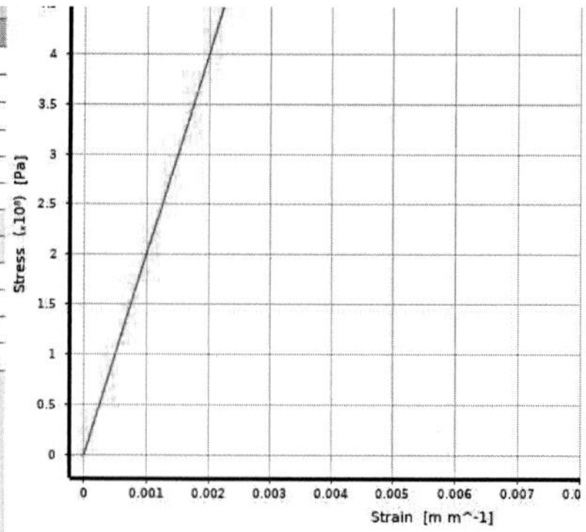

탄성계수는 200,000MPa, 접선탄성계수는 1000MPa, 항복강도는 450MPa 이다.

※ Failure(Plastic Strain Failure)가 정의되지 않았음.

변형에서 Failure가 계산되지 않는다.

① Engineering Data Source를 클릭하여 사용할 데이터를 확인한다.

② Project를 클릭하여 Workbench Project 화면으로 돌아간다.

3) 형상 부착 모델 데이터 불러오기(또는 모델 만들기)

해석 모델은 SpaceClaim, DesingModeler를 사용하여 디자인한다.

또는 다른 소프트웨어서 디자인한 모델을 stp, IGES 등의 파일 형식으로 Import Geometry를 사용하여 가져온다.

(1) Case 1:

① Geometry > Import Geometry에서 파일을 가져온다.

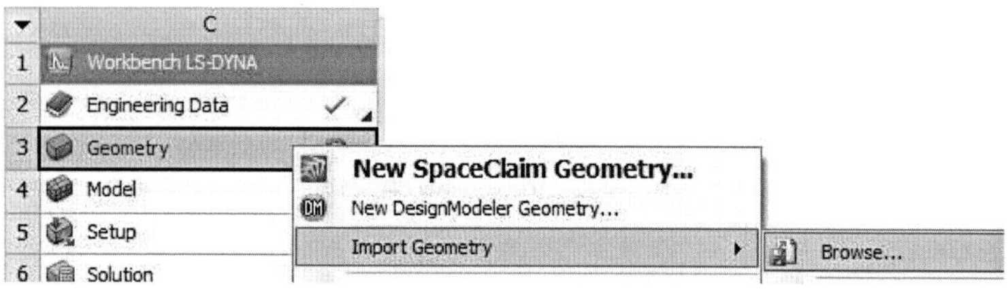

(2) Case 2:

이번 구조해석에서는 DesingModeler를 사용하여 디자인한다.

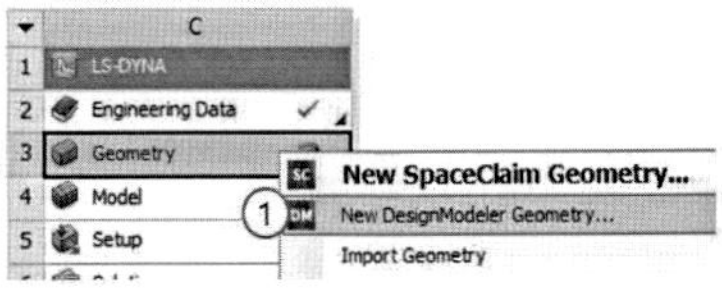

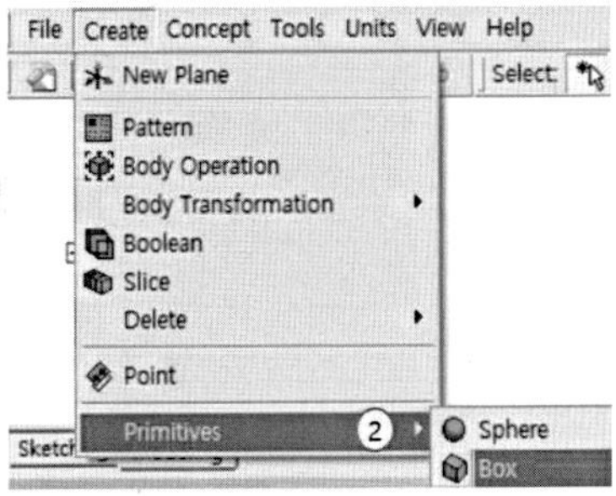

① Geometry에서 New DesignModeler 를 불러온다.

② DesignModeler에서 Primitives로 Box를 만든다.

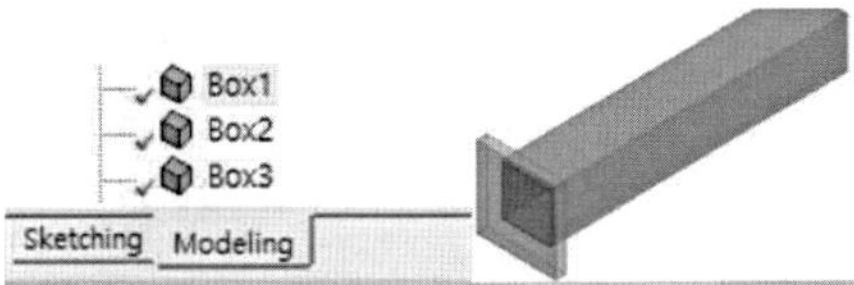

Details View

Details of Box1	
Box	Box1
Base Plane	XYPlane
Operation	Add Material
Box Type	From One Point and
Point 1 Definition	Coordinates
FD3, Point 1 X Coordinate	-25 mm
FD4, Point 1 Y Coordinate	-25 mm
FD5, Point 1 Z Coordinate	0 mm
Diagonal Definition	Components
FD6, Diagonal X Component	50 mm
FD7, Diagonal Y Component	50 mm
FD8, Diagonal Z Component	300 mm
As Thin/Surface?	No

Details View

Details of Box2	
Box	Box2
Base Plane	XYPlane
Operation	Cut Material
Box Type	From One Point
Target Bodies	All Bodies
Point 1 Definition	Coordinates
FD3, Point 1 X Coordinate	-24 mm
FD4, Point 1 Y Coordinate	-24 mm
FD5, Point 1 Z Coordinate	0 mm
Diagonal Definition	Components
FD6, Diagonal X Component	48 mm
FD7, Diagonal Y Component	48 mm
FD8, Diagonal Z Component	1000 mm
As Thin/Surface?	No

Details View

Details of Box3	
Box	Box3
Base Plane	XYPlane
Operation	Add Frozen
Box Type	From One Point
Point 1 Definition	Coordinates
FD3, Point 1 X Coordinate	-40 mm
FD4, Point 1 Y Coordinate	-40 mm
FD5, Point 1 Z Coordinate	300 mm
Diagonal Definition	Components
FD6, Diagonal X Component	80 mm
FD7, Diagonal Y Component	80 mm
FD8, Diagonal Z Component	10 mm
As Thin/Surface?	No

③ Box1, Box2, Box3를 모형화한다.

4) 부품 동작 정의

(1) 구조해석을 하기 위하여 Mechanical 창을 활성화한다.

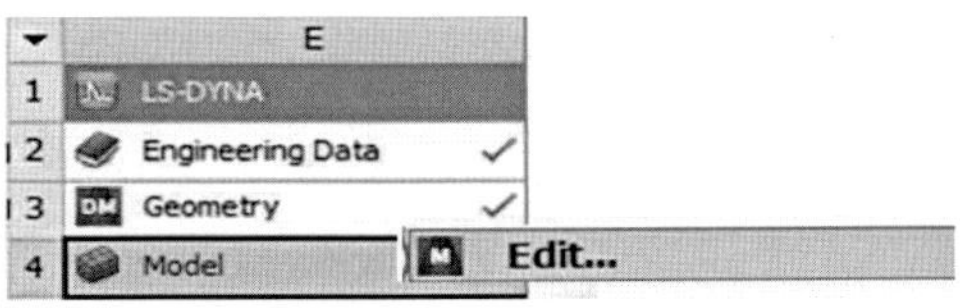

※  F7를 클릭하여 모델을 화면에 나타낸다.

(2) 부품 동작 정의에서 부품 동작에 대한 정보를 정의한다.

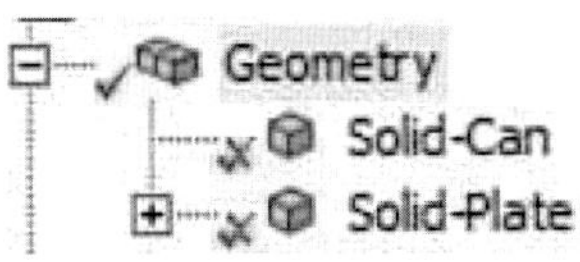

① Solid-Can는 Stiffness Behavior를 <u>flexible</u>로, 재질은 My-steel로 설정한다.

② Solid-plate는 Stiffness Behavior를 <u>rigid</u>로, 재질은 Structural steel로 설정한다.

5) 좌표계 정의

시스템에서 설정한 Global 좌표계를 사용한다.

6) 연결 정의

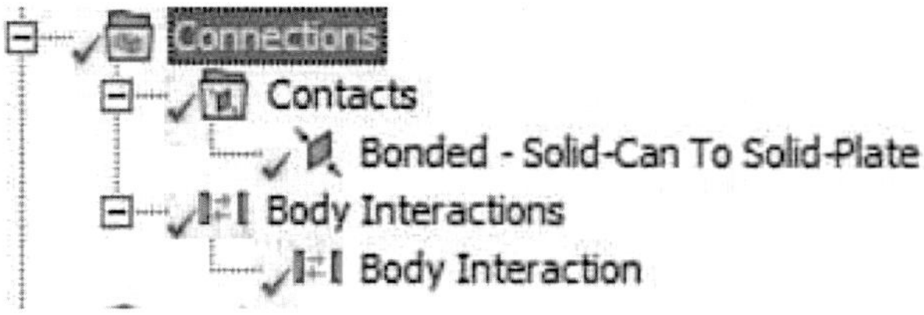

① Contacts

자동으로 생성되는 Contacts를 사용한다. (Bonded)

② Body Interaction은 Frictional로 설징하고 마찰계수는 0.3으로 한다.

7) 메쉬 설정 정의

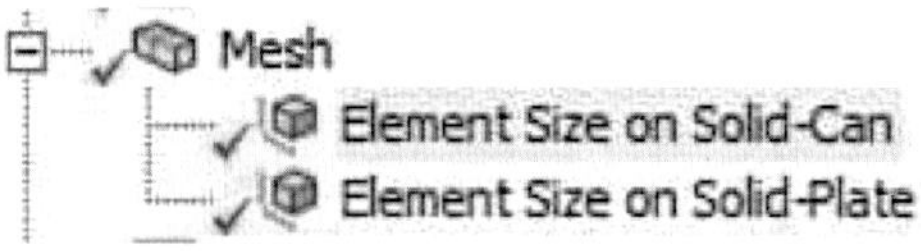

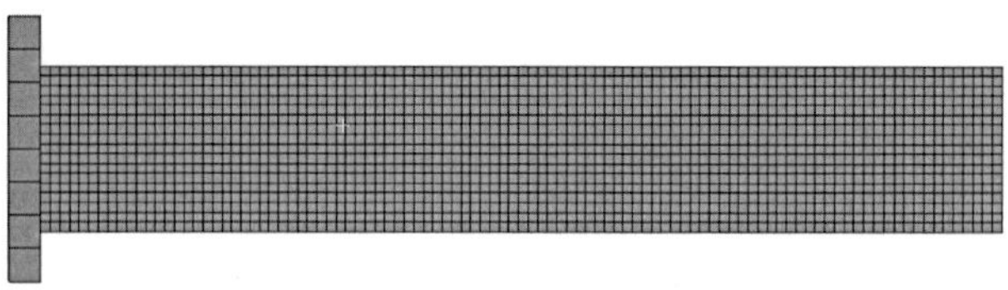

① Solid-Plate는 element size를 5mm로 설정한다.

② Solid-Can은 element size를 1mm로 설정한다.

③ Rename Base on Definition으로 이름을 변경한다.

8) LS-DYNA 분석 설정 정의

① Step Controls

End Time = 0.04

Automatic Mass Scaling = No

② CPU and Memory Management

Number of CPUS = 2

③ Hourglass Control Type = Program Controlled,

④ Output Controls

Calculate Results At = Equally Scoped Points, Value = 30

⑤ Time History Output = No

9) 구조해석 초기 조건 정의 : 설정 내용 없음.

10) 구조해석 경계 조건 정의
(1) 하중 조건 설정 : 설정 내용 없음.

(2) 구조물의 변위 구속조건 설정

① Fixed support

Details of "Fixed Support"

Scope	
Scoping Method	Geometry Selection
Geometry	1 Face
Definition	
Type	Fixed Support
Suppressed	No

② Displacement

Details of "Displacement"

Scope	
Scoping Method	Geometry Selection
Geometry	1 Body
Definition	
Type	Displacement
Define By	Components
Coordinate System	Global Coordinate System
X Component	0. mm (ramped)
Y Component	0. mm (ramped)
Z Component	-150. mm (ramped)
Suppressed	No

(3) Request Results

① Hourglass Control

Details of "Hourglass Control"	
Geometry	
Scoping Method	Geometry Selection
Geometry	1 Body
General	
Hourglass Type	Program Controlled
LS-DYNA ID	0
Coefficients	
Hourglass	0.1
Quadratic Bulk	1.5
Linear Bulk	0.006

② Section

Details of "Section"	
Geometry	
Scoping Method	Geometry Selection
Geometry	1 Body
General	
ALE	No
Formulation	Fully Integrated S/R Solid
LS-DYNA ID	2
Type	Section Solid

10) 구조해석 수행하기

경계 조건이 설정이 완료되면 구조해석을 수행한다. Solve 클릭하여 해석한다.

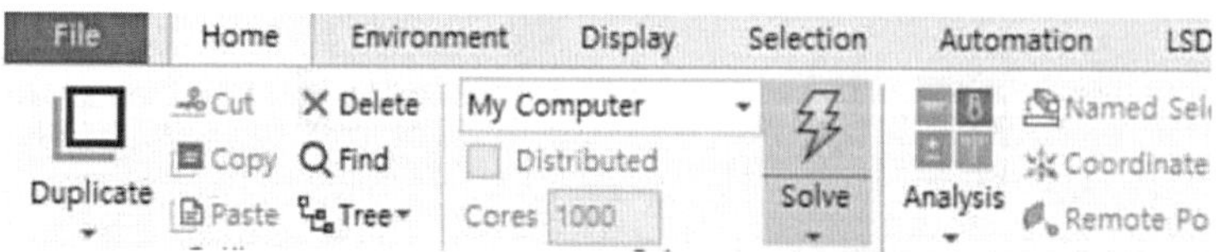

(1) 해석 소요 시간

해석 시간정보 :

595,015 t 4.0000E-02 dt 6.24E-08 write intfor file

Elapsed time 5318 seconds for 595015 cycles using 2 SMP threads

(1 hour 28 minutes 38 seconds)

(2) Energy 변화 추이

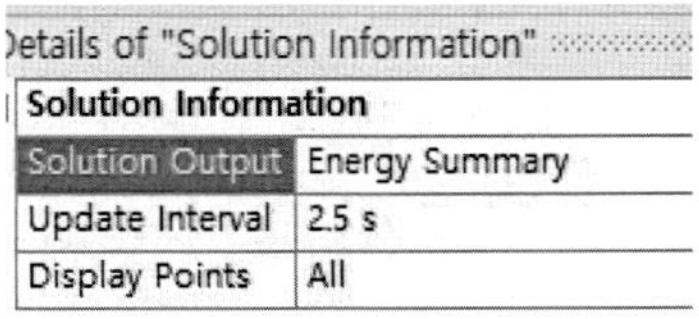

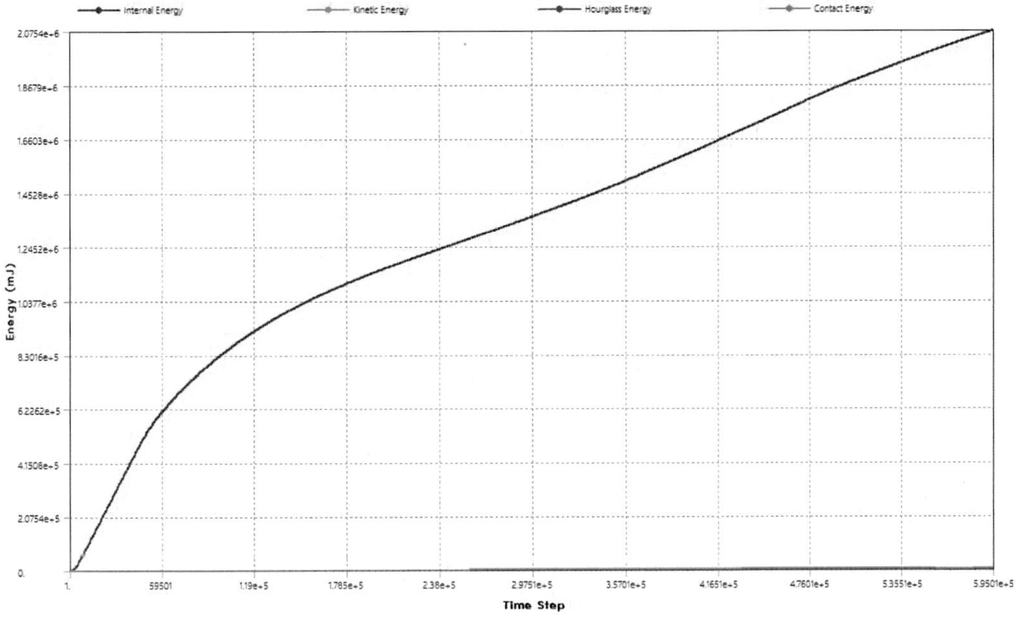

11) 구조해석 결과 확인

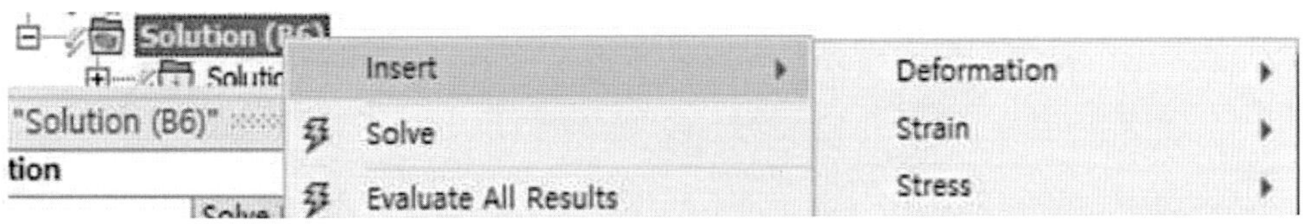

Solution에서 Deformation, Strain, Stress 등의 해석 결과를 불러온다.

(1) Total Deformation을 검토한다.

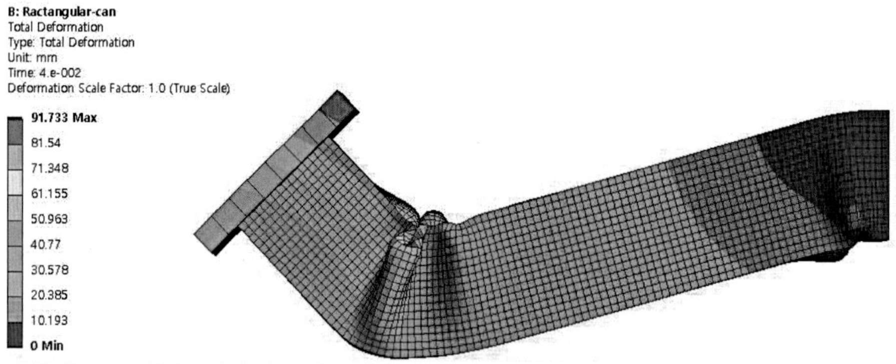

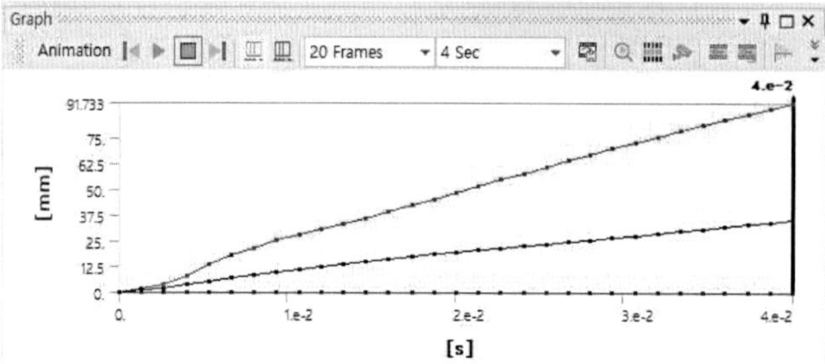

Tabular Data

	Time [s]	Minimum [mm]	Maximum [mm]	Average
1	0.	0.	0.	0.
2	1.3332e-003	0.	2.0059	1.0168
3	2.6666e-003	0.	4.2114	2.0592
4	3.9998e-003	0.	7.8084	3.6091
5	5.3332e-003	0.	13.734	5.281
6	6.6665e-003	0.	18.194	6.9124
7	7.9997e-003	0.	21.945	8.4695
8	9.333e-003	0.	25.276	9.9612
9	1.0666e-002	0.	28.319	11.38
10	1.2e-002	0.	31.108	12.728
11	1.3333e-002	0.	33.684	14.015
12	1.4666e-002	0.	36.096	15.252
13	1.6e-002	0.	39.131	16.443
14	1.7333e-002	0.	42.271	17.592
15	1.8666e-002	0.	45.421	18.689

※ 재료 물성에 Failure가 설정되지 않아 부재의 파손이 나타나지 않는다.

(2) Equivalent stress를 검토한다.

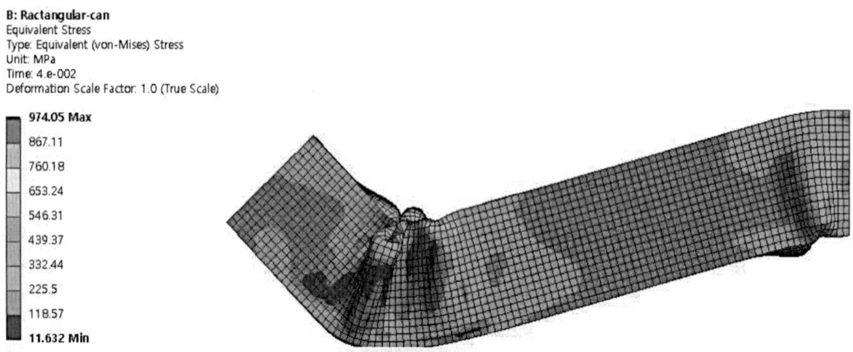

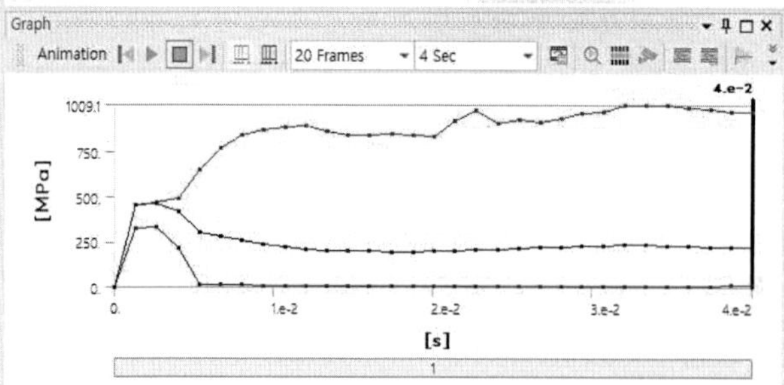

Tabular Data

	Time [s]	Minimum [MPa]	Maximum [MPa]	Average [MPa]
1	0.	0.	0.	0.
2	1.3332e-003	325.76	456.39	451.66
3	2.6666e-003	330.56	468.07	458.53
4	3.9998e-003	219.36	488.57	420.89
5	5.3332e-003	14.58	647.23	300.44
6	6.6665e-003	13.961	773.88	279.29
7	7.9997e-003	11.184	846.78	259.29
8	9.333e-003	8.7215	872.06	236.16
9	1.0666e-002	8.2372	887.74	220.05
10	1.2e-002	8.0546	890.5	210.73
11	1.3333e-002	6.1037	865.	205.16
12	1.4666e-002	7.2854	843.15	201.33
13	1.6e-002	7.4402	844.68	198.79
14	1.7333e-002	8.3822	853.22	198.12
15	1.8666e-002	6.9576	846.14	197.44
16	1.9999e-002	6.4303	834.9	200.41
17	2.1333e-002	6.5699	922.75	202.96

(3) 반력

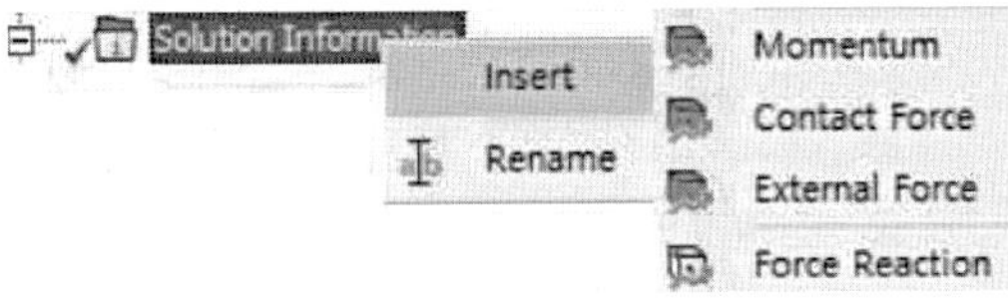

Details of "Force Reaction"

Definition	
Type	Force Reaction
Location Method	Boundary Condition
Boundary Condition	Fixed Support
Orientation	X Axis
Suppressed	No
Results	
Minimum	-428.83 N
Maximum	247.61 N
Filter	
Type	None

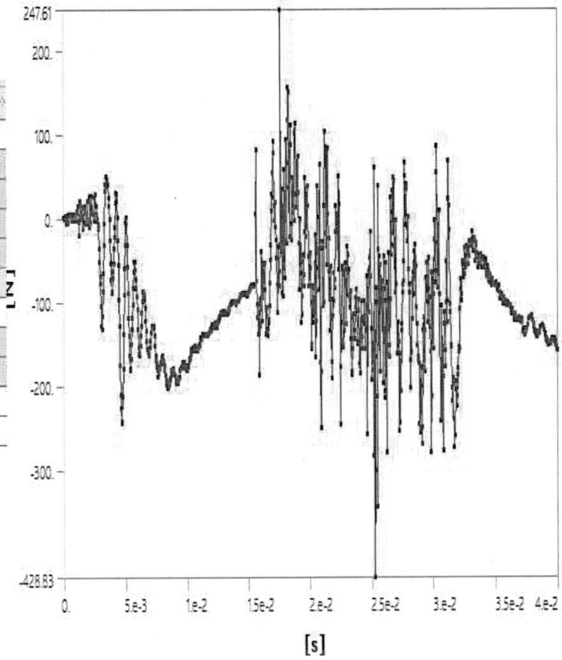

	Time [s]	Force Reaction [N]
1	0.	0.
2	4.0083e-005	-0.45884
3	8.0081e-005	-1.9487
4	1.2008e-004	1.5041
5	1.6008e-004	2.5999
6	2.e-004	1.325
7	2.4001e-004	-6.7368
8	2.8001e-004	3.2969
9	3.2002e-004	-7.0905
10	3.6003e-004	-5.2542
11	4.0004e-004	4.5774
12	4.4006e-004	2.9312
13	4.8007e-004	1.6387
14	5.2001e-004	3.0869
15	5.6003e-004	3.8773
16	6.0004e-004	1.3476
17	6.4006e-004	0.4911
18	6.8008e-004	-3.8671
19	7.2001e-004	0.6173
20	7.6003e-004	-1.3069
21	8.0005e-004	3.9392
22	8.4007e-004	3.0509
23	8.8009e-004	-0.4362
24	9.2002e-004	2.6828
25	9.6004e-004	-3.0823
26	1.e-003	-0.279
27	1.0401e-003	4.9056

B. 정적구조해석

A.의 해석방법과 같은 경계 조건을 설정하여 정적 구조해석을 수행한다.

1) 프로젝트 설정

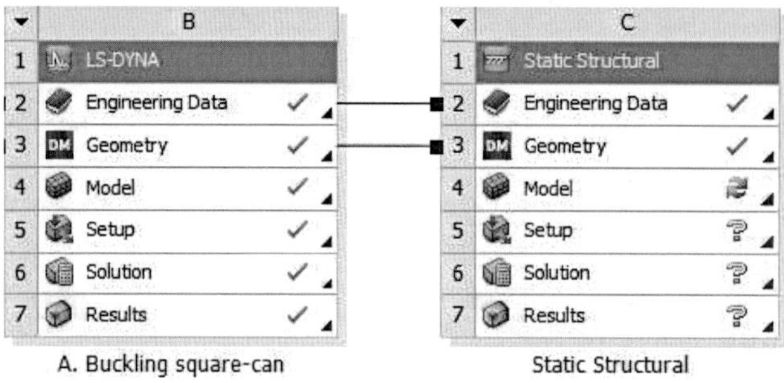

2) 엔지니어링 데이터 정의
Buckling square-can과 같은 물성 적용한다.

3) 부품 동작 정의
Buckling square-can과 같이 적용한다.

4) 연결 정의
Buckling square-can과 같이 적용한다.

5) 메쉬 설정 정의
Buckling square-can과 같이 적용한다.

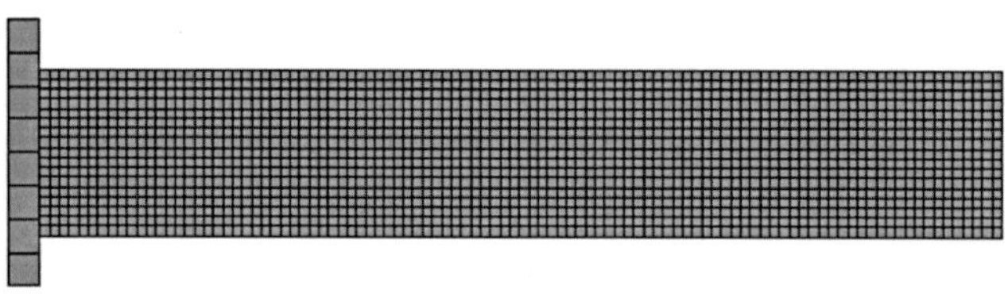

6) 구조해석 경계 조건 정의
Buckling square-can과 같이 적용한다.

7) 구조해석 결과 확인

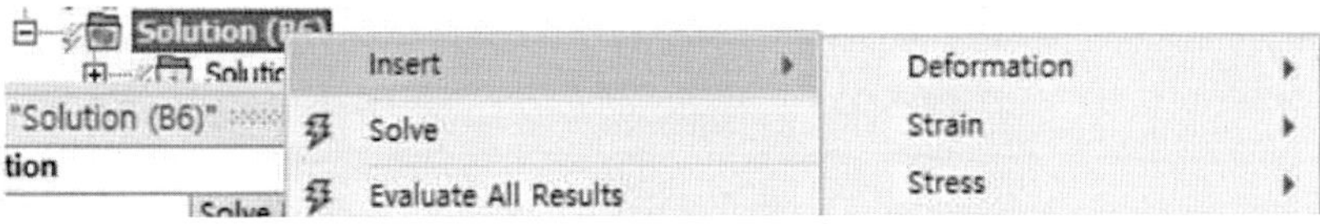

Solution에서 Deformation, Strain, Stress 등의 해석 결과를 불러온다.

(1) Total Deformation을 검토한다.

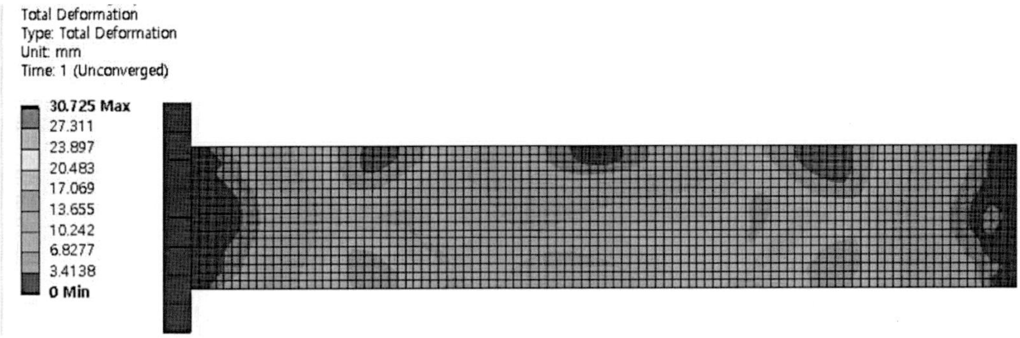

(2) Equivalent stress

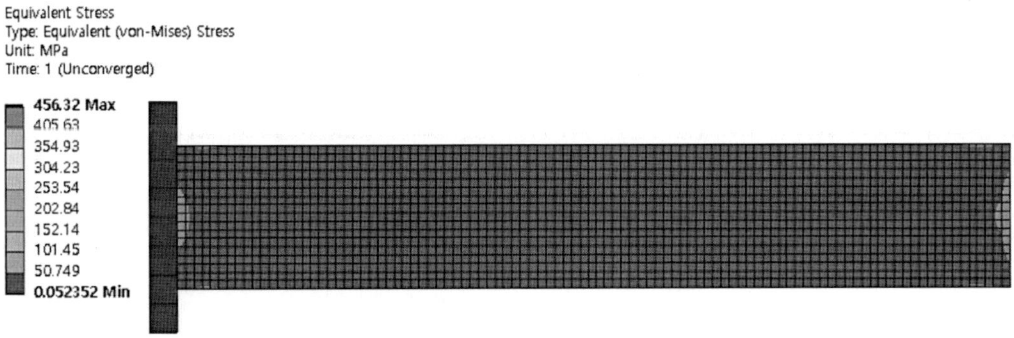

(3) 반력

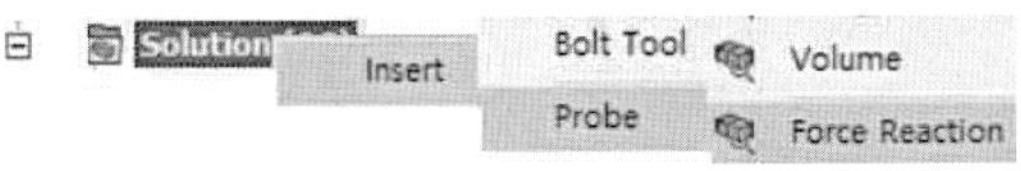

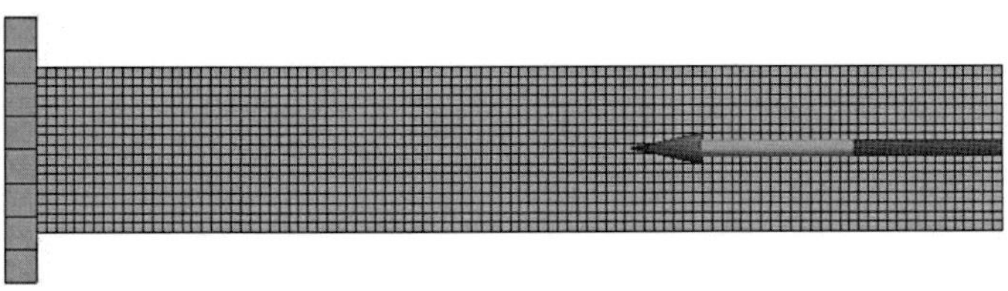

Details of "Force Reaction"

Definition	
Options	
Results	
Maximum Value Over Time	
X Axis	2.6173e-002 N
Y Axis	-3.9214e-007 N
Z Axis	87430 N
Total	87430 N

5. Dents in square pipes

1. 구조해석 정의

사각기둥의 한쪽이 완전히 고정되고, 다른 한쪽 면이 기둥에 수직으로 변위가 발생한다.

사각기둥은 100x100mm로 기둥의 길이가 1m이다.

2. 구조해석 목적

- Failure에 대한 이해 및 적용
- 소성 변형 파손(Plastic strain failure) 적용
- 구조강의 재질을 변경하면서 파손 형태를 파악한다.
- Force Reaction을 계산한다.
- Contact Force를 산정한다.
- Post Process에서 확인할 수 있는 항목

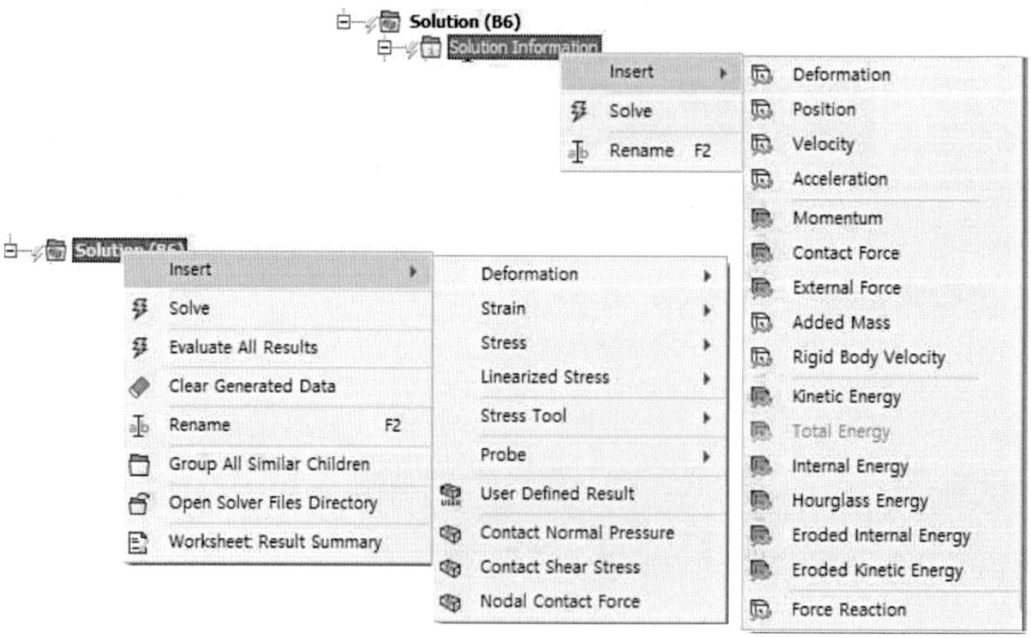

3. 구조해석 절차

1) 프로젝트 설정

① workbench에서 LSDYNA를 사용할 수 있도록 Extensions Manager에서 설정한다.

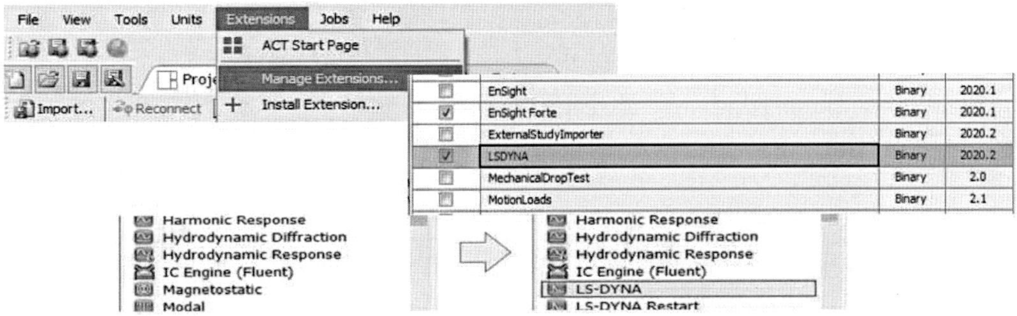

② workbench에서 LS-DYNA를 드래그(또는 더블클릭) 한다.

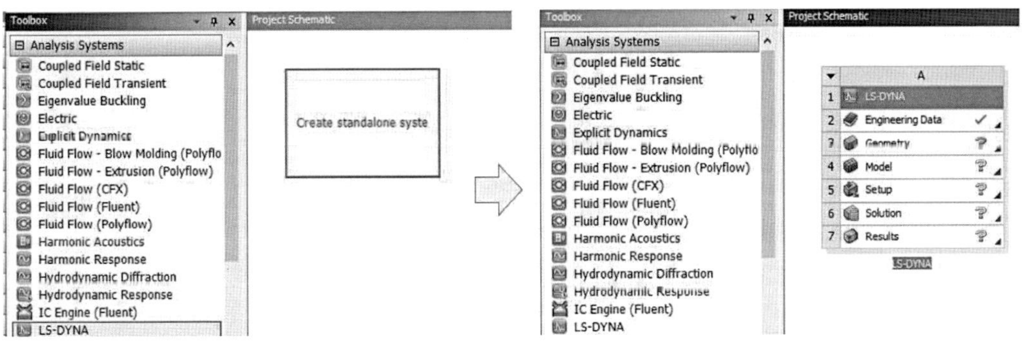

2) 엔지니어링 데이터 정의

① Engineering Data Source를 클릭한다.
② General Nolinear Materials를 클릭한다.
③ Aluminum Alloy NL의 +를 클릭하여 Engineering Data에 가져온다.
Structural Steel NL의 +를 클릭하여 Engineering Data에 가져온다.
④ Engineering Data Source를 클릭하여 가져온 데이터를 확인한다.

Outline of Schematic A2: Engineering Data

	A	B	C	D
1	Contents of Engineering Data			Source
2	⊟ Material			
3	Aluminum Alloy NL			General Materials Non-linear.xml
4	Structural Steel			General_Materials.xml

Engineering Data에 가져온 Aluminum Alloy NL은 위와 같다.
여기에 Plastic Strain Failure와 다른 정보들을 수정한다.

Outline of Schematic A2: Engineering Data

	A	B	C	D	E
1	Contents of Engineering Data			Source	Description
2	⊟ Material				
3	Aluminum Alloy NL			General Materials Non-linear.xml	General aluminum alloy. Fatigue properties come from MIL-HDBK-5H, page 3-277.

Properties of Outline Row 3: Aluminum Alloy NL

	A	B	C	D	E
1	Property	Value	Unit		
2	Material Field Variables	Table			
3	Density	2770	kg m^-3		
4	⊟ Isotropic Elasticity				
5	Derive from	Young's Modulus and Poisson's Ratio			
6	Young's Modulus	71000	MPa		
7	Poisson's Ratio	0.33			
8	Bulk Modulus	6.9608E+10	Pa		
9	Shear Modulus	2.6692E+10	Pa		
10	⊟ Bilinear Isotropic Hardening				
11	Yield Strength	280	MPa		
12	Tangent Modulus	500	MPa		
13	Specific Heat, C_p	875	J kg^-1 C^-1		

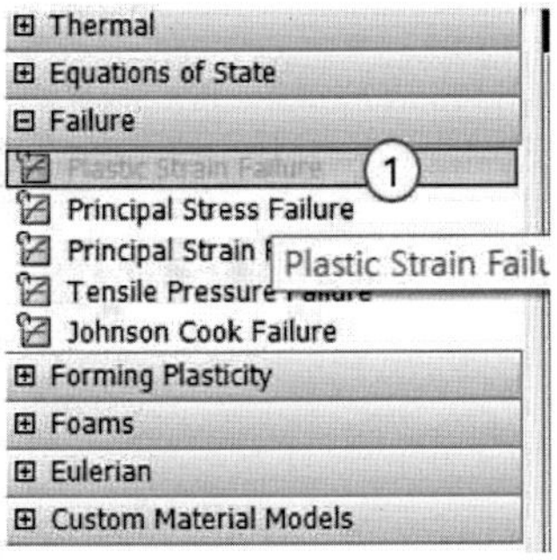

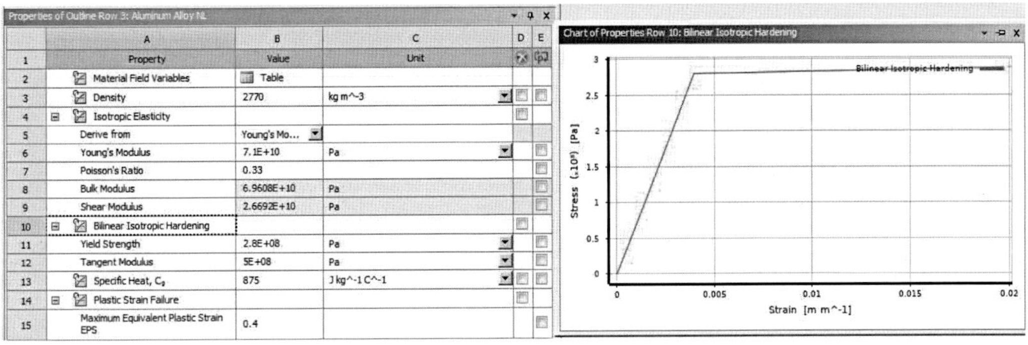

① Plastic Strain Failure를 클릭하여 Maximum Equivalent Plastic Strain EPS를 만든다.

② EPS 값을 0.4로 바꾼다.

③ Tangent Modulus를 0으로 변경하여 완전-탄소성으로 정의한다.

3) 형상 부착 모델 데이터 불러오기(또는 모델 만들기)

해석 모델은 SpaceClaim, DesingModeler를 사용하여 디자인한다.

또는 다른 소프트웨어서 디자인한 모델을 stp, IGES 등의 파일 형식으로 Import Geometry를 사용하여 가져온다.

) Case 1:

① Geometry > Import Geometry에서 파일을 가져온다.

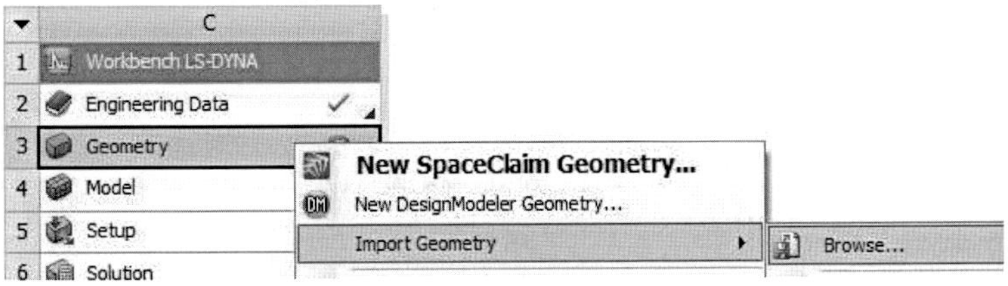

(2) Case 2:

이번 구조해석에서는 DesingModeler를 사용하여 디자인한다.

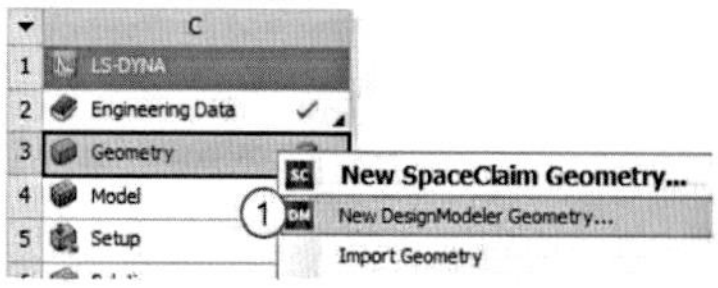

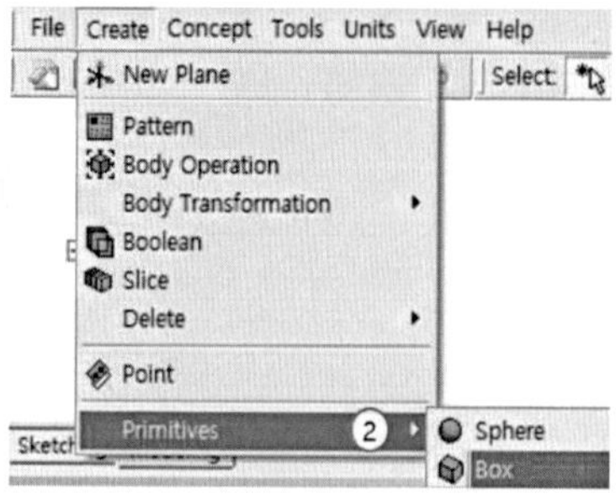

① Geometry에서 New DesignModeler 를 불러온다.

② DesignModeler에서 Primitives로 Box를 만든다.

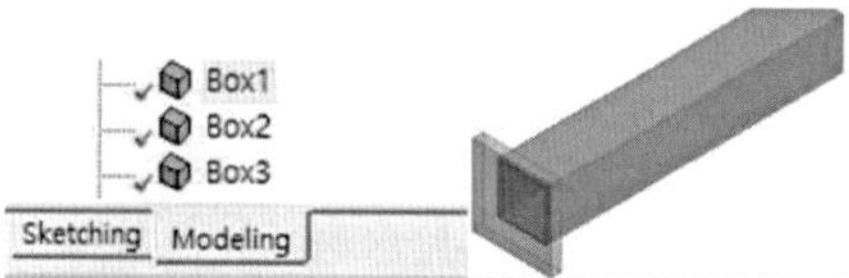

Details View

Details of Box1	
Box	Box1
Base Plane	XYPlane
Operation	Add Material
Box Type	From One Point and
Point 1 Definition	Coordinates
FD3, Point 1 X Coordinate	-25 mm
FD4, Point 1 Y Coordinate	-25 mm
FD5, Point 1 Z Coordinate	0 mm
Diagonal Definition	Components
FD6, Diagonal X Component	50 mm
FD7, Diagonal Y Component	50 mm
FD8, Diagonal Z Component	300 mm
As Thin/Surface?	No

Details View

Details of Box2	
Box	Box2
Base Plane	XYPlane
Operation	Cut Material
Box Type	From One Point
Target Bodies	All Bodies
Point 1 Definition	Coordinates
FD3, Point 1 X Coordinate	-24 mm
FD4, Point 1 Y Coordinate	-24 mm
FD5, Point 1 Z Coordinate	0 mm
Diagonal Definition	Components
FD6, Diagonal X Component	48 mm
FD7, Diagonal Y Component	48 mm
FD8, Diagonal Z Component	1000 mm
As Thin/Surface?	No

Details View

Details of Box3	
Box	Box3
Base Plane	XYPlane
Operation	Add Frozen
Box Type	From One Point
Point 1 Definition	Coordinates
FD3, Point 1 X Coordinate	-40 mm
FD4, Point 1 Y Coordinate	-40 mm
FD5, Point 1 Z Coordinate	300 mm
Diagonal Definition	Components
FD6, Diagonal X Component	80 mm
FD7, Diagonal Y Component	80 mm
FD8, Diagonal Z Component	10 mm
As Thin/Surface?	No

③ Box1, Box2, Box3를 모형화한다.

4) 부품 동작 정의

(1) 구조해석을 하기 위하여 Mechanical 창을 활성화한다.

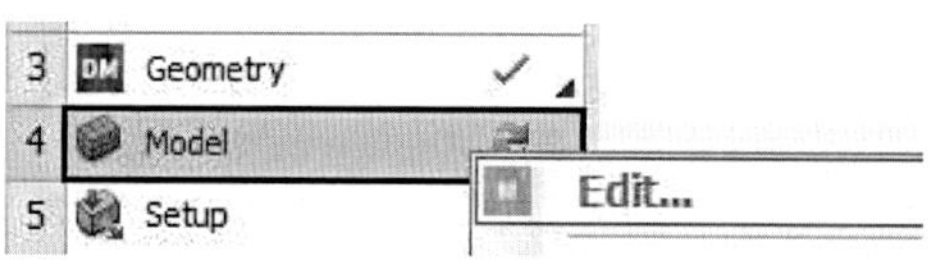

※ 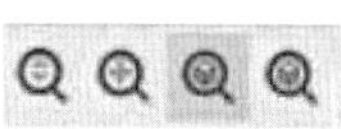 F7를 클릭하여 모델을 화면에 나타낸다.

Box1을 Suppress 시킨다.

(2) 부품 동작 정의에서 부품 동작에 대한 정보를 정의한다.

① Square can은 Stiffness Behavior를 flexible로, 재질은 Aluminum Alloy NL로 설정한다.

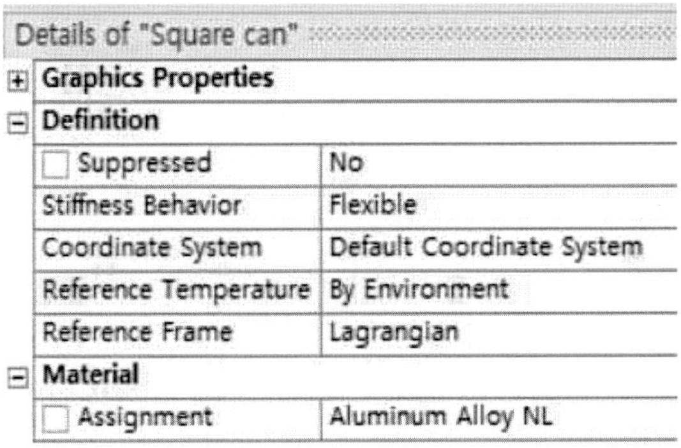

Details of "Square can"

Graphics Properties	
Definition	
Suppressed	No
Stiffness Behavior	Flexible
Coordinate System	Default Coordinate System
Reference Temperature	By Environment
Reference Frame	Lagrangian
Material	
Assignment	Aluminum Alloy NL

5) 좌표계 정의

시스템에서 설정한 Global 좌표계를 사용한다.

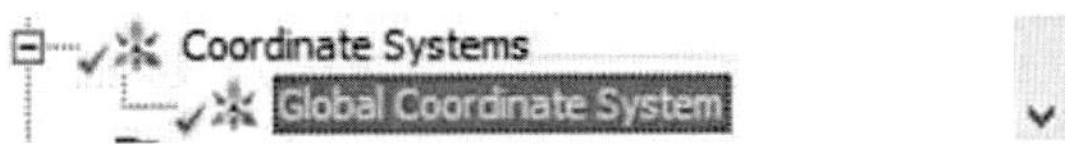

6) 연결 정의

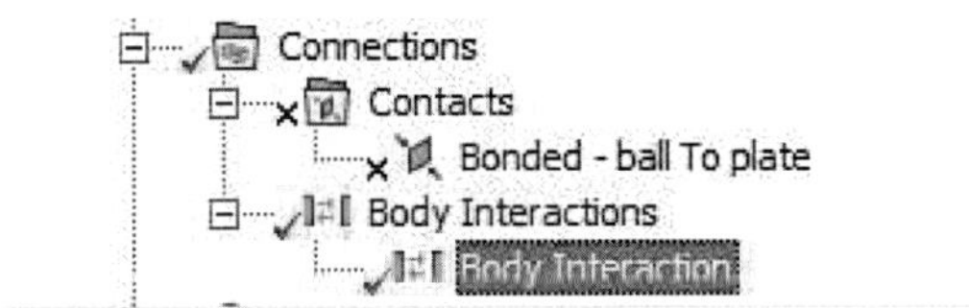

Contact Region은 suppress를 시키고, Body Interaction은 Frictionless로 설정한다.

7) 메쉬 설정 정의

메쉬 컨트롤 적용/메시 미리보기에서 메쉬 설정에 대한 정보를 찾을 수 있다.

(1) 이번 구조해석에서는 메쉬 사이즈는 자동설정으로 하고 메쉬의 형상을 조정하기 위하여 Method를 사용한다.

(2) 메쉬 디자인

명시적 역학에서는 균일한 메시가 바람직하다.

Details of "Mesh"	
⊟ **Display**	
Display Style	Use Geometry Set
⊟ **Defaults**	
Physics Preference	Explicit
Element Order	Linear
☐ Element Size	Default
⊞ **Sizing**	
⊞ **Quality**	
⊞ **Inflation**	

8) LS-DYNA 분석 설정 정의

Analysis Setting에서 분석 설정에 대한 정보를 찾을 수 있다.

솔버 제어(Solver Controls)에서 솔버 정밀도(Solver Precision)를 단일 또는 이중(Double)으로 설정하거나 프로그램 제어로 둘 수 있다.

① LS-DYNA에서는 End Time만 필수 입력정보이다. 0.1sec으로 설정한다.

② Unit system은 mks로 설정한다.

③ Hourglass Controls는 기본 설정으로 한다.

Details of "Analysis Settings"	
⊟ **Step Controls**	
End Time	0.1
Time Step Safety Factor	0.9
Maximum Number Of Cycles	10000000
Automatic Mass Scaling	No
⊟ **CPU and Memory Management**	
Memory Allocation	Program Controlled
Number Of CPUS	1
Processing Type	Program Controlled
⊟ **Solver Controls**	
Solver Type	Program Controlled
Solver Precision	Program Controlled
Unit System	mks
Invariant Node Numbering	Off
Second Order Stress Update	No
⊟ **Initial Velocities**	
Initial Velocities are applied immediately	Yes
⊞ **Damping Controls**	
⊟ **Hourglass Controls**	

9) 구조해석 초기 조건 정의

① 설정값 없음

10) 구조해석 경계 조건 정의

(1) 하중 조건 설정 : 설정 없음.

(2) 구조물의 변위 구속조건 설정

① Fixed support : 측면 4면을 설정한다.

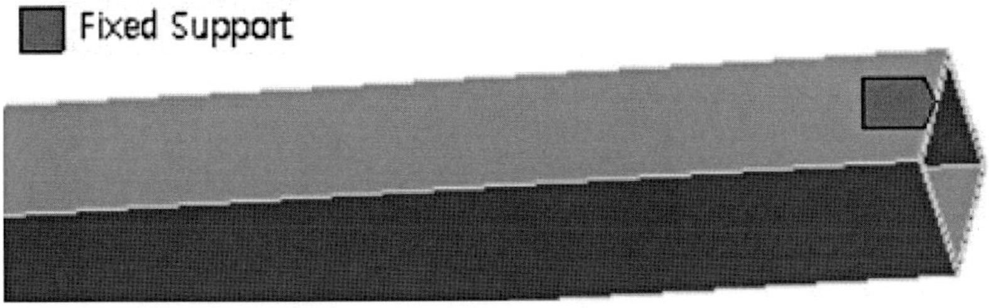

② Displacement support : 한쪽 끝면을 걸정한다.

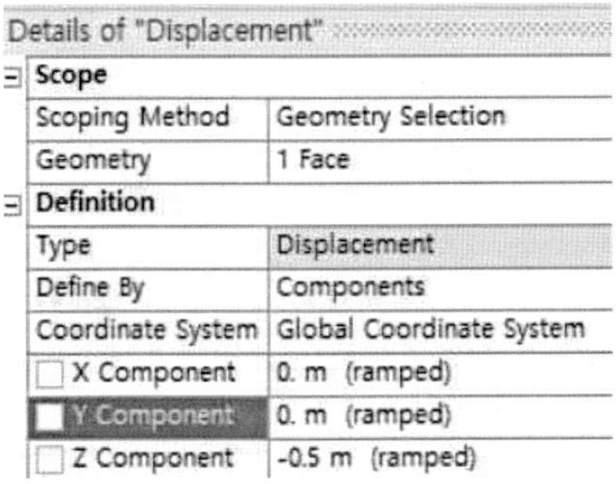

Details of "Displacement"

Scope	
Scoping Method	Geometry Selection
Geometry	1 Face
Definition	
Type	Displacement
Define By	Components
Coordinate System	Global Coordinate System
X Component	0. m (ramped)
Y Component	0. m (ramped)
Z Component	-0.5 m (ramped)

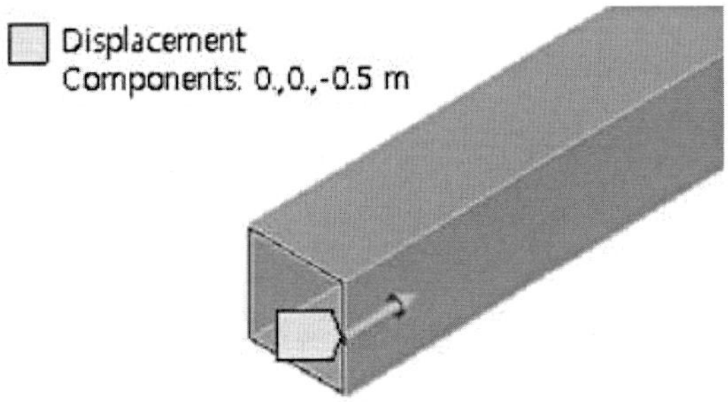

11) 구조해석 수행하기

경계 조건이 설정이 완료되면 구조해석을 수행한다. Solve 클릭하여 해석한다.

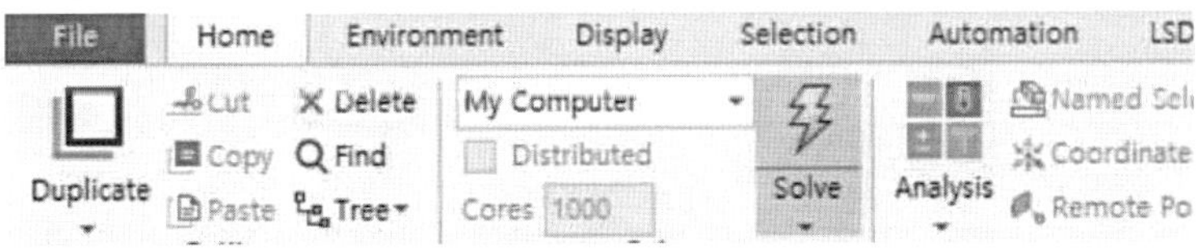

(1) 해석 소요 시간

5634 t 5.0002E-04 dt 8.71E-08 write intfor file

Elapsed time 404 seconds for 396531 cycles using 1 SMP thread
(0 hour 6 minutes 44 seconds)

12) 구조해석 결과 확인

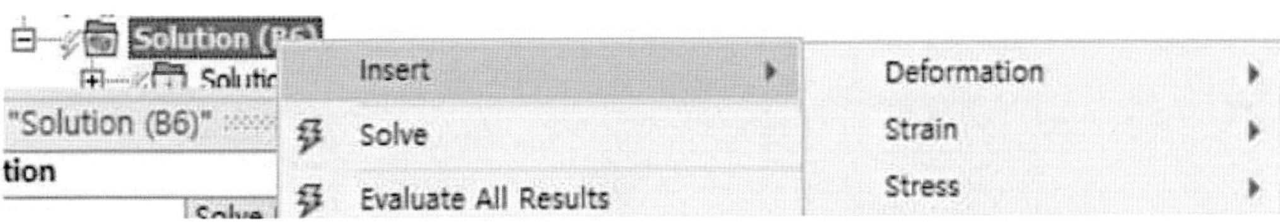

Solution에서 Deformation, Strain, Stress 등의 해석 결과를 불러온다.

(1) Total Deformation을 검토한다.

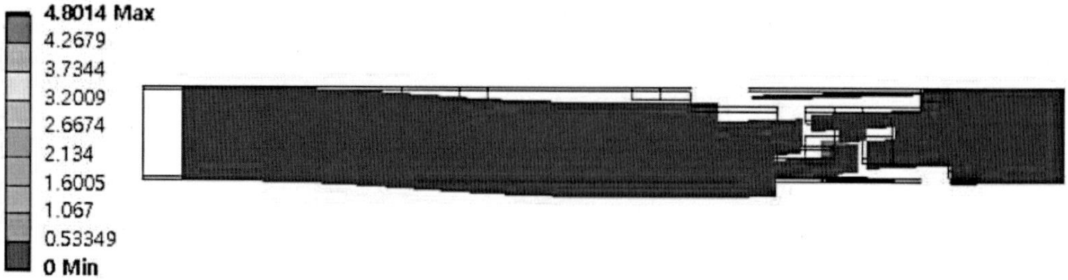

(2) Stress

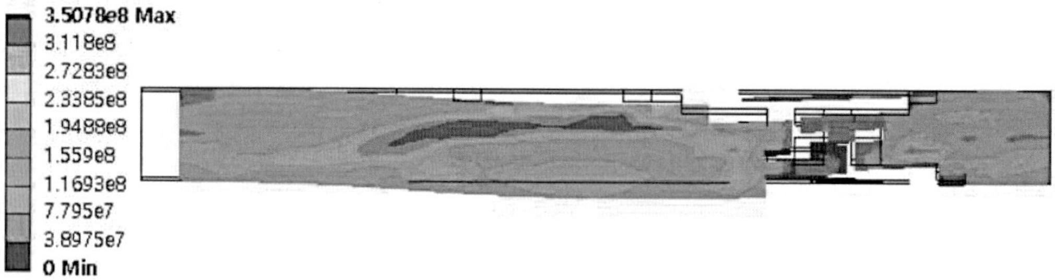

(3) Force Reaction

① Z축 방향 Reaction

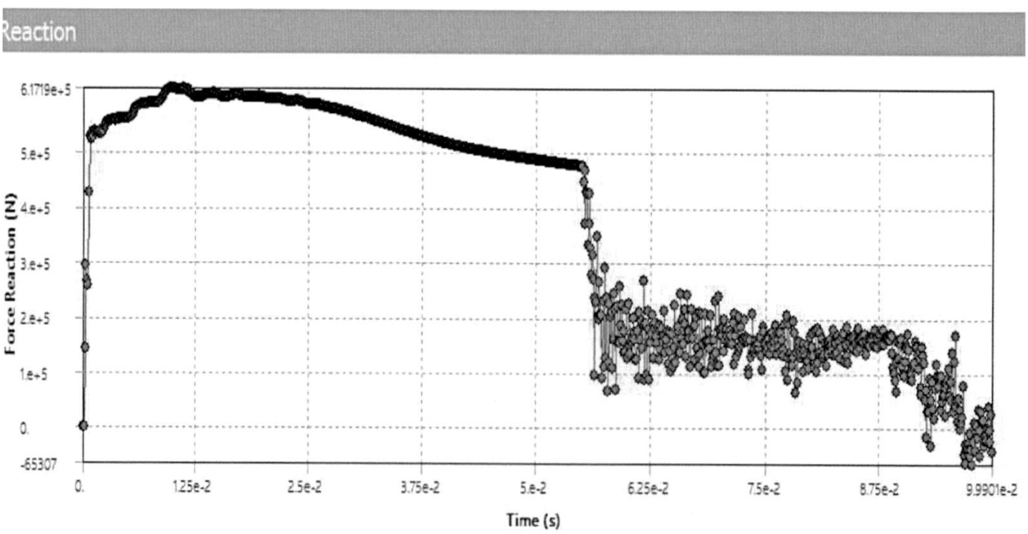

참고 : 메쉬사이즈를 6mm로 작게 했을 때 해석 결과

1) 메쉬 사이즈 변경

Details of "Body Sizing" - Sizing

Scope	
Scoping Method	Geometry Selection
Geometry	1 Body
Definition	
Suppressed	No
Type	Element Size
Element Size	6.0 mm
Advanced	
Defeature Size	Default
Behavior	Soft

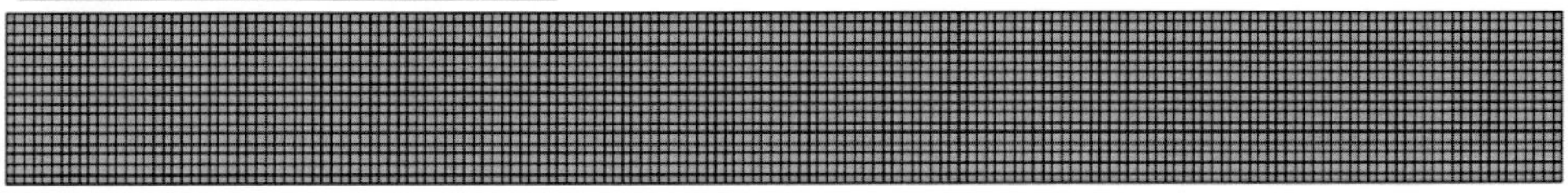

2) 해석 시간

Elapsed time 1882 seconds for 192075 cycles using 1 SMP thread
(0 hour 31 minutes 22 seconds)

3) 해석 결과

(1) Stress

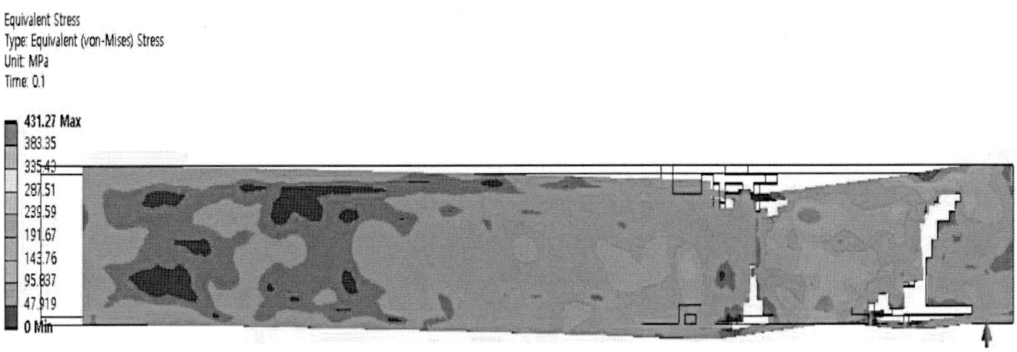

(2) 반력

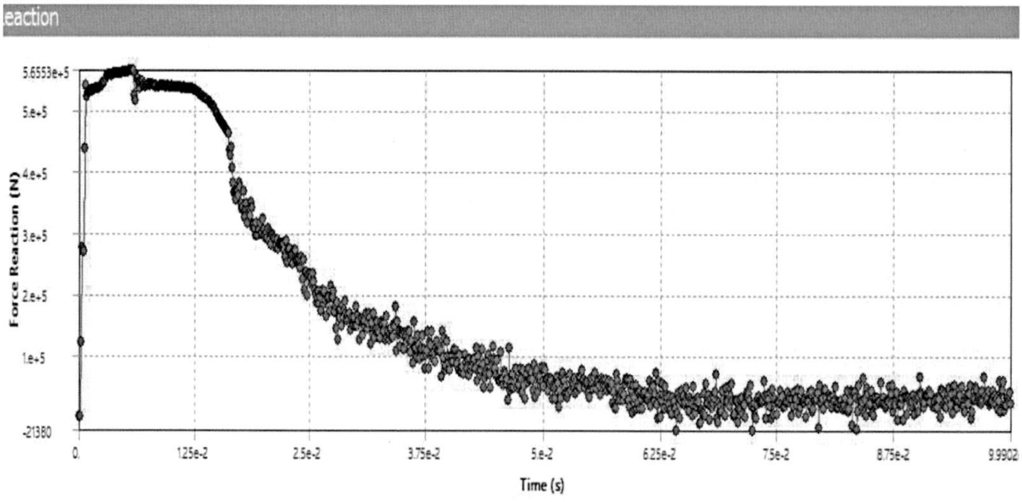

eaction
Force Reaction (N)
5.6553e+5
5.e+5
4.e+5
3.e+5
2.e+5
1.e+5
-21380
0.
1.25e-2
2.5e-2
3.75e-2
5.e-2
6.25e-2
7.5e-2
8.75e-2
9.9902
Time (s)

6. Buckling of soda can

1. 구조해석 정의

알루미늄 캔을 삼각형 강제로 눌렀을 때 캔의 변형을 해석한다.

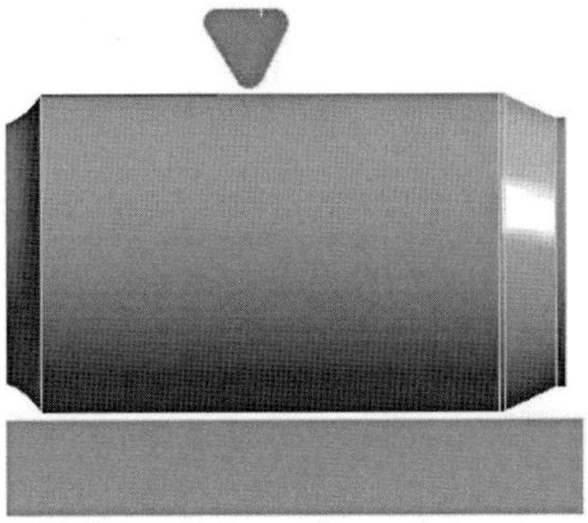

2. 구조해석 목적

- 알루미늄의 물성 데이터 만든다.
- Stp 파일 형태의 모델링 데이터를 가져온다.
- 메시 디자인에서 Type을 바꾸어 적용한다.
- Enteral Force를 검토한다.

3. 구조해석 절차

1) 프로젝트 설정

① workbench에서 LSDYNA를 사용할 수 있도록 Extensions Manager에서 설정하고, workbench에서 LS-DYNA를 드래그(또는 더블클릭) 한다.

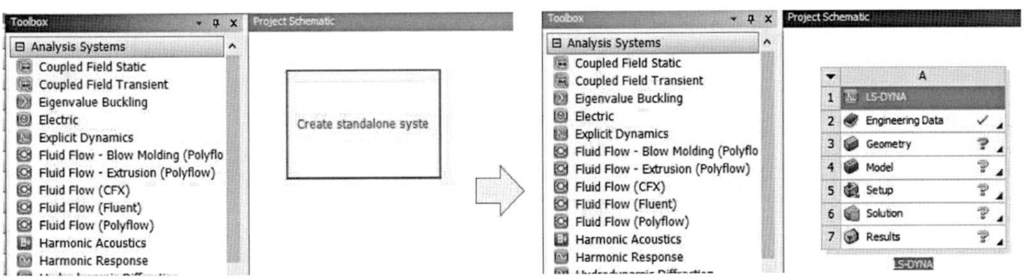

2) 엔지니어링 데이터 정의

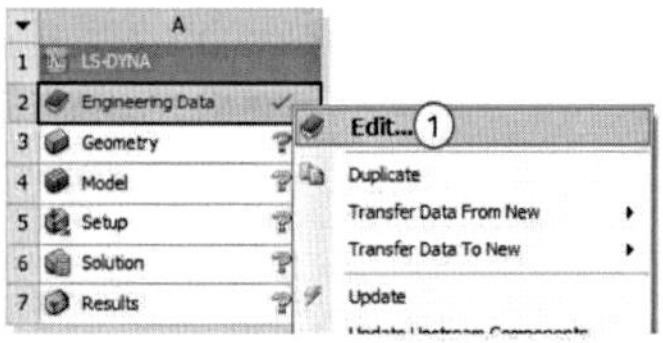

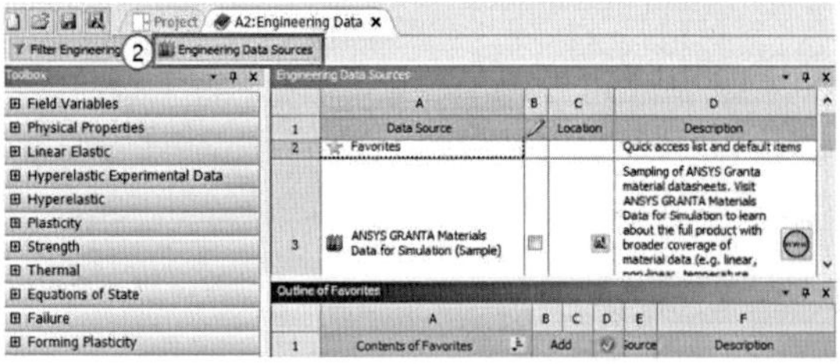

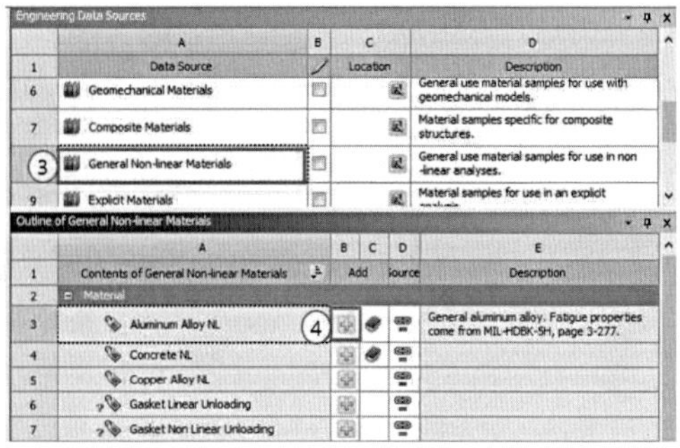

① Engineering Data를 우클릭하여 Editor를 들어간다. (또는 더블클릭)
② Engineering Data Source를 클릭하여 Engineering Data Source를 활성화한다.
③ 비선형 재료를 사용하기 위하여, General Non-liner Materials로 들어간다.
④ 해석에 사용하는 재료의 + 마크를 클릭하여 책모양을 활성화 시킨다.

Outline of Schematic A2, B2: Engineering Data

	A	B	C	D	E
1	Contents of Engineering Data			Source	Description
2	Material				
3	Soda_CAN_Aluminum			D	
4	Structural Steel			G	Fatigue Data at zero mean stress comes from 1998 ASME BPV Code, Section 8, Div 2, Table 5-110.1

① Engineering Data Source를 클릭하여 사용할 데이터를 확인한다.
② Project를 클릭하여 Workbench Project 화면으로 돌아간다.

Properties of Outline Row 3: Soda_CAN_Aluminum

	A	B	C	D	E
1	Property	Value	Unit		
2	Material Field Variables	Table			
3	Density	2719	kg m^-3		
4	Isotropic Elasticity				
5	Derive from	Young's Mod...			
6	Young's Modulus	70000	MPa		
7	Poisson's Ratio	0.3			
8	Bulk Modulus	5.8333E+10	Pa		
9	Shear Modulus	2.6923E+10	Pa		
10	Bilinear Isotropic Hardening				
11	Yield Strength	209	MPa		
12	Tangent Modulus	0	MPa		

이번 해석에서는 Soda_CAN_Aluminum을 만들어 사용한다. (탄소성 모델)
탄성계수는 200,000MPa, 접선탄성계수는 0MPa, 항복강도는 209MPa 이다.

3) 형상 부착 모델 데이터 불러오기(또는 모델 만들기)

해석 모델은 SpaceClaim, DesingModeler를 사용하여 디자인한다.

또는 다른 소프트웨어서 디자인한 모델을 stp, IGES 등의 파일 형식으로 Import Geometry를 사용하여 가져온다.

① Geometry에서 Import Geometry를 클릭한다.
② Soda can을 불려온다.

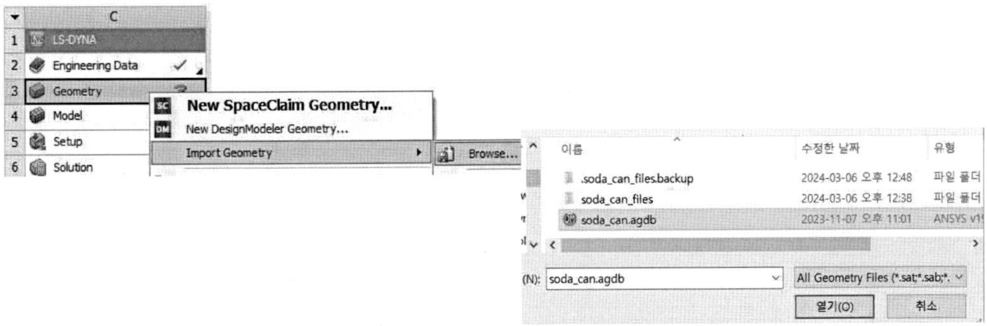

4) 부품 동작 정의

(1) 구조해석을 하기 위하여 Mechanical 창을 활성화한다.

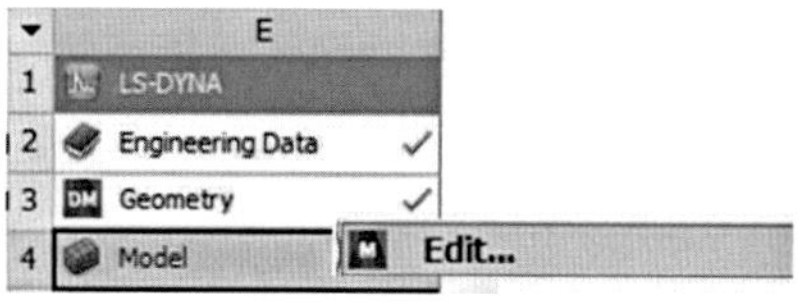

※ F7를 클릭하여 모델을 화면에 나타낸다.

(2) 부품 동작 정의에서 부품 동작에 대한 정보를 정의한다.

① 부품 이름을 변경한다.

② Can는 Stiffness Behavior를 flexible로, 재질은 Soda-CAN로 설정한다.

③ Punch, Die는 Stiffness Behavior를 rigid로, 재질은 Structural steel로 설정한다.

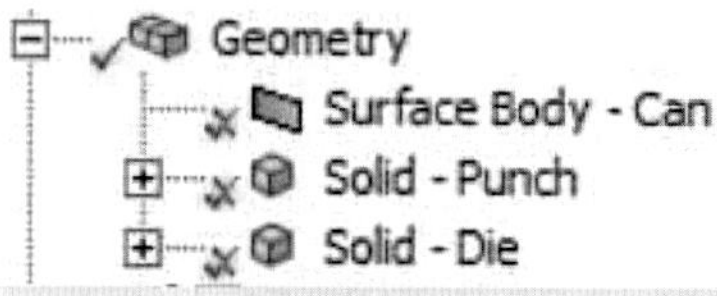

Details of "Surface Body - Can"

Graphics Properties	
Definition	
Suppressed	No
Stiffness Behavior	Flexible
Coordinate System	Default Coordinate System
Reference Temperature	By Environment
Thickness	0.25 mm
Thickness Mode	Manual
Offset Type	Middle
Material	
Assignment	Soda_CAN_Aluminum

Details of "Solid - Punch"

Graphics Properties	
Definition	
Suppressed	No
Stiffness Behavior	Rigid
Reference Temperature	By Environment
Reference Frame	Lagrangian
Material	
Assignment	Structural Steel

Details of "Solid - Die"

Graphics Properties	
Definition	
Suppressed	No
Stiffness Behavior	Rigid
Reference Temperature	By Environment
Reference Frame	Lagrangian
Material	
Assignment	Structural Steel

5) 좌표계 정의

시스템에서 설정한 Global 좌표계를 사용한다.

6) 연결 정의

Connections
- Body Interactions
  - Body Interaction

① 자동설정된 내용을 적용한다.

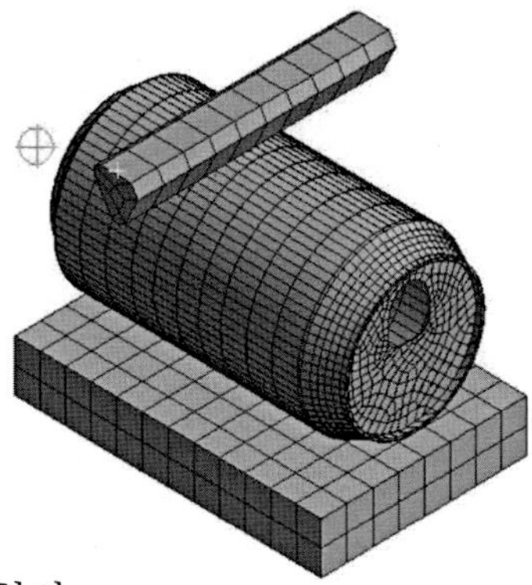

7) 메쉬 설정 정의

Mesh
- Element Size on Multiple
- Number of Divisions on Surface Body - Can
- Face Meshing on Surface Body - Can

① Punch, Die의 element size를 동시에 변경한다.

② Can는 element size를 변경한다.

③ Rename Base on Definition으로 이름을 변경한다.

Details of "Element Size on Multiple" - Sizing	
Scope	
Scoping Method	Geometry Selection
Geometry	2 Bodies
Definition	
Suppressed	No
Type	Element Size
Element Size	10.0 mm
Advanced	
Defeature Size	Default (5.e-002 mm)
Behavior	Soft
Growth Rate	Default (1.2)
Capture Curvature	No
Capture Proximity	No

Details of "Number of Divisions on Surface Body	
Scope	
Scoping Method	Geometry Selection
Geometry	7 Edges
Definition	
Suppressed	No
Type	Number of Divisions
Number of Divisions	8
Advanced	
Behavior	Soft
Growth Rate	Default (1.2)
Capture Curvature	No
Capture Proximity	No
Bias Type	No Bias

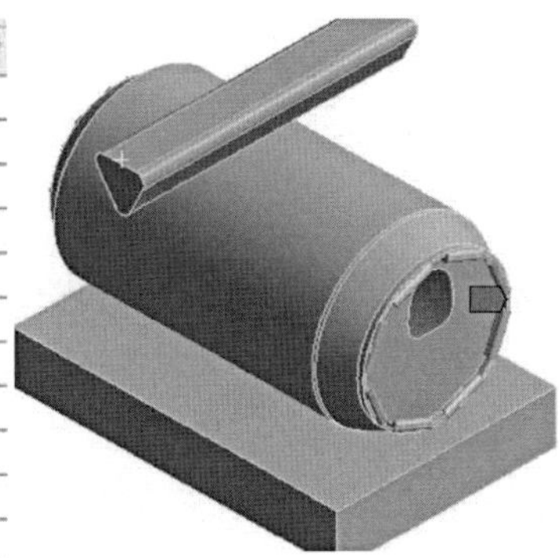

Details of "Face Meshing on Surface Body - Can" - M

Scope	
Scoping Method	Geometry Selection
Geometry	4 Faces
Definition	
Suppressed	No
Mapped Mesh	Yes
Method	Quadrilaterals
Internal Number of Divisions	Default
Constrain Boundary	No

8) LS-DYNA 분석 설정 정의

① Step Controls

End Time = 0.0006

Automatic Mass Scaling = No

② CPU and Memory Management

Number of CPUS = 2

③ Hourglass Control Type = Program Controlled,

④ Output Controls

Calculate Results At = Equally Scoped Points, Value = 70

⑤ Time History Output = No

9) 구조해석 초기 조건 정의 : 설정 내용 없음.

10) 구조해석 경계 조건 정의

(1) 하중 조건 설정 : 설정 내용 없음.

(2) 구조물의 변위 구속조건 설정

① Rigid Body Constraint

Details of "Rigid Body Constraint"

Geometry	
Scoping Method	Geometry Selection
Geometry	1 Body
General	
X Component	Fixed
Y Component	Fixed
Z Component	Fixed
Rotation X	Fixed
Rotation Y	Fixed
Rotation Z	Fixed

② Displacement

Details of "Displacement"	
Scope	
Scoping Method	Geometry Selection
Geometry	1 Body
Definition	
Type	Displacement
Define By	Components
Coordinate System	Global Coordinate System
X Component	Free
Y Component	Tabular Data
Z Component	Free
Suppressed	No

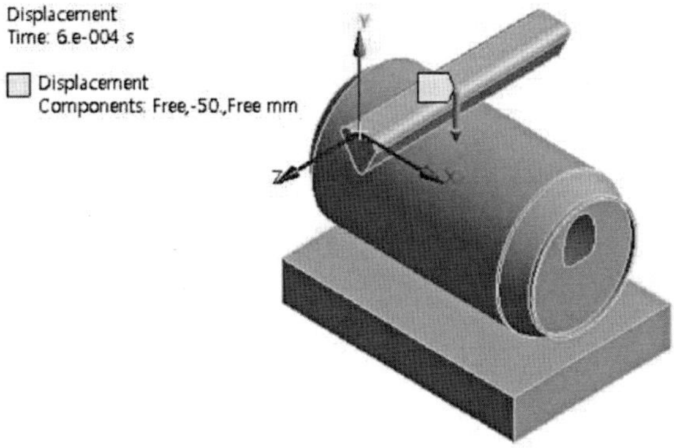

(3) Request Results

① Body Contact Tracker

Details of "Body Contact Tracker"	
Geometry	
Scoping Method	Geometry Selection
Geometry	1 Body

② Result Tracker

Details of "Result Tracker"	
Geometry	
Scoping Method	Geometry Selection
Geometry	1 Body

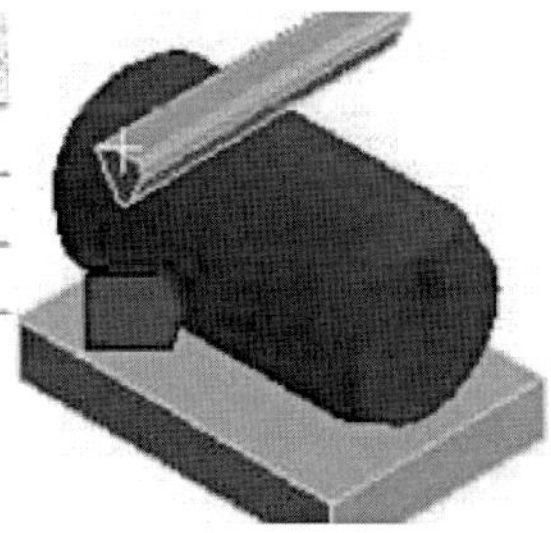

11) 구조해석 수행하기

경계 조건이 설정이 완료되면 구조해석을 수행한다. Solve 클릭하여 해석한다.

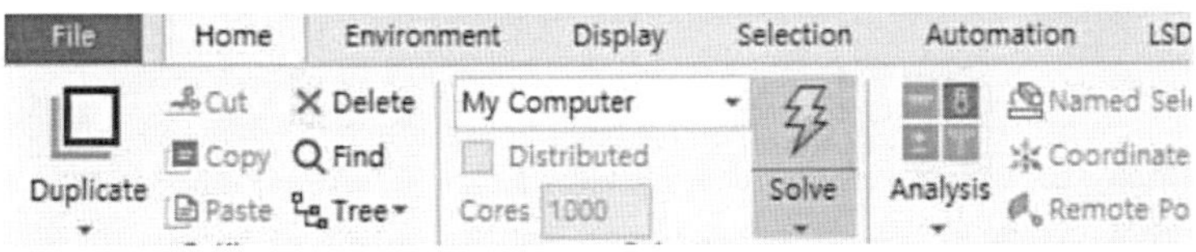

(1) 해석 소요 시간

해석 시간정보 :

243 t 2.9979E-05 dt 1.24E-07 write d3plot file

244 t 3.0103E-05 dt 1.24E-07 write intfor file

Elapsed time 132 seconds for 4843 cycles using 1 SMP thread
(0 hour 2 minutes 12 seconds)

(2) Energy 변화 추이

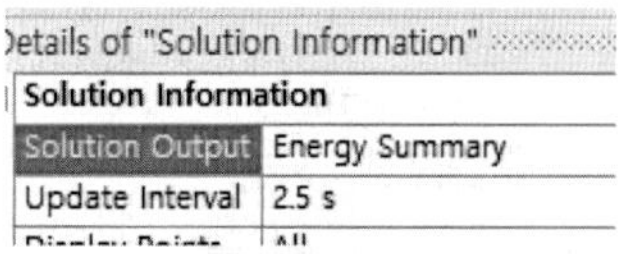

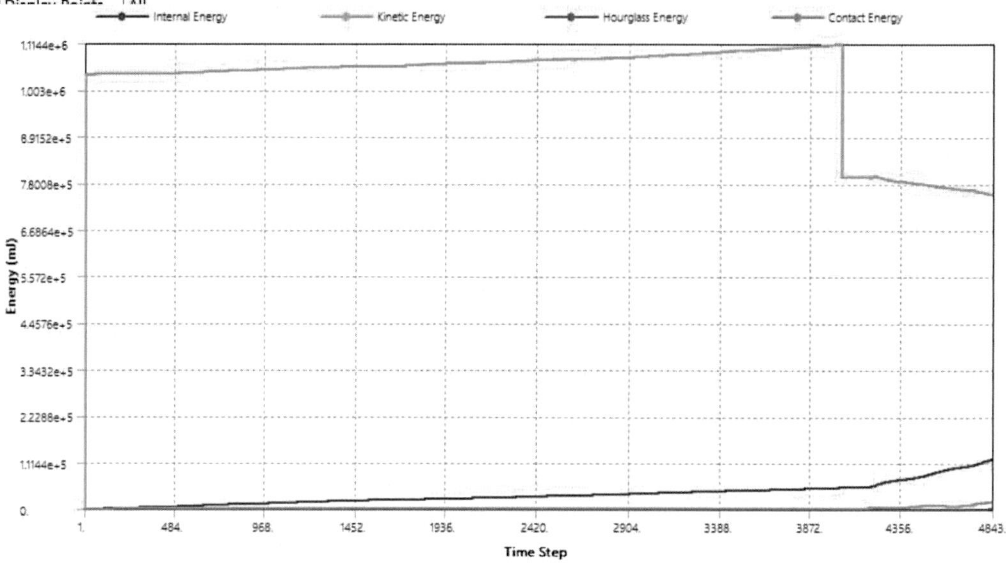

12) 구조해석 결과 확인

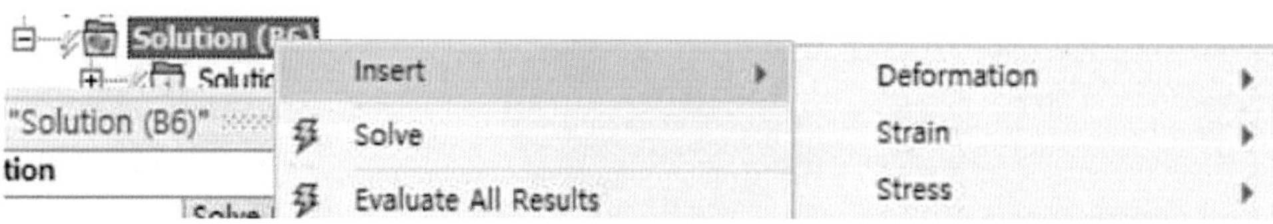

Solution에서 Deformation, Strain, Stress 등의 해석 결과를 불러온다.

(1) Total Deformation을 검토한다.

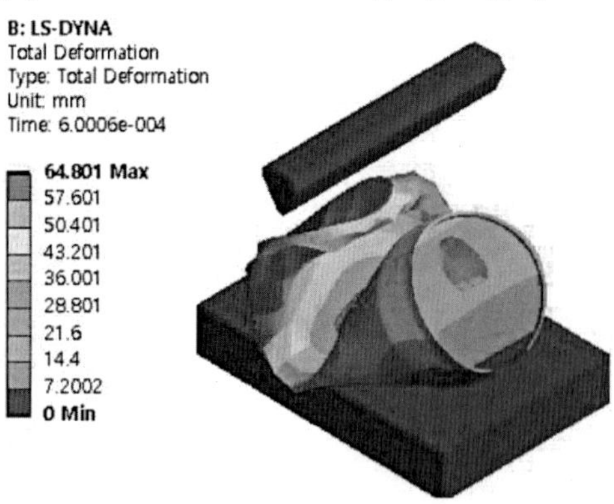

(2) Equivalent stress를 검토한다.

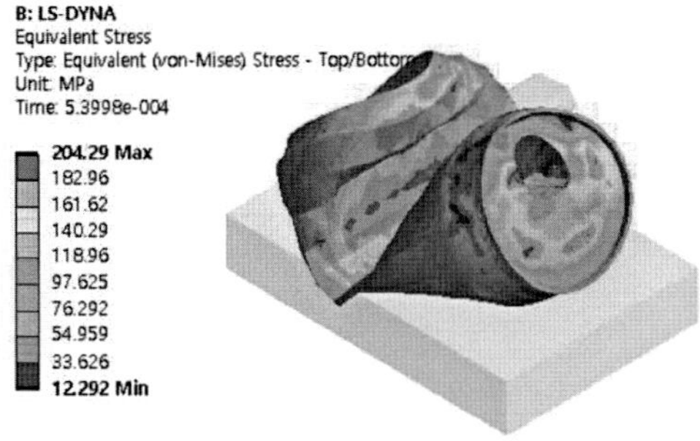

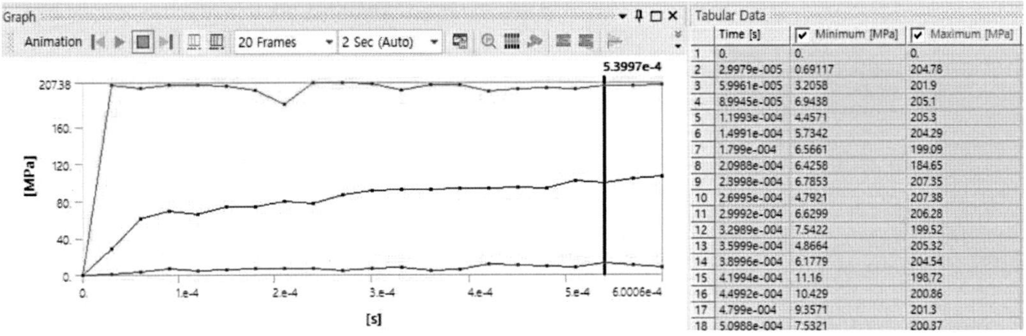

	Time [s]	Minimum [MPa]	Maximum [MPa]
1	0.	0.	0.
2	2.9979e-005	0.69117	204.78
3	5.9961e-005	3.2058	201.9
4	8.9945e-005	6.9438	205.1
5	1.1993e-004	4.4571	205.3
6	1.4991e-004	5.7342	204.29
7	1.799e-004	6.5661	199.09
8	2.0988e-004	6.4258	184.65
9	2.3998e-004	6.7853	207.35
10	2.6995e-004	4.7921	207.38
11	2.9992e-004	6.6299	206.28
12	3.2989e-004	7.5422	199.52
13	3.5999e-004	4.8664	205.32
14	3.8996e-004	6.1779	204.54
15	4.1994e-004	11.16	198.72
16	4.4992e-004	10.429	200.86
17	4.799e-004	9.3571	201.3
18	5.0988e-004	7.5321	200.37

(3) 반력

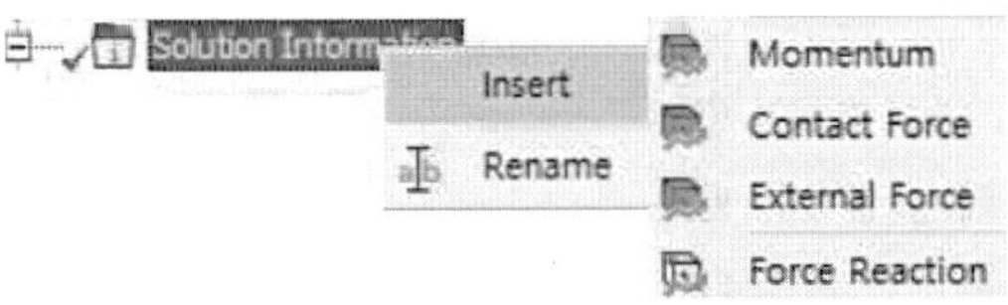

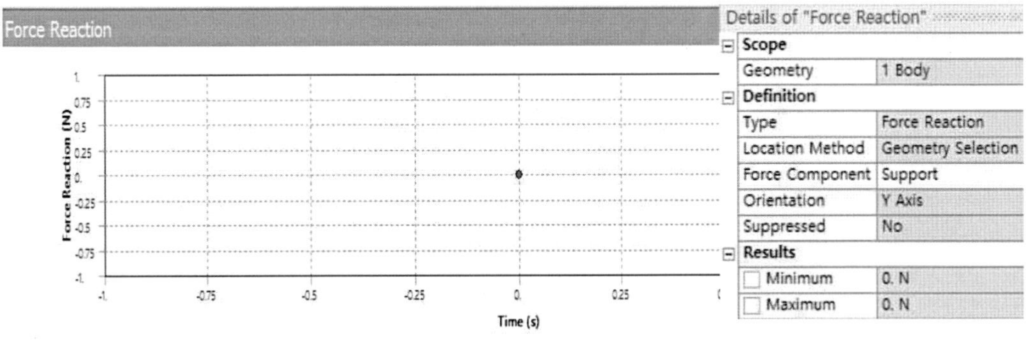

7. Simple support beam failure

A. simple support beam failure(I) Static Structural

1. 구조해석 정의

2. 구조해석 목적

- Plate를 강제(rigid)로 설정하고 해석한다.
- Plate를 rigid로 각각 변경하여 해석한다.
- 초기속도, 초기 가속도를 적용한다.
- Energy의 변화를 관찰한다.
- 반력을 산정한다.
  - Post Process에서 확인할 수 있는 항목

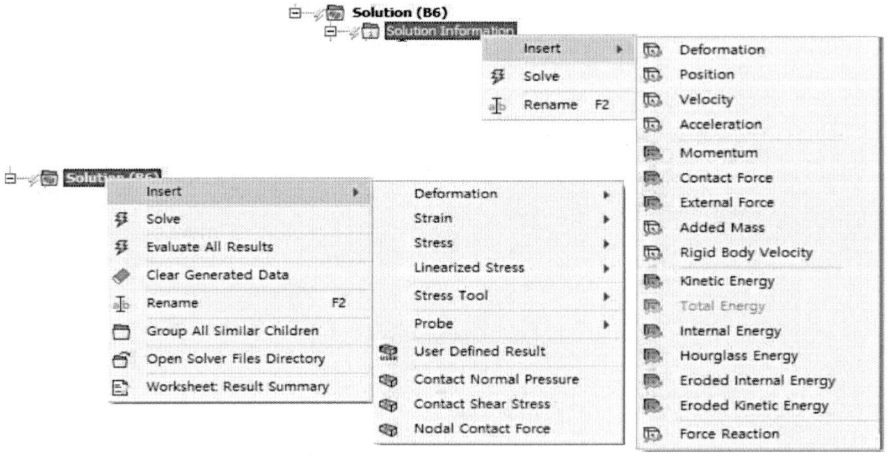

3. 구조해석 절차

1) 프로젝트 설정

① workbench에서 LSDYNA를 사용할 수 있도록 Extensions Manager에서 설정한다.

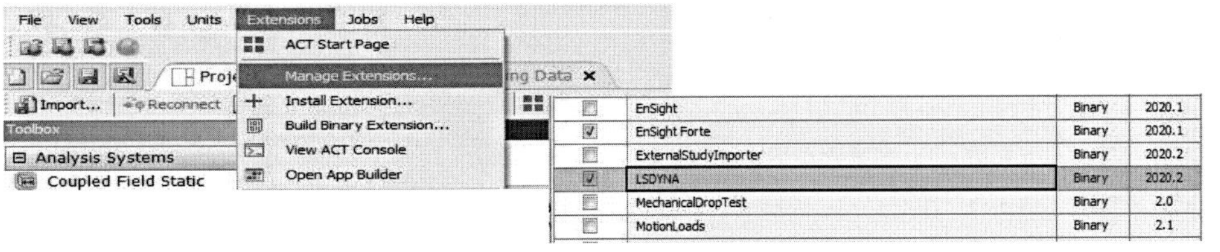

② Tool Box에서 Engineering Data를 활성화된다.

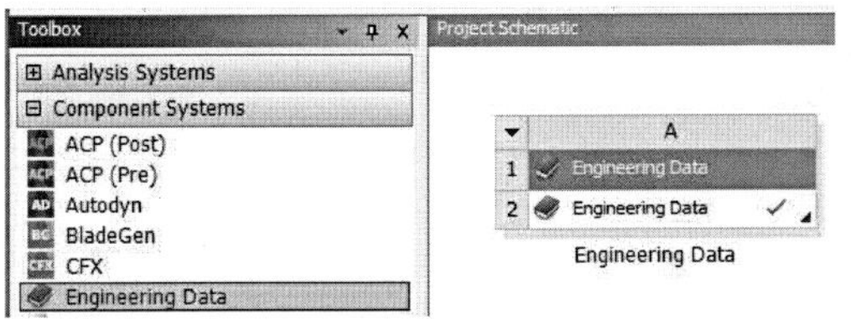

③ workbench에서 Engineering Data를 드래그 더블클릭한다.

2) 엔지니어링 데이터 정의

(1) 데이터 수정

① 재질은 Workbench에서 제공 Structural Steel NL을 적용한다.

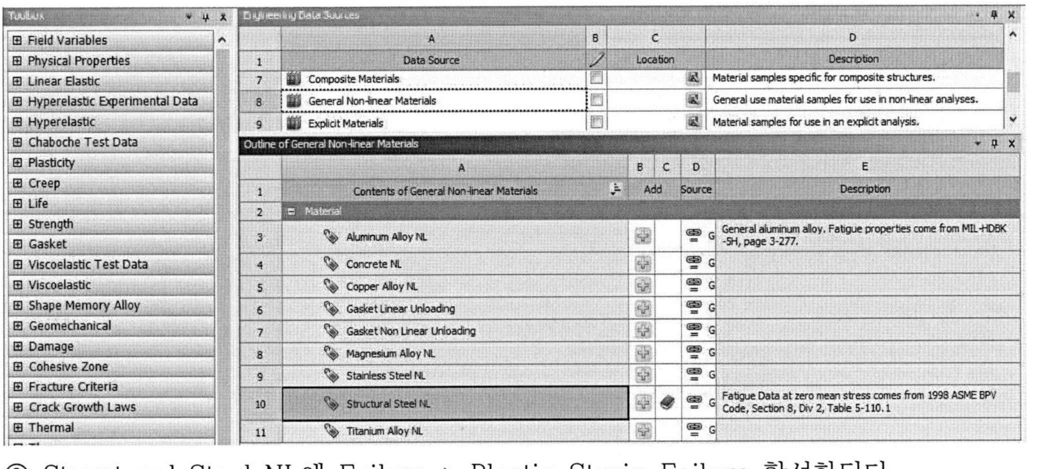

② Structural Steel NL에 Failure > Plastic Strain Failure 활성화된다.
Maximum, Equivalent Plastic Strain EPS를 0.2로 설정한다.

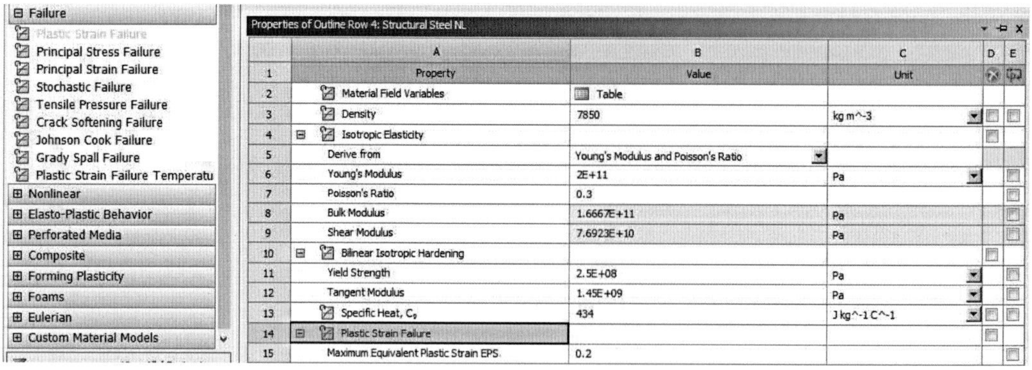

(2) Static Structural 활성화

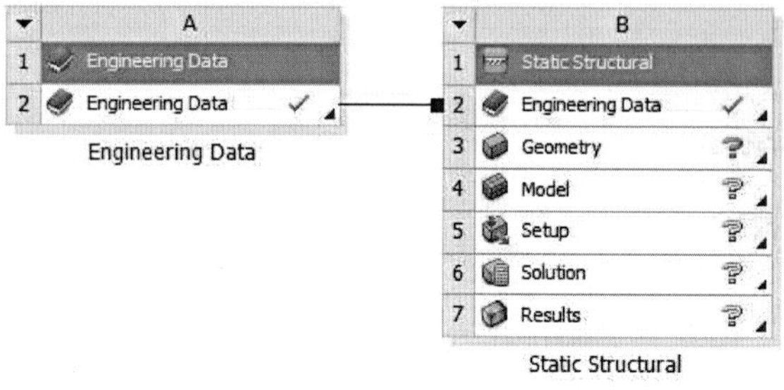

3) 형상 부착 모델 데이터 불러오기(또는 모델 만들기)

해석 모델은 SpaceClaim, DesingModeler를 사용하여 디자인한다.

또는 다른 소프트웨어서 디자인한 모델을 stp, IGES 등의 파일 형식으로 Import Geometry를 사용하여 가져온다.

(1) Case 1:

① Geometry > Import Geometry에서 파일을 가져온다.

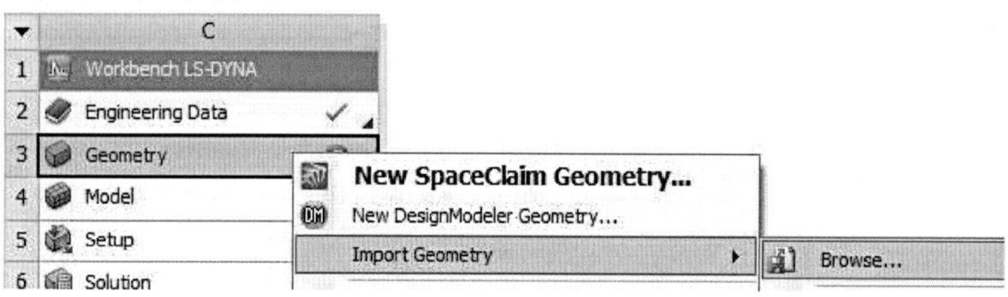

(2) Case 2:

이번 구조해석에서는 DesingModeler를 사용하여 디자인한다.

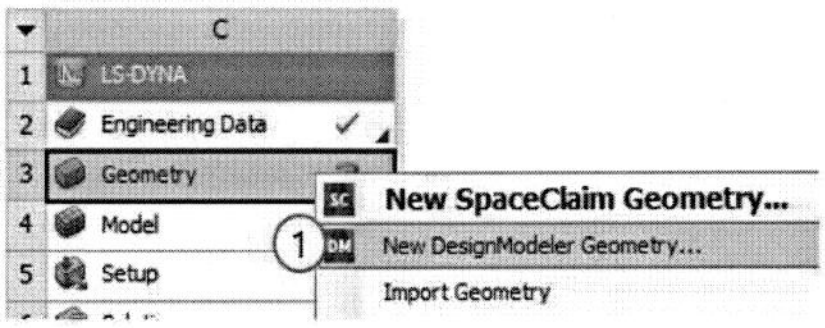

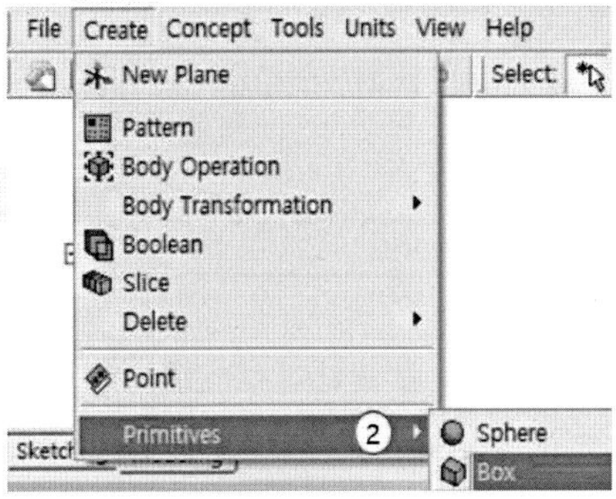

① Geometry에서 New DesignModeler 를 불러온다.

② DesignModeler에서 Primitives로 box와 cylinder를 만든다.

Details View

Details of Box1	
Box	Box1
Base Plane	XYPlane
Operation	Add Material
Box Type	From One Point and Diagonal
Point 1 Definition	Coordinates
FD3, Point 1 X Coordinate	0 mm
FD4, Point 1 Y Coordinate	0 mm
FD5, Point 1 Z Coordinate	0 mm
Diagonal Definition	Components
FD6, Diagonal X Component	30 mm
FD7, Diagonal Y Component	30 mm
FD8, Diagonal Z Component	300 mm
As Thin/Surface?	No

Details View

Details of Box2	
Box	Box2
Base Plane	XYPlane
Operation	Add Frozen
Box Type	From One Point and Diagonal
Point 1 Definition	Coordinates
FD3, Point 1 X Coordinate	0 mm
FD4, Point 1 Y Coordinate	0 mm
FD5, Point 1 Z Coordinate	0 mm
Diagonal Definition	Components
FD6, Diagonal X Component	30 mm
FD7, Diagonal Y Component	30 mm
FD8, Diagonal Z Component	-300 mm
As Thin/Surface?	No

Details View

Details of Cylinder1	
Cylinder	Cylinder1
Base Plane	XYPlane
Operation	Add Frozen
Origin Definition	Coordinates
FD3, Origin X Coordinate	0 mm
FD4, Origin Y Coordinate	-30 mm
FD5, Origin Z Coordinate	300 mm
Axis Definition	Components
FD6, Axis X Component	30 mm
FD7, Axis Y Component	0 mm
FD8, Axis Z Component	0 mm
FD10, Radius (>0)	30 mm
As Thin/Surface?	No

Details View

Details of Cylinder2	
Cylinder	Cylinder2
Base Plane	XYPlane
Operation	Add Frozen
Origin Definition	Coordinates
FD3, Origin X Coordinate	0 mm
FD4, Origin Y Coordinate	-30 mm
FD5, Origin Z Coordinate	-280 mm
Axis Definition	Components
FD6, Axis X Component	30 mm
FD7, Axis Y Component	0 mm
FD8, Axis Z Component	0 mm
FD10, Radius (>0)	30 mm
As Thin/Surface?	No

4) 부품 동작 정의

(1) 구조해석을 하기 위하여 Mechanical 창을 활성화한다.

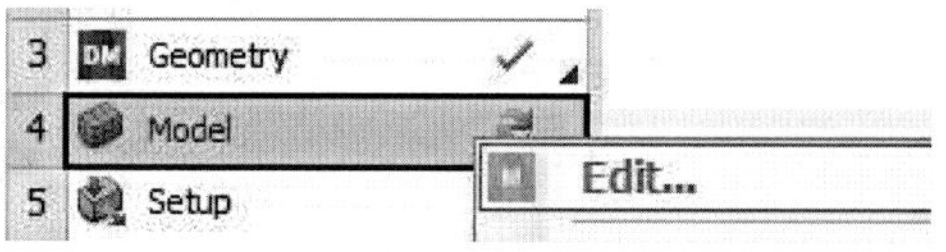

※ 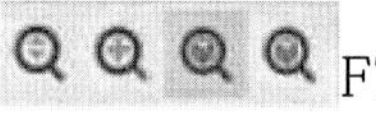 F7를 클릭하여 모델을 화면에 나타낸다.

(2) 부품 동작 정의에서 부품 동작에 대한 정보를 정의한다.

① Beam1, Beam2, Support1, support2 는 Stiffness Behavior를 flexible로, 재질은 Structural steel NL로 설정한다.

5) 좌표계 정의

시스템에서 설정한 Global 좌표계를 사용한다.

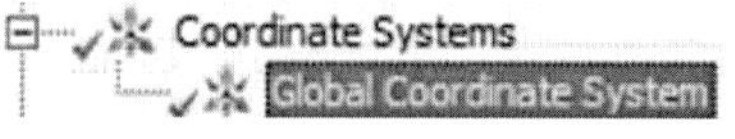

6) 연결 정의

Connections에서 연결에 대한 정보를 찾을 수 있습니다.

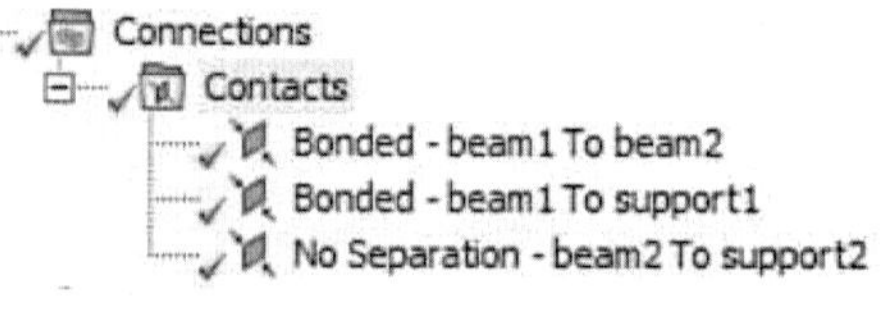

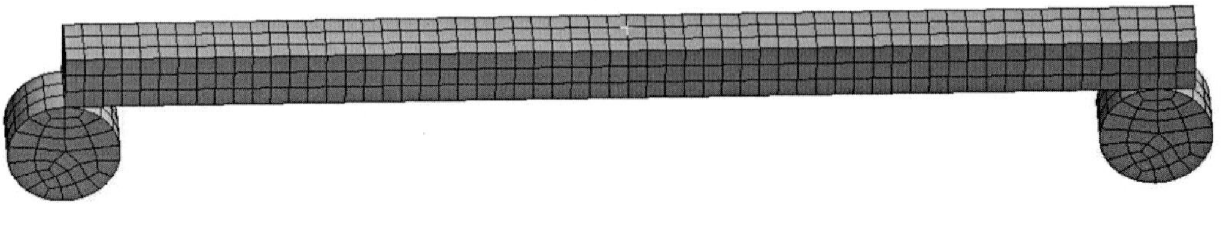

7) 메쉬 설정 정의

(1) 이번 구조해석에서는 메쉬 크기는 자동 설정으로 하고,
Beam의 메쉬 치수를 10mm로 설정한다.

8) 분석 설정 정의

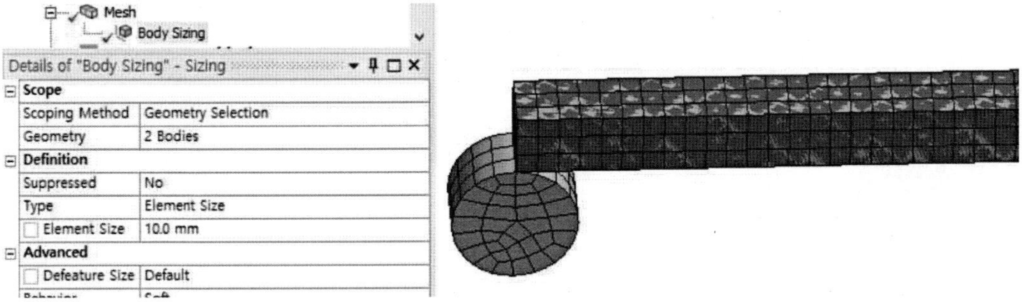

① Number of Steps를 3으로 설정한다.

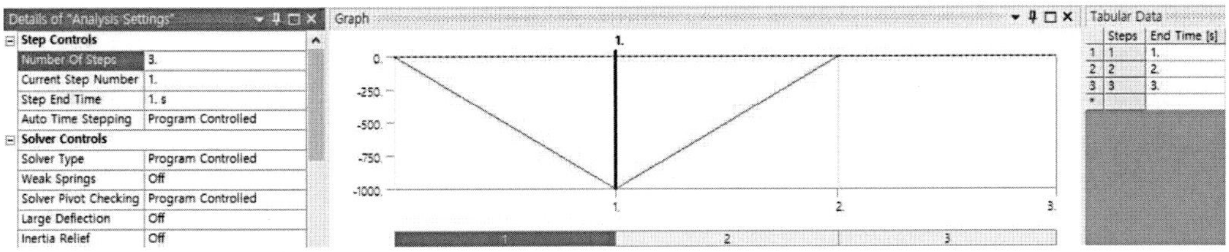

9) 구조해석 초기 조건 정의

- 설정 없음

10) 구조해석 경계 조건 정의

(1) 하중 조건 설정

① Force

보의 중앙에 Y축 방향으로 하중을 준다.

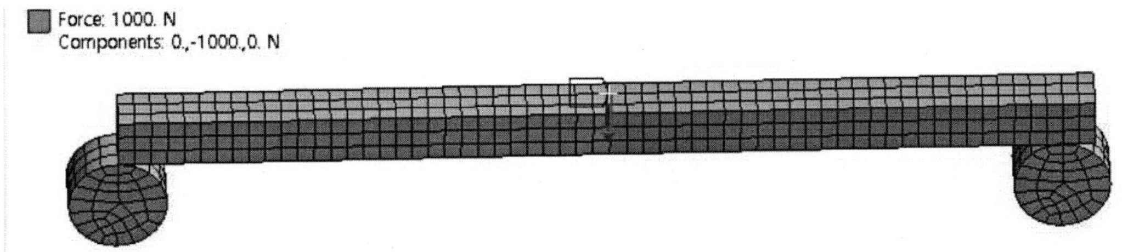

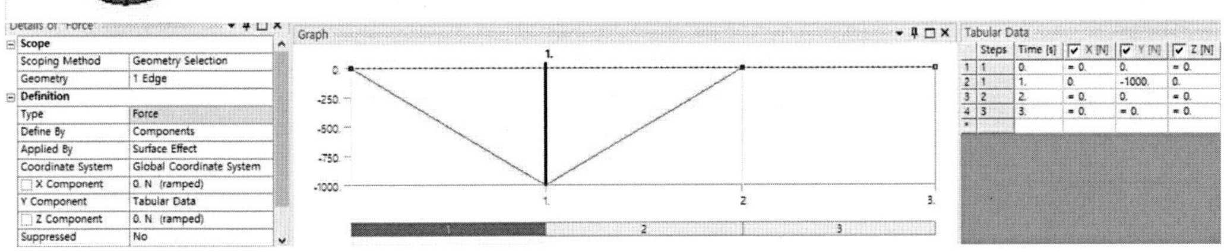

(2) 구조물의 변위 구속조건 설정

① Fixed Support

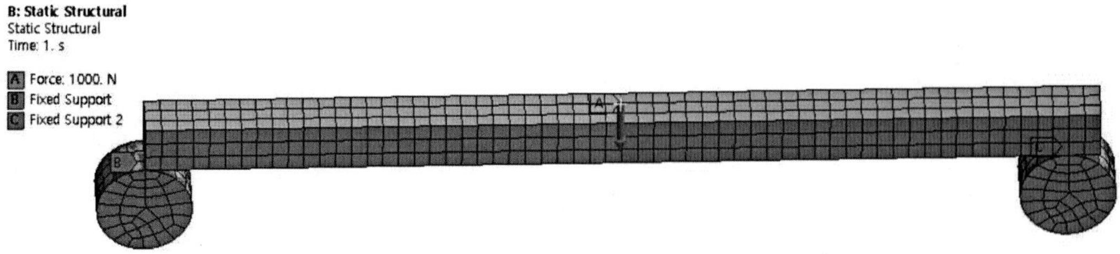

11) 구조해석 수행하기

경계 조건이 설정이 완료되면 구조해석을 수행한다.

Solve 클릭하여 해석한다.

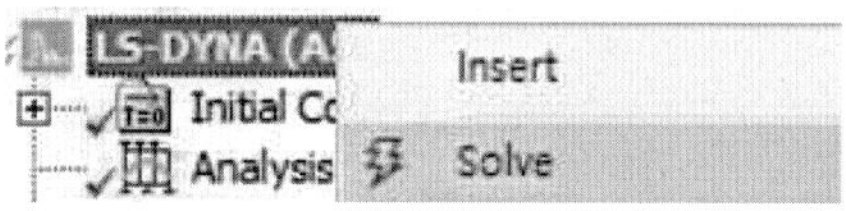

12) 구조해석 결과 확인

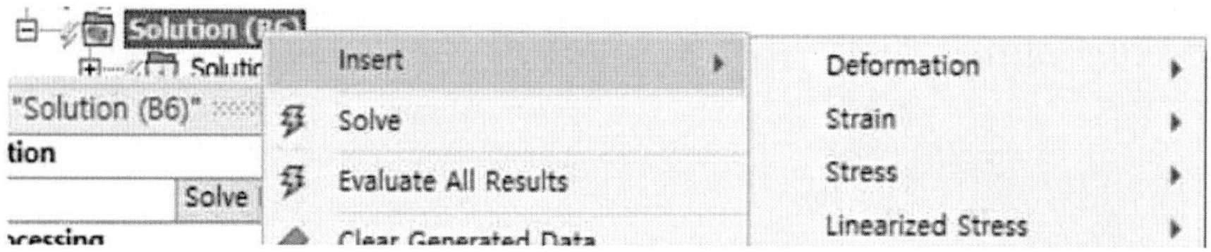

Solution에서 Deformation, Strain, Stress 등의 해석 결과를 불러온다.

(1) Total Deformation을 검토한다.

① Load Step 1

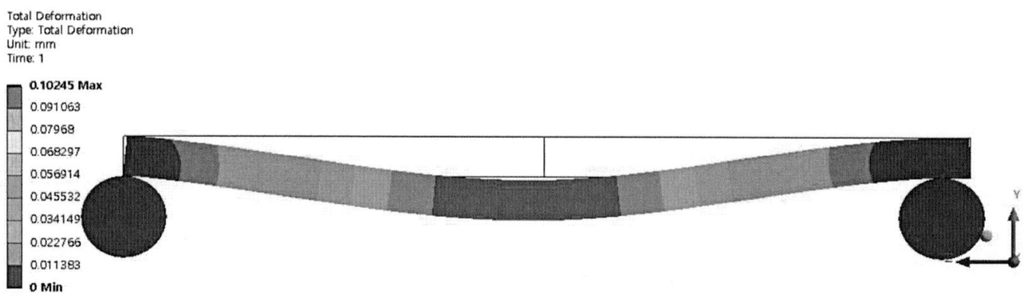

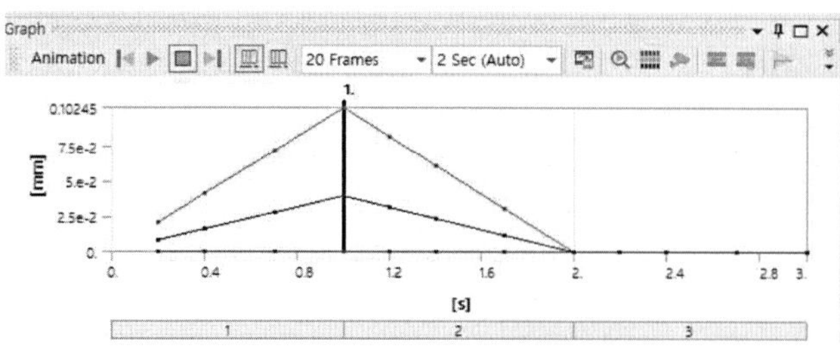

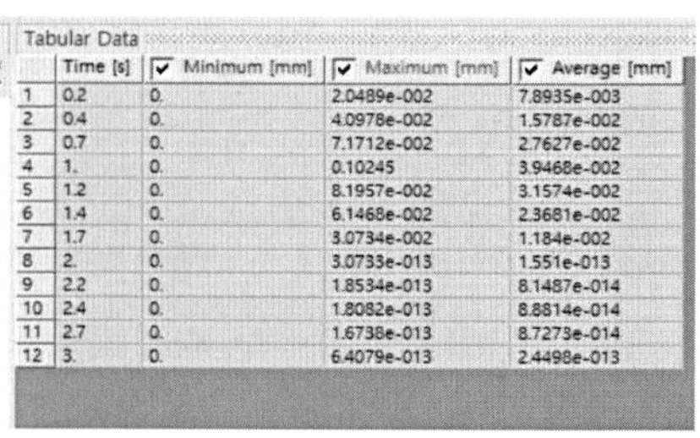

Tabular Data

	Time [s]	Minimum [mm]	Maximum [mm]	Average [mm]
1	0.2	0.	2.0489e-002	7.8935e-003
2	0.4	0.	4.0978e-002	1.5787e-002
3	0.7	0.	7.1712e-002	2.7627e-002
4	1.	0.	0.10245	3.9468e-002
5	1.2	0.	8.1957e-002	3.1574e-002
6	1.4	0.	6.1468e-002	2.3681e-002
7	1.7	0.	3.0734e-002	1.184e-002
8	2.	0.	3.0733e-013	1.551e-013
9	2.2	0.	1.8534e-013	8.1487e-014
10	2.4	0.	1.8082e-013	8.8814e-014
11	2.7	0.	1.6738e-013	8.7273e-014
12	3.	0.	6.4079e-013	2.4498e-013

② Load Step 3

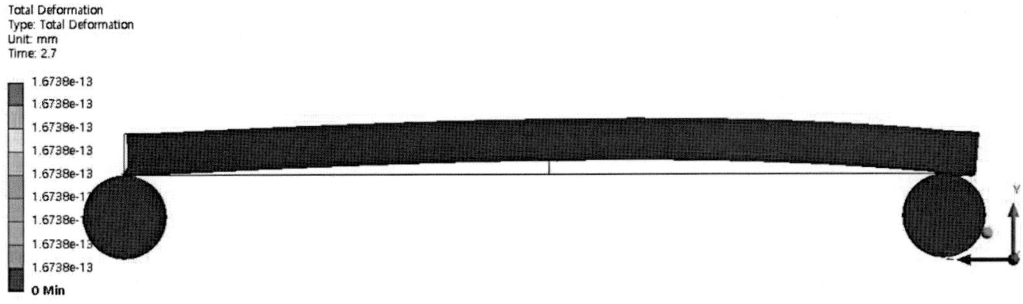

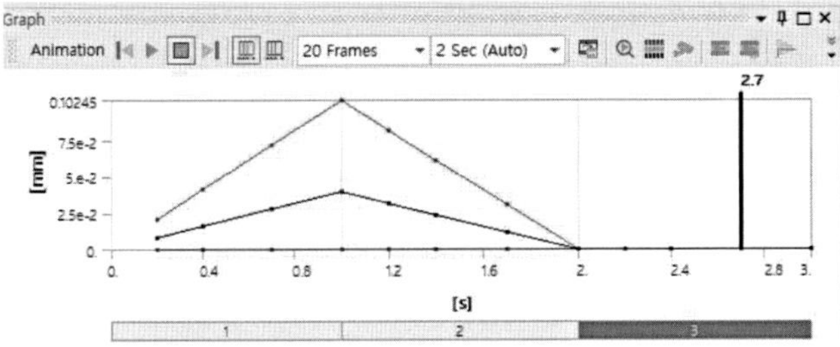

Tabular Data

	Time [s]	Minimum [mm]	Maximum [mm]	Average [mm]
1	0.2	0.	2.0489e-002	7.8935e-003
2	0.4	0.	4.0978e-002	1.5787e-002
3	0.7	0.	7.1712e-002	2.7627e-002
4	1.	0.	0.10245	3.9468e-002
5	1.2	0.	8.1957e-002	3.1574e-002
6	1.4	0.	6.1468e-002	2.3681e-002
7	1.7	0.	3.0734e-002	1.184e-002
8	2.	0.	3.0733e-013	1.551e-013
9	2.2	0.	1.8534e-013	8.1487e-014
10	2.4	0.	1.8082e-013	8.8814e-014
11	2.7	0.	1.6738e-013	8.7273e-014
12	3.	0.	6.4079e-013	2.4498e-013

(2) Equivalent Stress

① Load Step 1

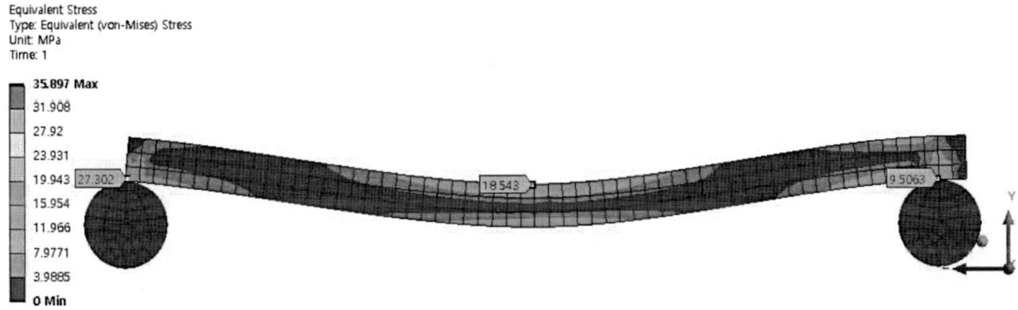

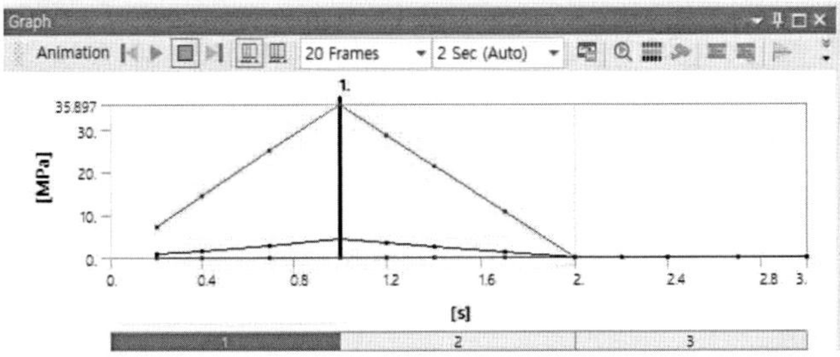

Tabular Data

	Time [s]	Minimum [MPa]	Maximum [MPa]	Average [MPa]
1	0.2	0.	7.1794	0.8539
2	0.4	0.	14.359	1.7078
3	0.7	0.	25.128	2.9887
4	1.	0.	35.897	4.2695
5	1.2	0.	28.718	3.4156
6	1.4	0.	21.538	2.5617
7	1.7	0.	10.769	1.2809
8	2.	0.	5.4327e-010	8.1614e-012
9	2.2	0.	7.9431e-010	1.2126e-011
10	2.4	0.	8.2423e-010	1.1283e-011
11	2.7	0.	9.1649e-010	1.2512e-011
12	3.	0.	7.1319e-010	1.056e-011

② Load Step 3

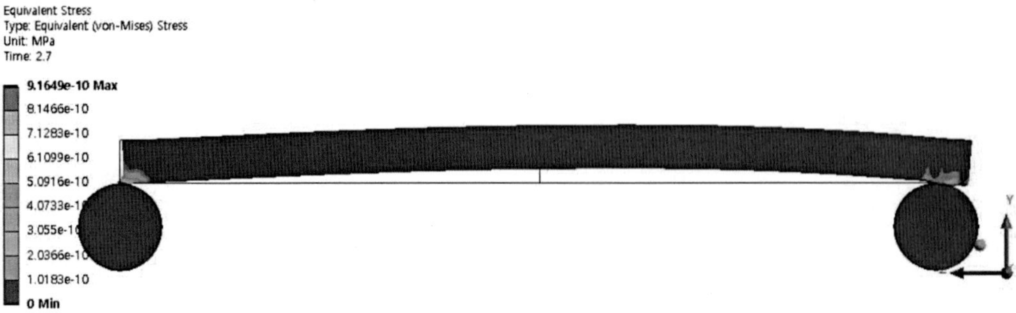

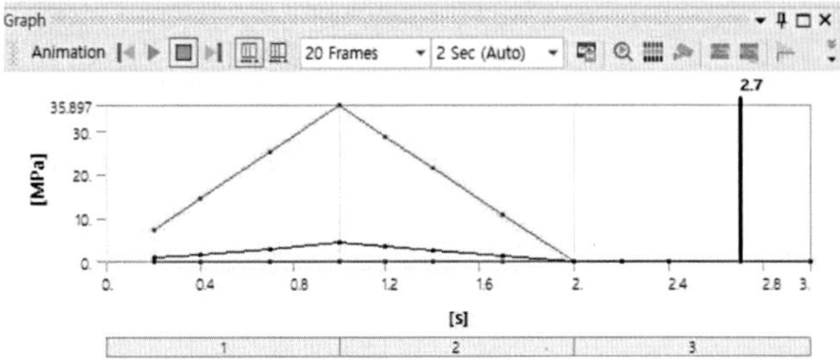

Tabular Data

	Time [s]	Minimum [MPa]	Maximum [MPa]	Average [MPa]
1	0.2	0.	7.1794	0.8539
2	0.4	0.	14.359	1.7078
3	0.7	0.	25.128	2.9887
4	1.	0.	35.897	4.2695
5	1.2	0.	28.718	3.4156
6	1.4	0.	21.538	2.5617
7	1.7	0.	10.769	1.2809
8	2.	0.	5.4327e-010	8.1614e-012
9	2.2	0.	7.9431e-010	1.2126e-011
10	2.4	0.	8.2423e-010	1.1283e-011
11	2.7	0.	9.1649e-010	1.2512e-011
12	3.	0.	7.1319e-010	1.056e-011

하중을 크기를 최대 100 kN을 적용할 때 Beam의 처짐 현상

1) Force

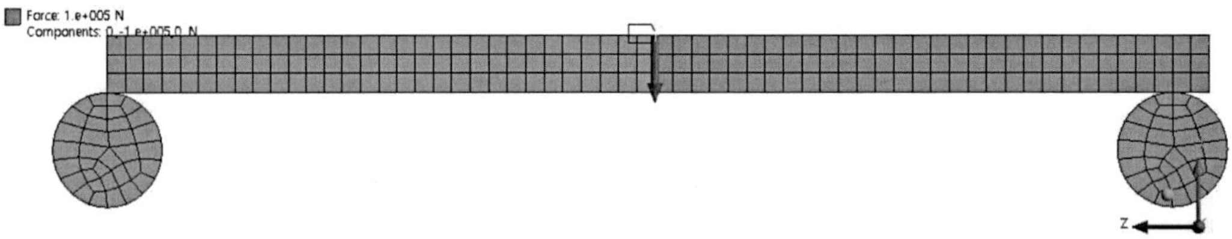

Details of "Force"

Scope	
Scoping Method	Geometry Selection
Geometry	1 Edge
Definition	
Type	Force
Define By	Components
Applied By	Surface Effect
Coordinate System	Global Coordinate System
X Component	0. N (ramped)
Y Component	Tabular Data
Z Component	0. N (ramped)
Suppressed	No
Tabular Data	
Independent Variable	Time

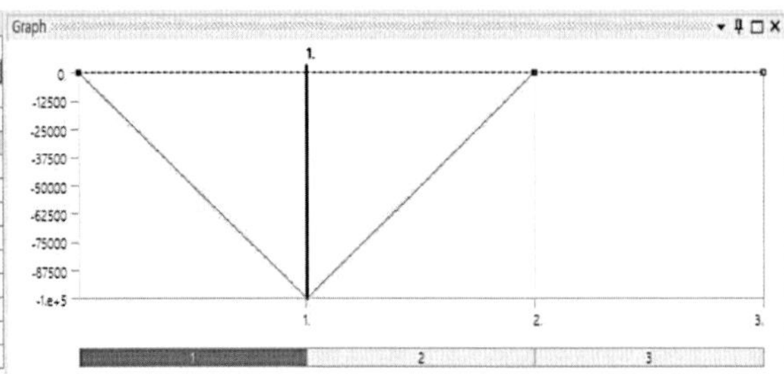

Tabular Data

	Steps	Time [s]	X [N]	Y [N]	Z [N]
1	1	0.	= 0.	0.	= 0.
2	1	1.	0.	-1.e+005	0.
3	2	2.	= 0.	0.	= 0.
4	3	3.	= 0.	= 0.	= 0.

2) Total Deformation

잔류 변형 발생함.

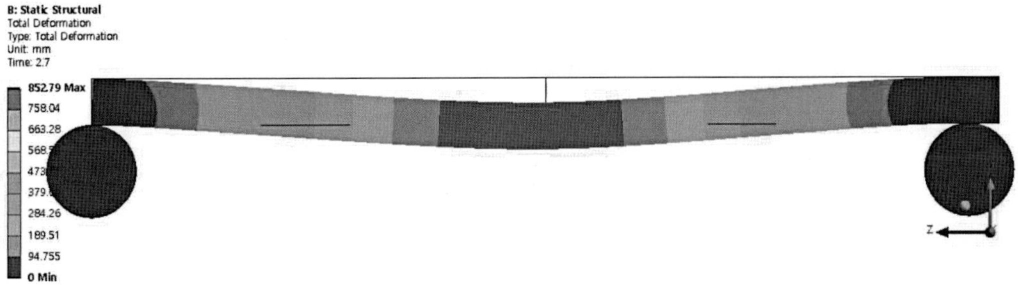

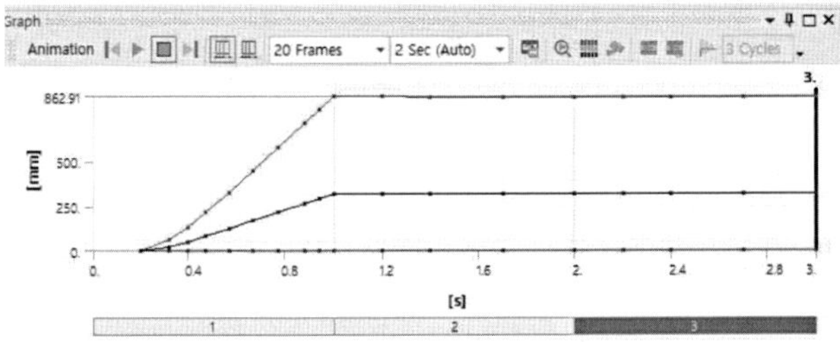

Tabular Data

	Time [s]	Minimum [mm]	Maximum [mm]	Average [mm]
3	0.39471	0.	131.79	48.246
4	0.47287	0.	215.55	79.404
5	0.56787	0.	325.84	120.65
6	0.66925	0.	448.51	166.69
7	0.77402	0.	578.14	215.43
8	0.88079	0.	711.98	265.81
9	0.94039	0.	787.21	294.14
10	1.	0.	862.91	322.68
11	1.2	0.	860.89	321.9
12	1.4	0.	858.87	321.13
13	1.7	0.	855.83	319.96
14	2.	0.	852.79	318.79
15	2.2	0.	852.79	318.79
16	2.4	0.	852.79	318.79
17	2.7	0.	852.79	318.79

3) Equivalent stress

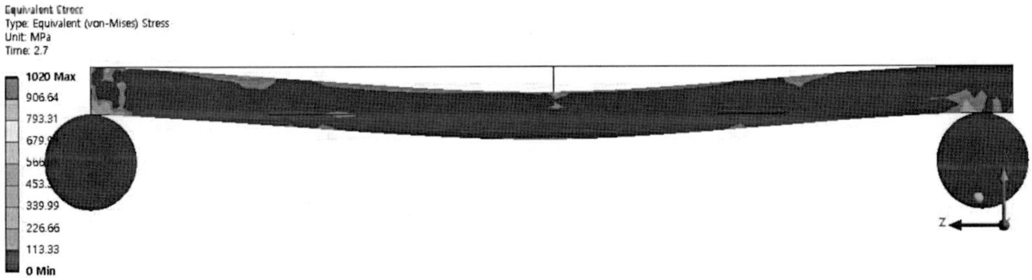

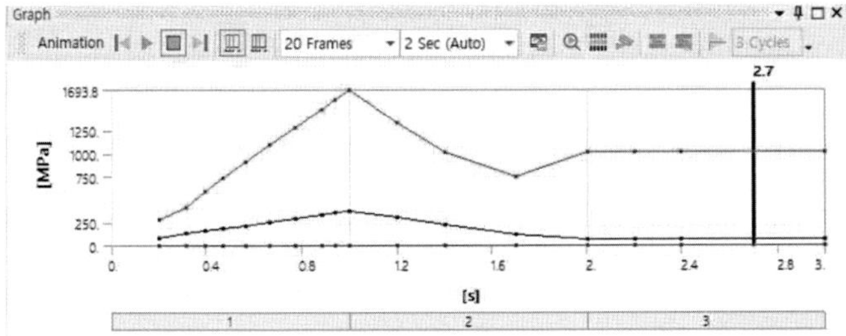

Tabular Data

	Time [s]	Minimum [MPa]	Maximum [MPa]	Average [MPa]
3	0.39471	0.	584.95	154.52
4	0.47287	0.	736.7	182.43
5	0.56787	0.	909.22	217.24
6	0.66925	0.	1092.3	254.76
7	0.77402	0.	1282.	293.28
8	0.88079	0.	1476.1	332.97
9	0.94039	0.	1584.6	354.9
10	1.	0.	1693.8	376.45
11	1.2	0.	1331.8	302.81
12	1.4	0.	1007.9	229.63
13	1.7	0.	747.42	122.23
14	2.	0.	1019.7	62.175
15	2.2	0.	1019.9	62.174
16	2.4	0.	1020.	62.174
17	2.7	0.	1020.	62.174

B. simple support beam failure(II) LS-DYNA

1. 구조해석 정의

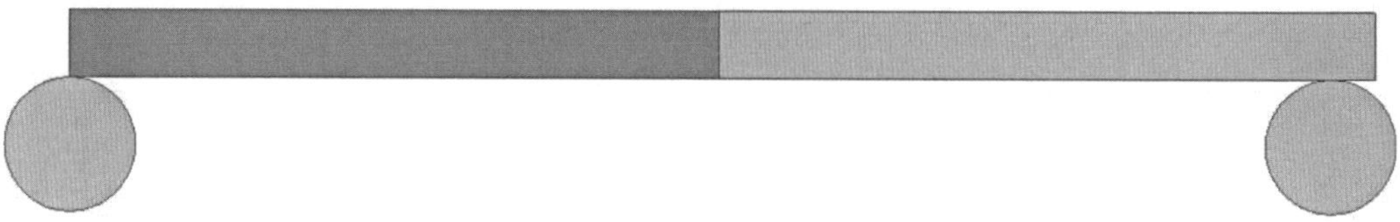

2. 구조해석 목적

- Plate를 강제(rigid)로 설정하고 해석한다.
- Plate를 rigid로 각각 변경하여 해석한다.
- 초기속도, 초기 가속도를 적용한다.
- Energy의 변화를 관찰한다.
- 반력을 산정한다.
- Post Process에서 확인할 수 있는 항목

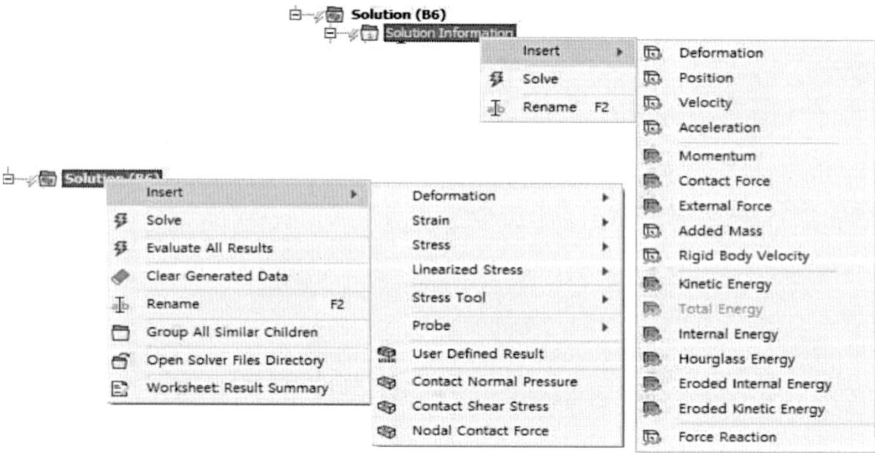

3. 구조해석 절차

1) 프로젝트 설정

① workbench에서 LSDYNA를 사용할 수 있도록 Extensions Manager에서 설정하고, workbench에서 LS-DYNA를 드래그(또는 더블클릭) 한다.

2) 엔지니어링 데이터 정의

① Engineering Data와 Geometry를 LS-DYNA와 연결한다.

3) 형상 부착 모델 데이터 불러오기(또는 모델 만들기)

① Geometry를 LS-DYNA와 연결한다.

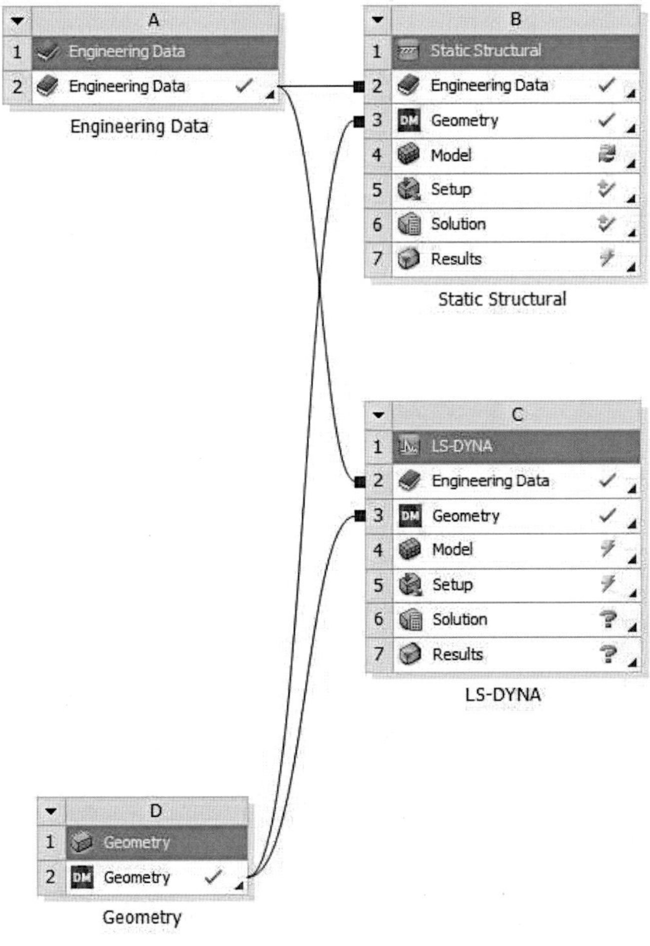

4) 부품 동작 정의

(1) 구조해석을 하기 위하여 Mechanical 창을 활성화한다.

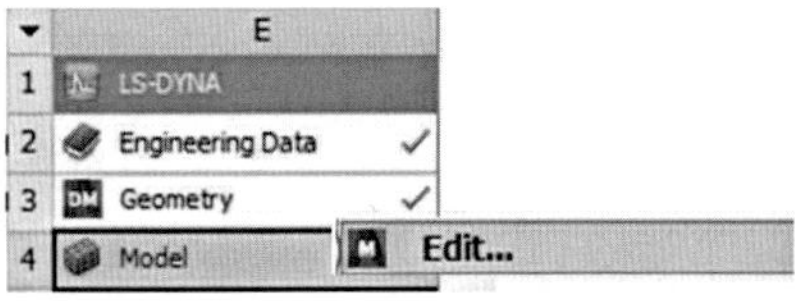

※ F7를 클릭하여 모델을 화면에 나타낸다.

(2) 부품 동작 정의에서 부품 동작에 대한 정보를 정의한다.

① beam1, bema2, support1, support2를 Stiffness Behavior를 flexible로, 재질은 structural Stell NL로 설정한다.

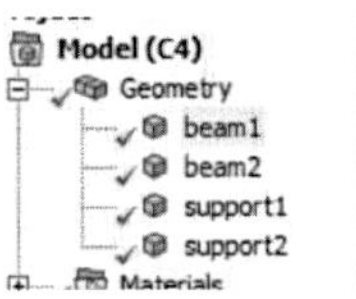

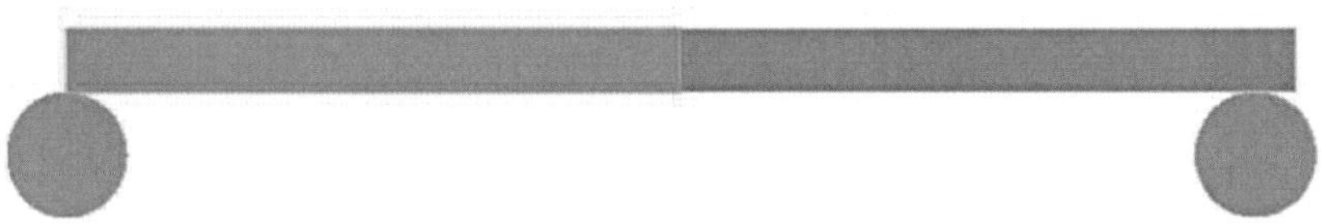

5) 좌표계 정의

시스템에서 설정한 Global 좌표계를 사용한다.

6) 연결 정의

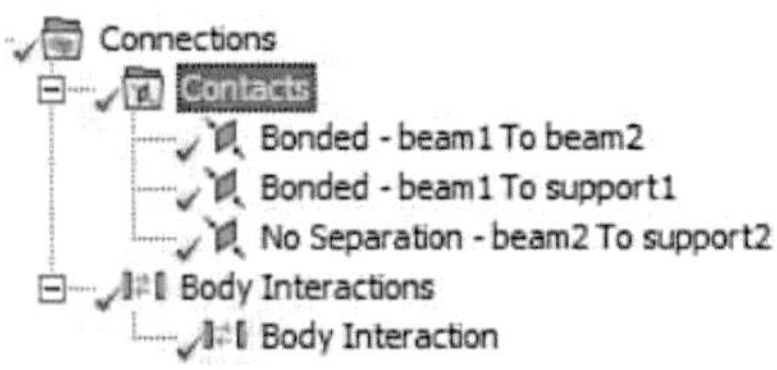

7) 메쉬 설정 정의

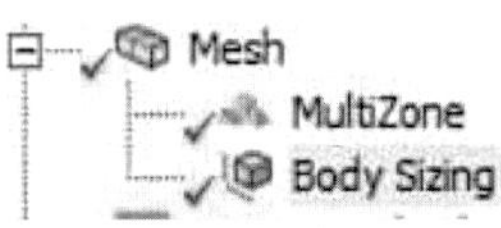

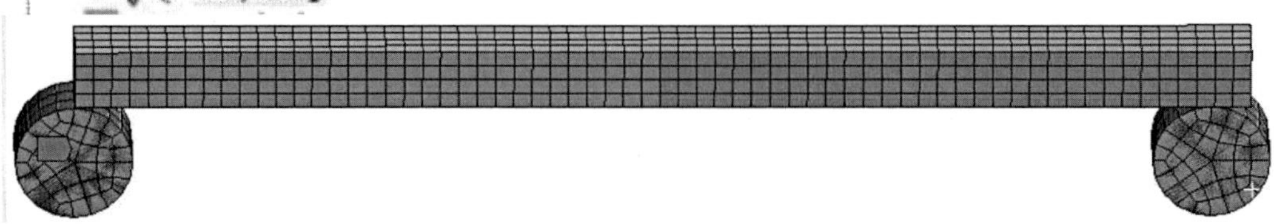

① 메쉬 method를 Multizon으로 설정한다.

② support의 메쉬 사이즈를 10mm로 설정한다.

8) LS-DYNA 분석 설정 정의

① Step Controls
   End Time = <u>0.02</u>
   Automatic Mass Scaling = No
② CPU and Memory Management
   Number of CPUS = 2
③ Hourglass Control Type = Program Controlled,
④ Output Controls
   Calculate Results At = Equally Scoped Points, Value = <u>70</u>
⑤ Time History Output = No

9) 구조해석 초기 조건 정의 : 설정 내용 없음.

10) 구조해석 경계 조건 정의

(1) 하중 조건 설정
① Force
보의 중앙에 Y축 방향으로 하중을 준다. (최대 100kN)

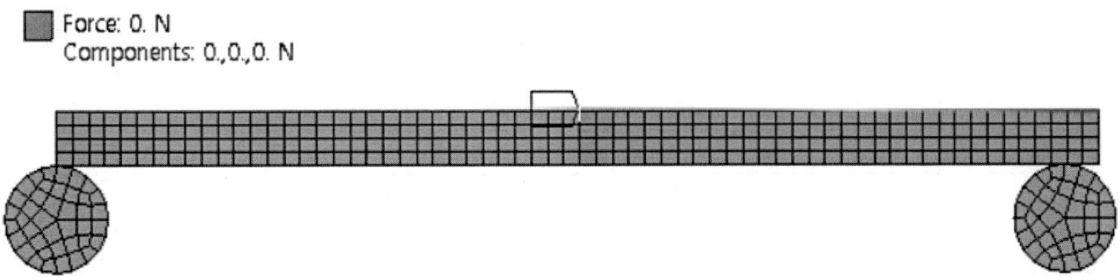

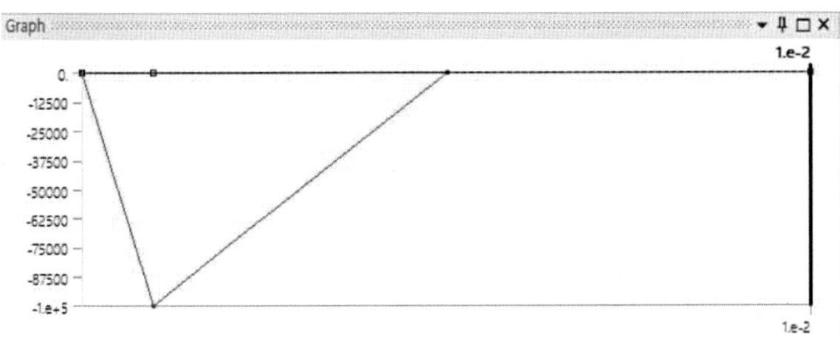

Tabular Data

	Steps	Time [s]	X [N]	Y [N]	Z [N]
1	1	0.	0.	0.	= 0.
2	1	1.e-003	= 0.	-1.e+005	= 0.
3	1	5.e-003	0.	0.	0.
4	1	1.e-002	= 0.	= 0.	= 0.
5	N/A	0.1	= 0.	0.	= 0.
6	N/A	0.5	= 0.	0.	= 0.
*					

(2) 구조물의 변위 구속조건 설정

① Fixed Support

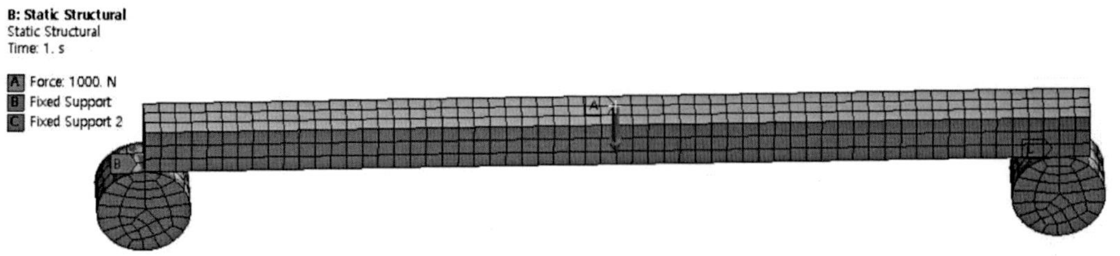

11) 구조해석 수행하기

경계 조건이 설정이 완료되면 구조해석을 수행한다. Solve 클릭하여 해석한다.

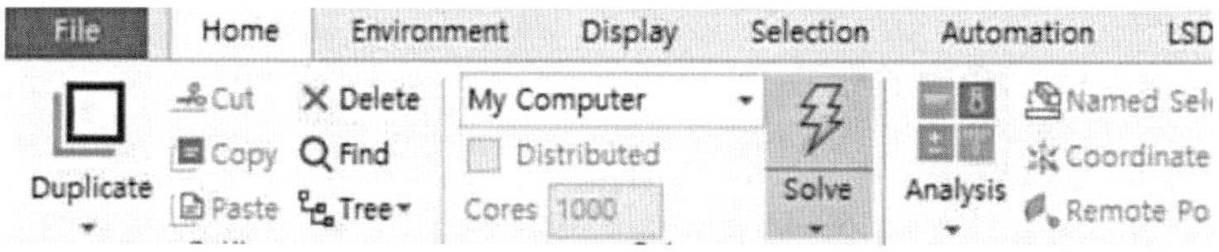

(1) 해석 소요 시간

Elapsed time 23 seconds for 11688 cycles using 1 SMP thread
(0 hour 0 minute 23 seconds)

(2) Energy 변화 추이

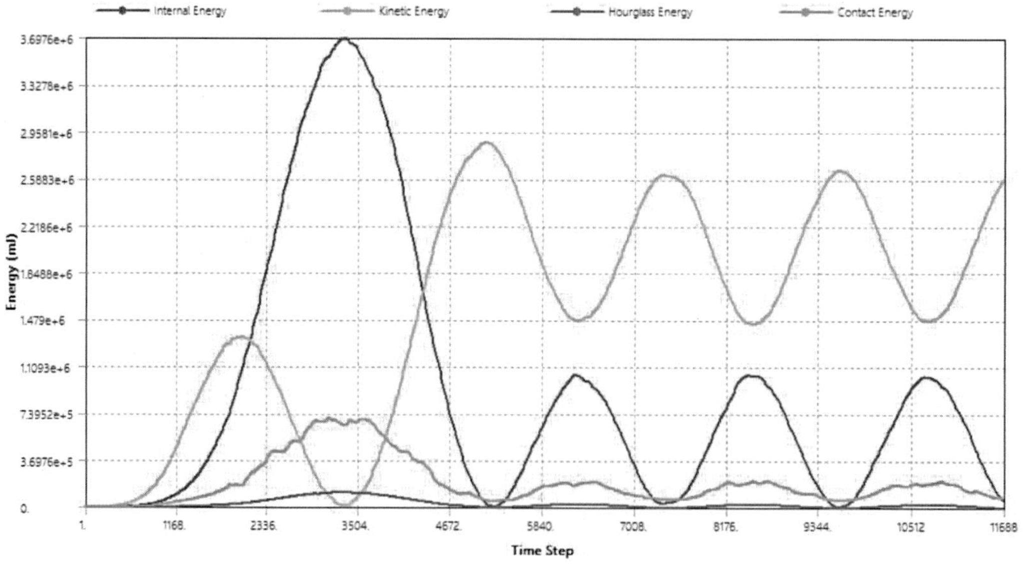

12) 구조해석 결과 확인

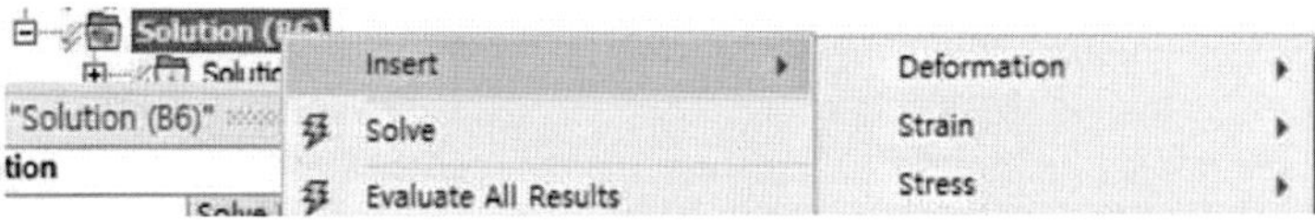

Solution에서 Deformation, Strain, Stress 등의 해석 결과를 불러온다.

(1) Total Deformation을 검토한다.

① 최대변위

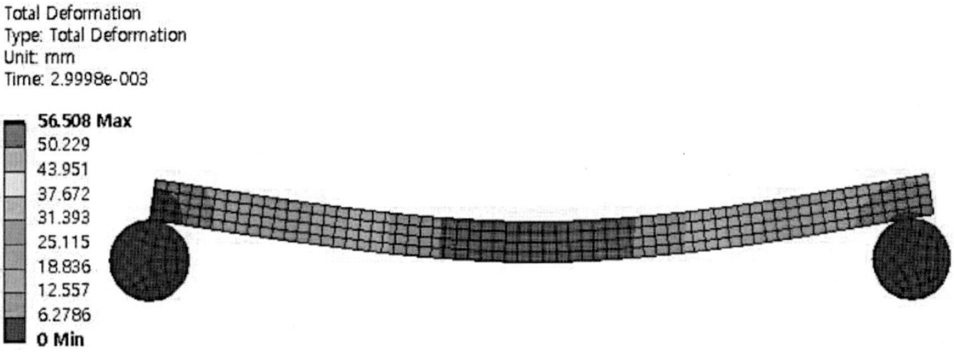

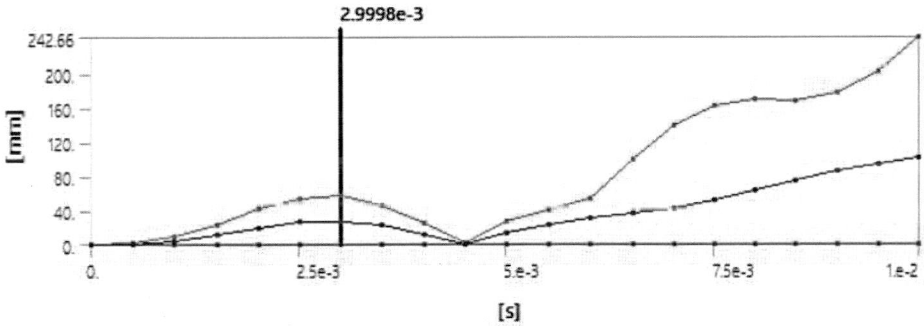

② 최후 변위

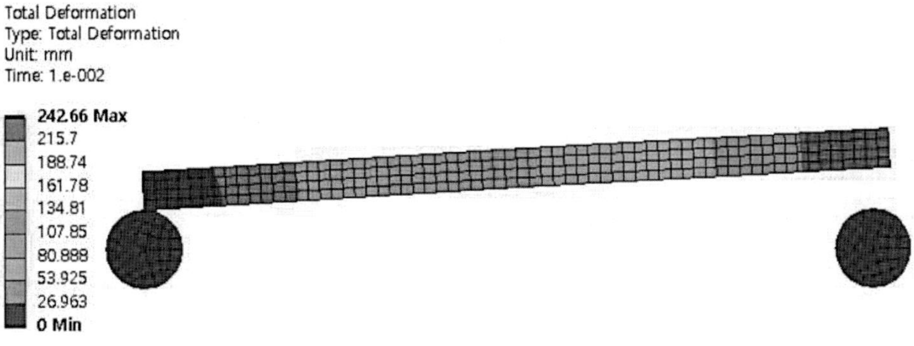

(2) Equivalent stress를 검토한다.

① 최대 응력

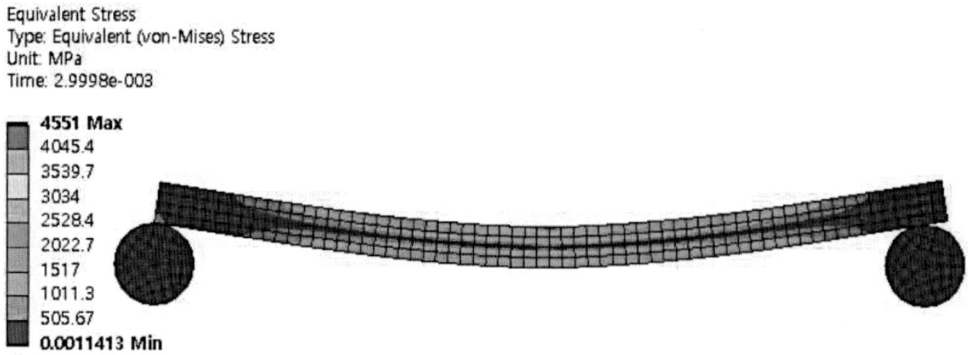

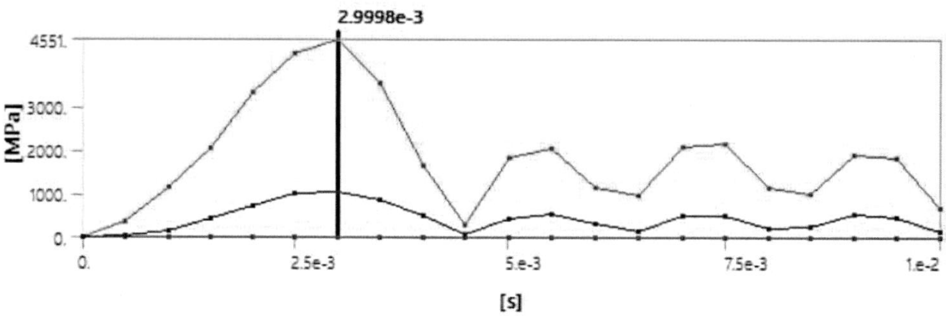

② 최후 응력

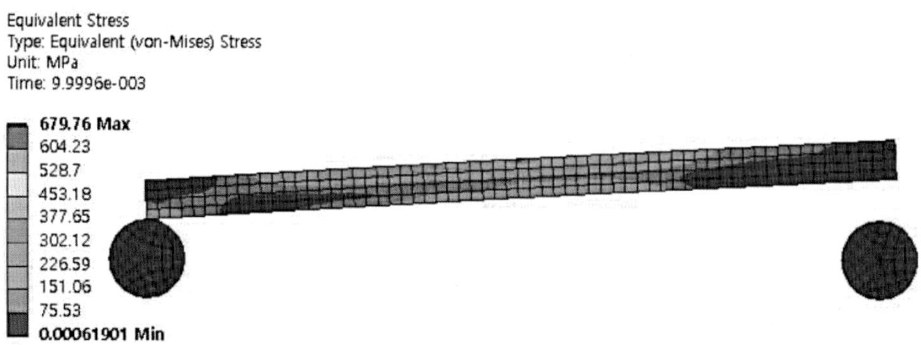

(3) 반력

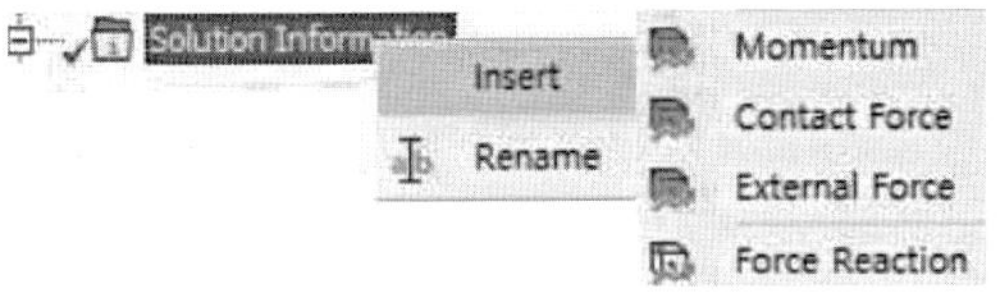
Solution Information
Insert
Rename
Momentum
Contact Force
External Force
Force Reaction

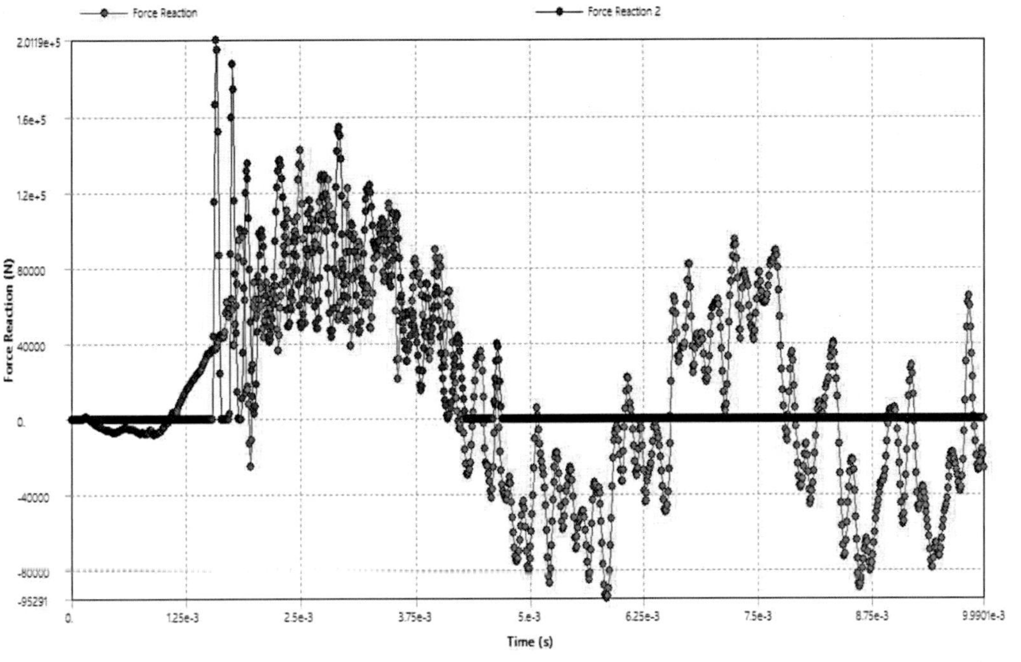
Force Reaction
Force Reaction 2
2.0119e+5
1.6e+5
1.2e+5
80000
40000
0.
-40000
-80000
-95291
Force Reaction (N)
0.
1.25e-3
2.5e-3
3.75e-3
5.e-3
6.25e-3
7.5e-3
8.75e-3
9.9901e-3
Time (s)

8. Bullet penetration steel plate

1. 구조해석 정의

지름 Φ10의 탄알이 두께 10mm의 plate에 충돌하여 관통한다. (단위 : mm)

2. 구조해석 목적

- Failure에 대한 이해 및 적용
- 소성 변형 파손(Plastic strain failure) 적용
- 구조강의 재질을 변경하면서 파손 형태를 파악한다.
- Force Reaction을 계산한다.
- Contact Force를 산정한다.
- Post Process에서 확인할 수 있는 항목

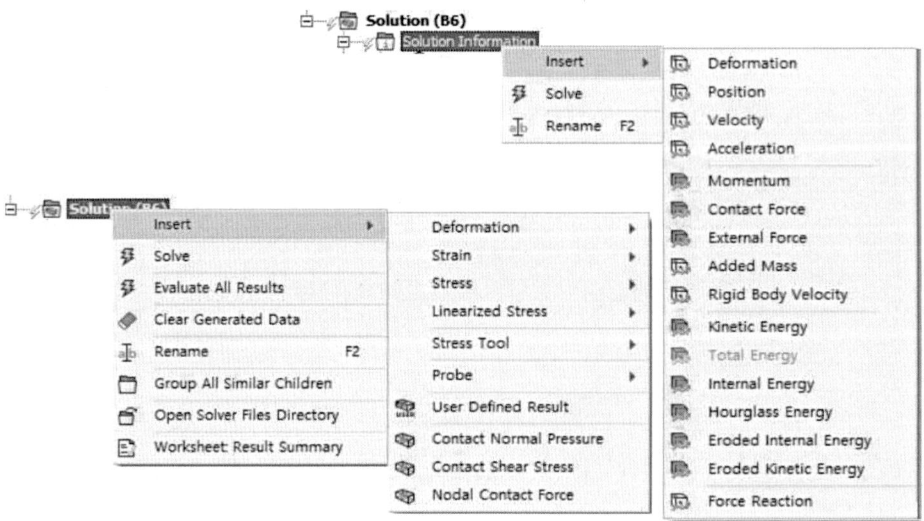

참고 : Failure(파손)

1) 배경

재료는 재료의 국부 인장 강도를 초과하는 인장 응력을 견딜 수 없습니다. 예측된 국부 응력이 매우 큰 값에 도달하더라도 재료가 항상 연속적으로 유지된다고 가정하여 재료의 동적 운동을 계산하면 비물리적인 솔루션이 생성된다. 이를 처리하기 위해 계산을 수정하고 이 공식이 적용된 후 재료의 특성을 설명하기 위해 인장 한계에 도달하는 시기를 인식할 수 있는 모델을 구성해야 한다. 명시적 역학 시스템에서는 여러 가지 다양한 실패 시작 모드를 나타낼 수 있다.
명시적 동역학 시스템의 요소 오류에는 오류 시작과 오류 후 응답이라는 두 가지 구성 요소가 있다.

2) Failure(파손) 시작

재료의 파손을 시작하기 위해 다양한 메커니즘을 사용할 수 있습니다(소성 변형 파손, 주요 응력 파손, 주요 변형 파손, 인장 압력 파손, Johnson-Cook 파손 속성 참조).
요소 내에서 지정된 기준이 충족되면 사후 실패 응답이 활성화된다.

3) 장애 발생 후 대응

요소의 파손이 시작된 후 요소의 후속 강도 특성은 파손 모델 유형에 따라 변경된다.

• 순간적인 파손

파손이 시작되면 요소 편차 응력은 즉시 0으로 설정되고 이 수준에서 유지된다. 결과적으로 요소는 압축 압력만 지원할 수 있다. 기본적으로 인장 파손 모델은 즉각적인 파손 후 반응을 생성한다. 이 섹션에서는 다음과 같은 실패 모델을 설명한다.

① 소성 변형 파손
② 주요 스트레스 파손
③ 주 변형 파손
④ 존슨-쿡 파손

4) 소성 변형 파손

소성 변형 파괴는 재료의 연성 파괴를 모형화하는 데 사용될 수 있다. 파손 시작은 재료의 유효 소성 변형을 기반으로 한다. 사용자는 최대 소성 변형률 값을 입력한다. 재료의 유효 소성 변형률이 사용자가 정의한 최대값보다 크면 파손이 시작된다. 재료가 즉시 파손한다.

메모:
이 파손 모델은 소성 또는 취성 강도 모델과 함께 사용해야 한다.

5) 주요 스트레스 실패
주응력 파괴는 재료의 취성 파괴를 나타내는 데 사용될 수 있다.
실패 시작은 두 가지 기준 중 하나를 기반으로 한다.
• 최대 주인장응력
• 최대 전단응력(주응력의 최대 차이에서 파생)
위 기준 중 하나라도 충족되면 실패가 시작된다. 재료가 즉시 실패한다.
이 모델을 소성 모델과 함께 사용하는 경우 큰 값을 지정하여 최대 전단 응력 기준을 비활성화하는 것이 권장되는 경우가 많다. 이 경우 전단 응답은 다음과 같다.
소성 모델에 의해 처리된다.
최대 인장 응력 : 사용자는 양수 값을 입력해야 한다. 기본값 = +1e+20
최대 전단 응력 : 사용자는 양수 값을 입력해야 한다. 기본값 = +1e+20

6) 주변형 실패
주 변형률 파괴는 재료의 취성 또는 연성 파괴를 나타내는 데 사용될 수 있다.
실패 시작은 두 가지 기준 중 하나를 기반으로 한다.
• 최대 주 인장 변형률
• 최대 전단 변형률(주 변형률의 최대 차이에서 파생)
위 기준 중 하나라도 충족되면 실패가 시작된다. 재료가 즉시 실패한다.
이 모델을 소성 모델과 함께 사용하는 경우 큰 값을 지정하여 최대 전단 변형률 기준을 비활성화하는 것이 권장되는 경우가 많다.
이 경우 전단 응답은 소성 모델에 의해 처리된다.
최대 주 변형률 : 사용자는 양수 값을 입력해야 한다. 기본값 = +1e+20
최대 전단 변형률 : 사용자가 양수 값을 입력해야 한다. 기본값 = +1e+20

7) 존슨-쿡의 실패
Johnson-Cook 파손 모델은 큰 압력, 변형률 및 온도를 겪는 재료의 연성 파손을 모형화하는 데 사용할 수 있다.

$$D = \sum \frac{\Delta\epsilon}{\epsilon^f} \qquad \epsilon^f = [D_1 + D_2 e^{D_3 \sigma^*}][1 + D_4 \ln|\dot{\epsilon}^*|][1 + D_5 T^*]$$

이 모델은 동적 파괴 변형률을 압력, 변형률 속도, 온도의 함수로 정의하는 세 가지 독립적인 항으로 구성된다는 점에서 Johnson-Cook 가소성 모델과 유사한 방식으로 구성된다.

손상 상수 D1, 손상 상수 D2, 손상 상수 D3, 손상 상수 D4, 손상 상수 D5,
녹는점 온도 T

3. 구조해석 절차

A. 완전탄소성 알루미늄 충돌 해석한다.

1) 프로젝트 설정

① workbench에서 LSDYNA를 사용할 수 있도록 Extensions Manager에서 설정한다.

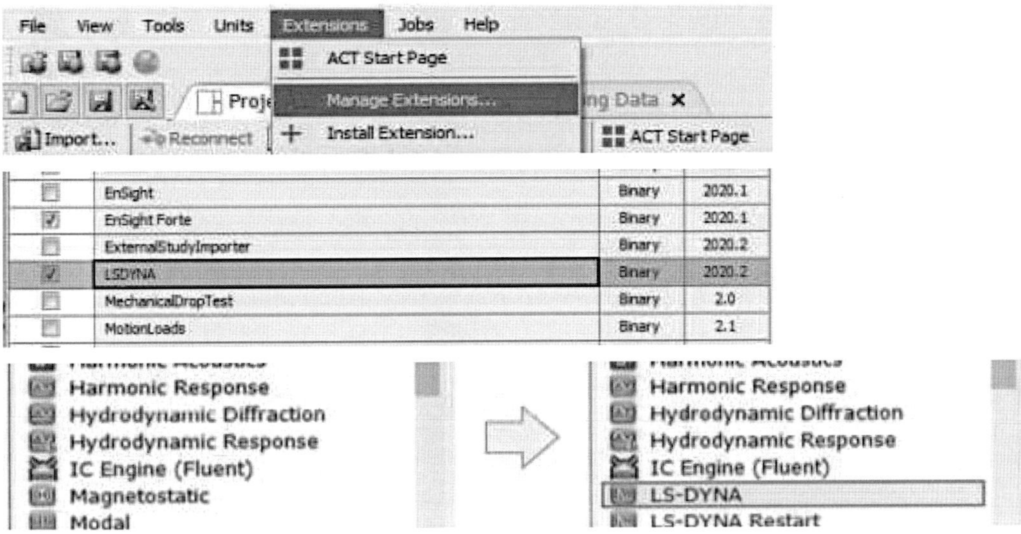

② workbench에서 LS-DYNA를 드래그(또는 더블클릭) 한다.

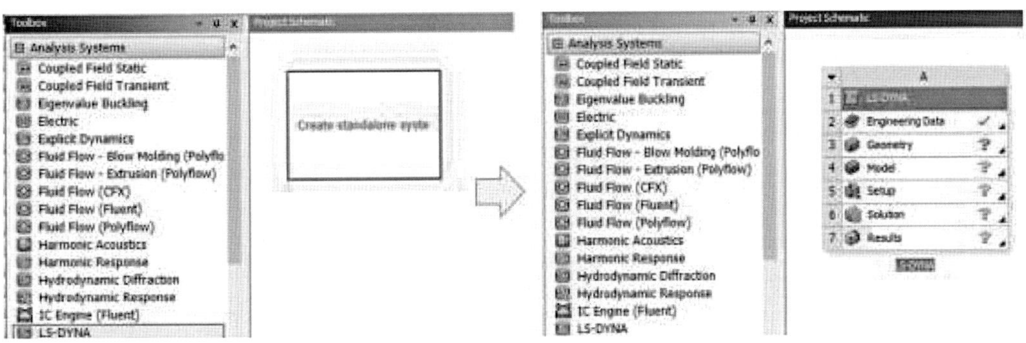

2) 엔지니어링 데이터 정의

① Engineering Data Source를 클릭한다.
② General Nolinear Materials를 클릭한다.
③ Aluminum Alloy NL의 +를 클릭하여 Engineering Data에 가져온다.
Structural Steel NL의 +를 클릭하여 Engineering Data에 가져온다.
④ Engineering Data Source를 클릭하여 가져온 데이터를 확인한다.

Engineering Data에 가져온 Structural NL은 위와 같다.

Outline of Schematic A2: Engineering Data

	A	B	C	D
1	Contents of Engineering Data			Source
2	Material			
3	Aluminum Alloy NL			General Materials Non-linear.xml
4	Structural Steel			General_Materials.xml
5	Structural Steel NL			General Materials Non-linear.xml

Properties of Outline Row 5: Structural Steel NL

	A	B	
1	Property	Value	
2	Material Field Variables	Table	
3	Density	7850	kg m^-3
4	Isotropic Elasticity		
5	Derive from	Young's Modulus and Poisson's Ratio	
6	Young's Modulus	2E+05	MPa
7	Poisson's Ratio	0.3	
8	Bulk Modulus	1.6667E+11	Pa
9	Shear Modulus	7.6923E+10	Pa
10	Bilinear Isotropic Hardening		
11	Yield Strength	250	MPa
12	Tangent Modulus	1450	MPa
13	Specific Heat, C_p	434	J kg^-1 C^-1

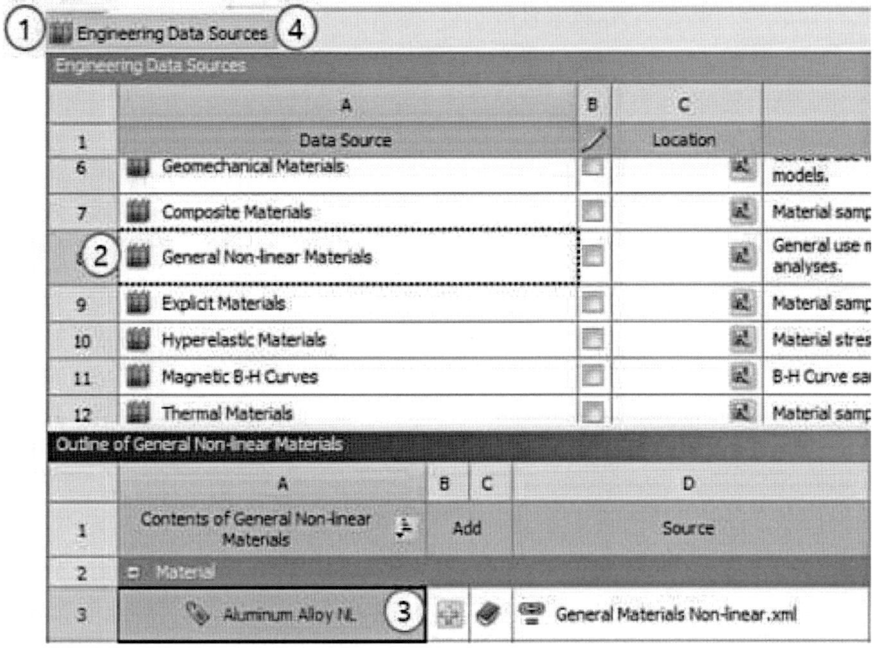

Engineering Data에 가져온 Aluminum Alloy NL은 위와 같다.
여기에 Plastic Strain Failure와 다른 정보들을 수정한다.

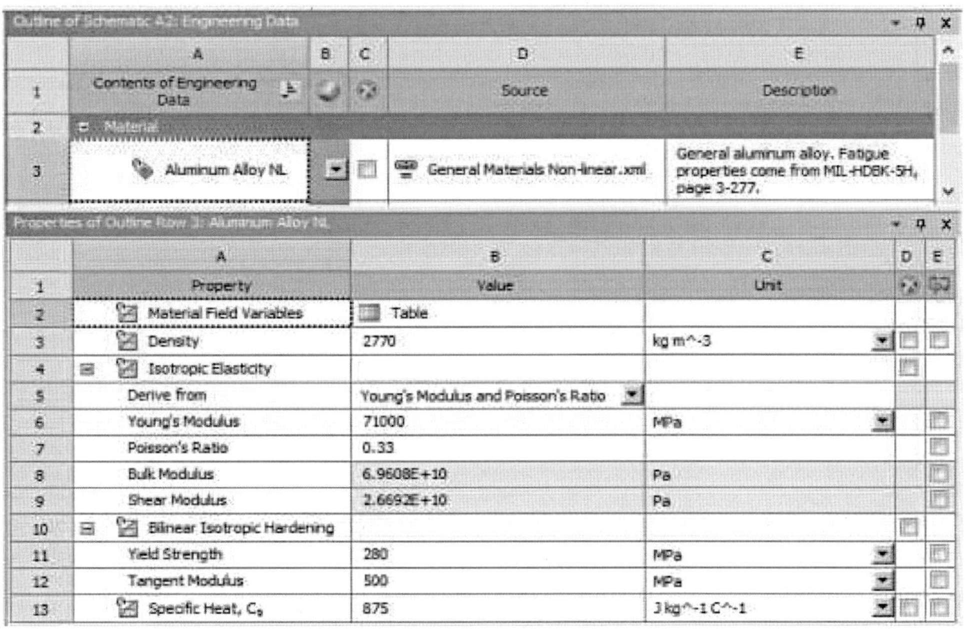

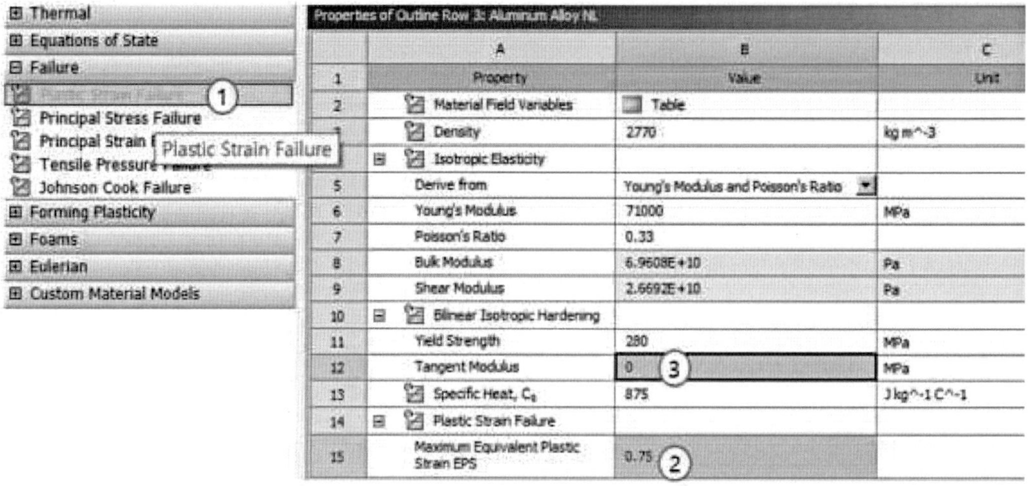

① Plastic Strain Failure를 클릭하여 Maximum Equivalent Plastic Strain EPS를 만든다.

② EPS 값을 0.75로 바꾼다.

③ Tangent Modulus를 0으로 변경하여 완전-탄소성으로 정의한다.

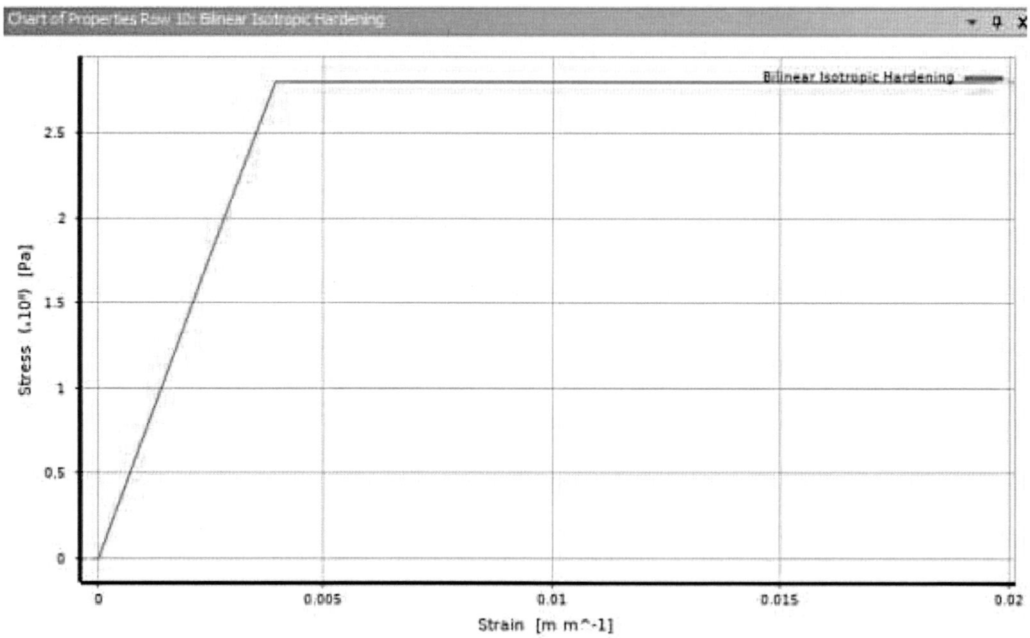

① Structural Steel NL를 복사한다.

② Structural Steel NL에 Plastic Strain Failure를 삽입한다.

③ Maximum Equivalent Plastic Strain EPS를 만든다.

(EPS 값을 0.2 0.35 0.5 0.7 등 으로 여러 가지 재질 모델을 만든다.)

④ 재질의 이름을 물성을 알아보기 쉽게 변경한다.

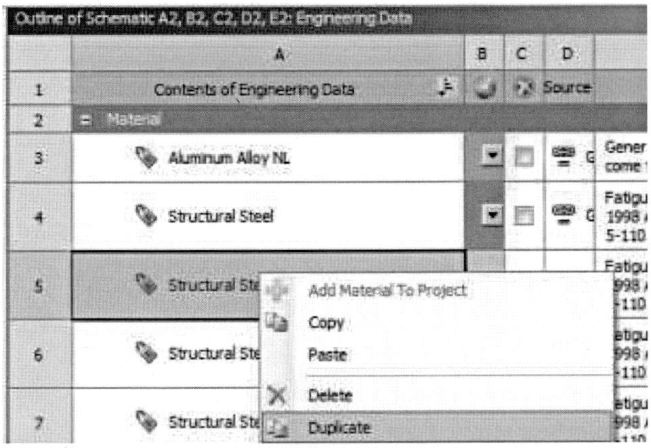

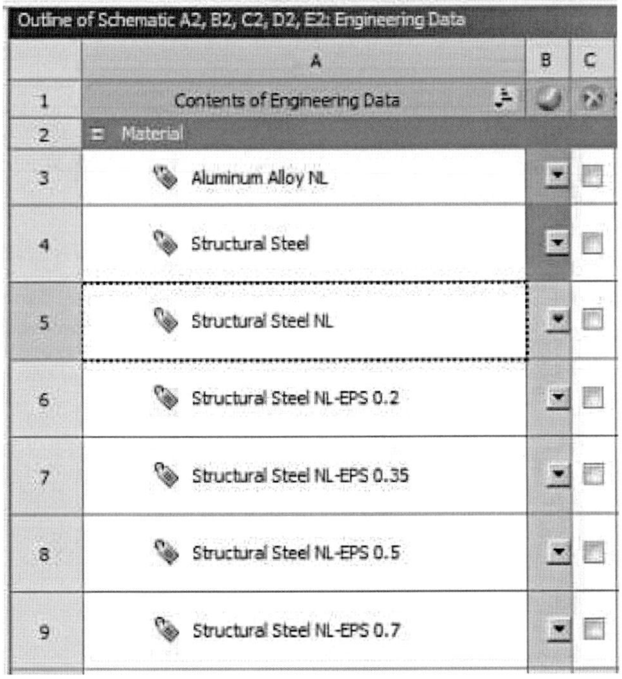

⑤ Project schematic으로 돌아간다.

* Tangent Modulus는 해석에서 요구하는 값으로 변경한다.

3) 형상 부착 모델 데이터 불러오기(또는 모델 만들기)

해석 모델은 SpaceClaim, DesingModeler를 사용하여 디자인한다.

또는 다른 소프트웨어서 디자인한 모델을 stp, IGES 등의 파일 형식으로 Import Geometry를 사용하여 가져온다.

(1) Case 1:

① Geometry > Import Geometry에서 파일을 가져온다.

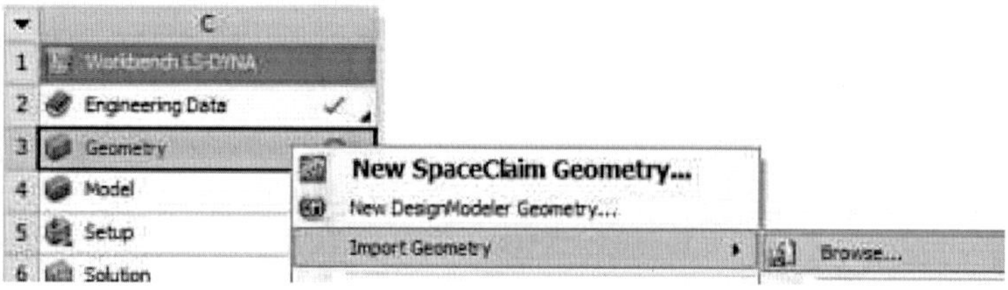

(2) Case 2:

이번 구조해석에서는 DesingModeler를 사용하여 디자인한다.

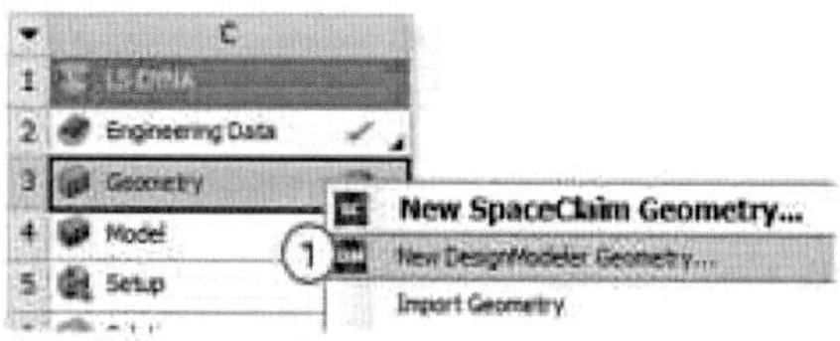

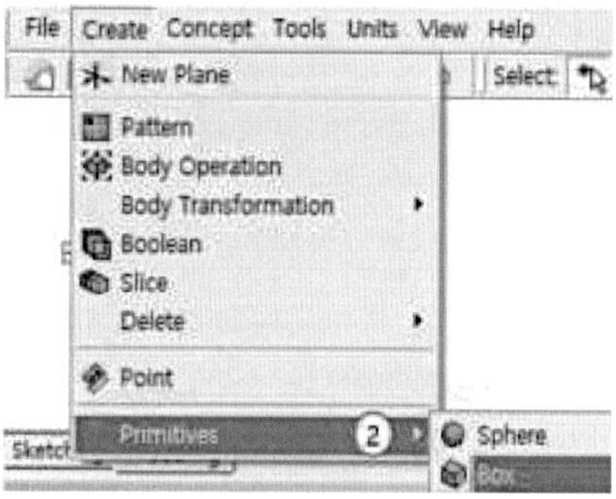

① Geometry에서 New DesignModeler 를 불러온다.

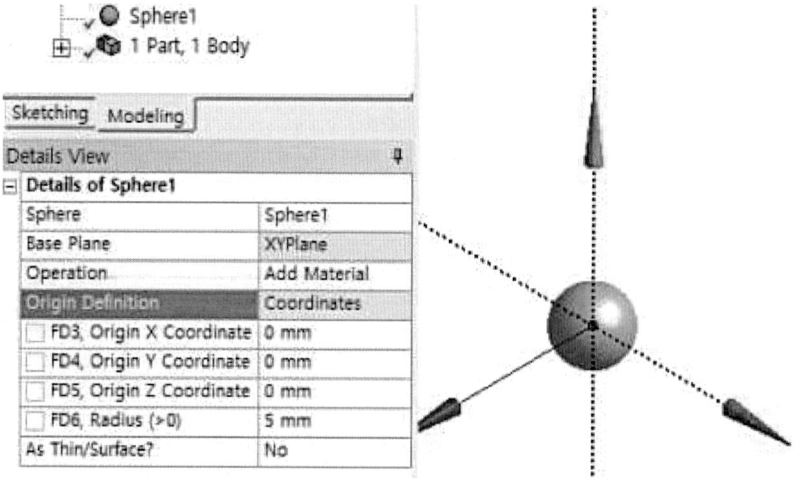

② Create > Draw > Primitives > sphere로 반지름 5mm의 bullet을 모델링한다.

③ Create > Draw > Primitives > box로 plate를 모델링한다.

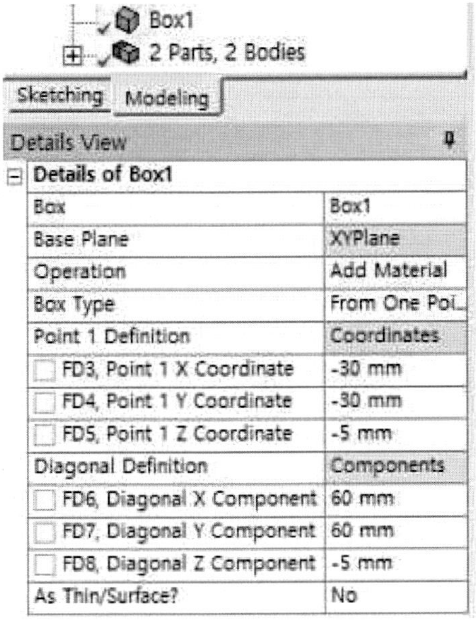

4) 부품 동작 정의

(1) 구조해석을 하기 위하여 Mechanical 창을 활성화한다.

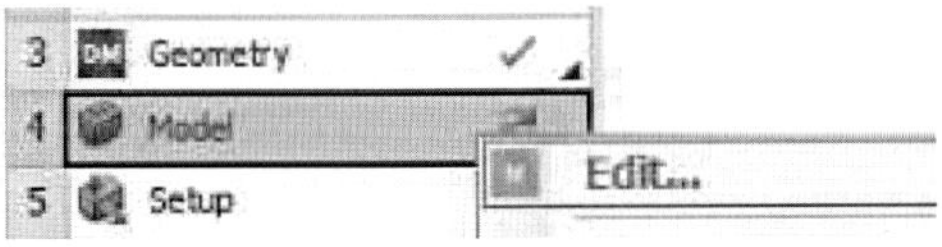

※ F7를 클릭하여 모델을 화면에 나타낸다.

(2) 부품 동작 정의에서 부품 동작에 대한 정보를 정의한다.

① bullet은 Stiffness Behavior를 rigid로, 재질은 Structural steel NL로 설정한다.

② plate는 Stiffness Behavior를 flexible로, 재질은 structural steel NL로 설정한다.

5) 좌표계 정의

시스템에서 설정한 Global 좌표계를 사용한다.

6) 연결 정의

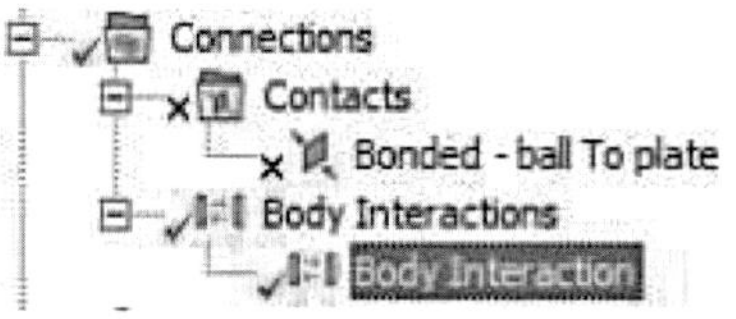

Contact Region은 suppress를 시키고, Body Interaction은 Frictionless로 설정한다.

7) 메쉬 설정 정의

메쉬 컨트롤 적용/메시 미리보기에서 메쉬 설정에 대한 정보를 찾을 수 있다.

(1) 이번 구조해석에서는 메쉬 사이즈는 자동설정으로 하고 메쉬의 형상을 조정하기 위하여 Method를 사용한다.

(2) 메쉬 디자인

명시적 역학에서는 균일한 메시가 바람직하다.

① ball의 사이즈는 1mm

② plate의 사이즈는 2mm

③ Method는 ball에 Multizon을 설정한다.

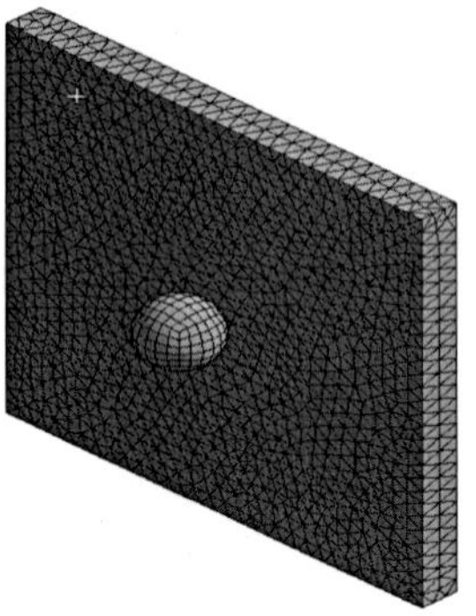

8) LS-DYNA 분석 설정 정의

Analysis Setting에서 분석 설정에 대한 정보를 찾을 수 있다.

솔버 제어(Solver Controls)에서 솔버 정밀도(Solver Precision)를 단일 또는 이중(Double)으로 설정하거나 프로그램 제어로 둘 수 있다.

① LS-DYNA에서는 End Time만 필수 입력정보이다. 0.0005sec으로 설정한다.

② Hourglass Controls는 기본 설정으로 한다.

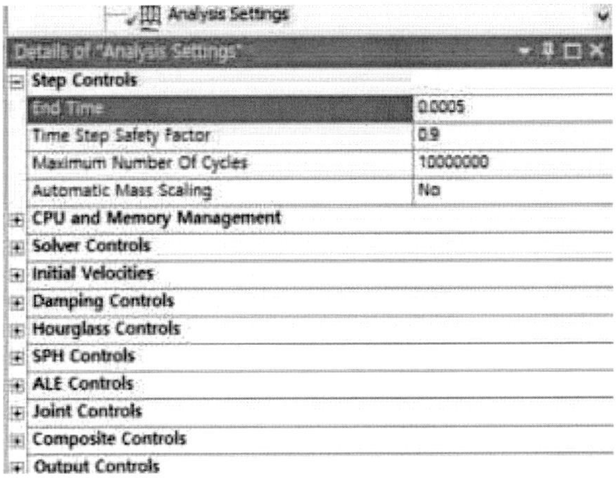

9) 구조해석 초기 조건 정의

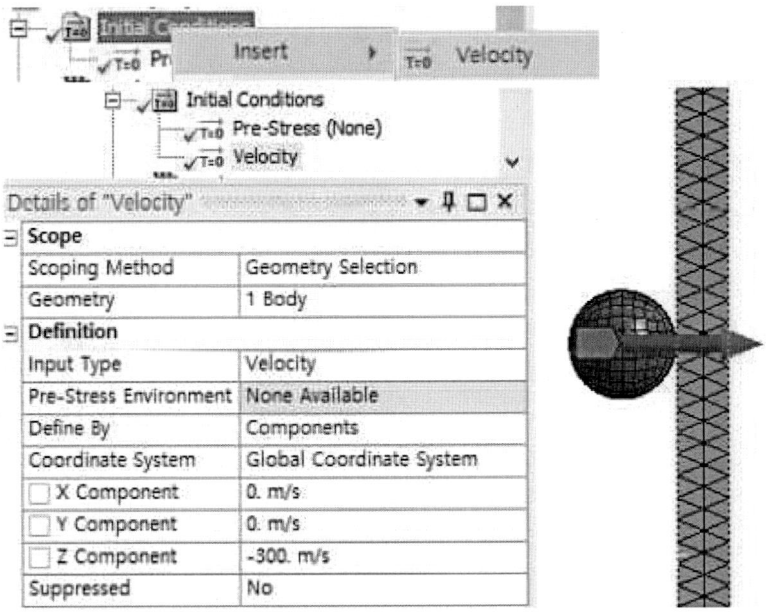

① Ball에 초기속도 300m/s를 설정한다.

10) 구조해석 경계 조건 정의

(1) 하중 조건 설정 : 설정 없음.

(2) 구조물의 변위 구속조건 설정

① Fixed support : 측면 4면을 설정한다.

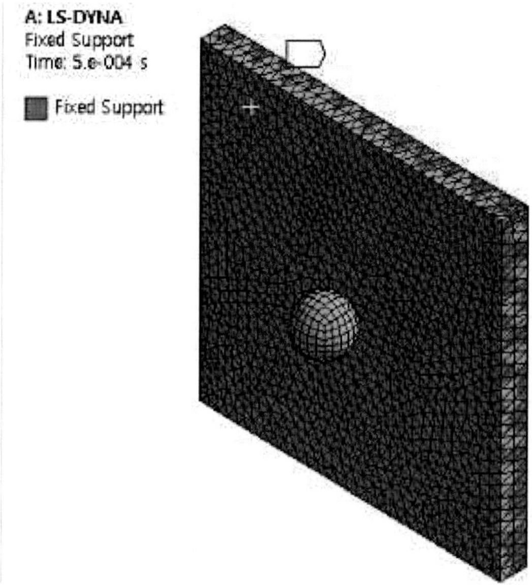

11) 구조해석 수행하기

경계 조건이 설정이 완료되면 구조해석을 수행한다. Solve 클릭하여 해석한다.

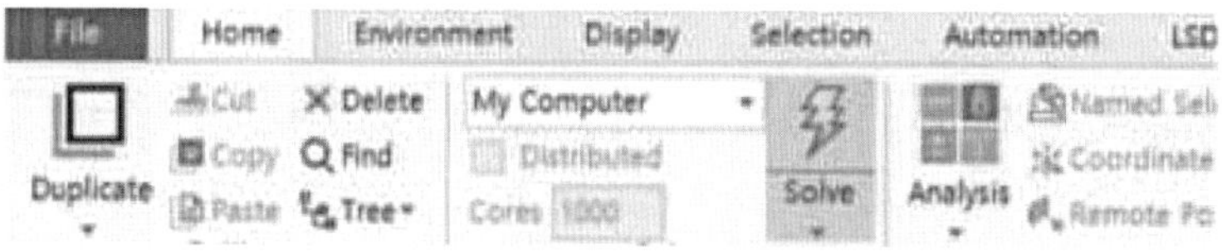

(1) 해석 소요 시간

5634 t 5.0002E-04 dt 8.71E-08 write intfor file

Elapsed time 41 seconds for 5634 cycles using 1 SMP thread
(0 hour 0 minute 41 seconds)

(2) Energy 변화 추이

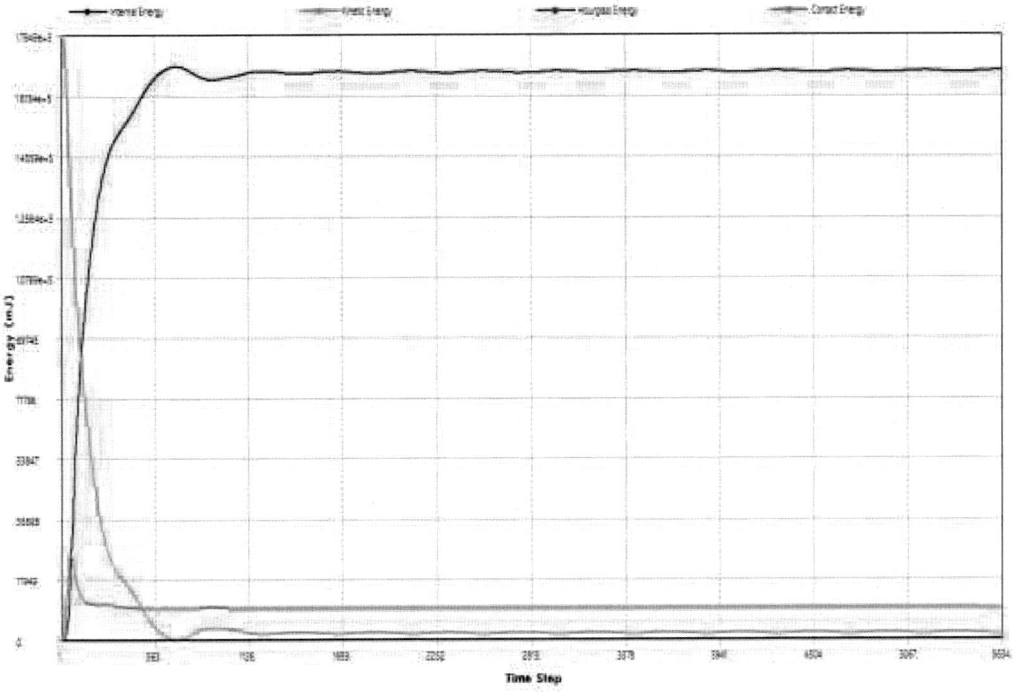

12) 구조해석 결과 확인

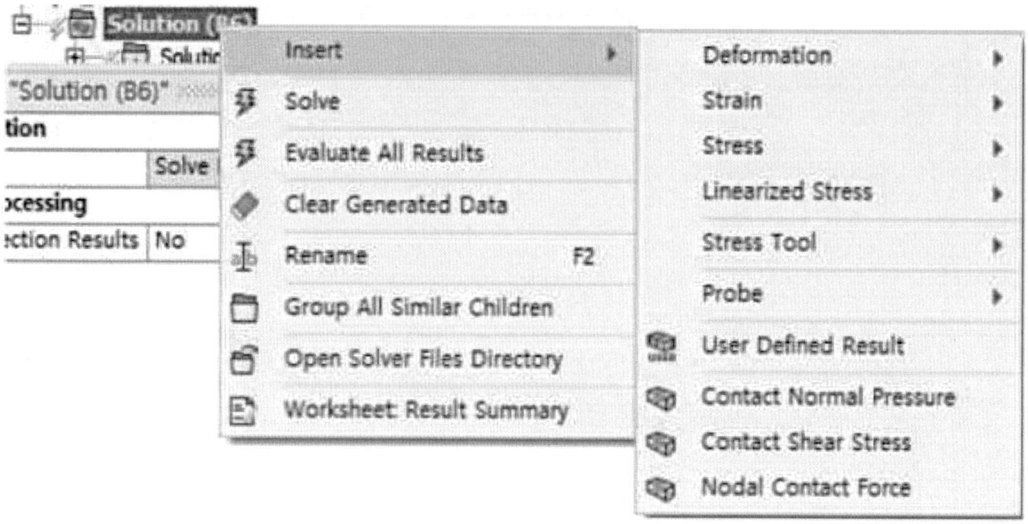

Solution에서 Deformation, Strain, Stress 등의 해석 결과를 불러온다.

(1) Total Deformation을 검토한다.

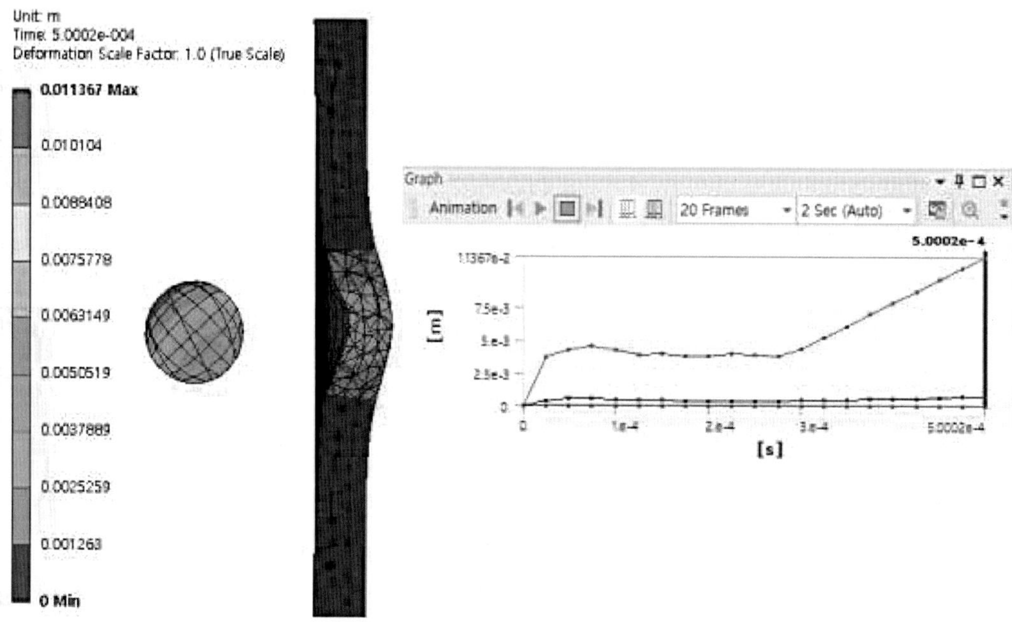

Output control을 20개로 설정하여서 그래프의 점이 20개다.

(2) Stress

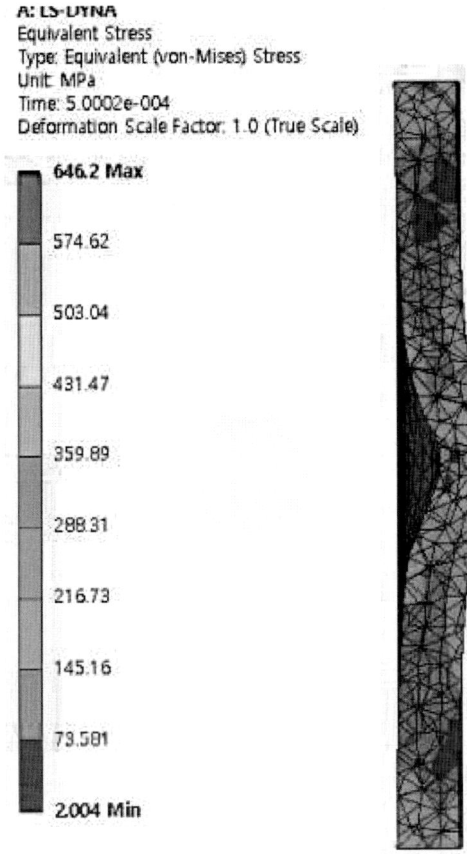
A: LS-DYNA
Equivalent Stress
Type: Equivalent (von-Mises) Stress
Unit: MPa
Time: 5.0002e-004
Deformation Scale Factor: 1.0 (True Scale)
646.2 Max
574.62
503.04
431.47
359.89
288.31
216.73
145.16
73.581
2.004 Min

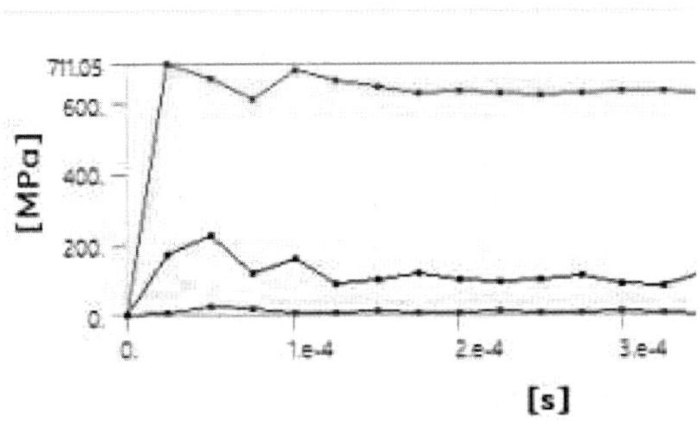
711.05
600.
400.
200.
0.
[MPa]
0.
1.e-4
2.e-4
3.e-4
[s]

(3) Force Reaction

① Z축 방향 Reaction

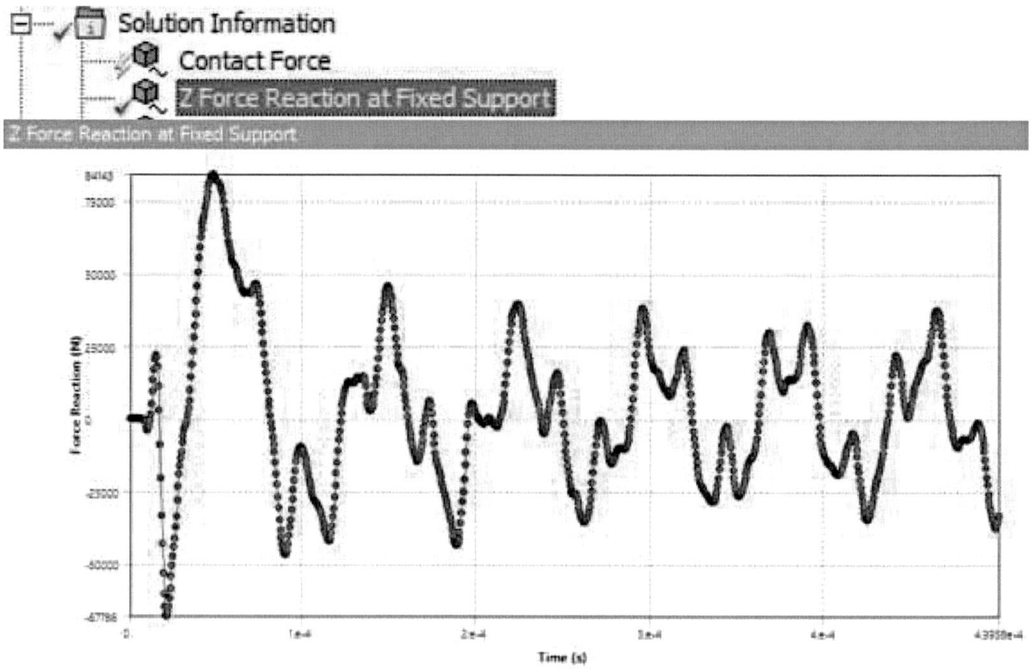

② Z,X,Y축 방향 Reaction

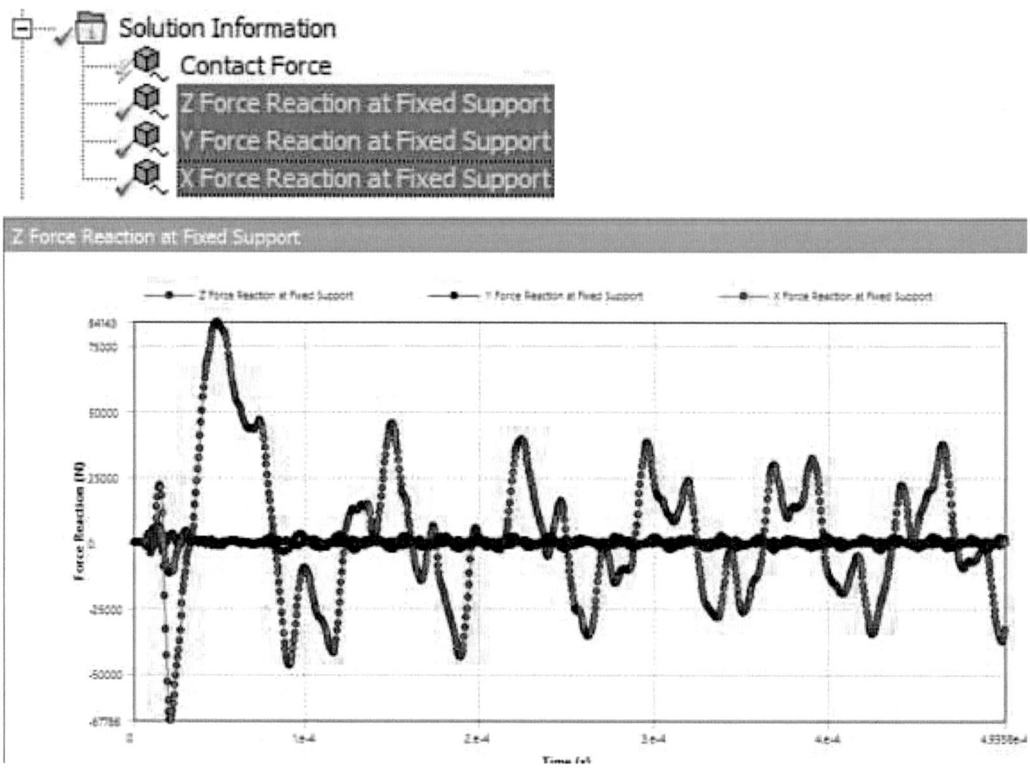

(4) Contact Force

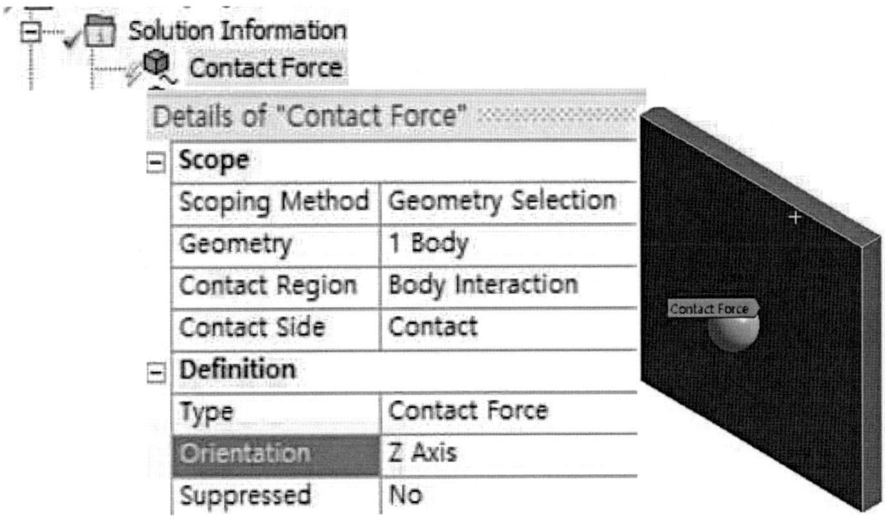

Error 발생한다. 따라서 Body Contact Tracker를 추가하여 재해석한다.

① Body Contact Tracker를 설정한다.

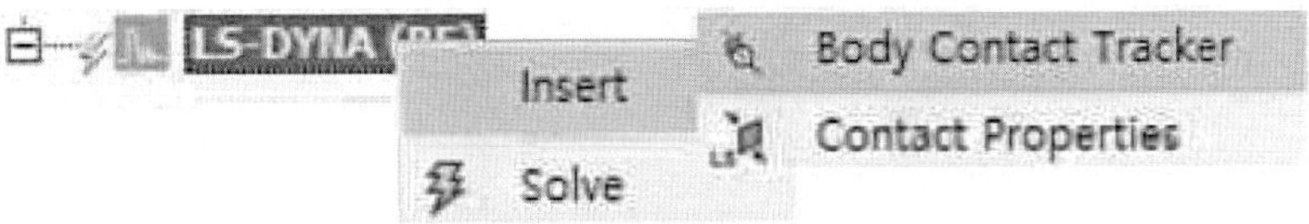

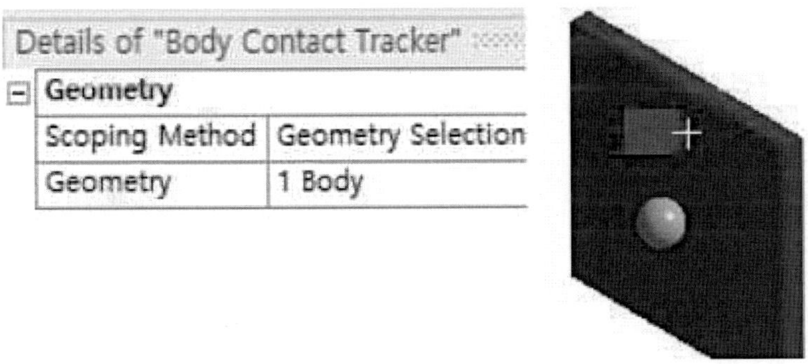

② 구조해석을 재실행한다.

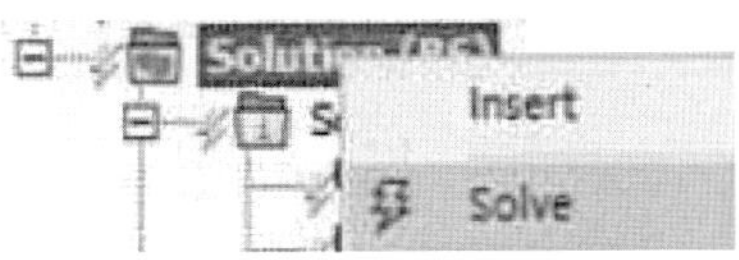

③ Contact Force

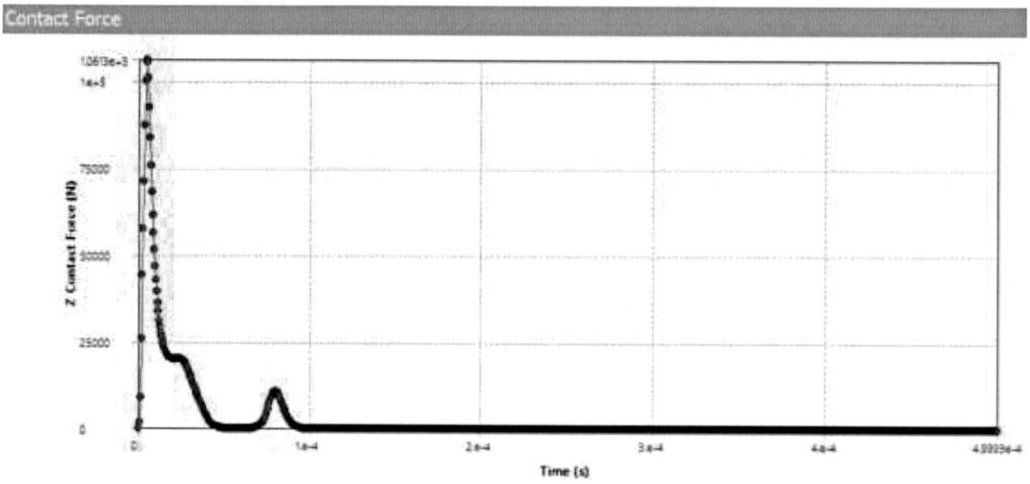

B. Structural steel NL적용 - Plastic Strain Failure EPS 0.7

EPS : Effective plastic strain

1) 재질 변경

	A	B	
1	Property	Value	
2	Material Field Variables	Table	
3	Density	7850	kg m^-3
4	Isotropic Elasticity		
5	Derive from	Young's Modulus and Poisson's Ratio	
6	Young's Modulus	2E+05	MPa
7	Poisson's Ratio	0.3	
8	Bulk Modulus	1.6667E+11	Pa
9	Shear Modulus	7.6923E+10	Pa
10	Bilinear Isotropic Hardening		
11	Yield Strength	250	MPa
12	Tangent Modulus	1450	MPa
13	Specific Heat, C_p	434	J kg^-1 C^-1
14	Plastic Strain Failure		
15	Maximum Equivalent Plastic Strain EPS	0.7	

Structural steel NL에서 Failure Mode(Plastic Strain Failure)를 추가하고, 값을 설정한다.

① Young's Modulus=200,000MPa, Tangent Modulus 1450MPa일 때

② Max Equivalent Plastic strain EPS = 0.7

2) 해석 소요 시간

5634 t 5.0002E-04 dt 8.71E-08 write intfor file

Elapsed time   42 seconds for 5634 cycles using 1 SMP thread

(0 hour 0 minute 42 seconds)

3) Energy 변화 추이

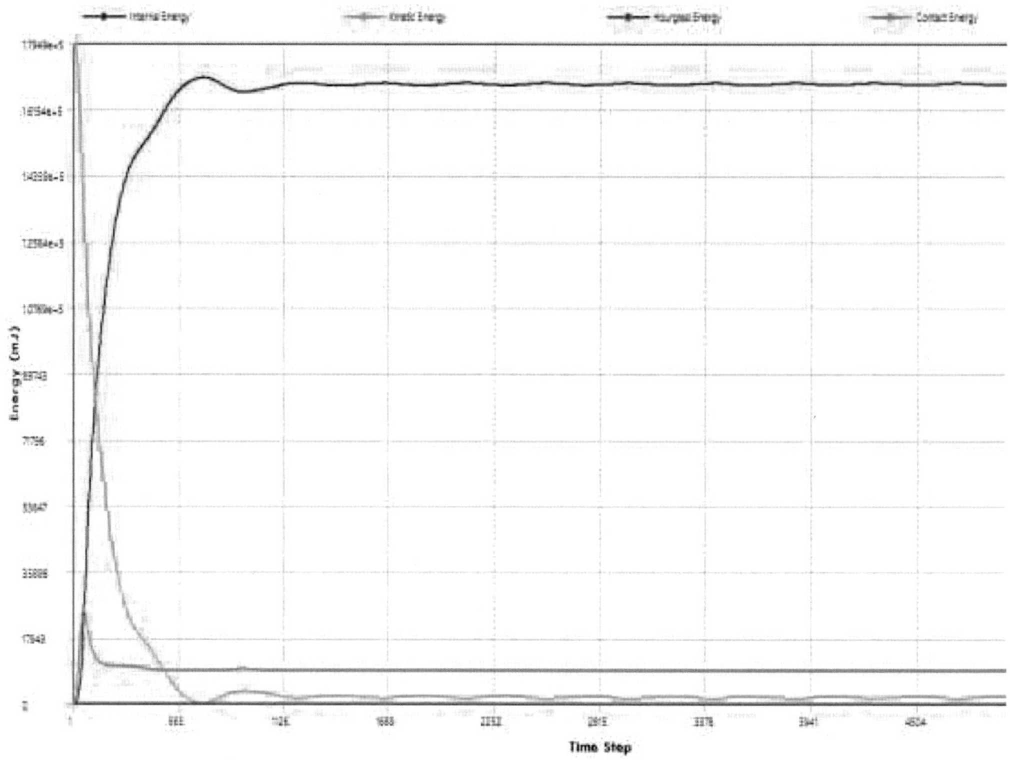

4) Equivalent stress를 검토한다.

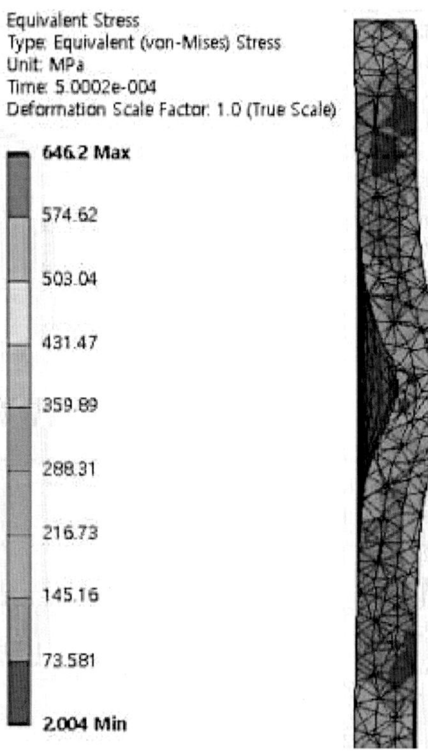

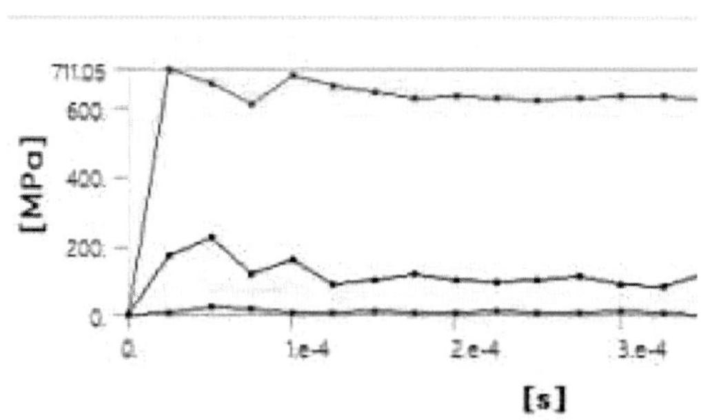

C. Structural steel NL적용 - Plastic Strain Failure EPS 0.5

1) 재질 변경

① Young's Modulus=200,000MPa, Tangent Modulus 1450MPa일 때

② Max Equivalent Plastic strain EPS = 0.5

2) 해석 소요 시간

```
5634 t 5.0002E-04 dt 8.71E-08 write intfor file
 Elapsed time 43 seconds for 5634 cycles using 1 SMP thread
      ( 0 hour 0 minute 43 seconds)
```

3) Energy 변화 추이

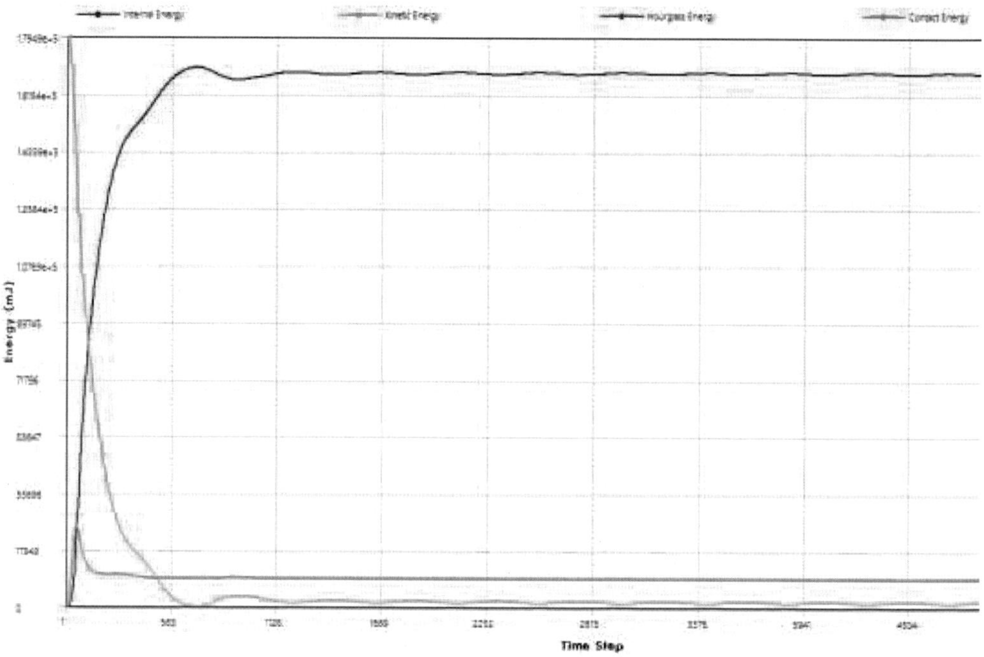

4) Equivalent stress를 검토한다.

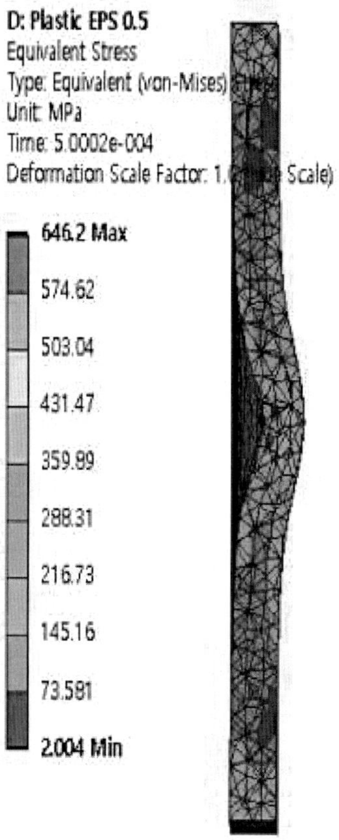

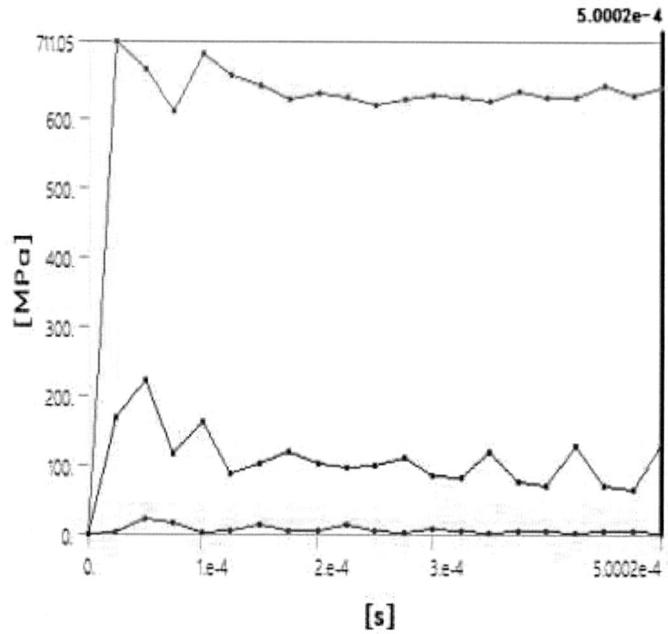

D. Structural steel NL적용 - Plastic Strain Failure EPS 0.35

1) 재질 변경

① Young's Modulus=200,000MPa, Tangent Modulus 1450MPa일 때

② Max Equivalent Plastic strain EPS = 0.35

2) 해석 소요 시간

5611 t 5.0004E-04 dt 8.79E-08 write intfor file

Elapsed time 47 seconds for 5611 cycles using 1 SMP thread

(0 hour 0 minute 47 seconds)

3) Energy 변화 추이

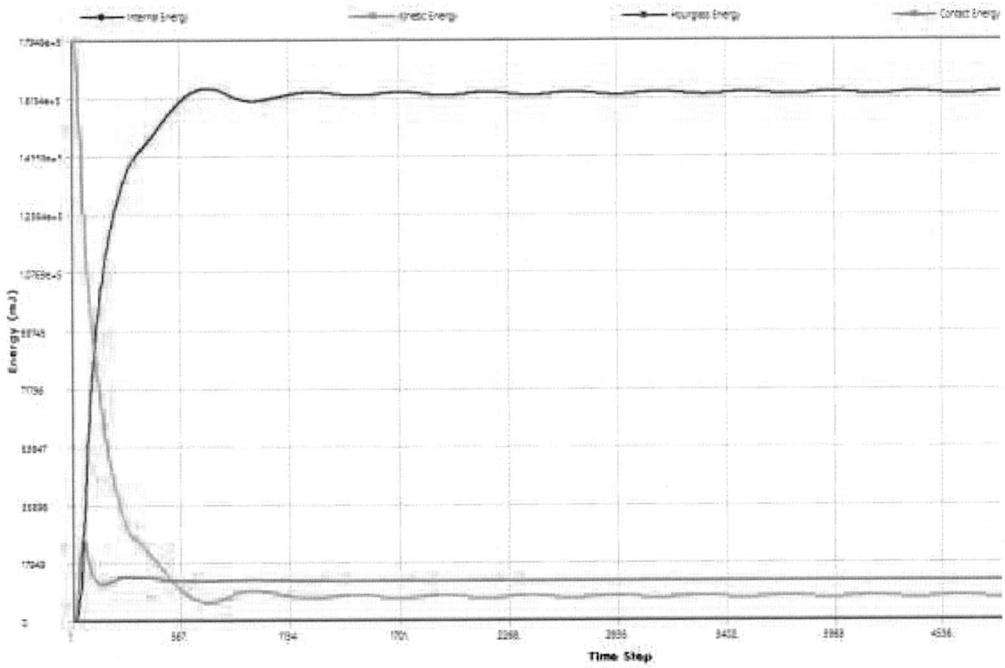

4) Equivalent stress를 검토한다.

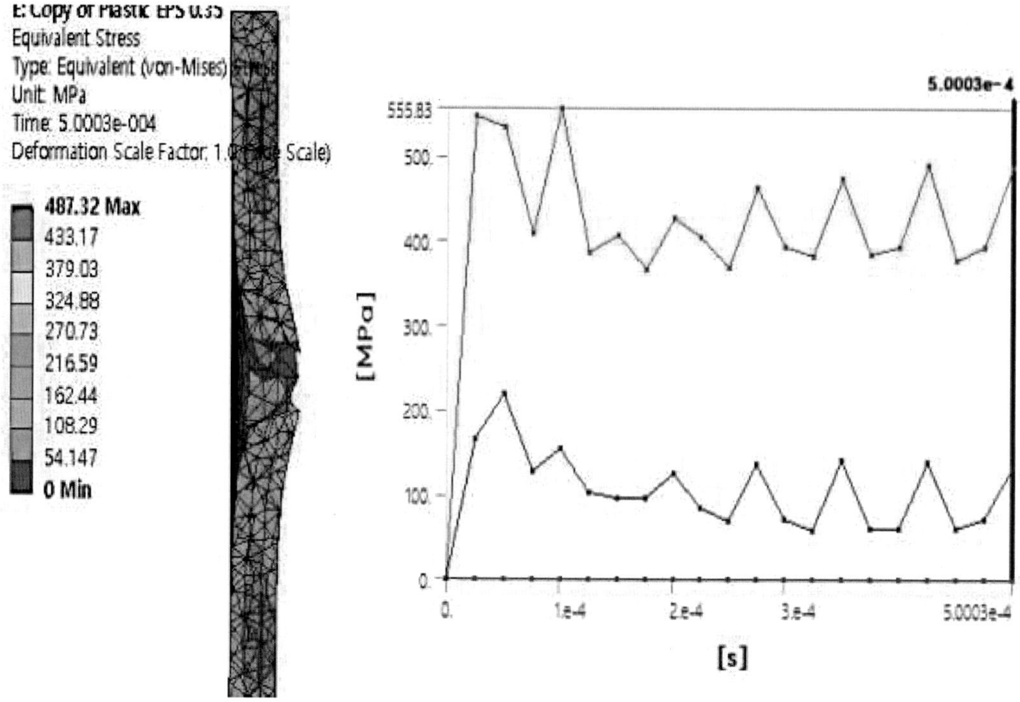

D. Structural steel NL적용 - Plastic Strain Failure EPS 0.2

1) 재질 변경

① Young's Modulus=200,000MPa, Tangent Modulus 1450MPa일 때

② Max Equivalent Plastic strain EPS = 0.2

2) 해석 소요 시간

5680 t 5.0003E-04 dt 8.78E-08 write intfor file

Elapsed time 46 seconds for 5680 cycles using 1 SMP thread

(0 hour 0 minute 46 seconds)

3) Energy 변화 추이

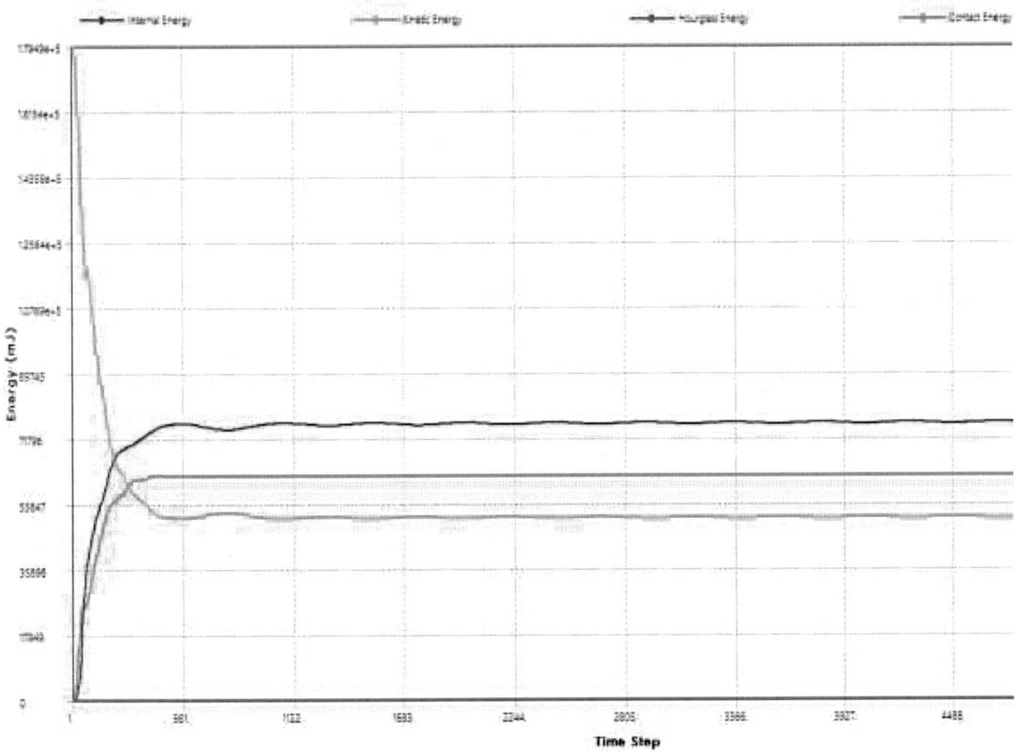

4) Equivalent stress를 검토한다.

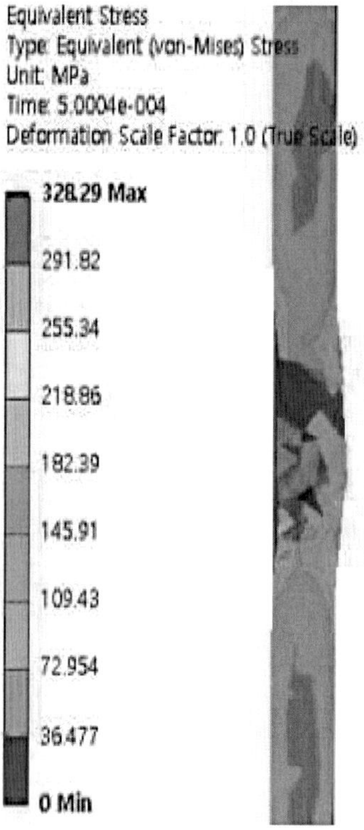

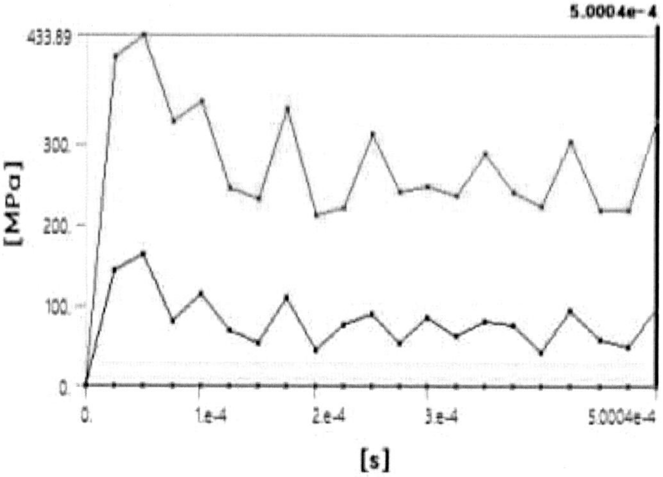

9. Bullet penetration(II)

1. 구조해석 정의

지름 Φ10의 탄알이 두께 10mm의 plate에 충돌하여 관통한다. (단위 : mm)

2. 구조해석 목적

- EOS에 대한 이해 및 적용
- 소성 변형 파손(Plastic strain failure) 적용
- 구조강의 재질을 변경하면서 파손 형태를 파악한다.

참고 : 상태 방정식

이 섹션에서는 사용 가능한 EOS 모델과 함께 배경 정보를 설명한다.

1) 배경

일반 재료 모델에는 응력과 변형 및 내부 에너지(또는 온도)를 연관시키는 방정식이 필요하다. 대부분은 응력 텐서는 균일한 정수압과 전단 변형에 대한 재료의 저항과 관련된 응력 편차 텐서로 분리될 수 있다. 그런 다음 정수압, 국부적 밀도(또는 특정 부피) 및 국부적 비에너지(또는 온도) 사이의 관계를 상태 방정식이라고 한다.
Hooke의 법칙은 상태 방정식의 가장 간단한 형태이며 선형 탄성 재료 특성을 사용할 때 암묵적으로 가정된다. Hooke의 법칙은 에너지 독립적이며 모델링 되는 재료의 부피 변화가 상대적으로 작은 경우(약 2% 미만)에만 유효하다.
해석 중에 재료의 부피 변화가 클 것으로 예상하는 경우 상태 특성의 대체 방정식 중 하나를 사용해야 하다.

상태 방정식을 정의할 때 상태 방정식 유형은 명령 이름에 해당하는 3자리 숫자(예: *EOS_004)로 지정되거나 이와 동등하게 더 설명적인 지정(예: *EOS_GRUNEISEN)으로 지정됩니다. 상태 방정식은 솔리드 요소에 사용할 수 있는 재료의 하위 집합과 함께 사용할 수 있다 본 매뉴얼의 *MAT 섹션 시작 부분에 있는 재료 모델 참조표를 참조한다.
*EOS_015는 유형 2 두꺼운 쉘 요소에 연결되어 있으며 엔진 개스킷을 모형화하는 데 사용할 수 있다. 재료 모델의 하위 집합 및 상태 방정식에 대한 특정 추가 이력 변수와 관련된 의미는
http://www.dynasupport.com/howtos-/material/history-variables에 표로 정리되어 있다. 상태 방정식을 사용할 때 처음 세 개의 추가 이력 변수는 (1) 내부 에너지, (2) 벌크 점도로 인한 압력, (3) 이전 시간 단계의 요소 부피이다.

참고 : Explicit_Material에서 제공하는 Steel 관련 데이터

Outline of Schematic A2, B2, C2, D2, E2: Engineering Data

	A	B	C	D	E
1	Contents of Engineering Data			Source	Description
4	SS 21-6-9			Explicit_Materials.xml	"Equation of State and Strength Properties of Selected Materials". Steinberg D.J. LLNL. Feb 1991
5	SS 304			Explicit_Materials.xml	"Equation of State and Strength Properties of Selected Materials". Steinberg D.J. LLNL. Feb 1991
6	SS-304			Explicit_Materials.xml	LS-4167-MS. May 1 1969. Selected Hugoniots
7	STEEL 1006			Explicit_Materials.xml	LA-4167-MS. May 1 1969. Selected Hugoniots: EOS 7th Int. Symp. Ballistics. Johnson + Cook
8	STEEL 4340			Explicit_Materials.xml	Engng. Frac. Mech. Vol 21. No. 1. pp 31-48. 1985 Johnson + Cook
9	STEEL S-7			Explicit_Materials.xml	LA-4167-MS. May 1 1969. Selected Hugoniots: EOS 7th Int. Symp. Ballistics. Johnson + Cook
10	STEEL V250			Explicit_Materials.xml	"Equation of State and Strength Properties of Selected Materials". Steinberg D.J. LLNL. Feb 1991
11	STNL.STEEL			Explicit_Materials.xml	AFATL-TR-84-59. June 1984. Matuska D.A. HULL Users Manual

- Johnson Cook Strength Model
  STEEL 1006, STEEL 4340, STEEL S-7

- No strength Model
  STEEL V250, STNL.STEEL, SS-304, SS 21-6-9

3. 구조해석 절차

A. Explicit_Material STEEL 1066 적용 충돌 해석

1) 프로젝트 설정

① workbench에서 LSDYNA를 사용할 수 있도록 Extensions Manager에서 설정한다.

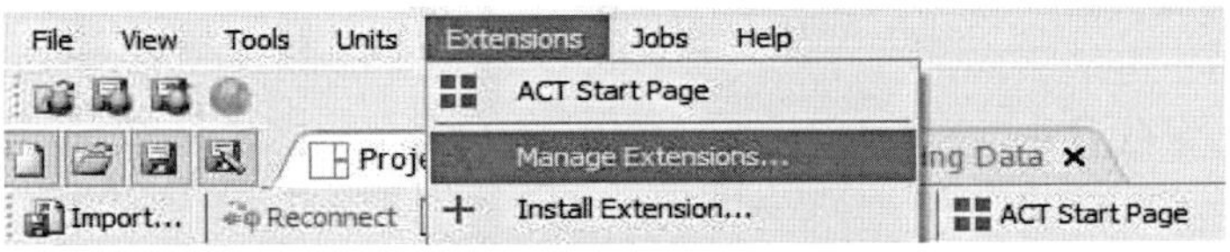

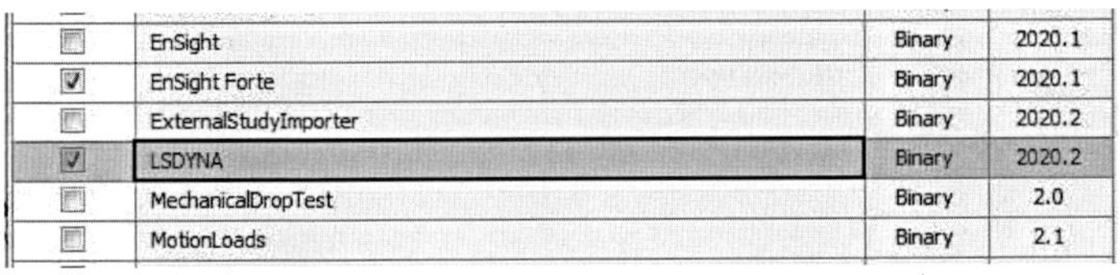

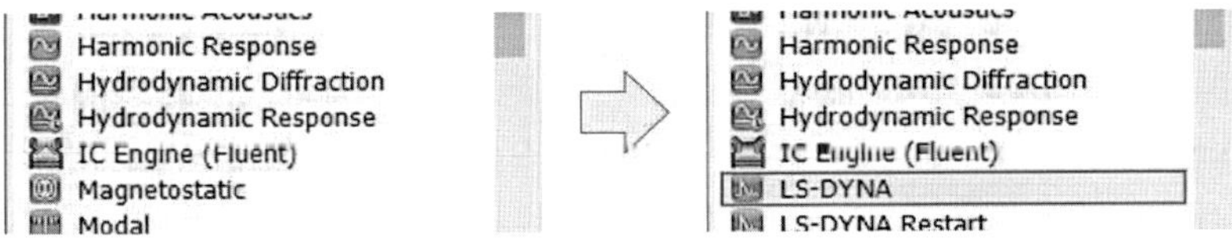

② workbench에서 LS-DYNA를 드래그(또는 더블클릭) 한다.

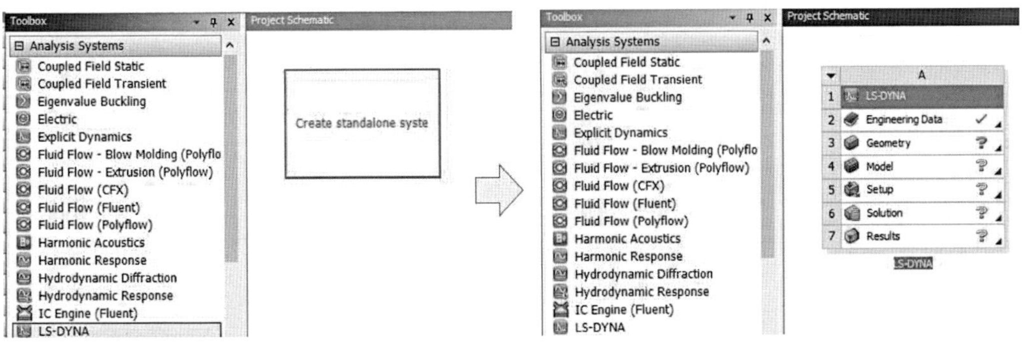

2) 엔지니어링 데이터 정의

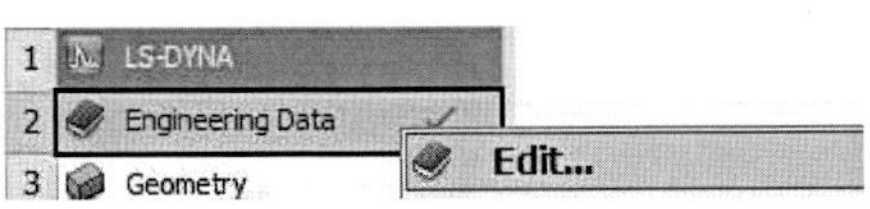

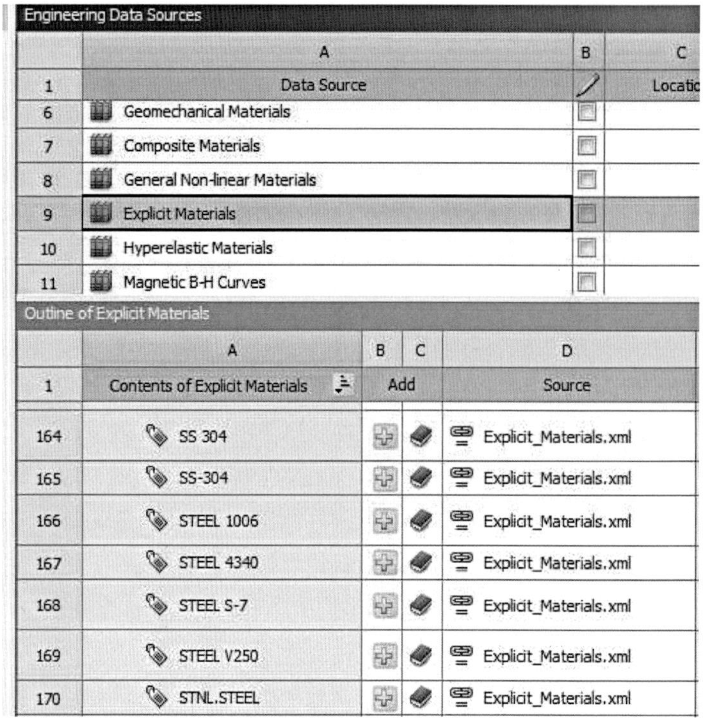

① Engineering Data Source를 클릭한다.

② Explicit Materials를 클릭한다.

③ SS 304 +를 클릭하여 Engineering Data에 가져온다.

④ Engineering Data Source를 클릭하여 가져온 데이터를 확인한다.

3) 형상 부착 모델 데이터 불러오기(또는 모델 만들기)

해석 모델은 SpaceClaim, DesingModeler를 사용하여 디자인한다.

또는 다른 소프트웨어서 디자인한 모델을 stp, IGES 등의 파일 형식으로 Import Geometry를 사용하여 가져온다.

(1) Case 1:

① Geometry > Import Geometry에서 파일을 가져온다.

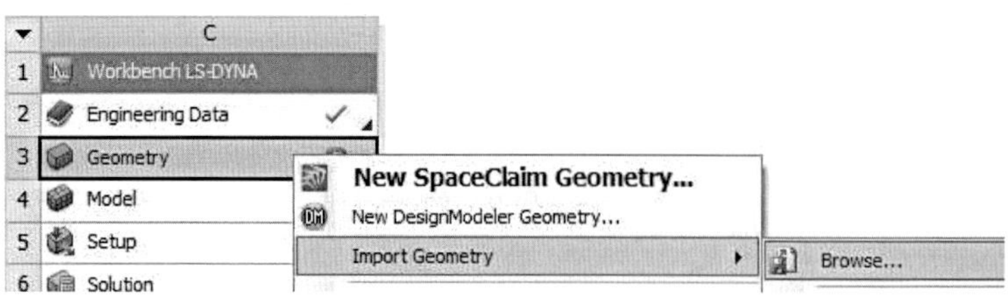

(2) Case 2:

이번 구조해석에서는 DesingModeler를 사용하여 디자인한다.

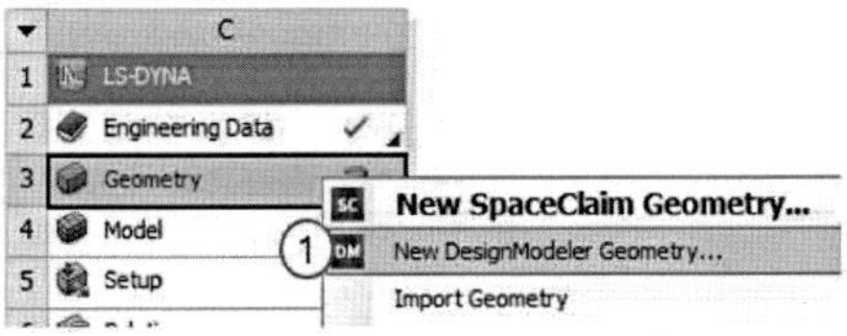

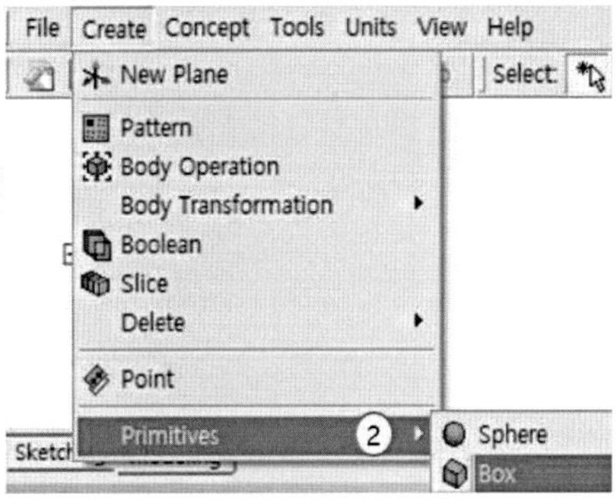

① Geometry에서 New DesignModeler 를 불러온다.

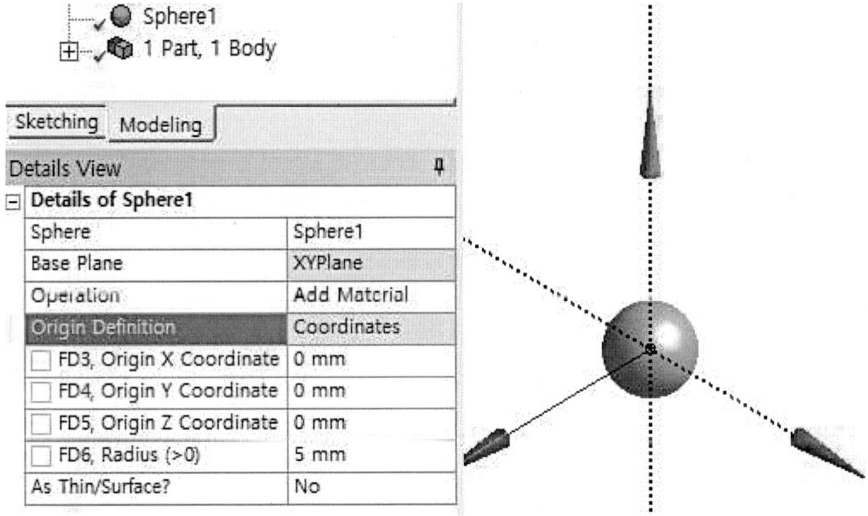

② Create > Draw > Primitives > sphere로 반지름 5mm의 bullet을 모델링한다.

③ Create > Draw > Primitives > box로 plate를 모델링한다.

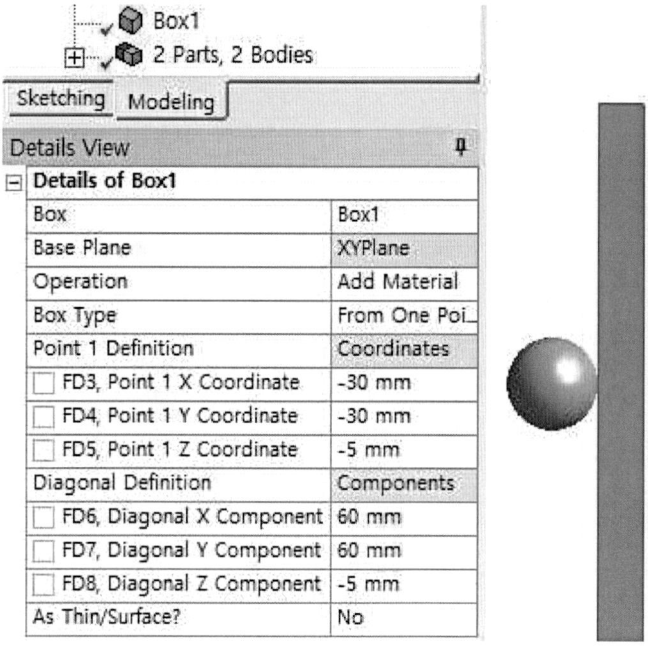

4) 부품 동작 정의

(1) 구조해석을 하기 위하여 Mechanical 창을 활성화한다.

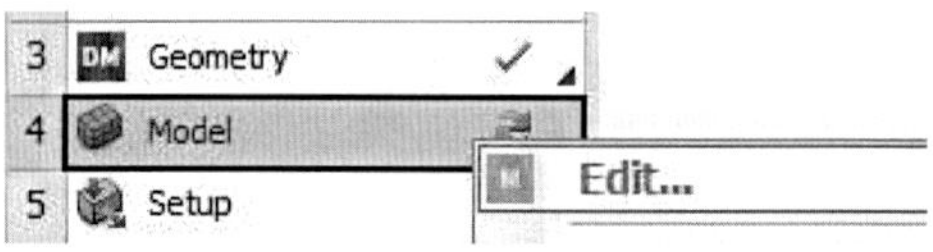

※ F7를 클릭하여 모델을 화면에 나타낸다.

(2) 부품 동작 정의에서 부품 동작에 대한 정보를 정의한다.
① bullet은 Stiffness Behavior를 rigid로, 재질은 Structural steel NL로 설정한다.
② plate는 Stiffness Behavior를 flexible로, 재질은 STEEL 1006로 설정한다.

5) 좌표계 정의
시스템에서 설정한 Global 좌표계를 사용한다.

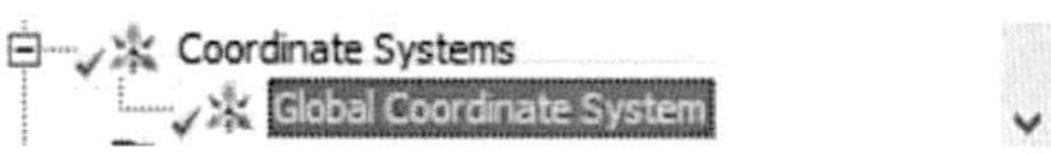

6) 연결 정의

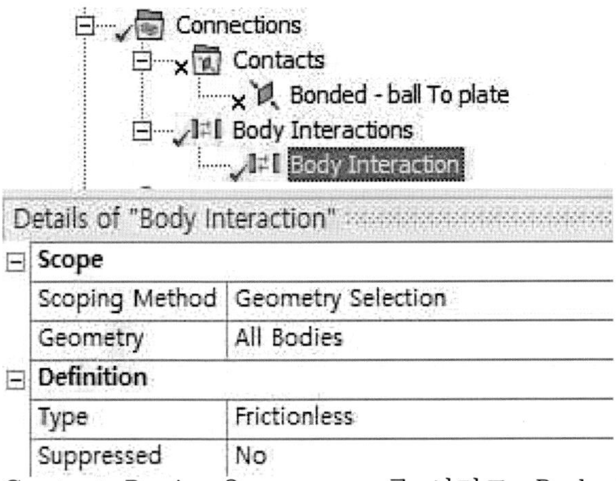

Contact Region은 suppress를 시키고, Body Interaction은 Frictionless로 설정한다.

7) 메쉬 설정 정의

메쉬 컨트롤 적용/메시 미리보기에서 메쉬 설정에 대한 정보를 찾을 수 있다.

(1) 이번 구조해석에서는 메쉬 사이즈는 자동설정으로 하고 메쉬의 형상을 조정하기 위하여 Method를 사용한다.

(2) 메쉬 디자인

명시적 역학에서는 균일한 메시가 바람직하다.

① ball의 사이즈는 1mm

② plate의 사이즈는 2mm

③ Method는 ball에 Multizon을 설정한다.

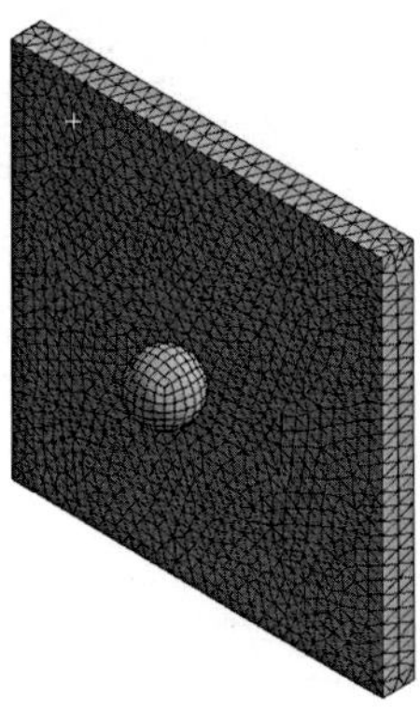

8) LS-DYNA 분석 설정 정의

Analysis Setting에서 분석 설정에 대한 정보를 찾을 수 있다.
솔버 제어(Solver Controls)에서 솔버 정밀도(Solver Precision)를 단일 또는 이중(Double)으로 설정하거나 프로그램 제어로 둘 수 있다.
① LS-DYNA에서는 End Time만 필수 입력정보이다. 0.0005sec으로 설정한다.
② Hourglass Controls는 기본 설정으로 한다.

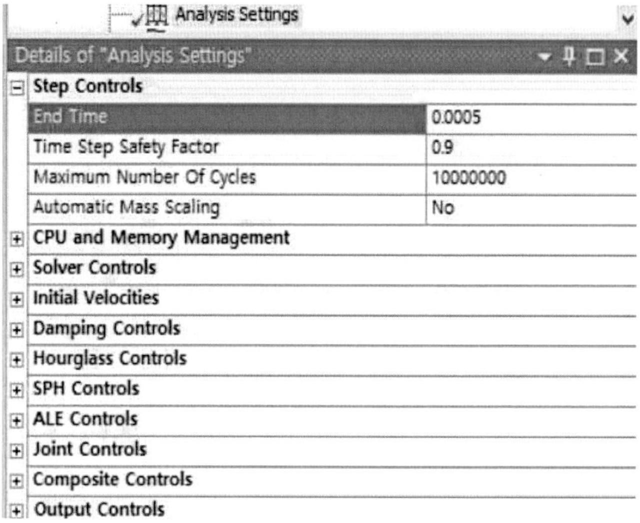

9) 구조해석 초기 조건 정의

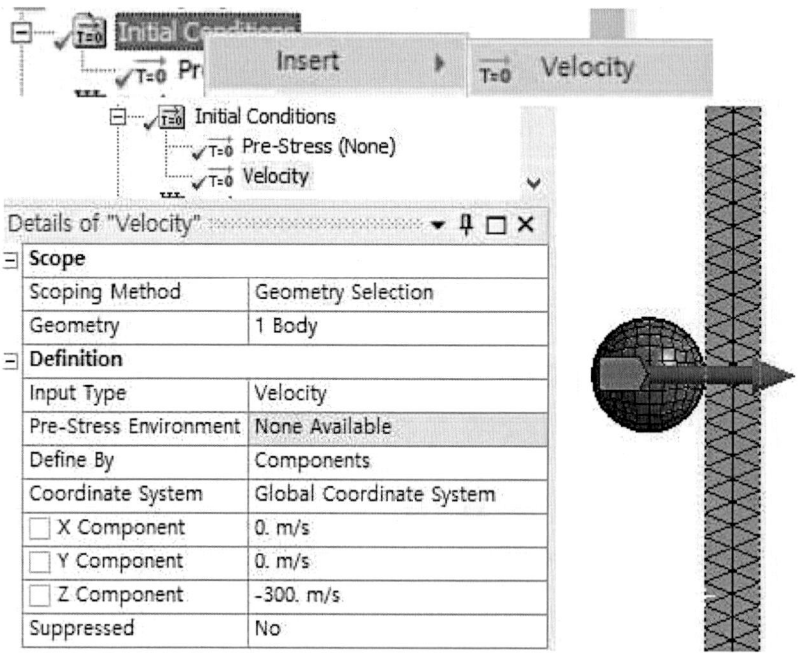

① Ball에 초기 속도 300m/s를 설정한다.

10) 구조해석 경계 조건 정의

(1) 하중 조건 설정 : 설정 없음.

(2) 구조물의 변위 구속조건 설정

① Fixed support : 측면 4면을 설정한다.

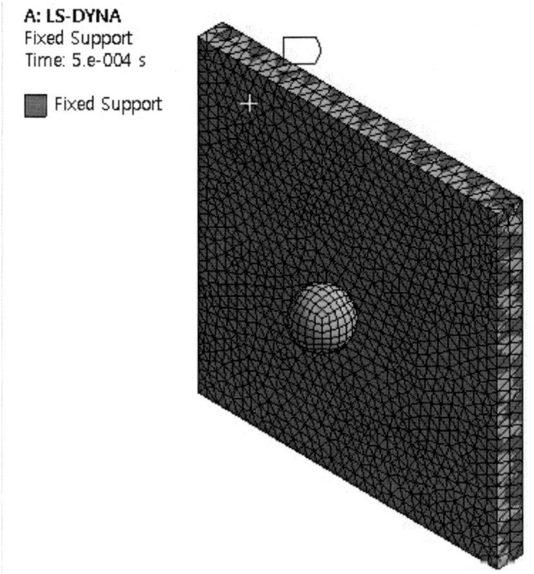

10) 구조해석 수행하기

경계 조건이 설정이 완료되면 구조해석을 수행한다.

Solve 클릭하여 해석한다.

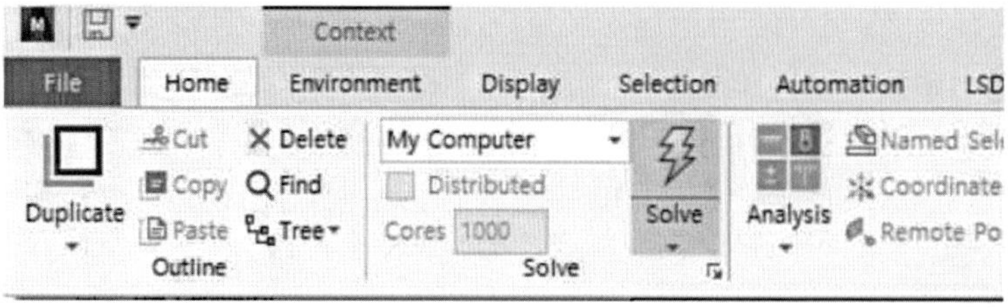

(1) 해석 소요 시간

6638 t 5.0004E-04 dt 7.32E-08 write intfor file

Elapsed time 52 seconds for 6638 cycles using 1 SMP thread

(0 hour 0 minute 52 seconds)

(2) Energy 변화 추이

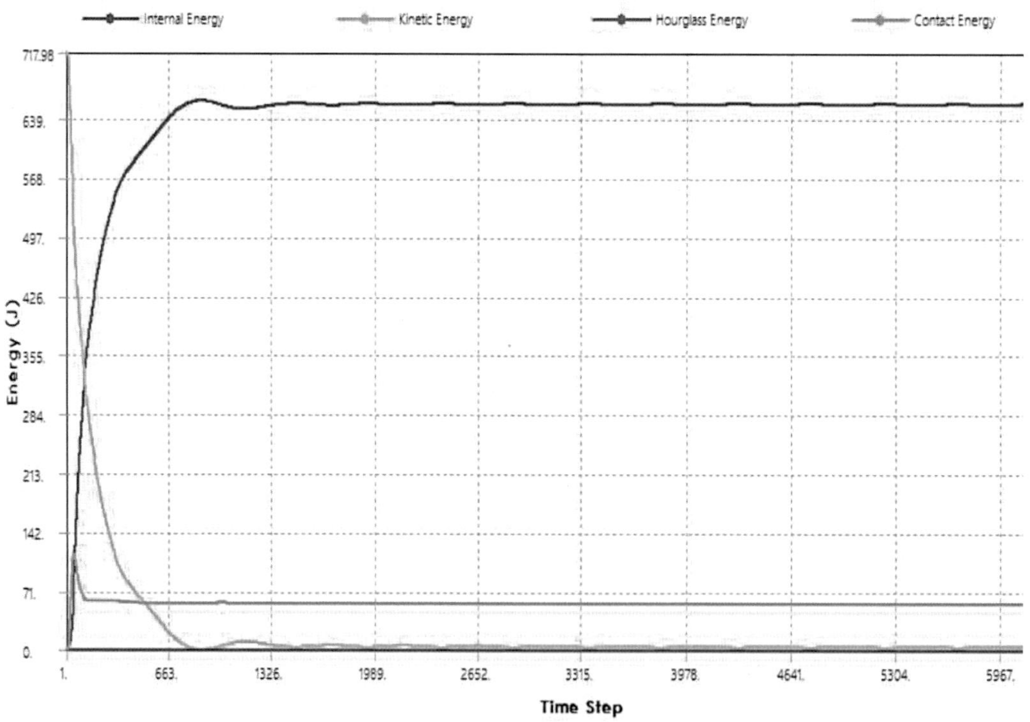

11) 구조해석 결과 확인

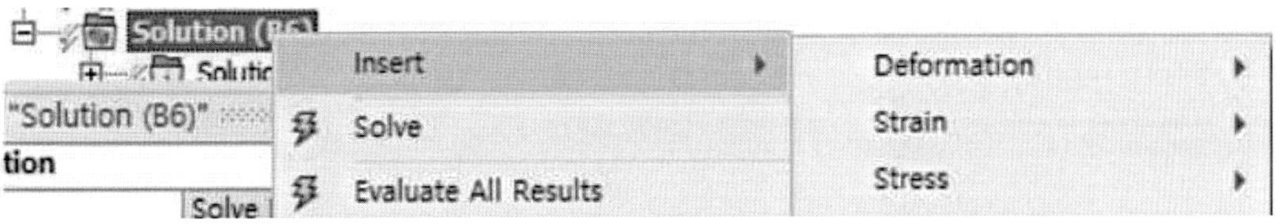

Solution에서 Deformation, Strain, Stress 등의 해석 결과를 불러온다.

(1) Stress (Equivalent Stress)를 검토한다.

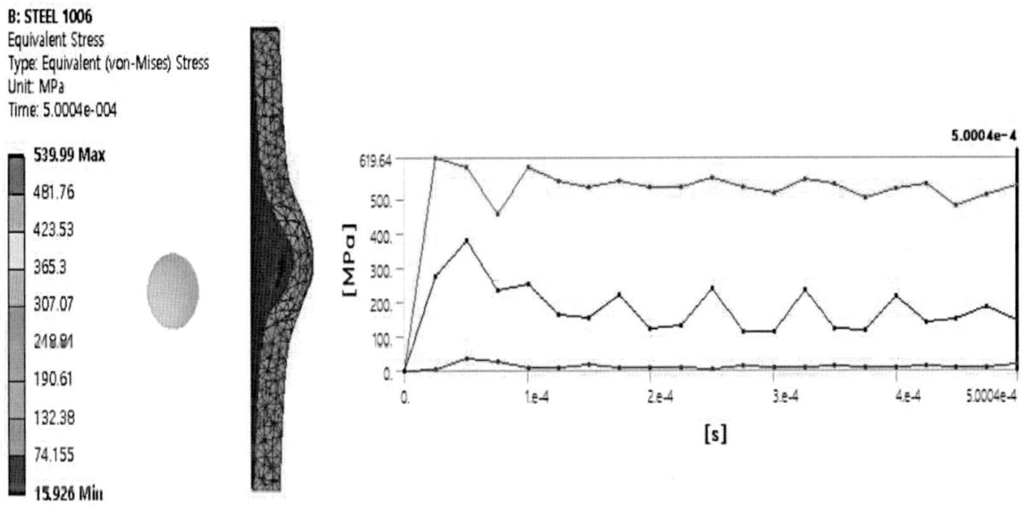

Output control을 20개로 설정하여서 그래프의 점이 20개다.
bullet이 관통하지 않은 결과로 해석되었다.

B. Explicit_Material STEEL 1006 적용 충돌 해석 (Principle Stress Failure)

1) STEEL 1006 물성

Properties of Outline Row 8: STEEL 1006

	A	B	
1	Property	Value	
2	Material Field Variables	Table	
3	Density	7896	kg m^-3
4	Specific Heat, C_p	452	J kg^-1 C^-1
5	Johnson Cook Strength		
6	Strain Rate Correction	First-Order	
7	Initial Yield Stress	3.5E+08	Pa
8	Hardening Constant	2.75E+08	Pa
9	Hardening Exponent	0.36	
10	Strain Rate Constant	0.022	
11	Thermal Softening Exponent	1	
12	Melting Temperature	1537.9	C
13	Reference Strain Rate (/sec)	1	
14	Shear Modulus	8.18E+10	Pa
15	Shock EOS Linear		
16	Gruneisen Coefficient	2.17	
17	Parameter C1	4569	m s^-1
18	Parameter S1	1.49	
19	Parameter Quadratic S2	0	s m^-1

2) Stress (Equivalent Stress)를 검토한다.

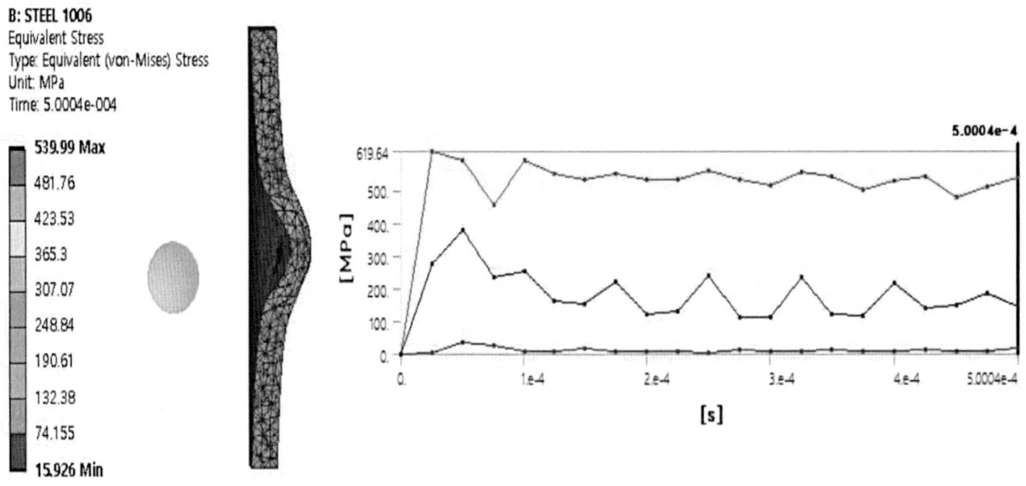

bullet이 관통하지 않은 결과로 해석되었다. 재료물성에 Failure에 관련되 항목을 입력한다.

3) Engineering data에 Failure 추가 : Principal Stress Failure

Properties of Outline Row 5: STEEL 1006

	A	B	C
1	Property	Value	Unit
2	Material Field Variables	Table	
3	Density	7896	kg m^-3
4	Specific Heat, C_p	452	J kg^-1 C^-1
5	Johnson Cook Strength		
6	Strain Rate Correction	First-Order	
7	Initial Yield Stress	350	MPa
8	Hardening Constant	275	MPa
9	Hardening Exponent	0.36	
10	Strain Rate Constant	0.022	
11	Thermal Softening Exponent	1	
12	Melting Temperature	1537.9	C
13	Reference Strain Rate (/sec)	1	
14	Shear Modulus	81800	MPa
15	Shock EOS Linear		
16	Gruneisen Coefficient	2.17	
17	Parameter C1	4569	m s^-1
18	Parameter S1	1.49	
19	Parameter Quadratic S2	0	s m^-1
20	Principal Stress Failure		
21	Maximum Tensile Stress	440	MPa
22	Maximum Shear Stress	440	MPa

3) 구조해석을 수행한다.

4) Stress (Equivalent Stress)를 검토한다.

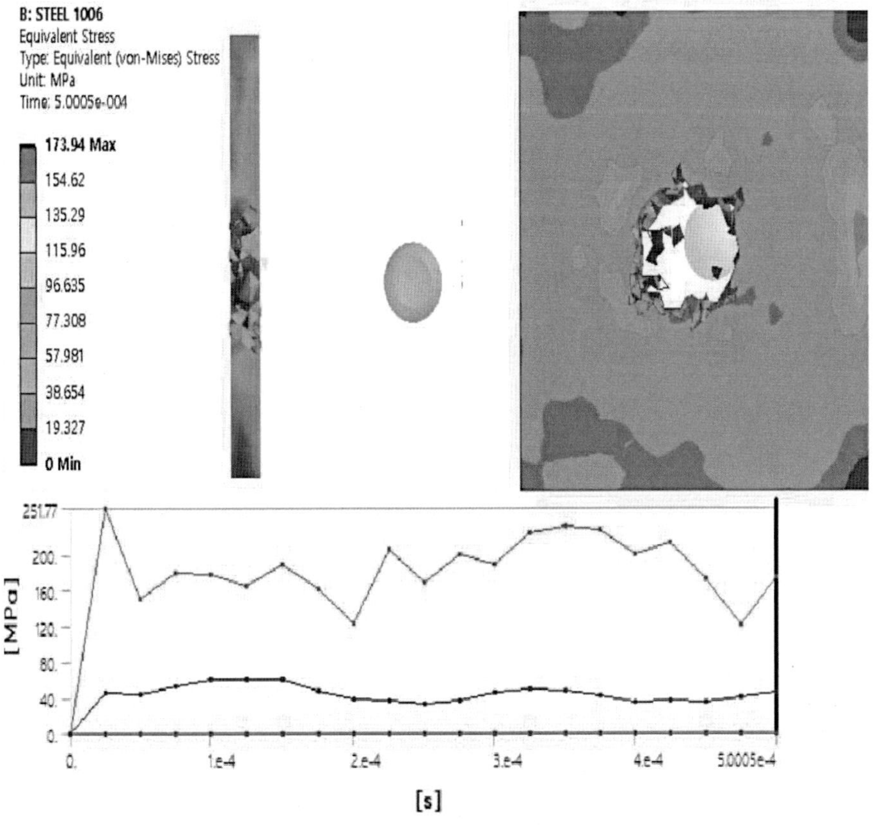

C. Explicit_Material STEEL 4340 적용 충돌 해석 (Principle Stress Failure)

1) STEEL 4340 물성

Properties of Outline Row 9: STEEL 4340

	A	B	
1	Property	Value	
2	Material Field Variables	Table	
3	Density	7830	kg m^-3
4	Specific Heat, C_p	477	J kg^-1 C^-1
5	Johnson Cook Strength		
6	Strain Rate Correction	First-Order	
7	Initial Yield Stress	792	MPa
8	Hardening Constant	510	MPa
9	Hardening Exponent	0.26	
10	Strain Rate Constant	0.014	
11	Thermal Softening Exponent	1.03	
12	Melting Temperature	1519.9	C
13	Reference Strain Rate (/sec)	1	
14	Bulk Modulus	1.59E+05	MPa
15	Shear Modulus	81800	MPa

2) Stress (Equivalent Stress)를 검토한다.

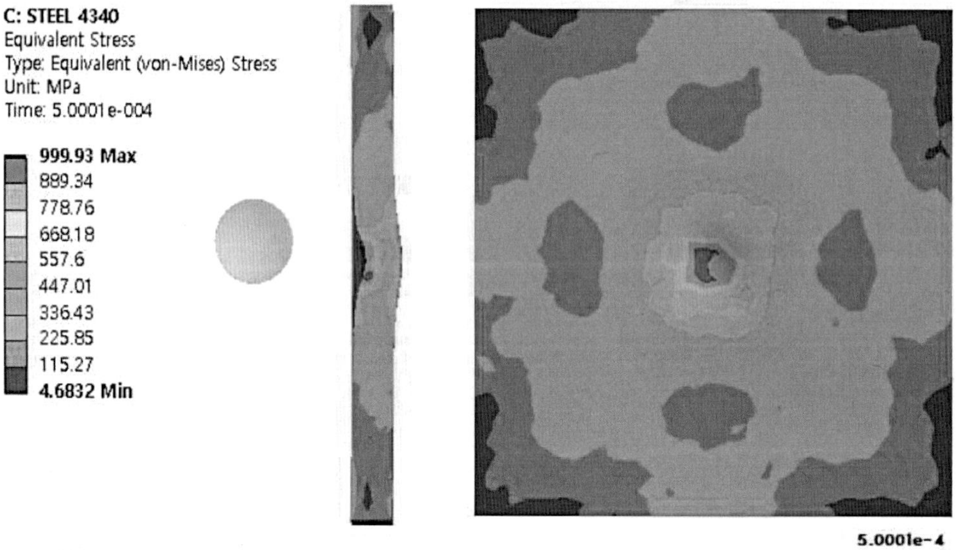

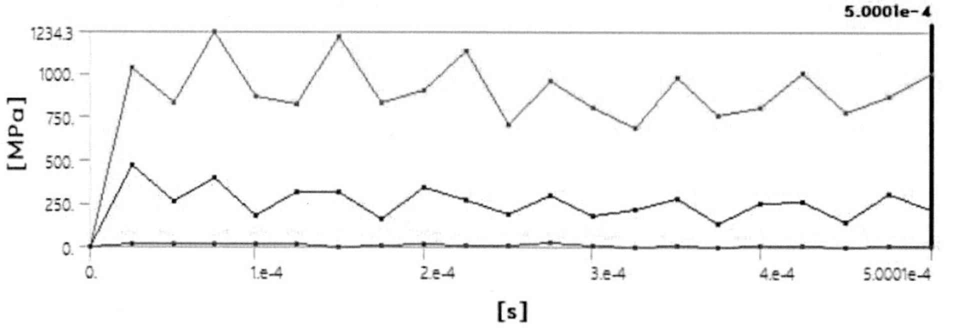

3) Engineering data에 Failure 추가 : Principal Stress Failure

Properties of Outline Row 6: STEEL 4340

	A	B	C
1	Property	Value	Unit
2	Material Field Variables	Table	
3	Density	7830	kg m^-3
4	Specific Heat, C_p	477	J kg^-1 C^-1
5	Johnson Cook Strength		
6	Strain Rate Correction	First-Order	
7	Initial Yield Stress	7.92E+08	Pa
8	Hardening Constant	5.1E+08	Pa
9	Hardening Exponent	0.26	
10	Strain Rate Constant	0.014	
11	Thermal Softening Exponent	1.03	
12	Melting Temperature	1519.9	C
13	Reference Strain Rate (/sec)	1	
14	Bulk Modulus	1.59E+11	Pa
15	Shear Modulus	8.18E+10	Pa
16	Principal Stress Failure		
17	Maximum Tensile Stress	440	MPa
18	Maximum Shear Stress	440	MPa

4) 구조해석을 수행한다.

5) Stress (Equivalent Stress)를 검토한다.

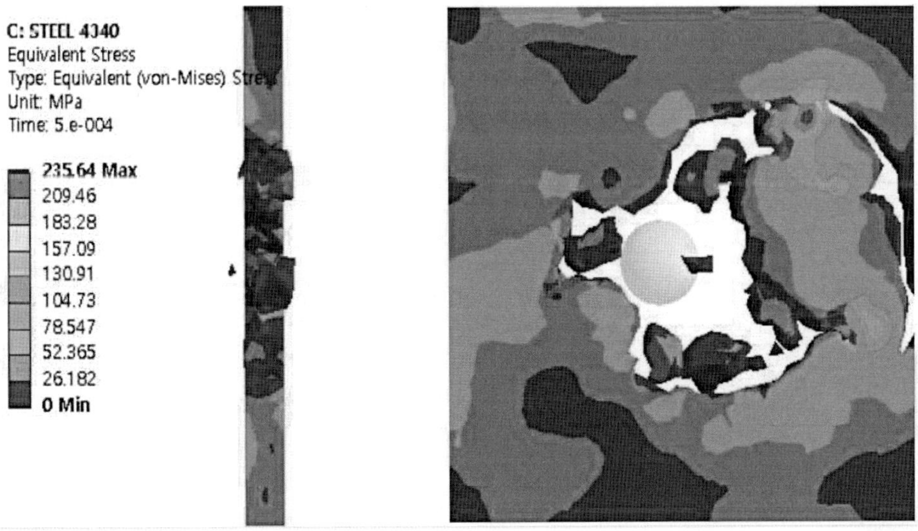

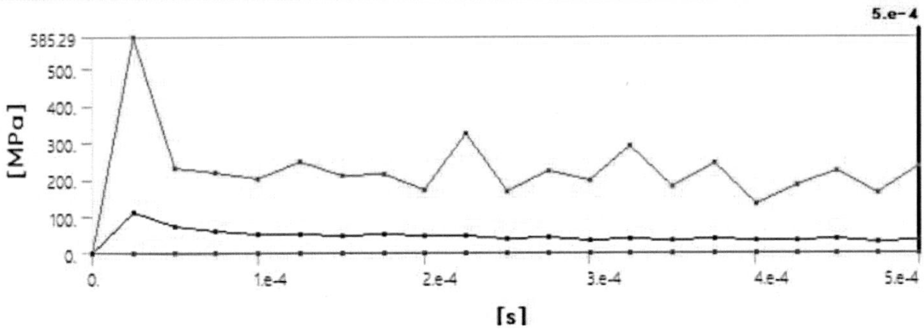

D. Explicit_Material STEEL V250 적용 충돌 해석 (Principle Stress Failure)

1) STEEL V250 물성

Properties of Outline Row 11: STEEL V250

	A	B	
1	Property	Value	
2	Material Field Variables	Table	
3	Density	8129	kg m^-3
4	Specific Heat, C_p	408	J kg^-1 C^-1
5	Shear Modulus	7.18E+10	Pa
6	Shock EOS Linear		
7	Gruneisen Coefficient	1.6	
8	Parameter C1	3980	m s^-1
9	Parameter S1	1.58	
10	Parameter Quadratic S2	0	s m^-1

2) Stress (Equivalent Stress)를 검토한다.

구조해석 실행 안 됨.

Messages

	Text
Error	An Error has Ocurred When Trying To Load Material STEEL V250
Error	An error occurred inside the SOLVER module: general error.
Error	It was impossible to match the Material Definition with a supported definition : STEEL V250
Error	An Error has Ocurred When Trying To Load Material STNLSTEEL

3) Engineering data에 Failure 추가 : Bilinear Elasticity

4	⊟ Isotropic Elasticity		
5	Derive from	Young's Mod...	
6	Young's Modulus	2.5E+05	MPa
7	Poisson's Ratio	0.33	
8	Bulk Modulus	2.451E+05	MPa
9	Shear Modulus	93985	MPa
10	⊟ Bilinear Isotropic Hardening		
11	Yield Strength	240	MPa
12	Tangent Modulus	1500	MPa

4) Stress (Equivalent Stress)를 검토한다.

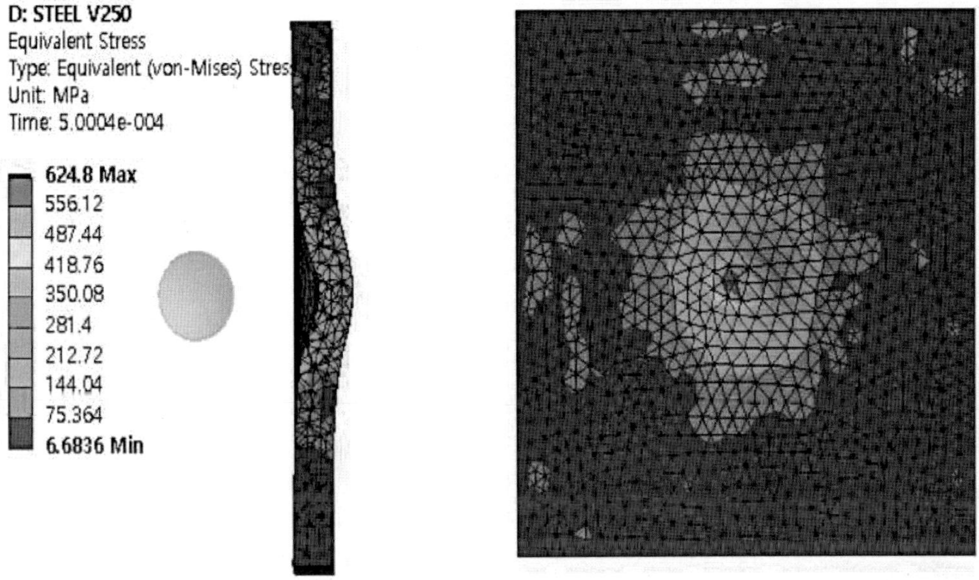

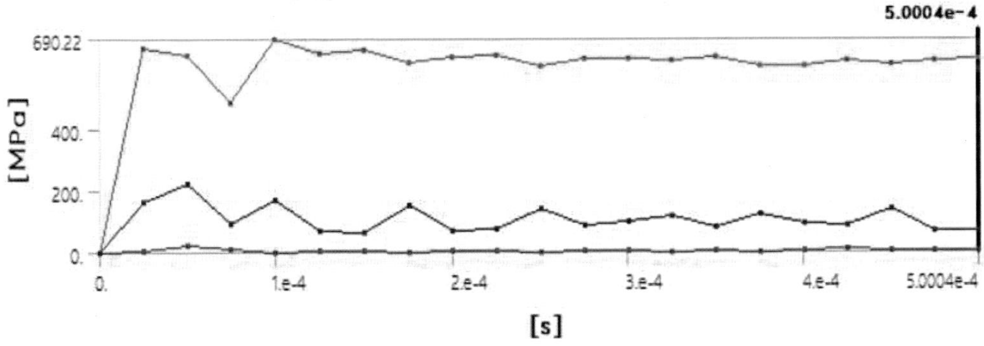

5) Engineering data에 Failure 추가 : Principal Stress Failure

20	⊟ Principal Stress Failure		
21	Maximum Tensile Stress	440	MPa
22	Maximum Shear Stress	440	MPa

6) Stress(Equivalent Stress)를 검토한다.

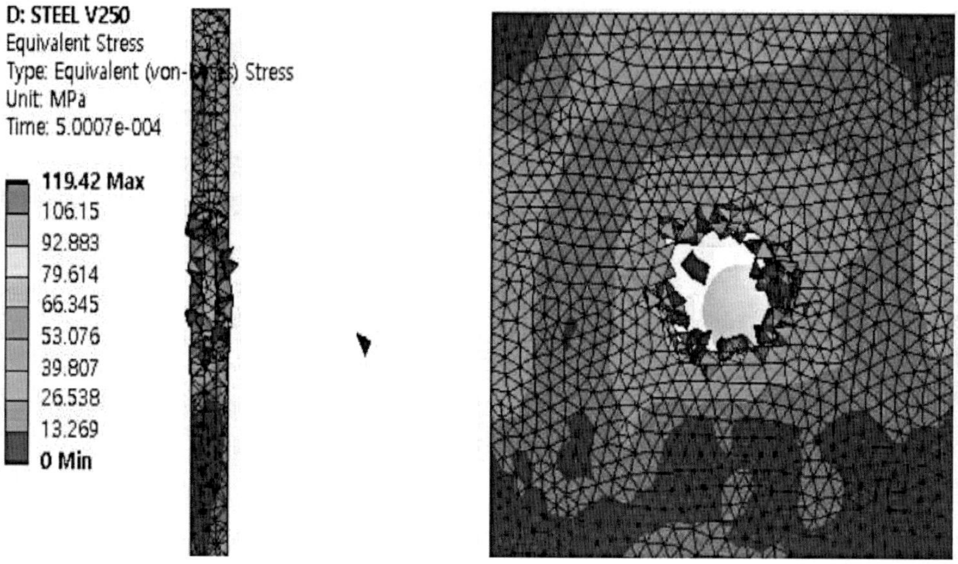

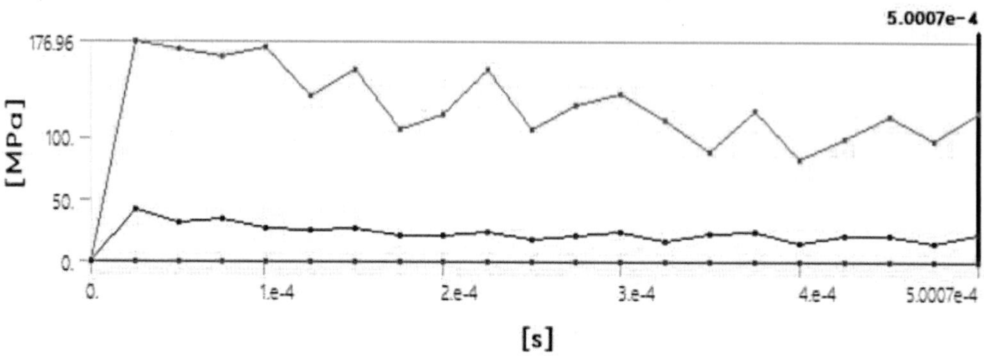

E. Explicit_Material STNL.STEEL 적용 충돌 해석 (Principle Stress Failure)

1) STNL.STEEL 물성

Properties of Outline Row 12: STNL.STEEL

	A	B	
1	Property	Value	
2	Material Field Variables	Table	
3	Density	7860	kg m^-3
4	⊞ ~~Multilinear Isotropic Hardening~~	Tabular	
7	Specific Heat, C_p	1E-12	J kg^-1 C^-1
8	Shear Modulus	7.3E+10	Pa
9	⊟ Shock EOS Linear		
10	Gruneisen Coefficient	1.67	
11	Parameter C1	4610	m s^-1
12	Parameter S1	1.73	
13	Parameter Quadratic S2	0	s m^-1

2) 해석을 수행한다.

구조해석 에라 발생

Messages

	Text
Error	An Error has Ocurred When Trying To Load Material STNLSTEEL
Error	An error occurred inside the SOLVER module: general error.
Error	It was impossible to match the Material Definition with a supported definition : STNLSTEEL

3) Engineering data에 Failure 추가 : Bilinear Elasticity

4	⊟ Isotropic Elasticity		
5	Derive from	Young's Mod...	
6	Young's Modulus	2.1E+05	MPa
7	Poisson's Ratio	0.33	
8	Bulk Modulus	2.0588E+05	MPa
9	Shear Modulus	78947	MPa
10	⊟ Bilinear Isotropic Hardening		
11	Yield Strength	240	MPa
12	Tangent Modulus	1500	MPa
23	⊟ Principal Stress Failure		
24	Maximum Tensile Stress	440	MPa
25	Maximum Shear Stress	440	MPa

4) Stress (Equivalent Stress)를 검토한다.

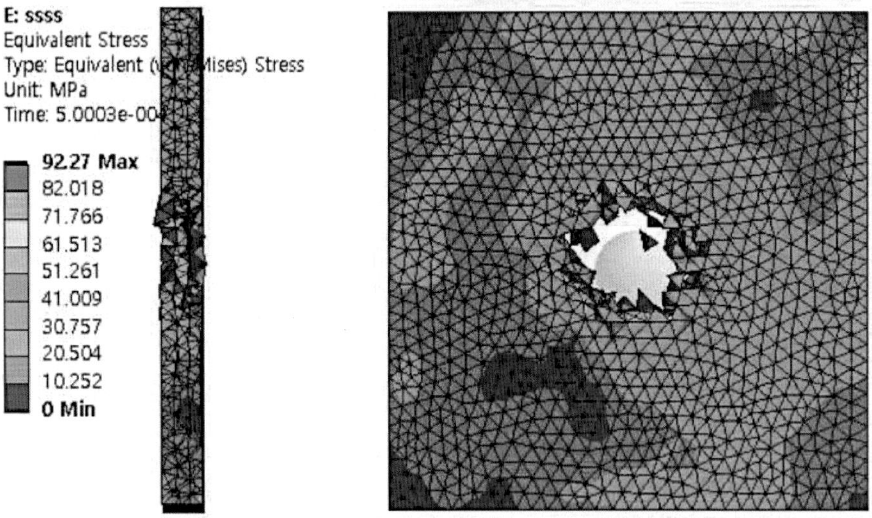

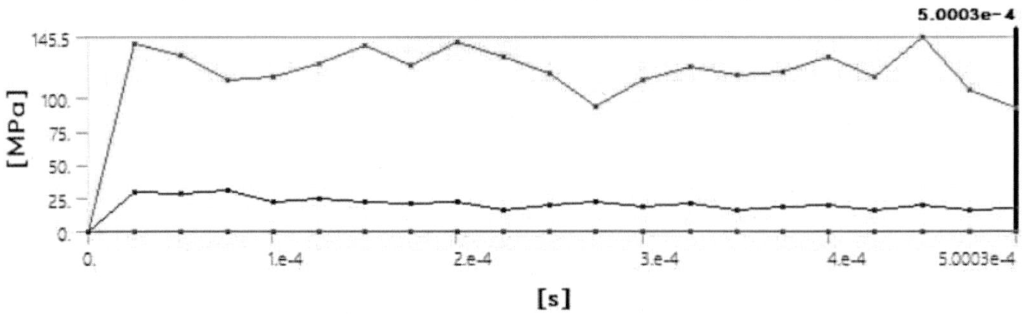

F. Explicit_Material SS-304 적용 충돌 해석 (Principle Stress Failure)

1) SS-304 물성

Properties of Outline Row 7: SS-304

	A	B	
1	Property	Value	
2	Material Field Variables	Table	
3	Density	7896	kg m^-3
4	⊟ Shock EOS Linear		
5	Gruneisen Coefficient	2.17	
6	Parameter C1	4569	m s^-1
7	Parameter S1	1.49	
8	Parameter Quadratic S2	0	s m^-1

2) 해석을 수행한다.

```
 90000 t 2.6120E-04 dt 1.06E-09 flush i/o buffers
 95000 t 2.6647E-04 dt 1.03E-09 flush i/o buffers
100000 t 2.7158E-04 dt 9.98E-10 flush i/o buffers
103387 t 2.7500E-04 dt 9.78E-10 write d3plot file
103388 t 2.7500E-04 dt 9.78E-10 write intfor file
105000 t 2.7663E-04 dt 1.03E-09 flush i/o buffers
```

구조해석 시간이 길어서 강제로 종료함.

3) Engineering data에 Failure 추가 : Bilinear Elasticity

4	⊟ Isotropic Elasticity		
5	Derive from	Young's Mod...	
6	Young's Modulus	2.1E+05	MPa
7	Poisson's Ratio	0.33	
8	Bulk Modulus	2.0588E+05	MPa
9	Shear Modulus	78947	MPa
10	⊟ Bilinear Isotropic Hardening		
11	Yield Strength	240	MPa
12	Tangent Modulus	1500	MPa
13	⊟ ~~Shock EOS Linear~~		
14	Gruneisen Coefficient	2.17	
15	Parameter C1	4569	m s^-1
16	Parameter S1	1.49	
17	Parameter Quadratic S2	0	s m^-1
18	⊟ Principal Stress Failure		
19	Maximum Tensile Stress	440	MPa
20	Maximum Shear Stress	440	MPa

4) Stress (Equivalent Stress)를 검토한다.

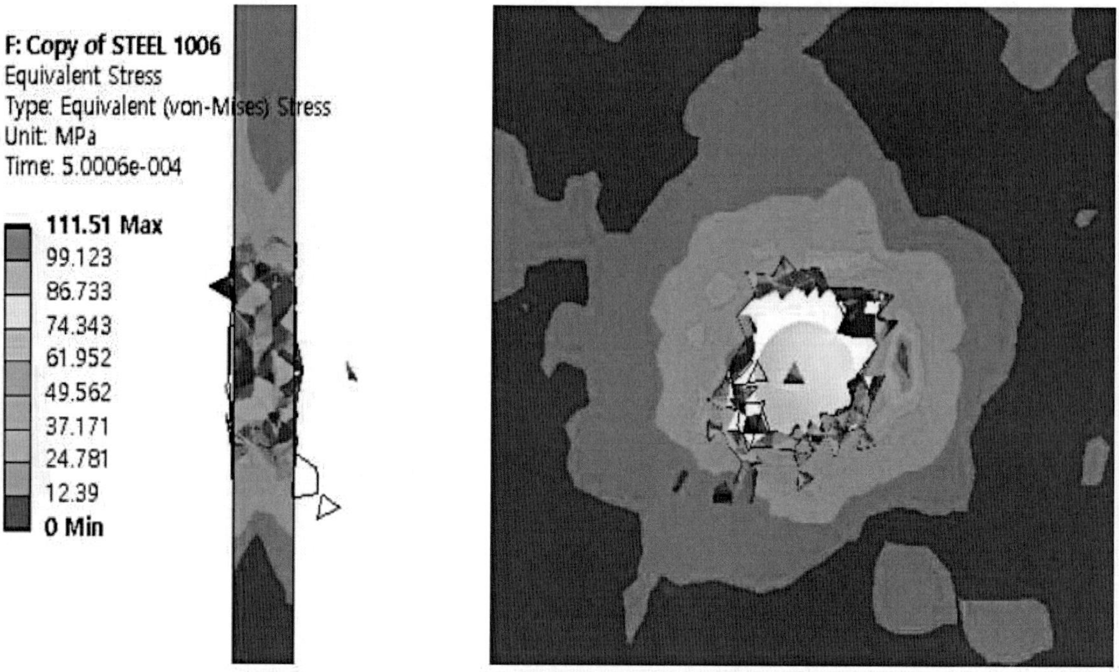

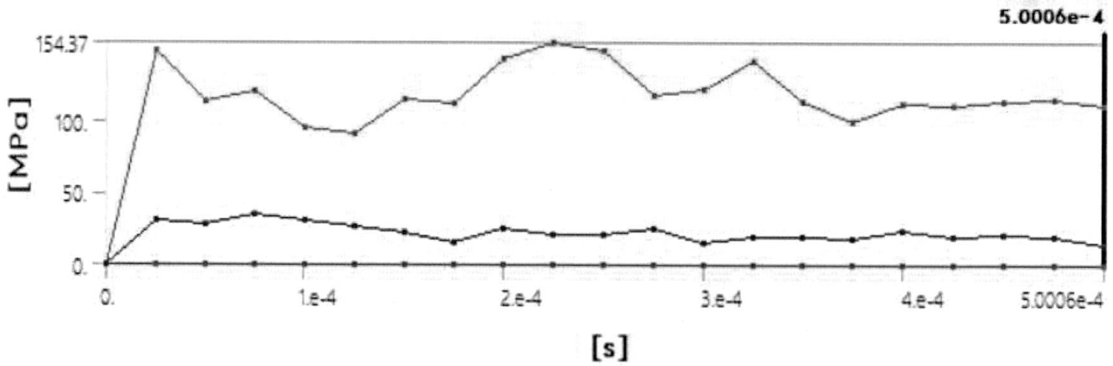

G Explicit_Material SS 21-6-9 적용 충돌 해석 (Principle Stress Failure)

1) SS 21-6-9 물성

Properties of Outline Row 5: SS 21-6-9

	A	B	
1	Property	Value	
2	Material Field Variables	Table	
3	Density	7795	kg m^-3
4	Specific Heat, C_p	426	J kg^-1 C^-1
5	Shear Modulus	77000	MPa
6	⊟ Shock EOS Linear		
7	Gruneisen Coefficient	1.93	
8	Parameter C1	4440	m s^-1
9	Parameter S1	2.2	
10	Parameter Quadratic S2	0	s m^-1

2) 해석을 수행한다.

Messages

	Text
Error	An Error has Ocurred When Trying To Load Material SS 21-6-9

구조해석 실행 안 됨.

3) Engineering data에 Failure 추가 : Bilinear Elasticity

4	⊟ Isotropic Elasticity		
5	Derive from	Shear Modul...	
6	Young's Modulus	2.0482E+05	MPa
7	Poisson's Ratio	0.33	
8	Bulk Modulus	2.008E+05	MPa
9	Shear Modulus	77000	MPa
10	⊟ Bilinear Isotropic Hardening		
11	Yield Strength	240	MPa
12	Tangent Modulus	1500	MPa

20	⊟ Principal Stress Failure		
21	Maximum Tensile Stress	440	MPa
22	Maximum Shear Stress	440	MPa

4) Stress (Equivalent Stress)를 검토한다.

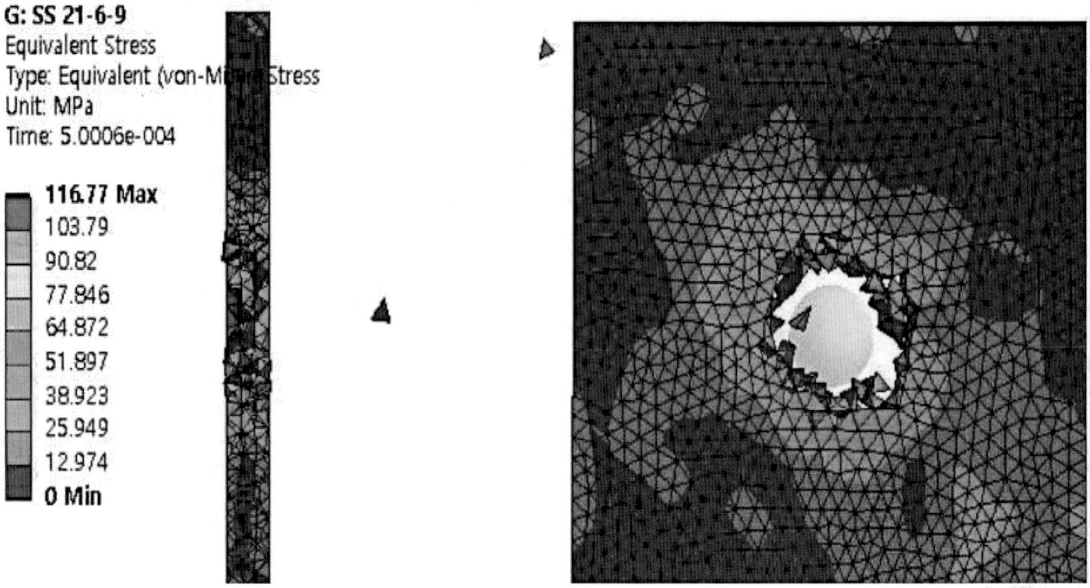

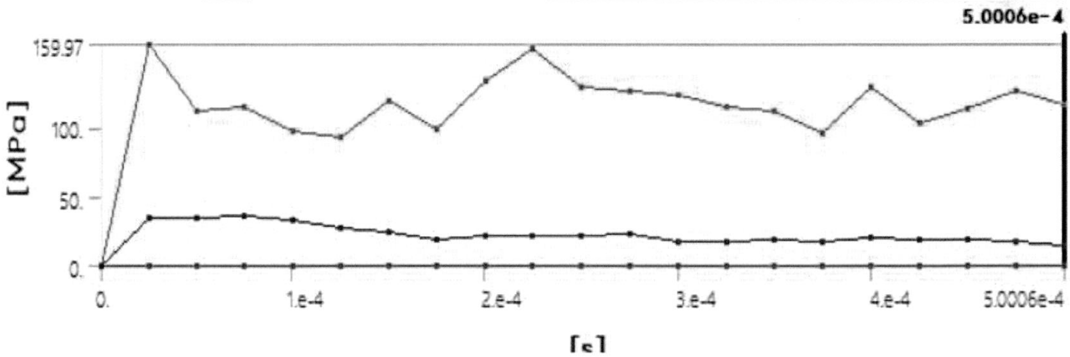

10. Plastic Case drop test

1. 구조해석 정의

우리가 사용하는 생활용품은 제품의 성능도 중요하지만 내구성도 중요한 구매요소가 된다. 생활용품의 내구성을 평가하는 방법으로 Drop test 항목이 있다.
Drop test의 방법에는 여러 가지 종류가 있다.
제품을 일정 높이에서 자유 낙하시켜 제품의 외관이 부서지는지 확인하는 방법과
제품에 일정 크기의 강구를 떨어트려서 제품이 파손하는지를 테스트하는 방법이다.
본 연구에서는 강구를 떨어트려서 제품이 파손되는지를 실험하는 방법을 구조해석으로 시뮬레이션 하려고 한다.
제품의 외관을 설계할 때 설계의 중요 요소는 제품의 두께를 몇 mm로 설정할 것인가이다. 재료비를 줄이기 위해서 제품의 두께는 얇아지고, 소비자의 사용성을 이해서 제품의 무게가 가벼워야 하므로 제품의 두께는 얇게 설계되고 있는 실정이다. 제품의 두께가 얇으면 충격으로 인하여 파손되게 되는데 파손을 방지하기 위하여 플라스틱 제품 외관에 리브를 설계하여 강성을 증가시키는 방법을 많이 사용한다. 충격에 의한 파손을 방지하기 위해서 설계 시 손으로 계산을 하기는 어렵고 시제품을 만들어 Drop Test를 하여 리브의 적합성을 평가하는 것은 많은 시간이 소요되고 경비가 발생하게 된다. 따라서 구조해석을 통해서 Drop Test를 통과할 수 있는 리브의 두께를 찾는 것이 필요하다. 이번 주제로는 구조해석을 통하여 최적의 리브 조건을 찾을 수 있는 방법을 찾아 실계에 이용하려고 한다.

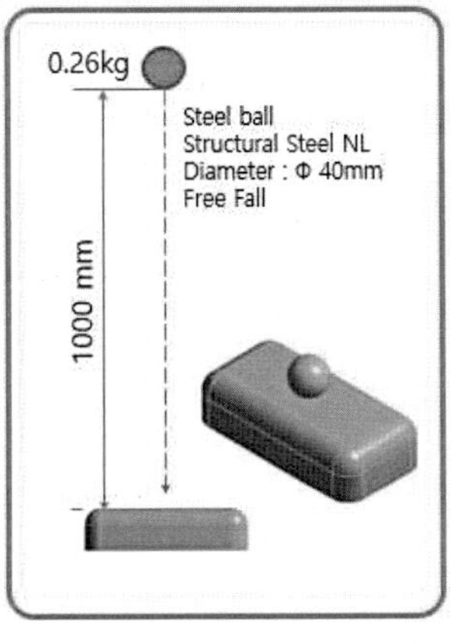

2. 구조해석 목적

우리가 사용하는 생활용품은 제품의 성능도 중요하지만 내구성도 중요한 구매요소가 된다. 내구성을 좋게 하기 위해서는 플라스틱의 두께를 두껍게 해야 한다.

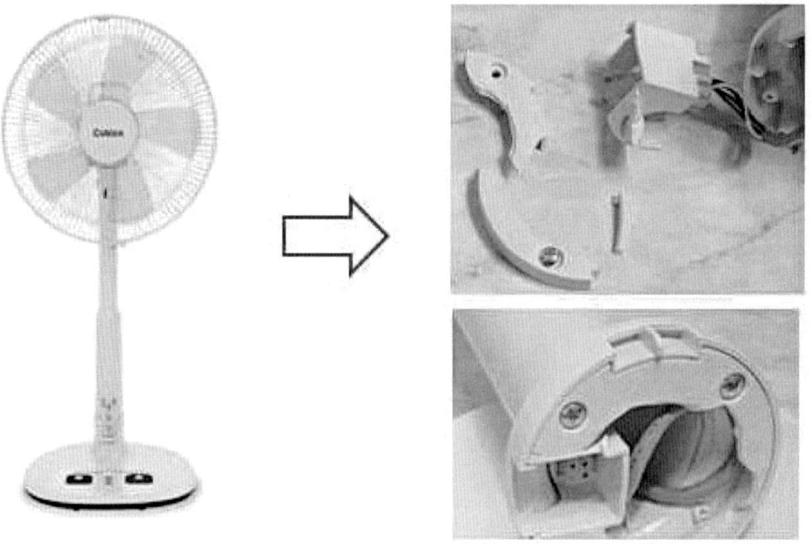

제품의 설계할 때 설계의 중요 요소는 제품의 두께를 몇 mm로 설계할 것인가?
제품의 두께가 두꺼우면 재료비가 높아져 제품의 단가가 올라간다. 제품의 무게가 무거워서 소비자의 사용성에 불편하다. 플라스틱 사출에 불량 요인이 발생한다. 제품의 두께가 얇으면 충격으로 인하여 파손되게 되기 쉽다. 플라스틱 강도를 높이기 위하여 리브를 설계해야 한다.

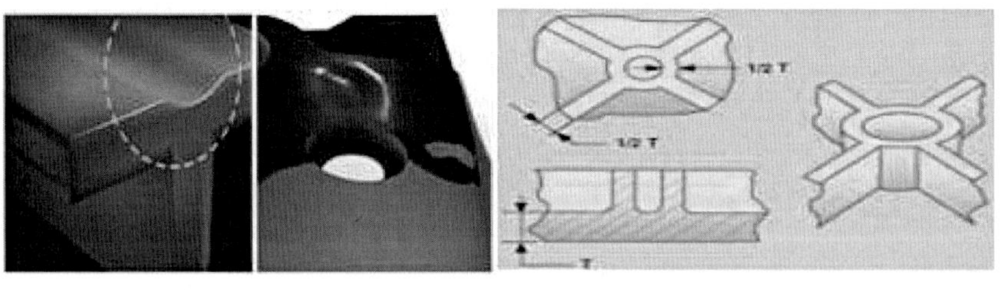

생활용품의 내구성을 평가하는 방법으로 Drop test 항목이 있다. 생활용품의 내구성을 평가하는 방법으로 Drop test 항목이 있다. Drop test의 방법에는 여러 가지 종류가 있다.

(1) 낙하 테스트 : 제품을 일정 높이에서 자유 낙하시켜 제품의 외관이 부서지는지 확인하는 방법

(2) 강구 테스트 : 제품에 일정 크기의 강구를 떨어트려서 제품이 파손하는지를 테스트하는 방법이다. 설계단계에서는 강구를 떨어트려서 제품이 파손되는지를 부품 별로 실험하는 것이 필요하다.

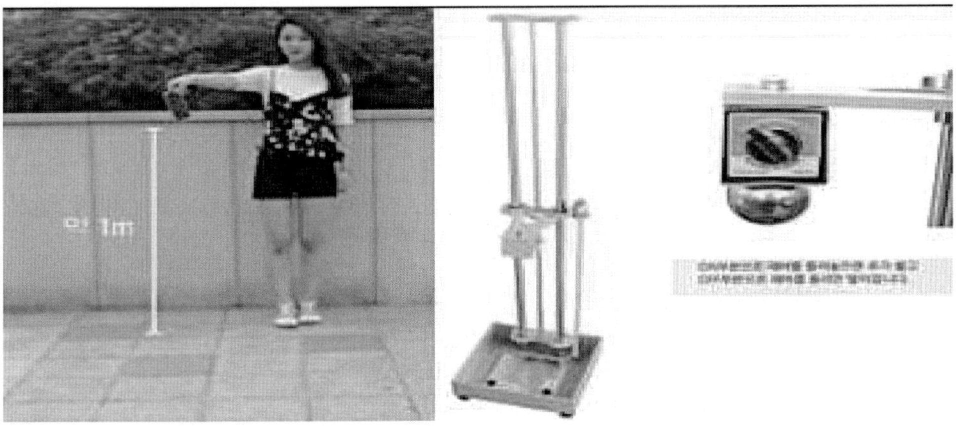

2) 강구의 충돌 해석

plate에 Bullet이 관통하는 현상을 시뮬레이션 하고자 합니다.

Bullet은 Structural steel로 지름 40mm이며 제품과 강구 사이 거리는 1m로 한다.

ⓐ Plate 재질을 Structural Steel NL, 플라스틱 , 이때 Bullet은 Rigid로 해석에서 변형을 제외 합니다.

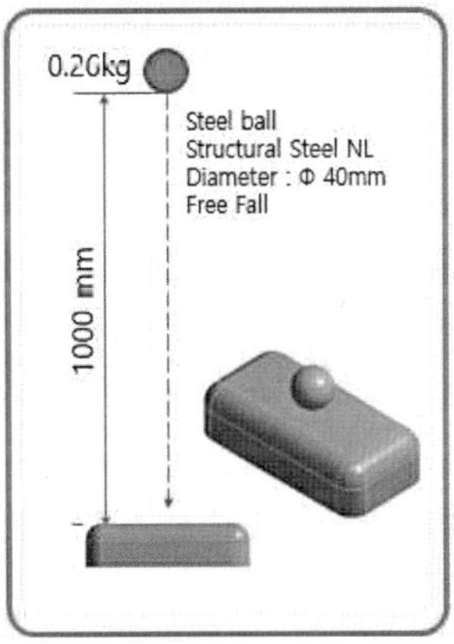

3. 구조해석 절차

1) 프로젝트 설정

① workbench에서 LSDYNA를 사용할 수 있도록 Extensions Manager에서 설정한다.

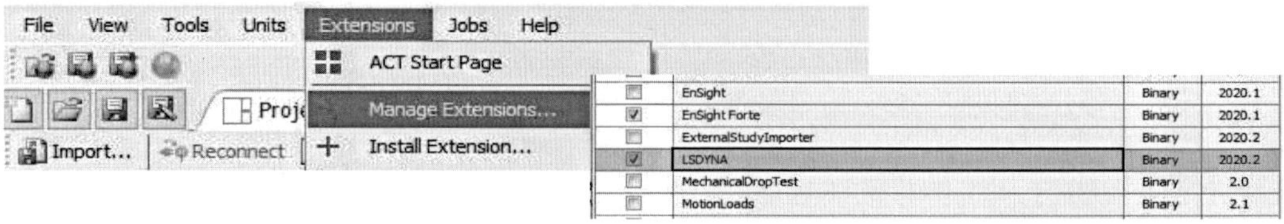

② workbench에서 LS-DYNA를 드래그(또는 더블클릭) 한다.

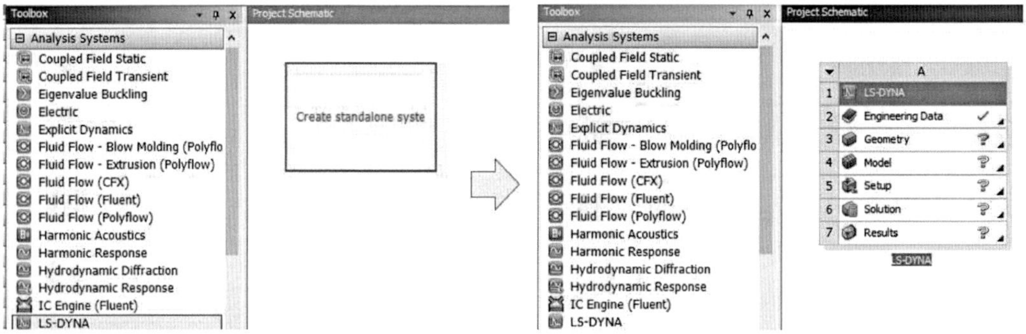

2) 엔지니어링 데이터 정의

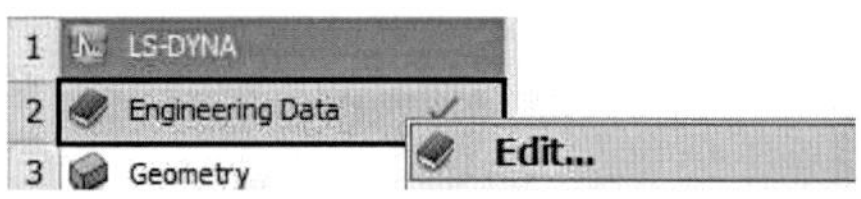

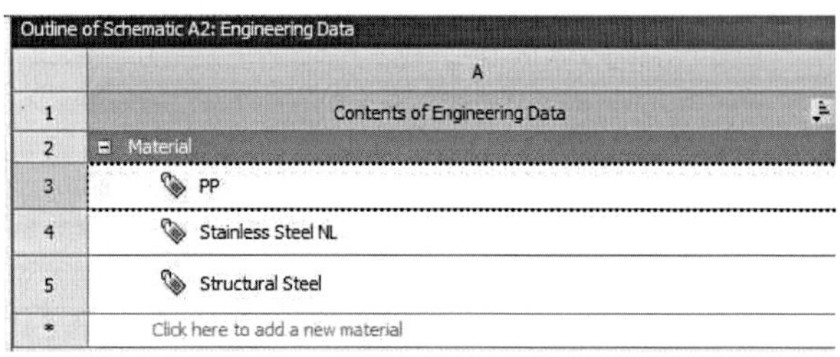

Outline of Schematic A2: Engineering Data

	A
1	Contents of Engineering Data
2	⊟ Material
3	PP
4	Stainless Steel NL
5	Structural Steel
*	Click here to add a new material

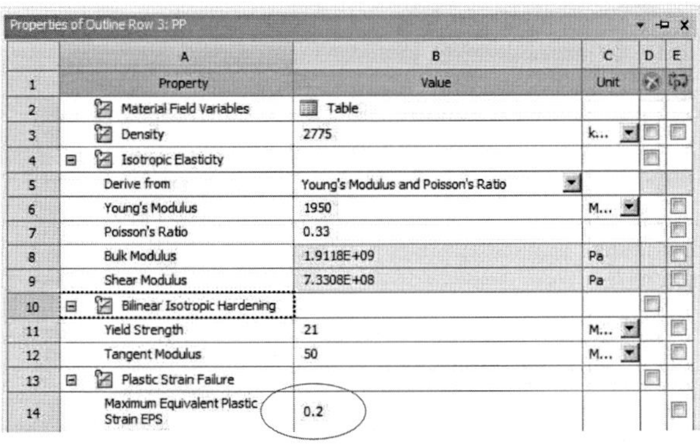

Properties of Outline Row 3: PP

	A	B	C	D	E
1	Property	Value	Unit		
2	Material Field Variables	Table			
3	Density	2775	k...		
4	Isotropic Elasticity				
5	Derive from	Young's Modulus and Poisson's Ratio			
6	Young's Modulus	1950	M...		
7	Poisson's Ratio	0.33			
8	Bulk Modulus	1.9118E+09	Pa		
9	Shear Modulus	7.3308E+08	Pa		
10	Bilinear Isotropic Hardening				
11	Yield Strength	21	M...		
12	Tangent Modulus	50	M...		
13	Plastic Strain Failure				
14	Maximum Equivalent Plastic Strain EPS	0.2			

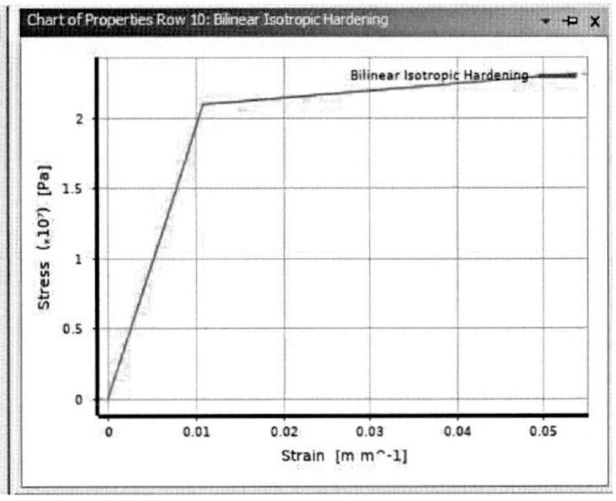

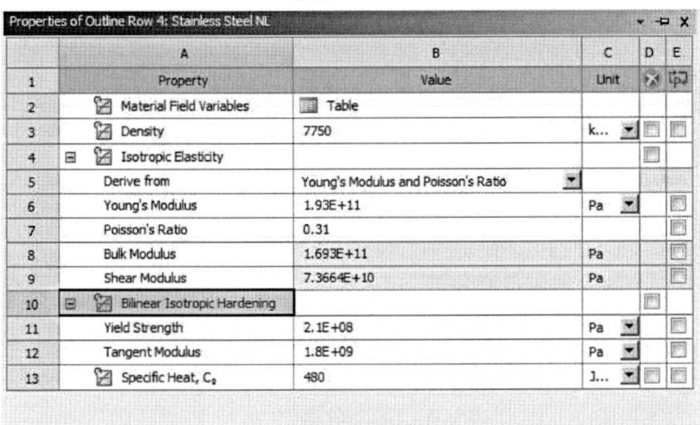

Properties of Outline Row 4: Stainless Steel NL

	A	B	C	D	E
1	Property	Value	Unit		
2	Material Field Variables	Table			
3	Density	7750	k...		
4	Isotropic Elasticity				
5	Derive from	Young's Modulus and Poisson's Ratio			
6	Young's Modulus	1.93E+11	Pa		
7	Poisson's Ratio	0.31			
8	Bulk Modulus	1.693E+11	Pa		
9	Shear Modulus	7.3664E+10	Pa		
10	Bilinear Isotropic Hardening				
11	Yield Strength	2.1E+08	Pa		
12	Tangent Modulus	1.8E+09	Pa		
13	Specific Heat, C_p	480	J...		

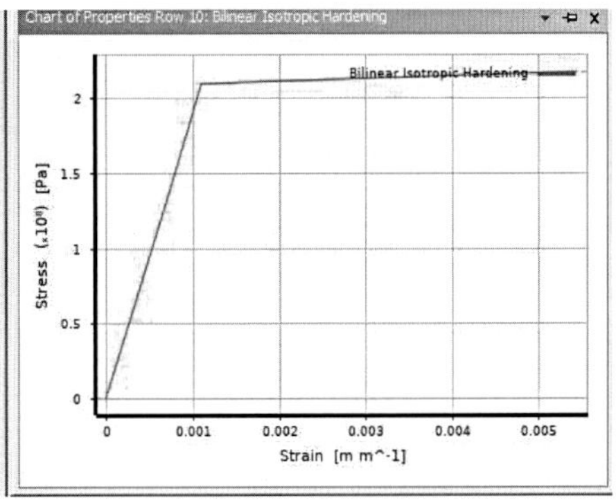

3) 형상 부착 모델 데이터 불러오기(또는 모델 만들기)

해석 모델은 SpaceClaim, DesingModeler를 사용하여 디자인한다.

또는 다른 소프트웨어서 디자인한 모델을 stp, IGES 등의 파일 형식으로 Import Geometry를 사용하여 가져온다.

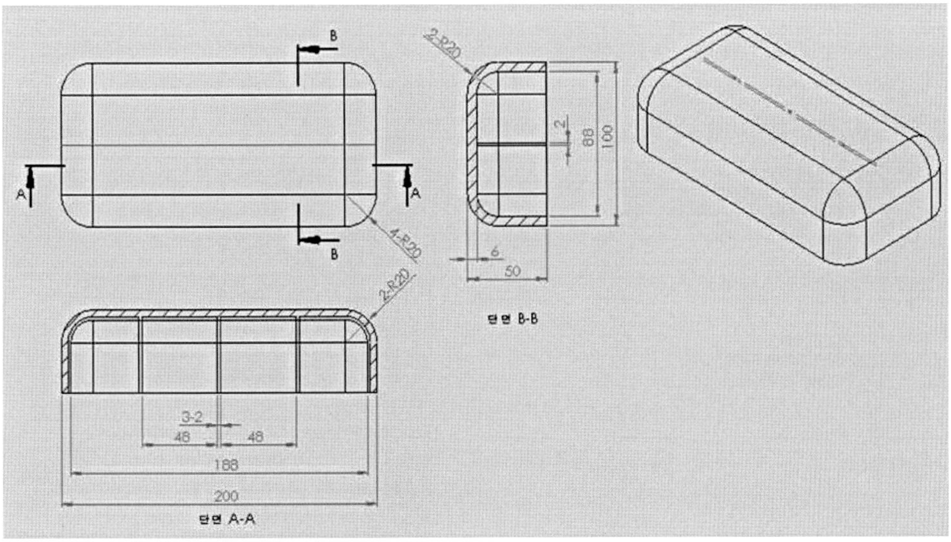

4) 부품 동작 정의

(1) 구조해석을 하기 위하여 Mechanical 창을 활성화한다.

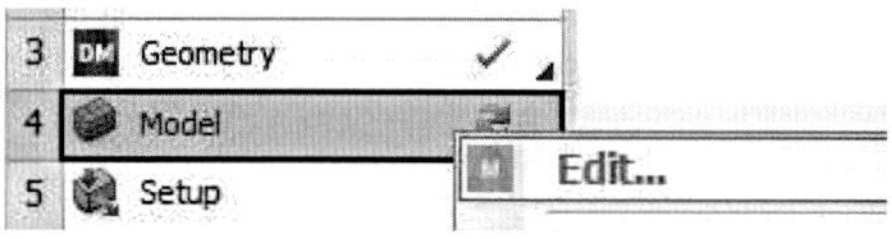

※ 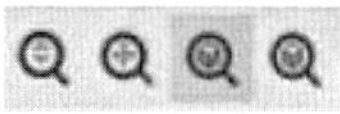 F7를 클릭하여 모델을 화면에 나타낸다.

(2) 부품 동작 정의에서 부품 동작에 대한 정보를 정의한다.
① plastic cover는 Stiffness Behavior를 flexible로, 재질은 PP로 설정한다.
② ball은 Stiffness Behavior를 rigid로, 재질은 Structural steel로 설정한다.

Details of "plastic cover"

Graphics Properties	
Definition	
Suppressed	No
Stiffness Behavior	Flexible
Coordinate System	Default Coordinate System
Reference Temperature	By Environment
Reference Frame	Lagrangian
Material	
Assignment	PP
Bounding Box	
Length X	200. mm
Length Y	50. mm
Length Z	100. mm

Details of "ball"

Graphics Properties	
Definition	
Suppressed	No
Stiffness Behavior	Rigid
Reference Temperature	By Environment
Reference Frame	Lagrangian
Material	
Assignment	Structural Steel
Bounding Box	
Length X	40. mm
Length Y	40. mm
Length Z	40. mm

5) 좌표계 정의
시스템에서 설정한 Global 좌표계를 사용한다.

6) 연결 정의

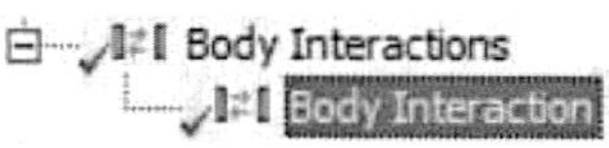

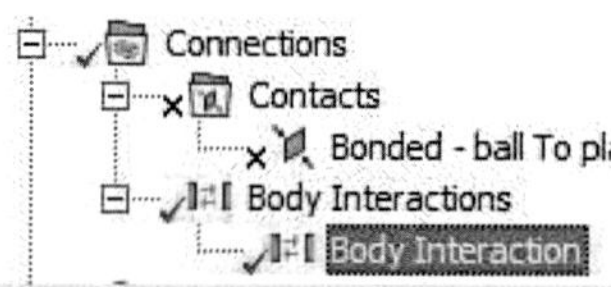

Body Interaction은 Frictionless로 설정한다.

Details of "Body Interaction"

Scope	
Scoping Method	Geometry Selection
Geometry	All Bodies
Definition	
Type	Frictionless
Suppressed	No

7) 메쉬 설정 정의

메쉬 컨트롤 적용/메시 미리보기에서 메쉬 설정에 대한 정보를 찾을 수 있다.

(1) 이번 구조해석에서는 메쉬 사이즈는 자동설정으로 하고 메쉬의 형상을 조정하기 위하여 Method를 사용한다.

① Method는 ball에 Multizon을 설정한다.

(2) 메쉬 디자인

명시적 역학에서는 균일한 메쉬가 바람직하다.

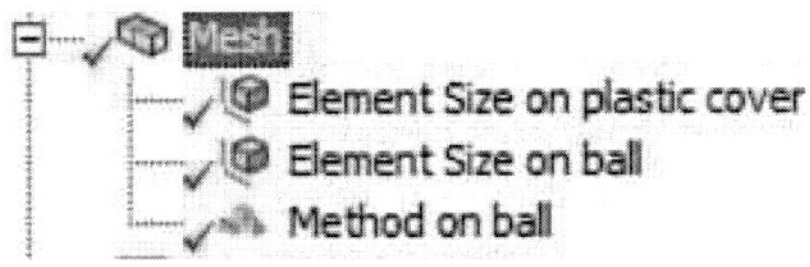

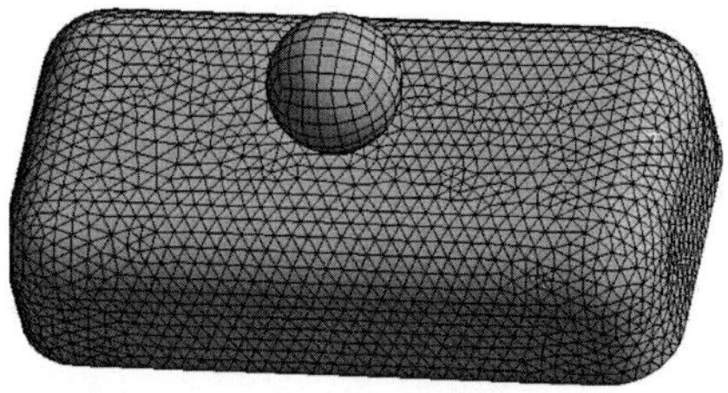

① ball의 사이즈는 4mm

② cover의 사이즈는 5mm

Details of "Element Size on plastic cover" - Sizing

Scope	
Scoping Method	Geometry Selection
Geometry	1 Body
Definition	
Suppressed	No
Type	Element Size
Element Size	5.0 mm
Advanced	
Defeature Size	Default
Behavior	Soft

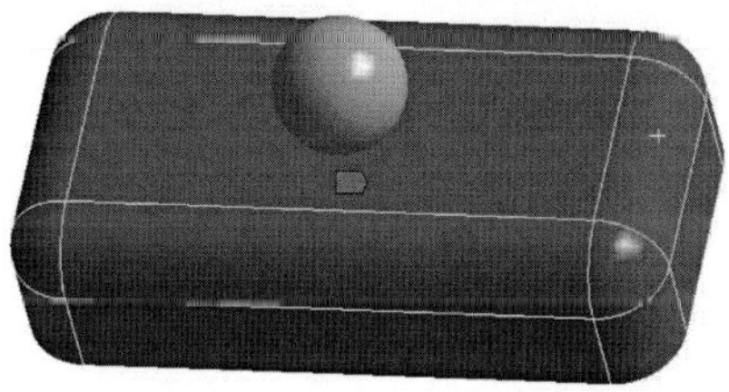

Details of "Element Size on ball" - Sizing

Scope	
Scoping Method	Geometry Selection
Geometry	1 Body
Definition	
Suppressed	No
Type	Element Size
Element Size	4.0 mm

Details of "Method on ball" - Method

Scope	
Scoping Method	Geometry Selectio
Geometry	1 Body
Definition	
Suppressed	No
Method	MultiZone
Mapped Mesh Type	Hexa
Surface Mesh Method	Program Controlled
Free Mesh Type	Not Allowed
Element Order	Use Global Setting
Src/Trg Selection	Automatic

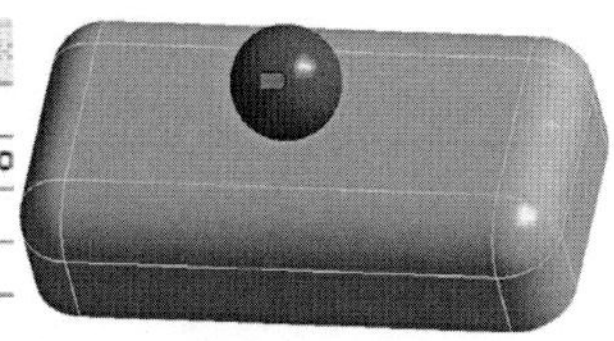

8) LS-DYNA 분석 설정 정의

① Step Controls
End Time = 0.006
Automatic Mass Scaling = No

참고 : ⓐ 최소 End Time은 총알이 방탄 시험편을 뚫고
지나가는 거리로 선정합니다.
ⓐ Bullet의 예상 이동거리는 20mm 이므로
S = V t 의 식에서 t를 20/(4,427*1000) = 0.0045입니다.

② CPU and Memory Management
Number of CPUS = 2
③ Hourglass Control Type = Program Controlled,
④ Output Controls
Calculate Results At = Equally Scoped Points, Value = 70
⑤ Time History Output = No

9) 구조해석 초기 조건 정의

▷ 초기조건(Intial condition) 정의
•해석시간을 줄이기 위하여 해석은 두 물체가
접촉할 때 부터 해석합니다.
따라서 접촉시점의 속도를 설정합니다.
ⓐ 강구의 초기 속도 조건 : 4.427 m/sec
중력가속도 : 9.8 m/sec^2 를 적용한다.

① 중력가속도

Standard Earth Gravity

Details of "Standard Earth Gravity"

Scope	
Geometry	All Bodies
Definition	
Coordinate System	Global Coordinate System
X Component	0. mm/s² (step applied)
Y Component	-9806.6 mm/s² (step applied)
Z Component	0. mm/s² (step applied)
Suppressed	No
Direction	-Y Direction

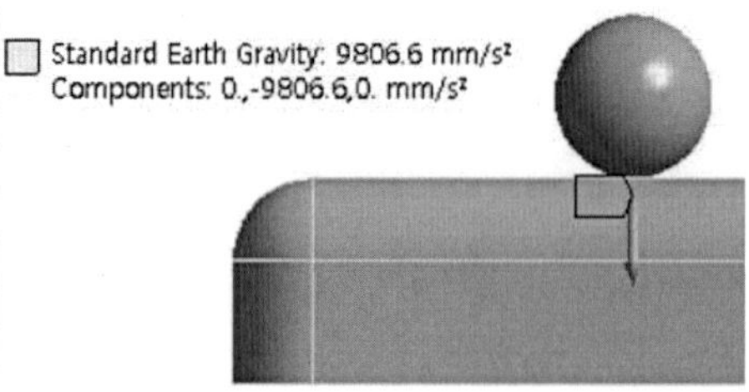

② Ball에 초기 속도 4.427 m/sec를 설정한다.

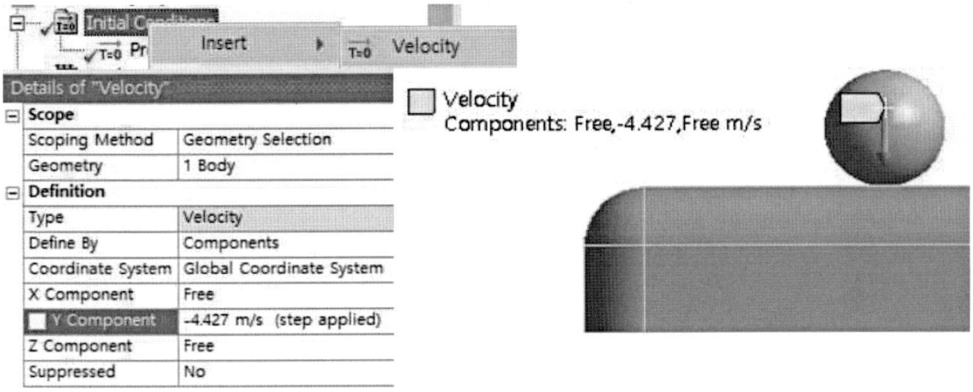

10) 구조해석 경계 조건 정의

(1) 하중 조건 설정 : 설정 없음.

(2) 구조물의 변위 구속조건 설정

① Fixed support : 측면 4면을 설정한다.

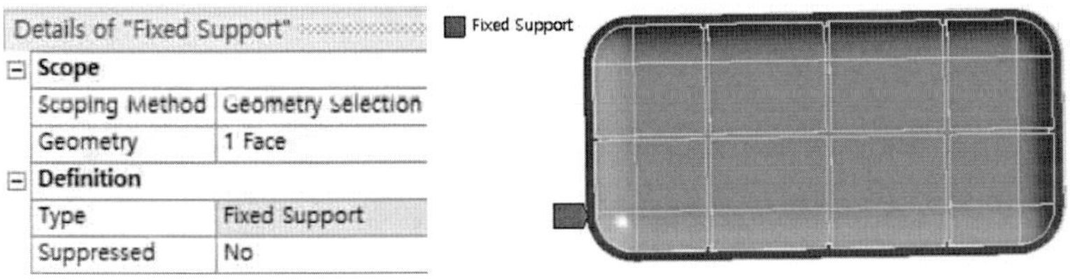

(3) 출력조건 설정

① Result Tracker

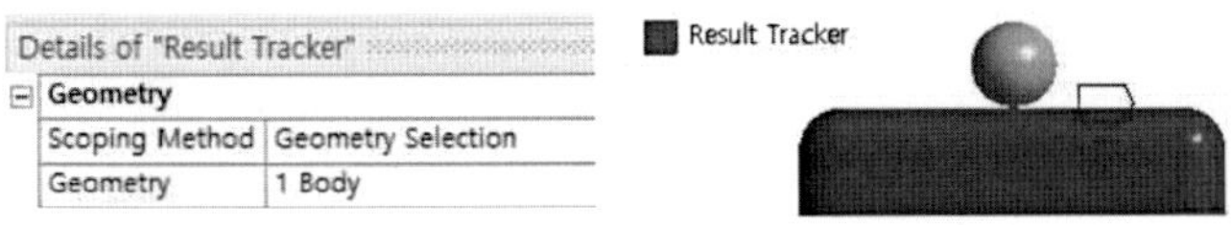

② Body Contact Tracker

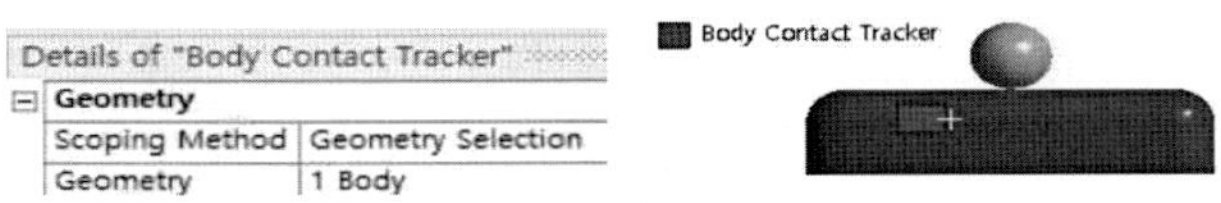

③ Contact Properties

Details of "Contact Properties"

General	
Contact	Body Interaction
Type	Program Controlled
Formulation	AUTOMATIC_SINGLE_S
Common Controls	
Birth Time	0
Death Time	0
Viscous damping coefficient	10
Slave Penalty Scale Factor	0
Master Penalty Scale Factor	0
Advanced Controls	
Optional Thickness for Slave Surface	0 m
Optional Thickness for Master Surface	0 m
Optional Solid Element Thickness	0 m
Soft Constraint Formulation	Program Controlled
Soft Constraint Scale Factor	0.1
Depth	5

11) 구조해석 수행하기

경계 조건이 설정이 완료되면 구조해석을 수행한다.

Solve 클릭하여 해석한다.

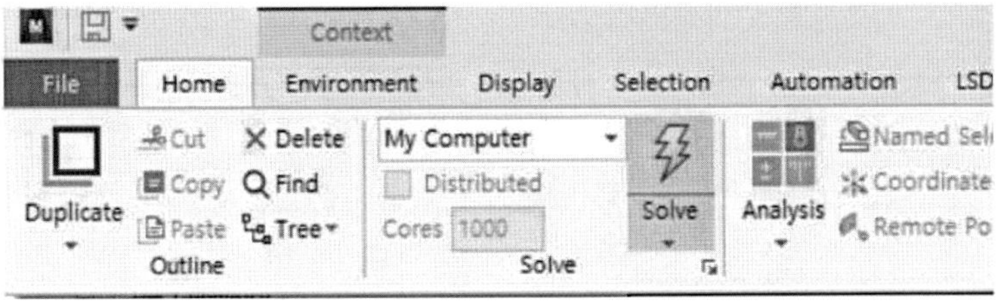

(1) 해석 소요 시간

350 t 2.9928E-04 dt 8.43E-07 write d3plot file

351 t 3.0012E-04 dt 8.43E-07 write intfor file

707 t 5.9979E-04 dt 8.41E-07 write d3plot file

Elapsed time 222 seconds for 6931 cycles using 1 SMP thread

(0 hour 3 minutes 42 seconds)

(2) Energy 변화 추이

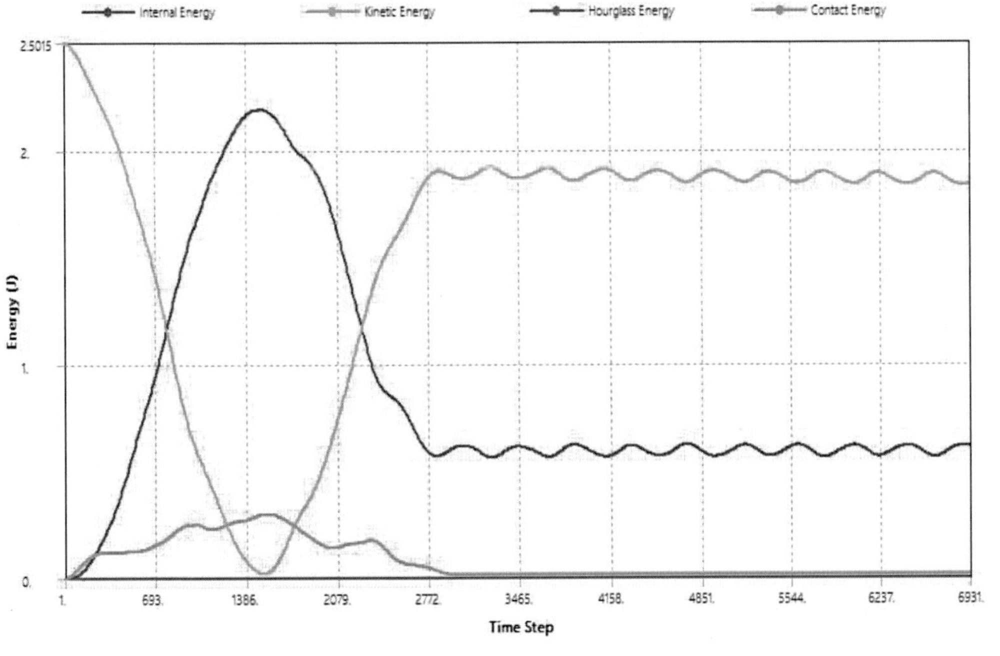

12) 구조해석 결과 확인

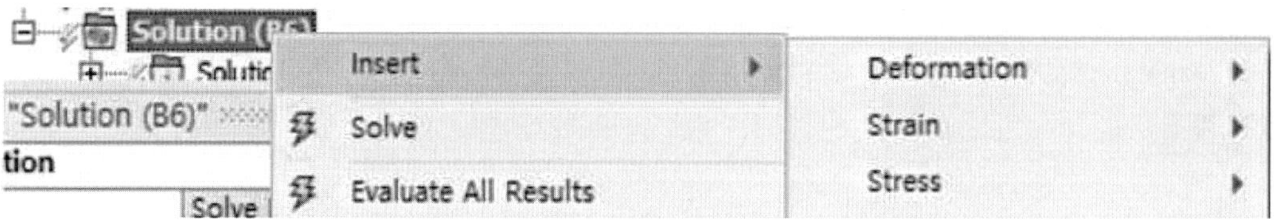

Solution에서 Deformation, Strain, Stress 등의 해석 결과를 불러온다.

(1) Stress (Equivalent Stress)를 검토한다.

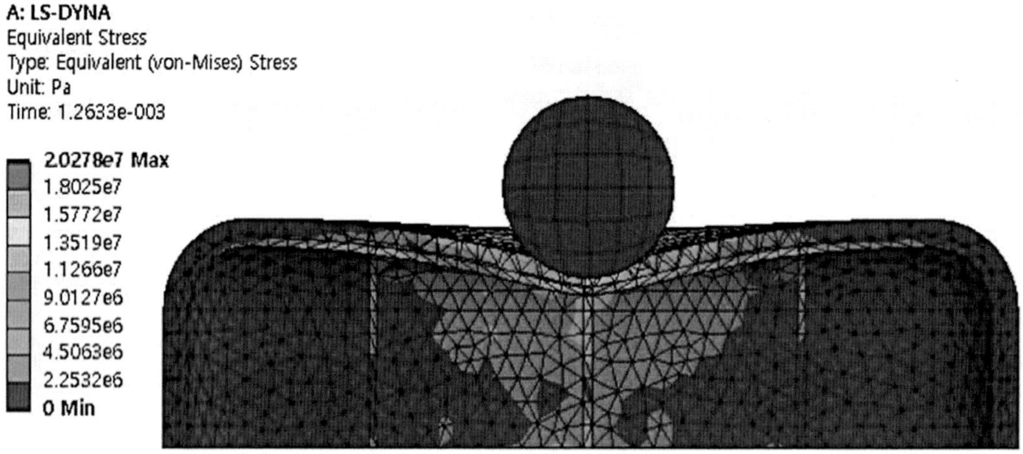

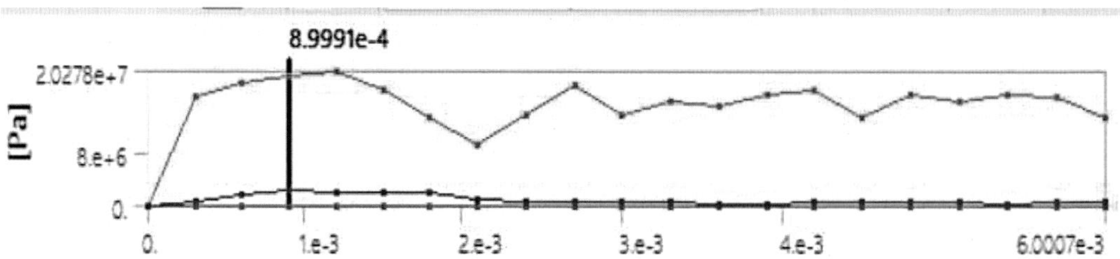

Output control을 20개로 설정하여서 그래프의 점이 20개다.
bullet이 관통하지 않은 결과로 해석되었다.

(2) Force Reaction

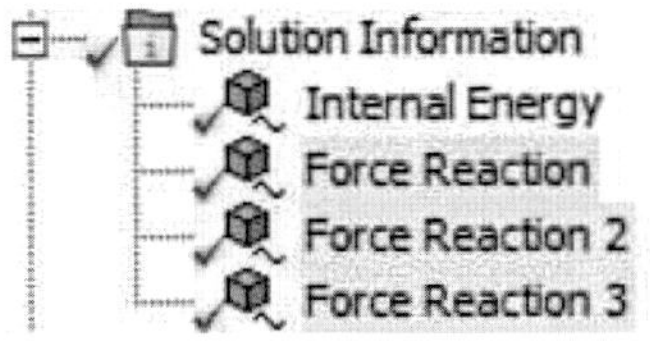

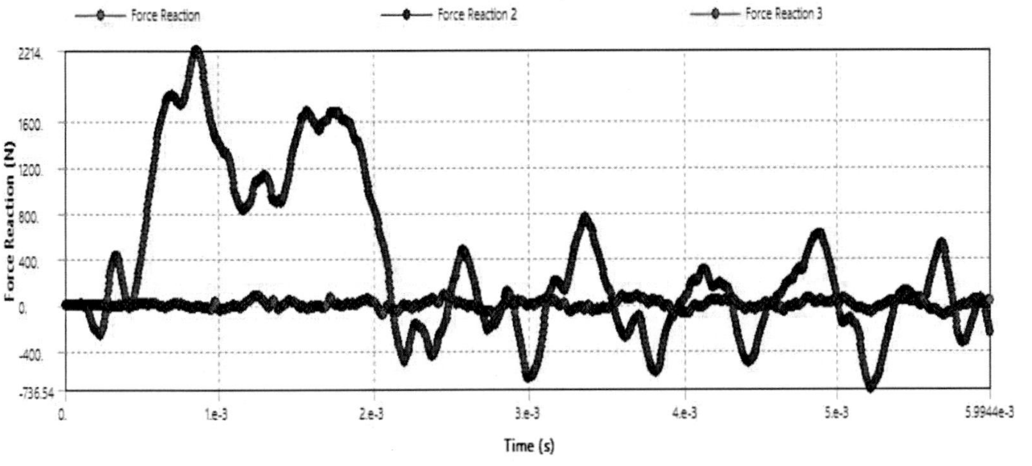

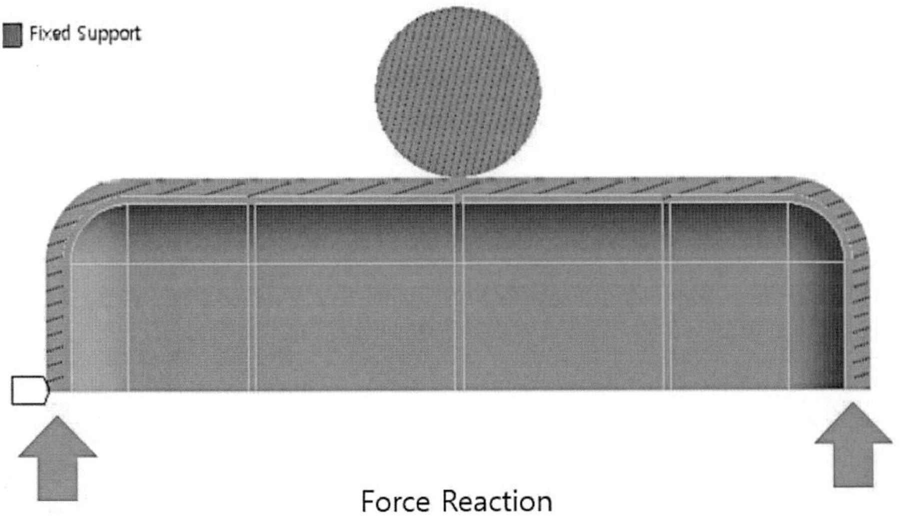

Force Reaction

12. Hand Phone Drop test

1. 구조해석 정의

1.5m 높이에서 일반 Mobile Phone 낙하시험을 수행한다.

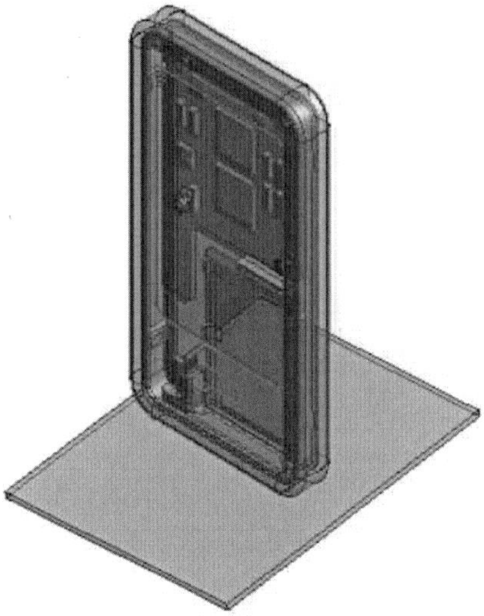

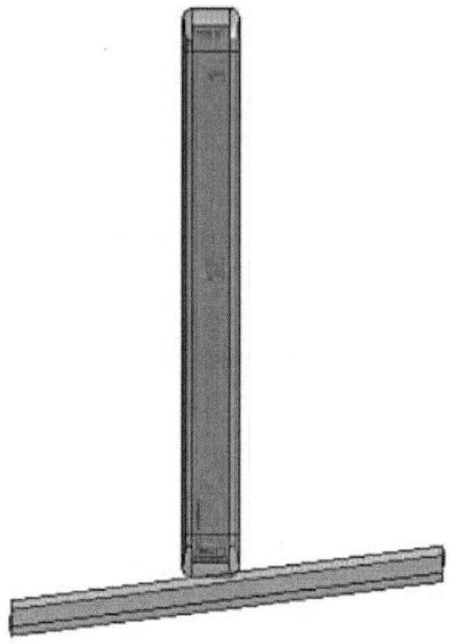

2. 구조해석 목적

- Velocity를 적용한다.
- Contact Property를 추가한다.
- Rigid Body Constraint를 적용한다.
- Body Contact tracker와 Result Tracker를 사용한다.
- Plastic Strain을 평가한다.

3. 구조해석 절차

A. Sphere를 유연제(flexible)로 설정하고 해석한다.

1) 프로젝트 설정

① workbench에서 LSDYNA를 사용할 수 있도록 Extensions Manager에서 설정한다.

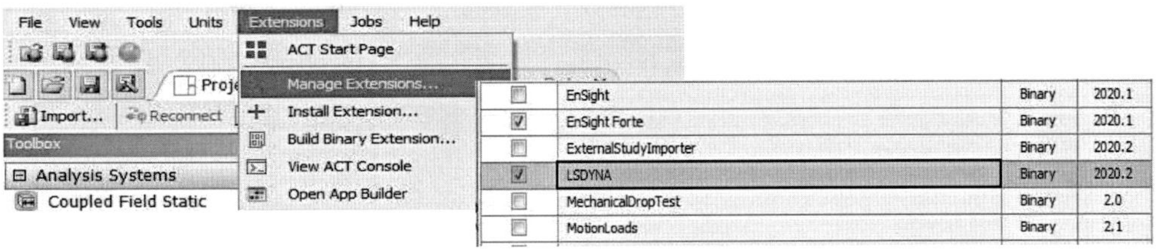

② LS-DYNA가 활성화된다.

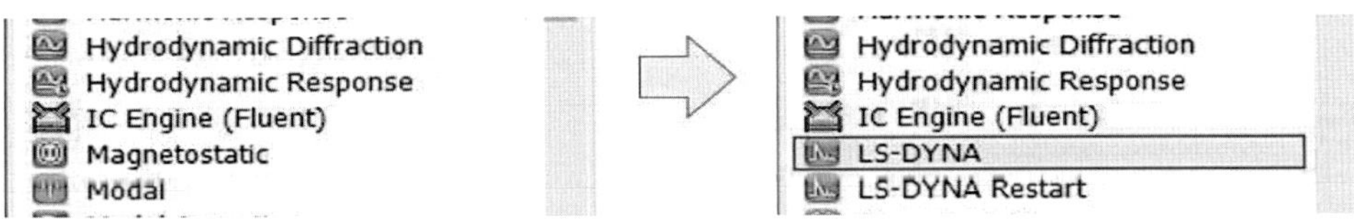

③ workbench에서 LS-DYNA를 드래그(또는 더블클릭) 한다.

2) **엔지니어링 데이터 정의**

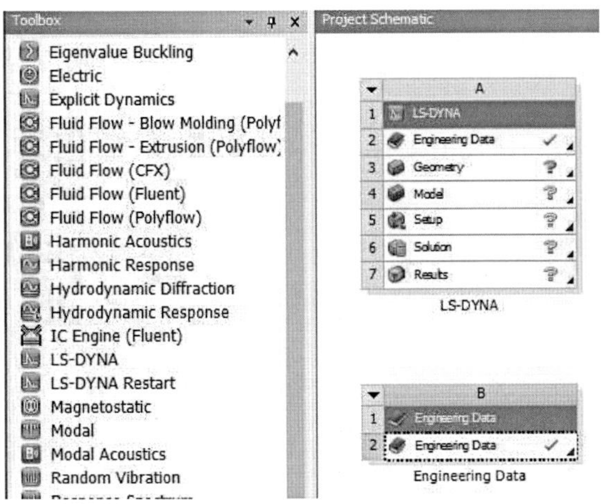

① 위 그림과 같이 Engineering Data 파일인 MobilePhone_Material.xml을 Workbench Project Schematic에 드래그한다.

② 각 재료의 Material은 다음과 같다.

Outline of Schematic B2: Engineering Data

	A	B	C	D
1	Contents of Engineering Data			Source
2	⊟ Material			
3	Acrylcglas_PMMA			D:₩LS-DYNA₩11 Intro_to_LS-DYNA_18.2_
4	Batterie_Pack_Homogeneous			D:₩LS-DYNA₩11 Intro_to_LS-DYNA_18.2_
5	Elastomer			D:₩LS-DYNA₩11 Intro_to_LS-DYNA_18.2_
6	PCBA_Homogeneous			D:₩LS-DYNA₩11 Intro_to_LS-DYNA_18.2_
7	Plastics			D:₩LS-DYNA₩11 Intro_to_LS-DYNA_18.2_
8	Spring Steel			D:₩LS-DYNA₩11 Intro_to_LS-DYNA_18.2_
9	Steel			D:₩LS-DYNA₩11 Intro_to_LS-DYNA_18.2_

Properties of Outline Row 3: Acrylcglas_PMMA

	A	B	
1	Property	Value	
2	Material Field Variables	Table	
3	Density	1120	kg m^-3
4	⊟ Isotropic Elasticity		
5	Derive from	Young's Modulus and Poisson's Ratio	
6	Young's Modulus	3000	MPa
7	Poisson's Ratio	0.4	
8	Bulk Modulus	5000	MPa
9	Shear Modulus	1071.4	MPa
10	⊟ Bilinear Isotropic Hardenir		
11	Yield Strength	70	MPa
12	Tangent Modulus	100	MPa

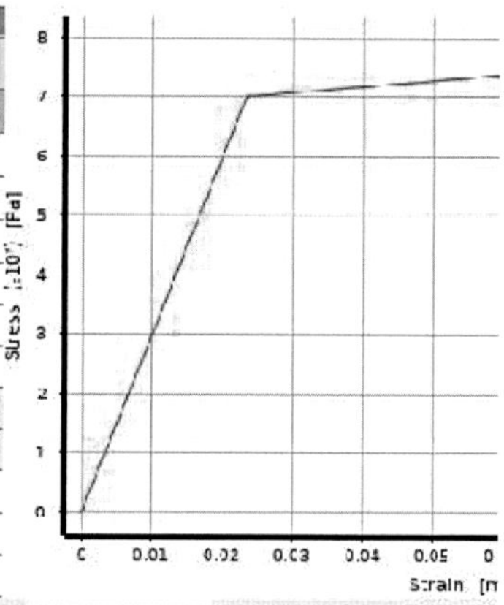

Properties of Outline Row 4: Batterie_Pack_Homogeneous

	A	B	
1	Property	Value	
2	Material Field Variables	Table	
3	Density	15000	kg m^-3
4	⊟ Isotropic Elasticity		
5	Derive from	Young's Modulus...	
6	Young's Modulus	2E+05	MPa
7	Poisson's Ratio	0.3	
8	Bulk Modulus	1.6667E+05	MPa
9	Shear Modulus	76923	MPa

Properties of Outline Row 5: Elastomer

	A	B	
1	Property	Value	
2	Material Field Variables	Table	
3	Density	1E-09	tonne mm^-3
4	⊞ Uniaxial Test Data	Tabular	
7	⊞ Biaxial Test Data	Tabular	
11	⊟ Shear Test Data	Tabular	
12	Has Lateral Strain	No	
13	Scale	1	
14	Offset	0	MPa
15	⊟ Yeoh 3rd Order		
16	Material Constant C10	0.77062	MPa
17	Material Constant C20	-0.38631	MPa
18	Material Constant C30	0.19685	MPa
19	Incompressibility Parameter D1	0.001	MPa^-1
20	Incompressibility Parameter D2	0.001	MPa^-1
21	Incompressibility Parameter D3	0.001	MPa^-1

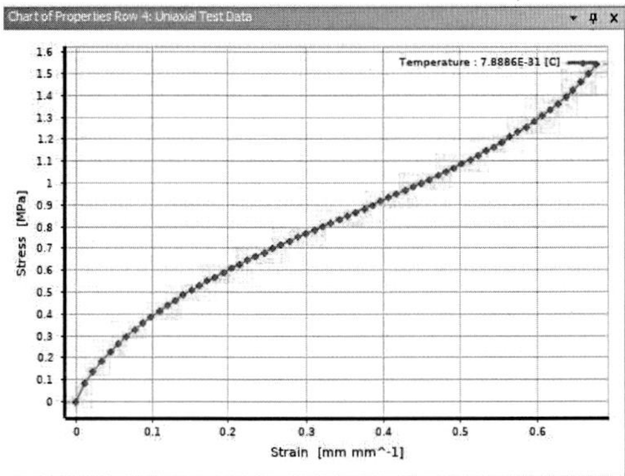

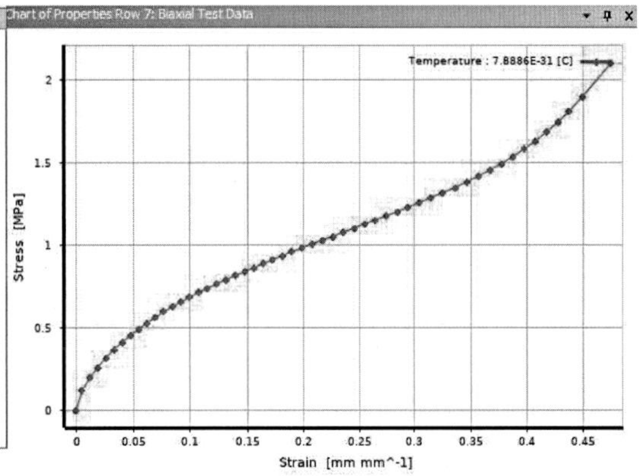

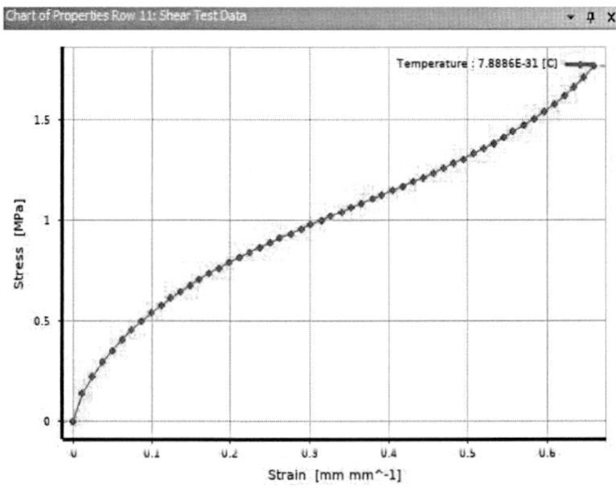

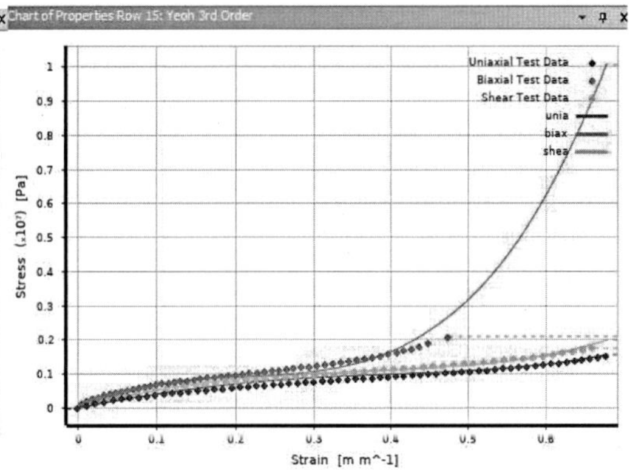

Properties of Outline Row 6: PCBA_Homogeneous

	A	B	
1	Property	Value	
2	Material Field Variables	Table	
3	Density	1800	kg m^-3
4	Isotropic Elasticity		
5	Derive from	Young's Modu...	
6	Young's Modulus	4000	MPa
7	Poisson's Ratio	0.25	
8	Bulk Modulus	2666.7	MPa
9	Shear Modulus	1600	MPa
10	Bilinear Isotropic Hardening		
11	Yield Strength	60	MPa
12	Tangent Modulus	250	MPa

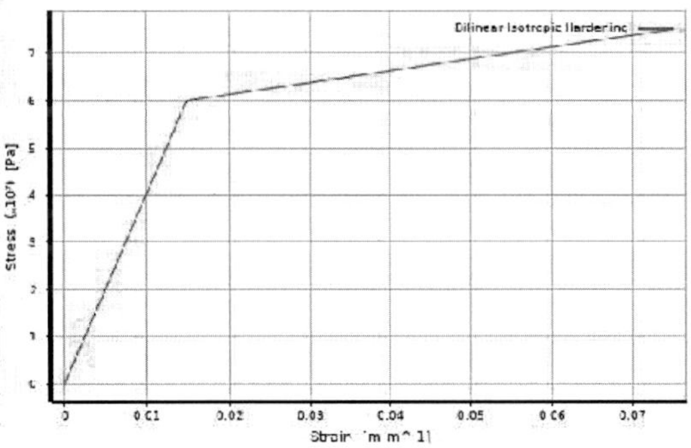

Properties of Outline Row 7: Plastics

	A	B	
1	Property	Value	
2	Material Field Variables	Table	
3	Density	1100	kg m^-3
4	Isotropic Elasticity		
5	Derive from	Young's Modu...	
6	Young's Modulus	4000	MPa
7	Poisson's Ratio	0.25	
8	Bulk Modulus	2666.7	MPa
9	Shear Modulus	1600	MPa
10	Bilinear Isotropic Hardening		
11	Yield Strength	60	MPa
12	Tangent Modulus	250	MPa

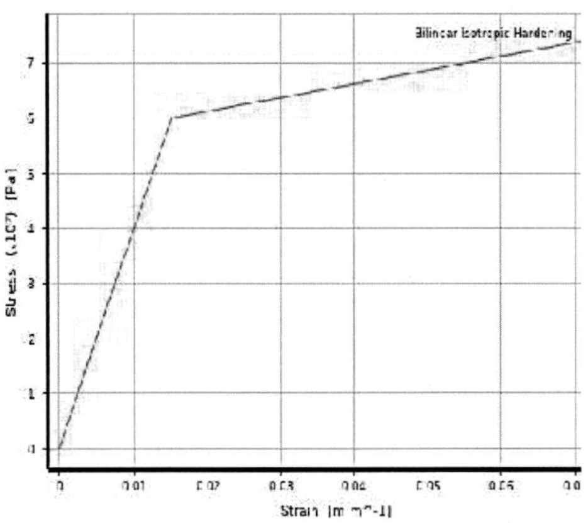

3) 형상 부착 **모델 데이터 불러오기(또는 모델 만들기)**

① 위 그림과 같이 Engineering Data 파일인 MobilePhone.sdoc을 Workbench Project Schematic에 드래그한다.
② B.Geometry를 C.Geometry에 연결한다.
③ LS-DYNA를 클릭하여 crimp로 변경한다.

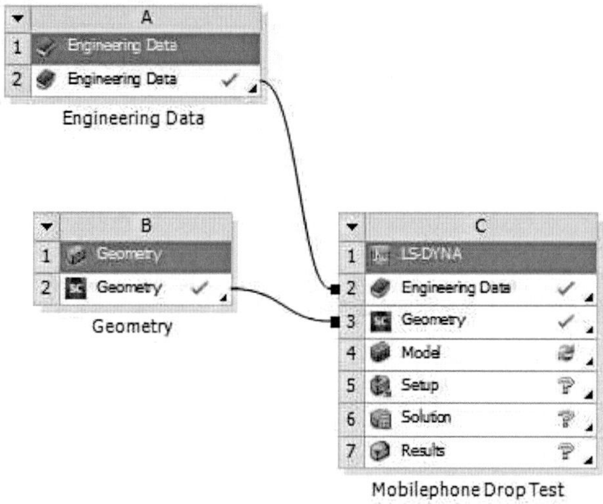

4) 부품 동작 정의

(1) 구조해석을 하기 위하여 Mechanical 창을 활성화한다.

※ F7를 클릭하여 모델을 화면에 나타낸다.

(2) 부품 동작 정의에서 부품 동작에 대한 정보를 정의한다.
MobilePhone_Material.xml에서 가져온 데이터는 위와 같다.
① Case와 Soundsystem Body는 Suppress한다.
② 나머지 제품에 대한 물성은 아래와 같이 설정한다.

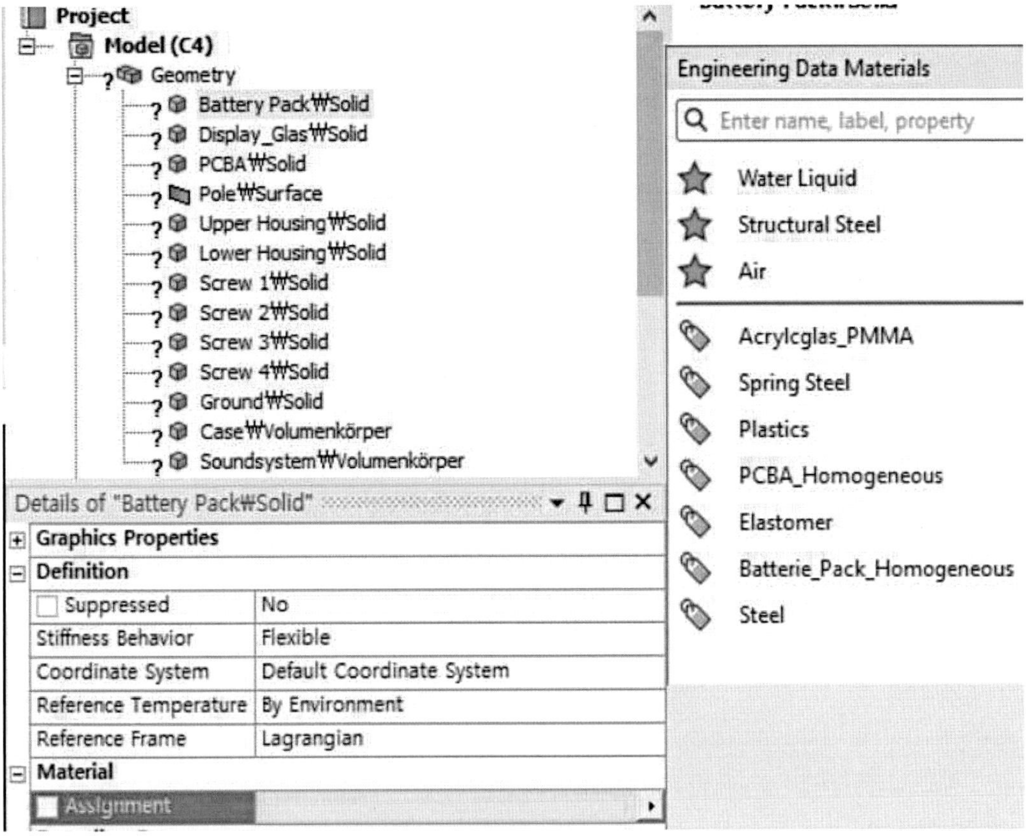

Name	Assignment	Thickness	Mode	Offset Type	Stiffness Behavior
Battery Pack	Batterie_Pack				Rigid
Display_Glas	Acrlcglass				Flexible
PCBA	PCBA				Flexible
Pole	Spring steel	1	Automatic	Middle	Flexible
Upper Housing	plastics				Flexible
Lower Housing	plastics				Flexible
Screw 1	steel				Rigid
Screw 1	steel				Rigid
Screw 1	steel				Rigid
Screw 1	steel				Rigid
Ground	steel				Rigid

5) 좌표계 정의

시스템에서 설정한 Global 좌표계를 사용한다.

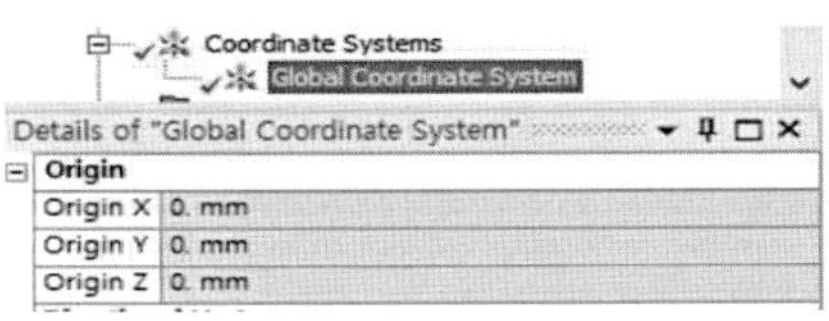

6) 연결 정의

Connection은 자동으로 설정된다.
수동으로 정의할 것이므로 자동으로 생성된 것을 모두 suppress 한다.
(1) Pole(contact 3 faces)와 Lower housing (Target, 1 face)dp manual Bonded contact를 추가한다. maximum offset =0

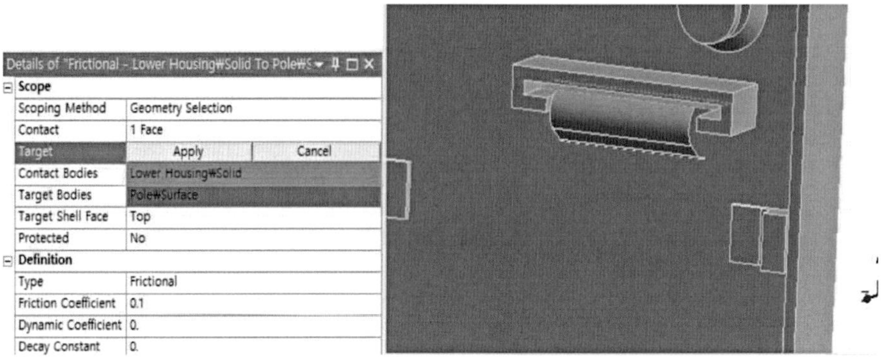

(2) Pole(contact, 4 faces)와 Battery pack(targe, 1 face)에 manual fricition contact 추가한다.

contact sheel face = Top

Friction coefficient = 0.15

Behavior =Asymmetric

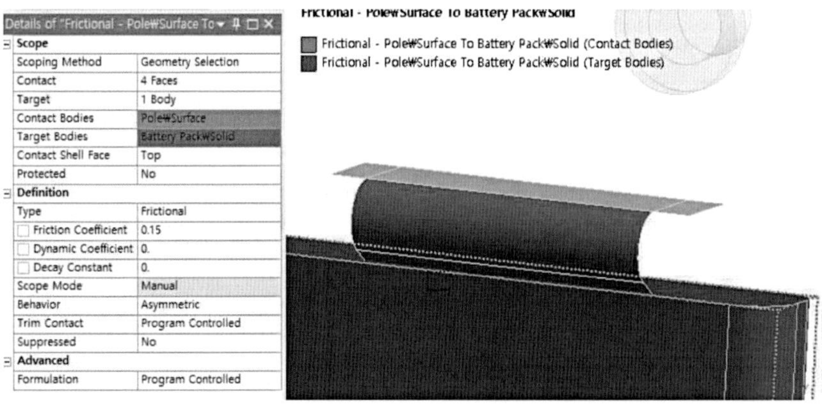

(3) Battery와 Spring간에 간섭이 있기 때문에 Keyword Snippet를 추가하한다.

① Frictional Contact에 Commends를 추가한다.

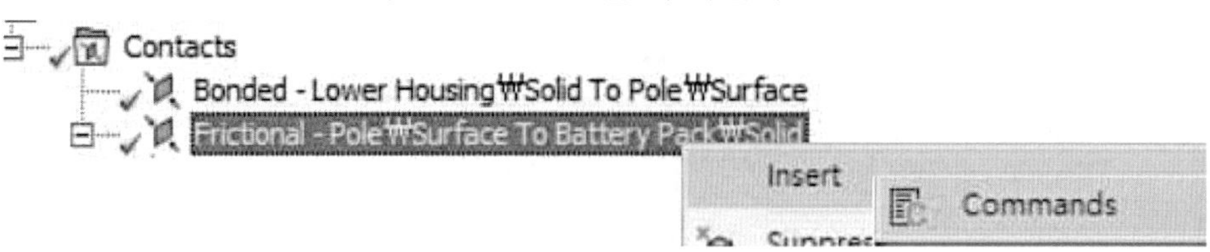

② Import 하여 contact_interference.txt 파일을 가져온다.

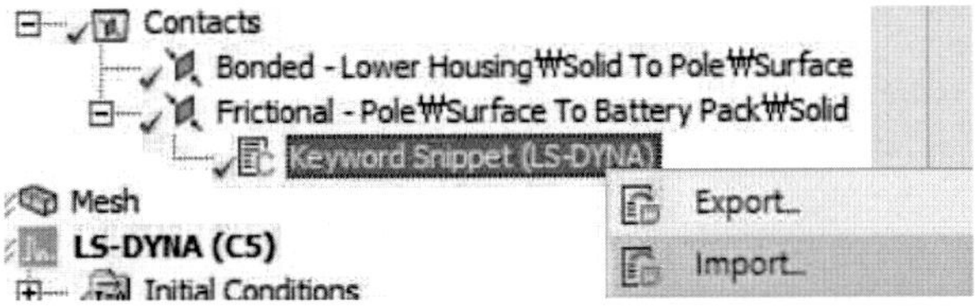

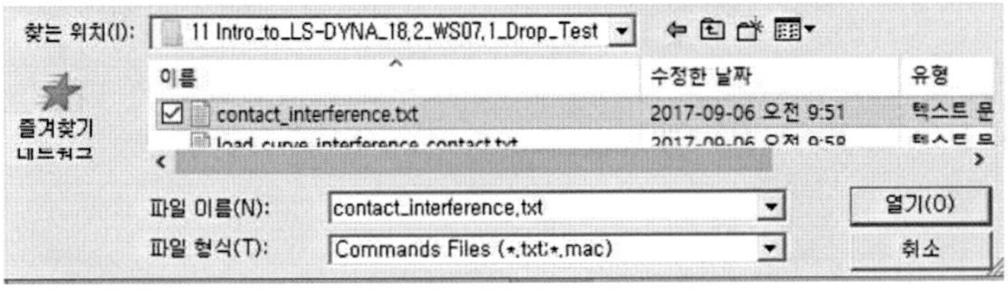

Commands

```
$  Keyword Snippet
$  Do not leave any unintentional empty lines in this editor.
$
$  Keywords that are of contact type only will be processed (for example *CONTACT_?, *CONSTRAINED_?).
$  To specify the scope for master and slave sides use the names of the relevant Named Selections. These names will
$  with the IDs of the respective *SET_? keywords created for the Named Selections.
$  Alternatively enter "contact" and "target" to use the Cotnact and Target scoping of the associated Contact Regior
$  When entering the scoping names, make sure the field width required by the keyword in use is respected.
$
$  All other keywords will be exported as they are without processing. Please make sure these follow the contact ke;
$
$  Follow the same Units system as the one specified for the solver in the "Solver Controls" of the Analysis Settinç
*CONTACT_NODES_TO_SURFACE_INTERFERENCE
$#    ssid      msid     sstyp     mstyp    sboxid    mboxid       spr       mpr
         7         8         4         0         0         0         1         1
$#      fs        fd        dc        vc       vdc    penchk        bt        dt
  0.150000     0.000     0.000     0.000 10.000000         0     0.000     0.000
$#     sfs       sfm       sst       mst      sfst      sfmt       fsf       vsf
     0.000     0.000     0.000     0.000     0.000     0.000     0.000     0.000
$#   lcid1     lcid2
         0       501
$#    soft    sofscl    lcidab    maxpar     sbopt     depth     bsort    frcfrq
         0     0.000         0     0.000     0.000         0         0         0
$#  penmax    thkopt    shlthk     snlog      isym     i2d3d    sldthk    sldstf
     0.000         0         0         0         0         0     0.000     0.000
```

(4) Display_Glas (Contac, 8face)와 Upper Housing (Targe, 8 Face)사이에 Manual Bonded 추가한다. Maximum Offset =0, Bedhavior = Asymmetric

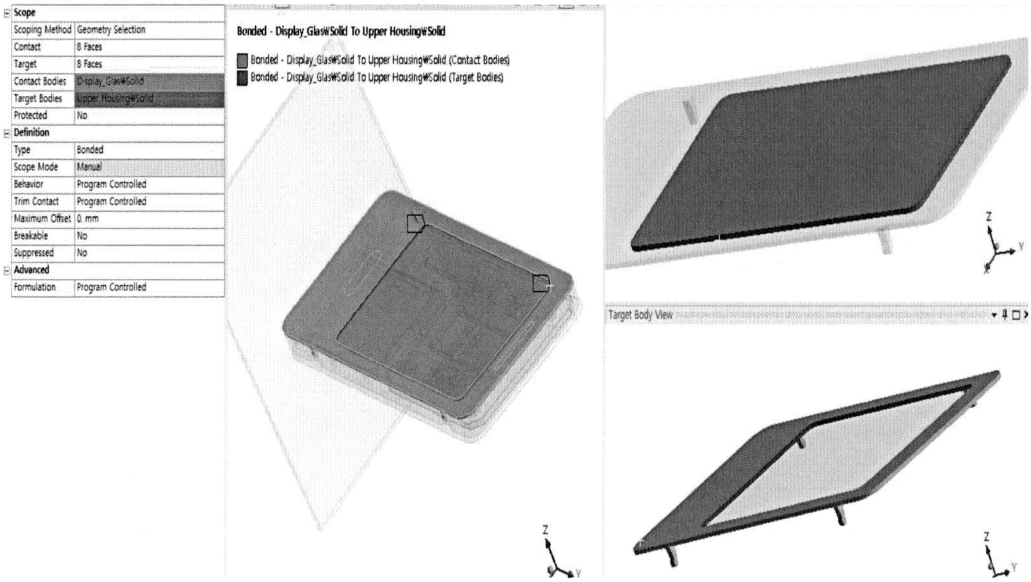

(5) Housings(Contact,2 bodies)과 Ground(Target, 1 body)사이에 Manual frictional contact 추가한다.
friction coefficient = 0.15, Behavior = Asymmetric

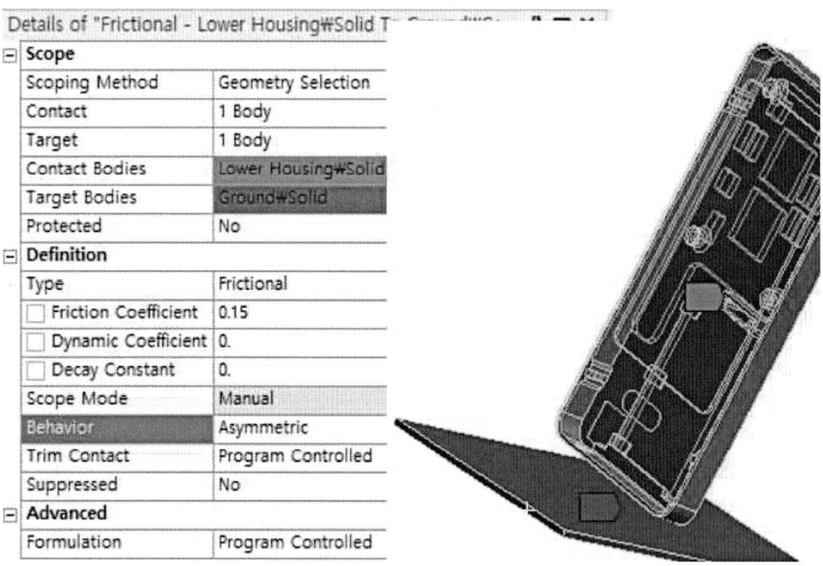

(6) 4개 body에 Body Interaction을 추가한다.
fractional coefficient =0.15

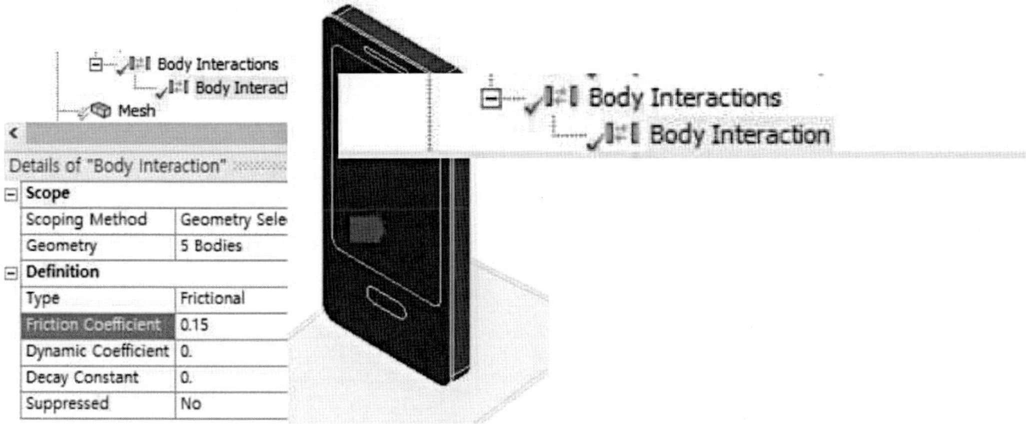

Scope	
Scoping Method	Geometry Sele
Geometry	5 Bodies
Definition	
Type	Frictional
Friction Coefficient	0.15
Dynamic Coefficient	0.
Decay Constant	0.
Suppressed	No

7) 메쉬 설정 정의

① face Meshing
② Method를 선택하여 Multizon으로 설정한다.

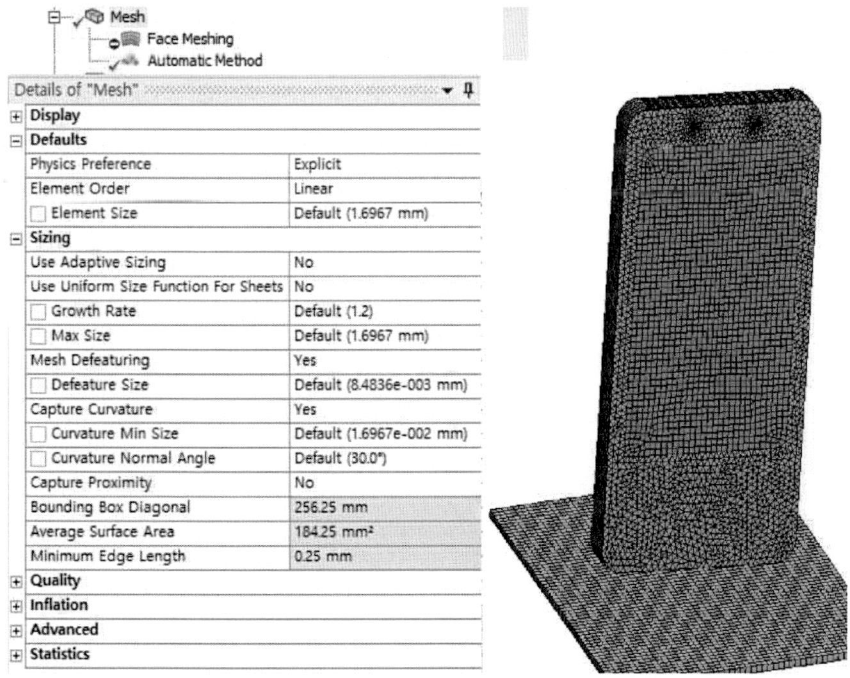

Display	
Defaults	
Physics Preference	Explicit
Element Order	Linear
Element Size	Default (1.6967 mm)
Sizing	
Use Adaptive Sizing	No
Use Uniform Size Function For Sheets	No
Growth Rate	Default (1.2)
Max Size	Default (1.6967 mm)
Mesh Defeaturing	Yes
Defeature Size	Default (8.4836e-003 mm)
Capture Curvature	Yes
Curvature Min Size	Default (1.6967e-002 mm)
Curvature Normal Angle	Default (30.0°)
Capture Proximity	No
Bounding Box Diagonal	256.25 mm
Average Surface Area	184.25 mm²
Minimum Edge Length	0.25 mm
Quality	
Inflation	
Advanced	
Statistics	

8) LS-DYNA 분석 설정 정의

Analysis Setting에서 분석 설정에 대한 정보를 찾을 수 있다.
솔버 제어(Solver Controls)에서 솔버 정밀도(Solver Precision)를 단일 또는 이중 (Double)으로 설정하거나 프로그램 제어로 둘 수

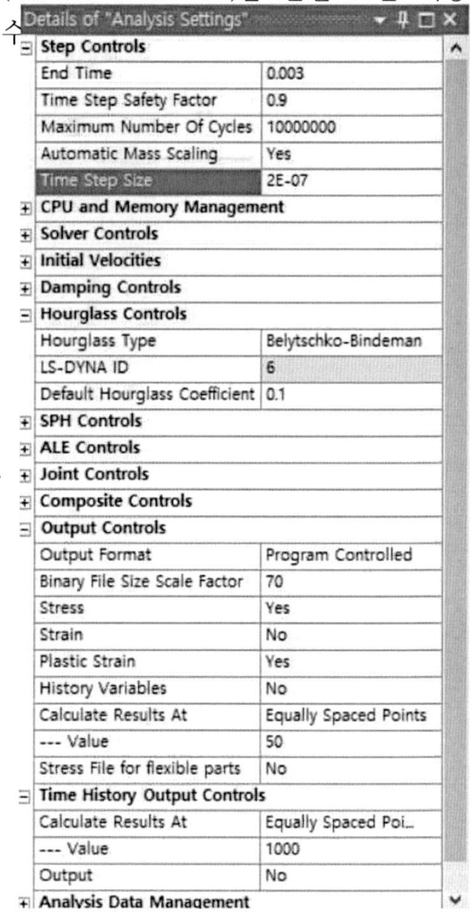

① LS-DYNA에서는 End Time 는 <u>0.003</u> sec으로 설정한다.
Automatic Mass scaling Yes,
Time Step size = 1e-7로 설정한다.

② Hourglass Controls는
Belytschko-Bindeman 로 설정한다.
coefficient = 0.01

③ Output Controls에서는
Equally Spaced Points를 50으로 설정한다.

④ Time History Output Controls
Calculate Results At
= Equally Spaced Points, 1000

9) 구조해석 초기 조건 정의 : 설정 없음.

10) 구조해석 경계 조건 정의

(1) 속도 설정

① phone의 속도를 설정한다.

Phone의 높이가 1.5m 높이 만큼의 initial velocity를 설정한다.

에너지를 기반으로 속도를 계산한다.

$\frac{1}{2}mv^2 = mgh,\ v = \sqrt{2gh}$

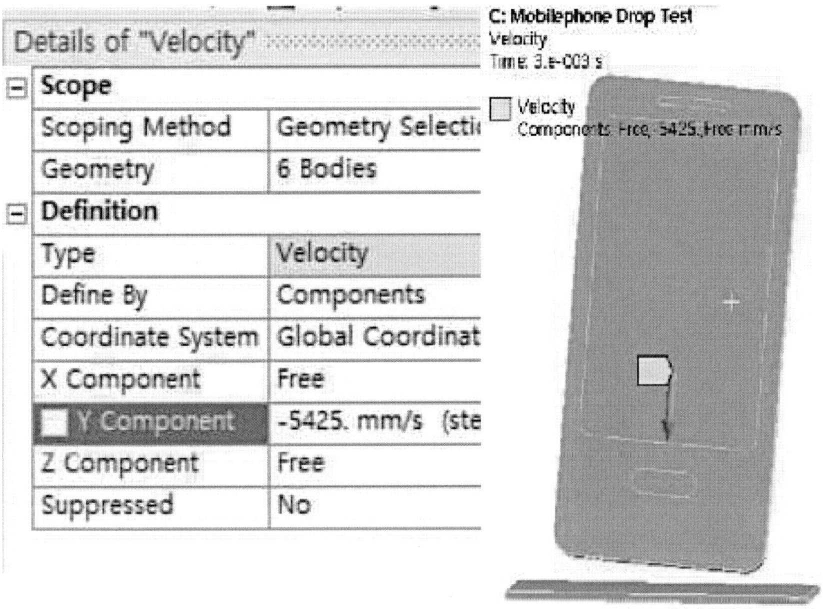

(2) 중력가속도를 추가한다.

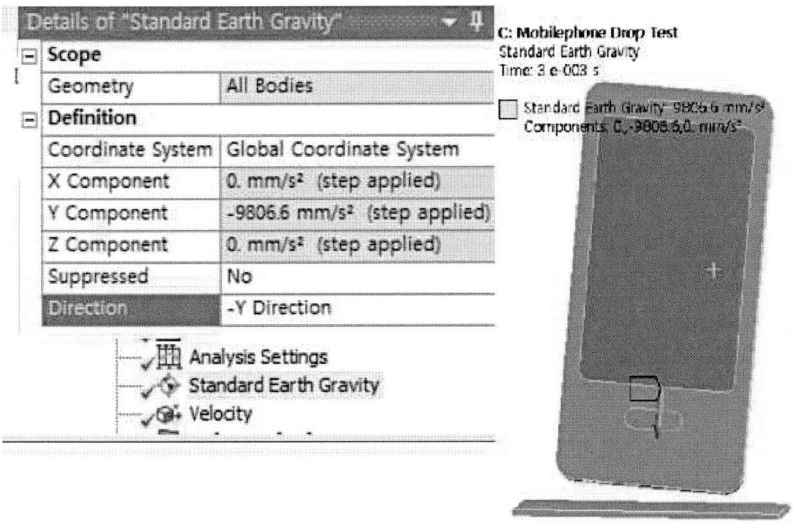

(3) Ground에 Rigid Body Constraint를 추가한다.

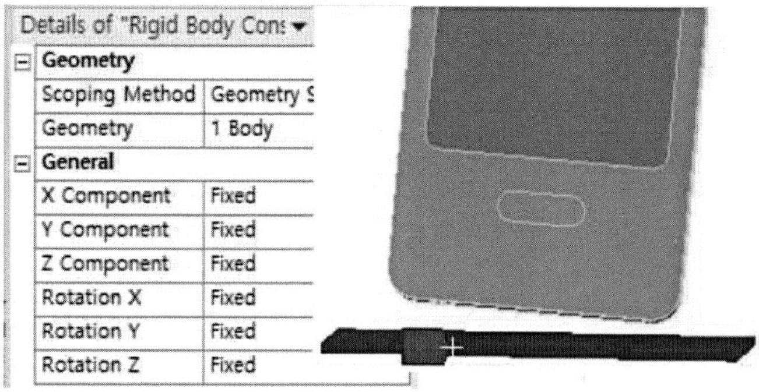

(4) Body contact Tracker

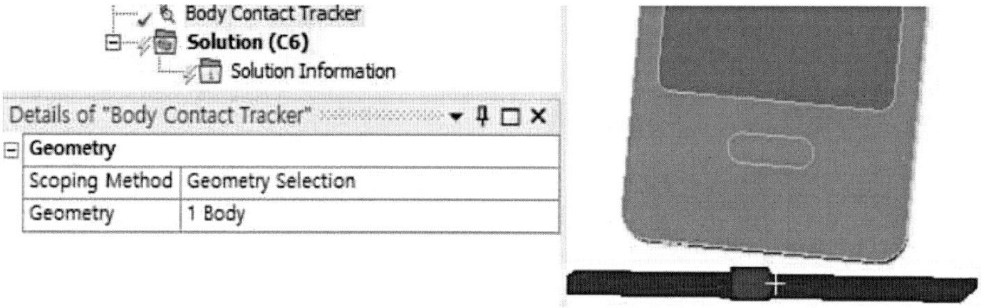

(5) Commands 추가

①

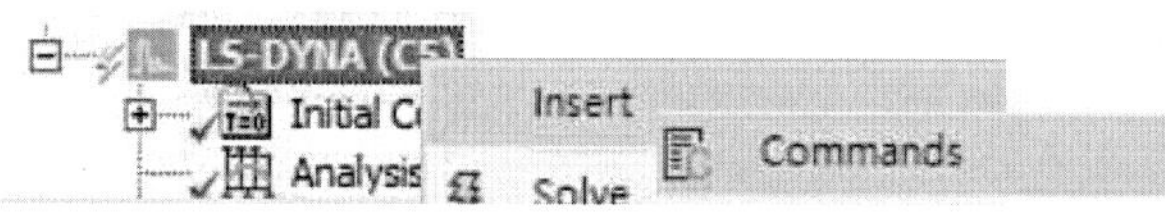

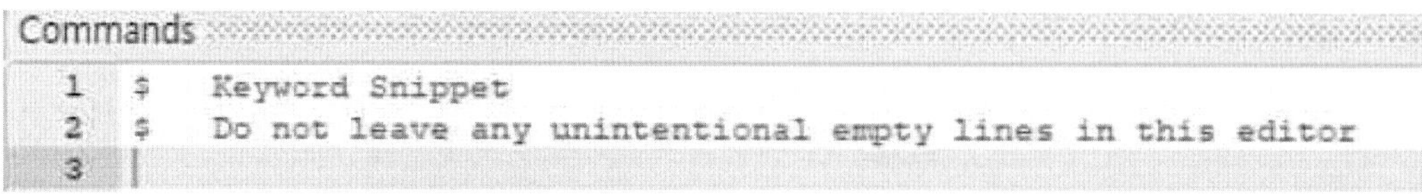

②

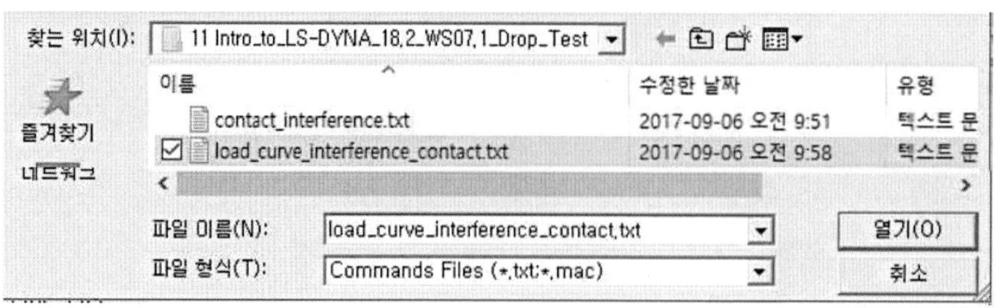

Commands

```
*DEFINE_CURVE_TITLE
Interference_Contactstiffnes_DYN
$#     lcid      sidr       sfa       sfo      offa      offo    dattyp
        501         0      1e-3     0.010     0.000     0.000         0
$#                 al                  ol
                0.000               0.000
             1.000000            1.000000
          1000.000000            1.000000
```

(6) Section 추가

Details of "Contact Properties"

General	
Contact	Frictional - Lower Housing₩Solid To Ground₩Solid
Type	Program Controlled
Formulation	AUTOMATIC_NODES_TO_SURFACE
Common Controls	
Advanced Controls	
Optional Thickness for Slave Surface	0 mm
Optional Thickness for Master Surface	0 mm
Optional Solid Element Thickness	0 mm
Soft Constraint Formulation	Soft Constraint
Soft Constraint Scale Factor	0.1
Depth	5

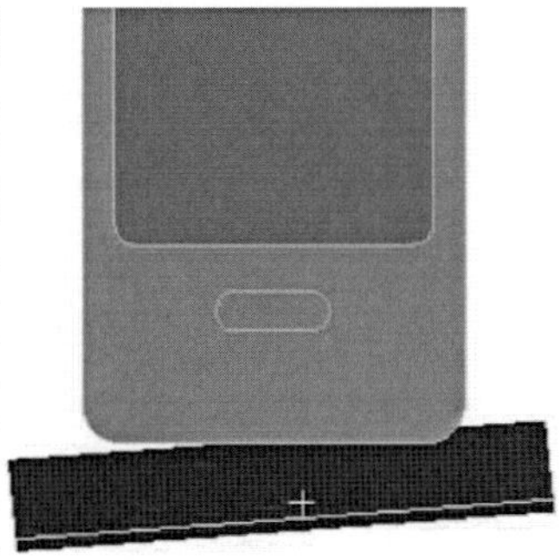

(7) Hourglass Control 추가

Details of "Hourglass Control"

Geometry	
Scoping Method	Geometry Selection
Geometry	5 Bodies
General	
Hourglass Type	Flanagan Belytschko Stiffness Form
LS-DYNA ID	4
Coefficients	
Hourglass	0
Quadratic Bulk	0
Linear Bulk	0

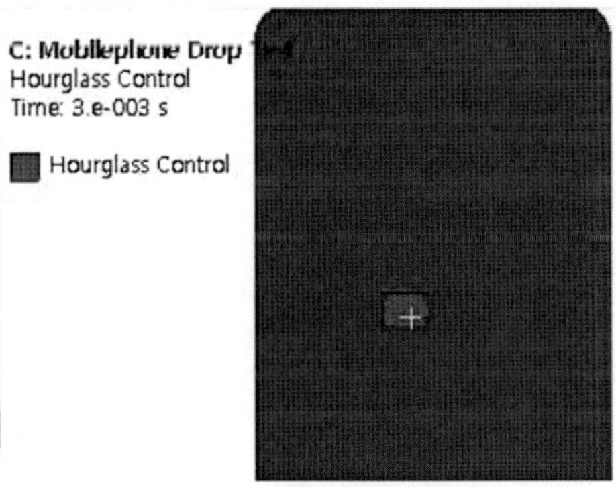

(8) Contact Properties

Contact Properties

Details of "Contact Properties"

General	
Contact	Frictional - Multiple To ...
Type	Program Controlled
Formulation	AUTOMATIC_NODES_T...
Common Controls	
Birth Time	0
Death Time	0
Viscous damping coefficient	10
Slave Penalty Scale Factor	0
Master Penalty Scale Factor	0
Advanced Controls	
Optional Thickness for Slave Surf...	0 mm
Optional Thickness for Master Su...	0 mm
Optional Solid Element Thickness	0 mm
Soft Constraint Formulation	Soft Constraint
Soft Constraint Scale Factor	0.1

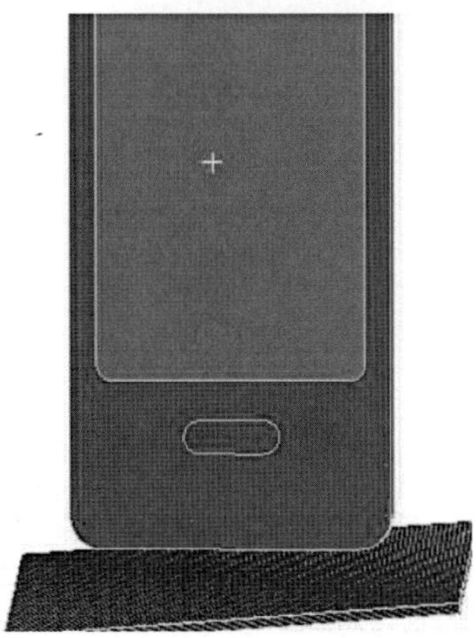

11) 구조해석 수행하기

경계 조건이 설정이 완료되면 구조해석을 수행한다.

Solve 클릭하여 해석한다.

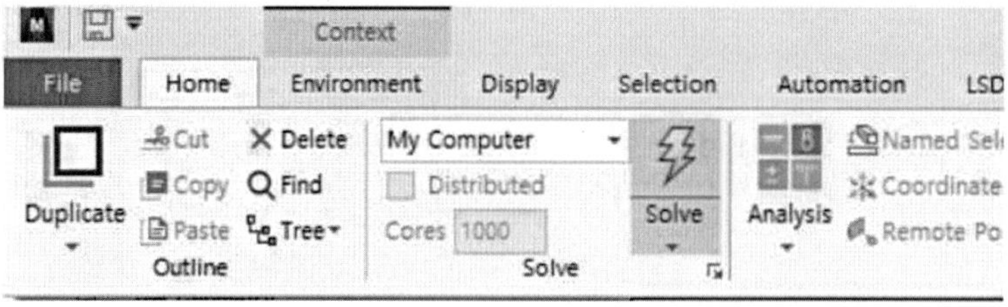

(1) 해석 소요 시간

16667 t 3.0001E-03 dt 1.80E-07 write intfor file

~ ~ ~

Elapsed time 771 seconds for 16667 cycles using 1 SMP thread

(0 hour 12 minutes 51 seconds)

(2) 에너지 변화 추이

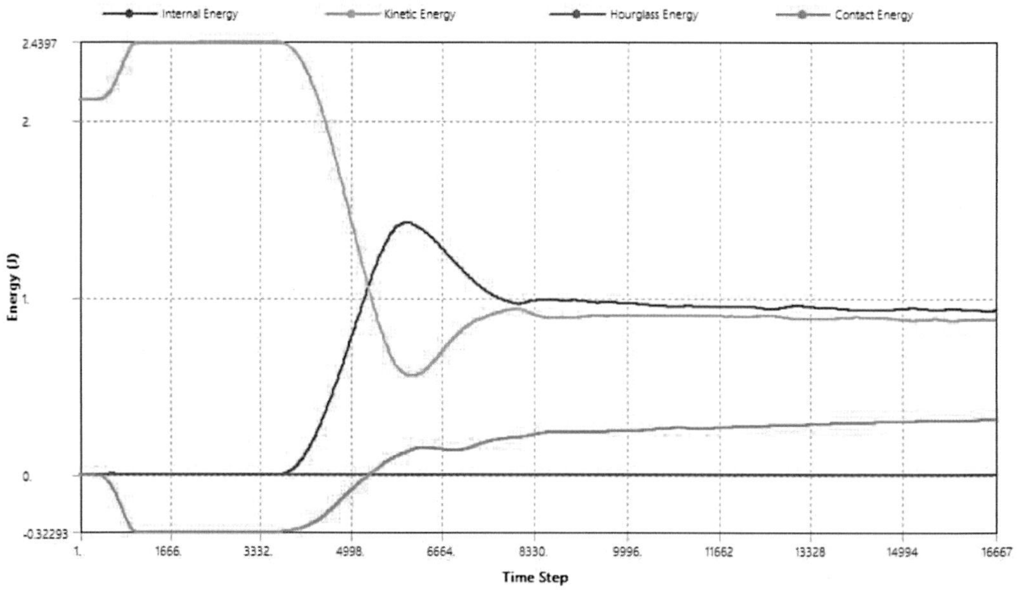

12) 구조해석 결과에 확인

(1) Total Deformation을 검토한다.

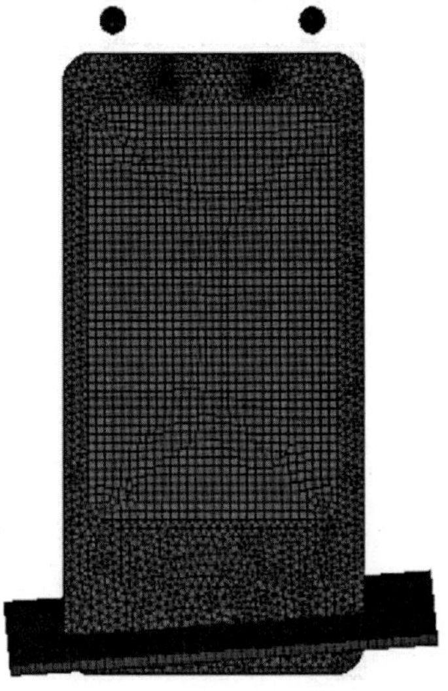

구조물이 고정판을 투과하는 결과가 발생했다.

오류 수정

1) 낙하물의 속도 적용하는 방법을 변경한다.

① Velocity를 Suppress 시킨다.

② Initial Conditions에 Velocity를 적용한다.

ⓐ Initial Conditions 활성화한다.

ⓑ Body 선택 필터 (CTL+B)와 Mode > Box Select를 사용하여 낙하물을 선택한다.

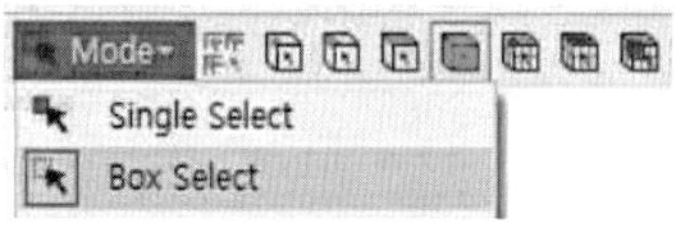

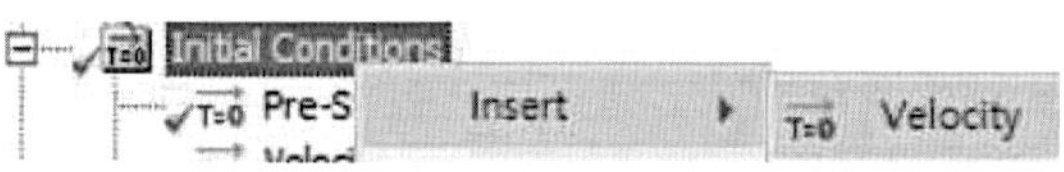

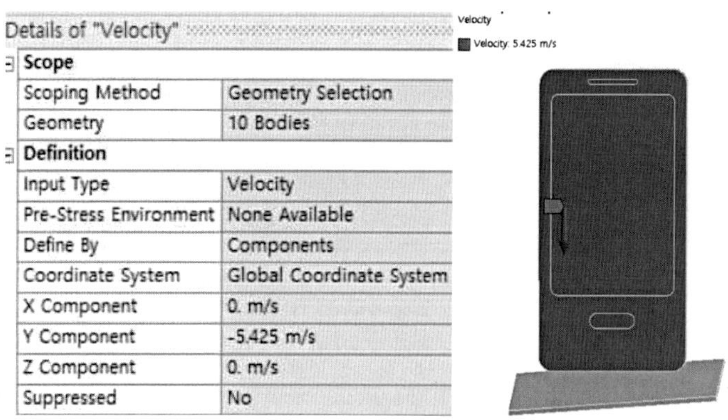

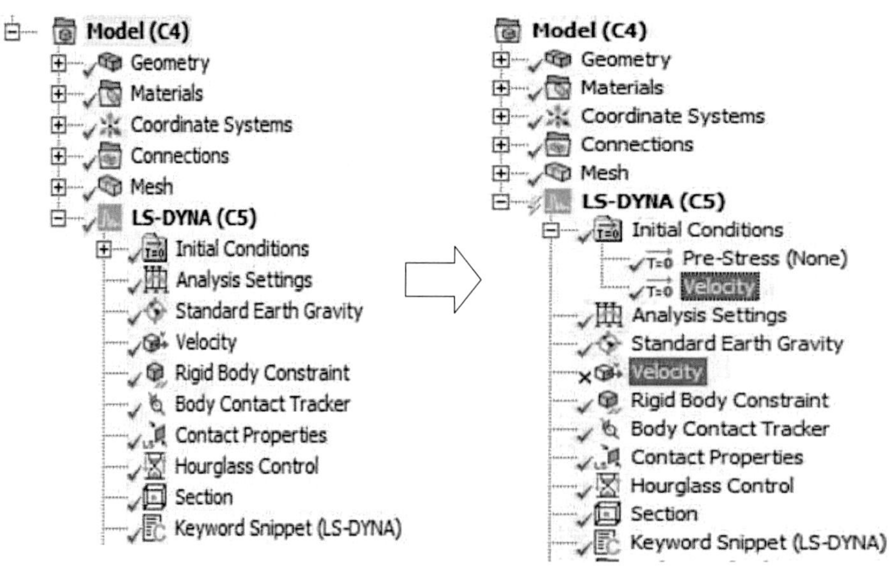

2) 구조해석 결과에 확인

(1) Total Deformation을 검토한다.

12. High speed Impact of Pipe

1. 구조해석 정의

지름 Φ100x200(T=1) 파이프가 지름 Φ100x200실린더에 충돌할 때 파이프의 파손에 대해 해석한다. (단위 : mm)

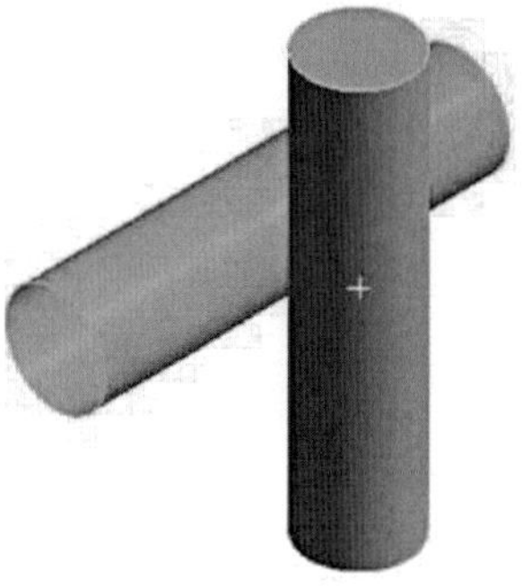

2. 구조해석 목적

- Surface model을 사용하고, rigid body를 사용한다.
- 파이프에 속도를 부여한다.
- Failure에 대한 이해 및 적용
- 소성 변형 파손(Plastic strain failure) 적용
- 알루미늄의 재질에 Plastic Strain Failure를 적용하고, Maximum Equivalent Plastic Strain EPS을 변경하면서 파손 형태를 파악한다.
- 알루미늄의 재질에 Tangent Modulus를 변경하면서 파손의 형태를 파악한다.

3. 구조해석 절차

A. 완전탄소성 알루미늄 충돌 해석한다.

1) 프로젝트 설정

① workbench에서 LSDYNA를 사용할 수 있도록 Extensions Manager에서 설정한다.

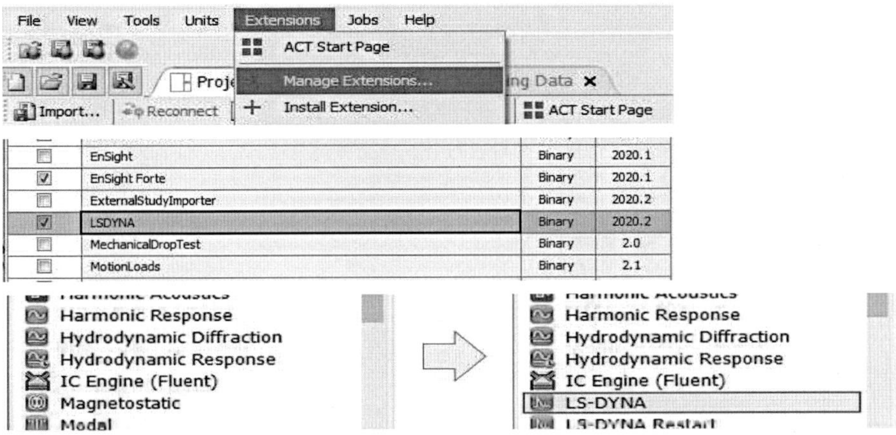

② workbench에서 LS-DYNA를 드래그(또는 더블클릭) 한다.

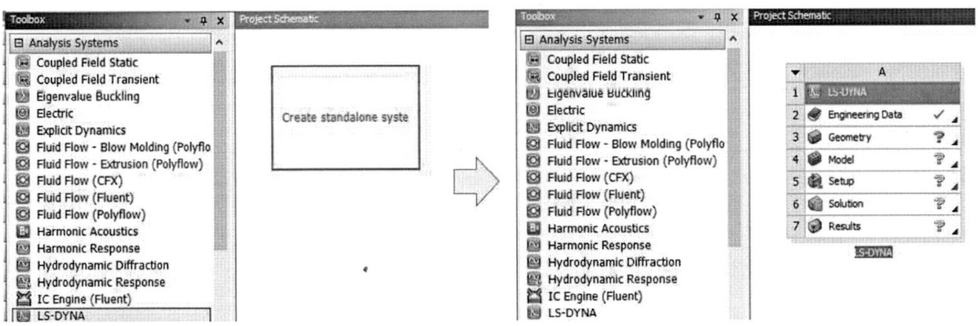

2) 엔지니어링 데이터 정의

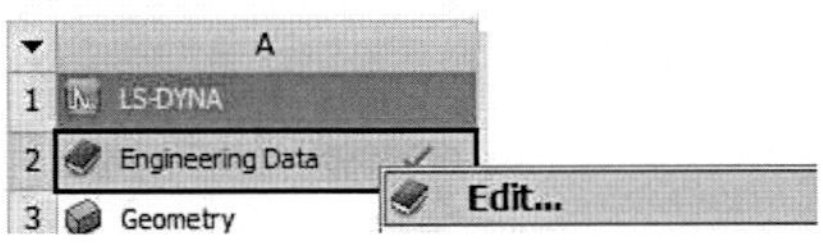

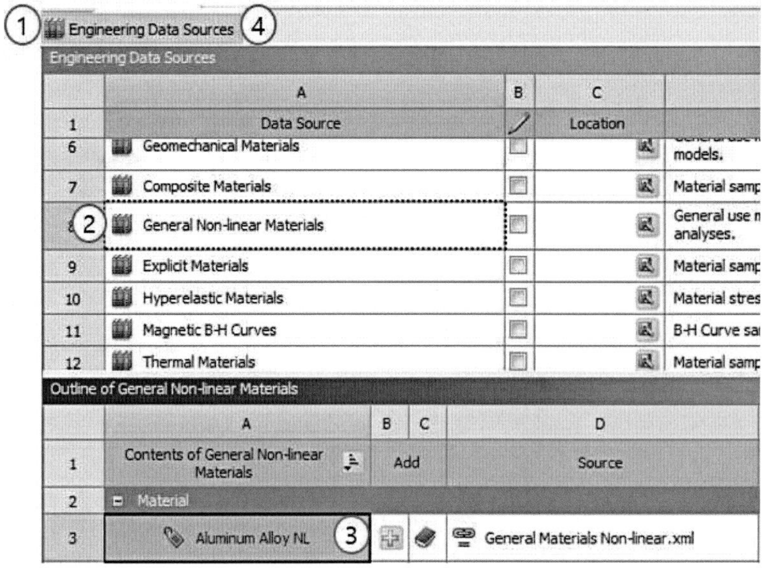

① Engineering Data Source를 클릭한다.
② General Nolinear Materials를 클릭한다.
③ Aluminum Alloy NL의 +를 클릭하여 Engineering Data에 가져온다.
① Engineering Data Source를 클릭하여 가져온 데이터를 확인다.

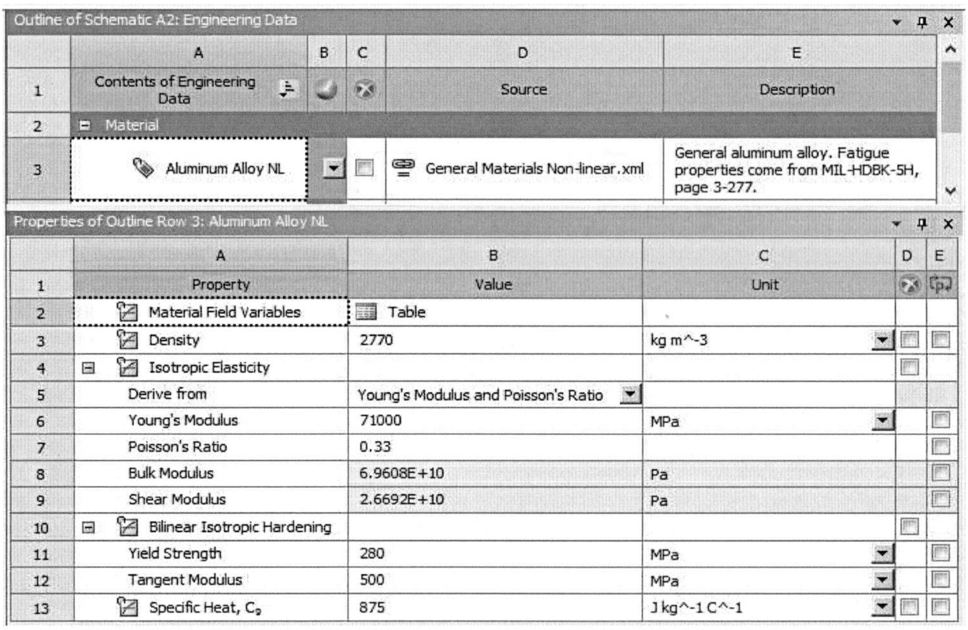

Engineering Data에 가져온 Aluminum Alloy NL은 위와 같다.
여기에 Plastic Strain Failure와 다른 정보들을 수정한다.

① Plastic Strain Failure를 클릭하여 Maximum Equivalent Plastic Strain

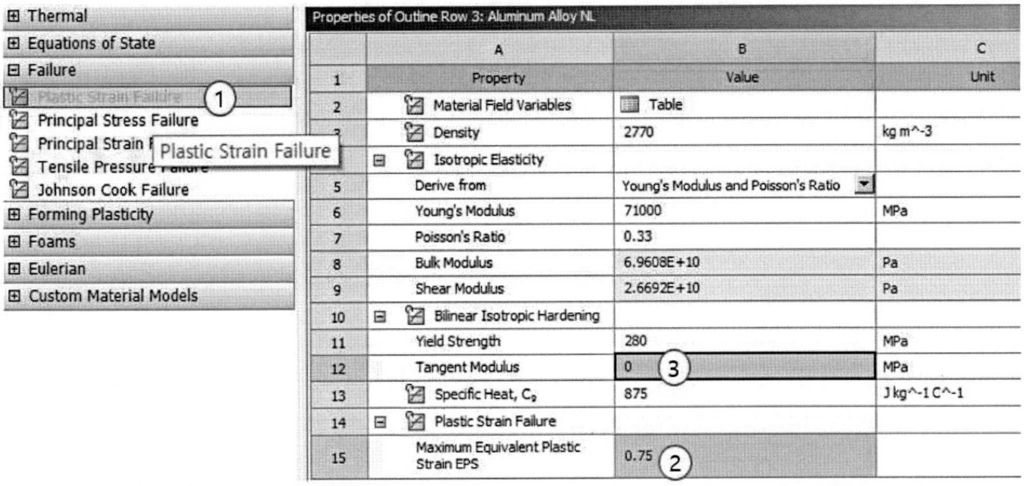

EPS를 만든다.

② EPS 값을 0.75로 바꾼다.

③ Tangent Modulus를 0으로 변경하여 완전-탄소성으로 정의한다.

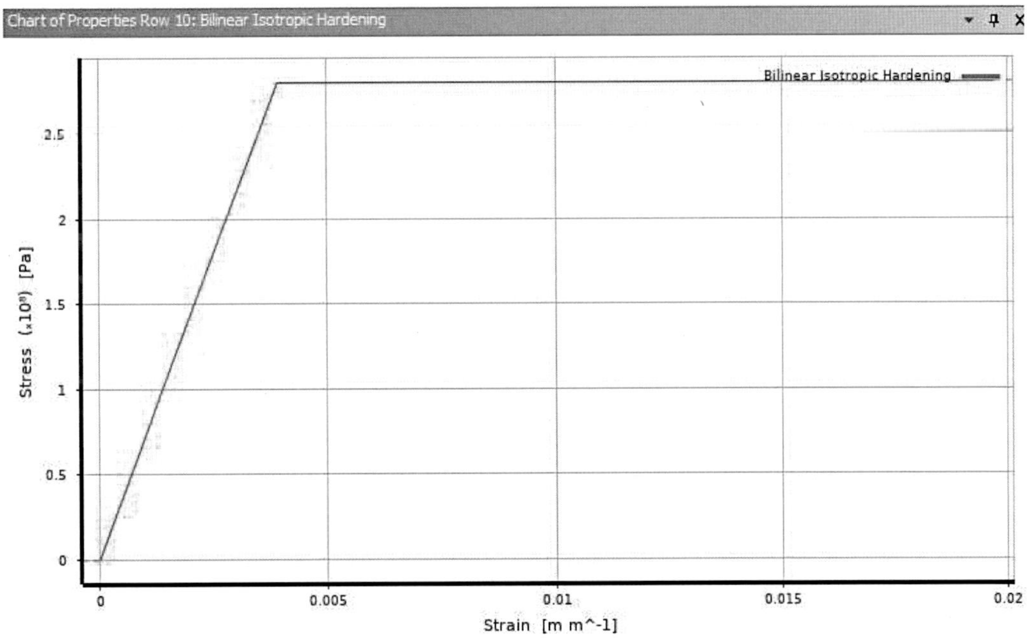

④ Project schematic으로 돌아간다.

3) 형상 부착 모델 데이터 불러오기(또는 모델 만들기)

해석 모델은 SpaceClaim, DesingModeler를 사용하여 디자인한다.

또는 다른 소프트웨어서 디자인한 모델을 stp, IGES 등의 파일 형식으로 Import Geometry를 사용하여 가져온다.

① Geometry > Import Geometry에서 파일을 가져온다.

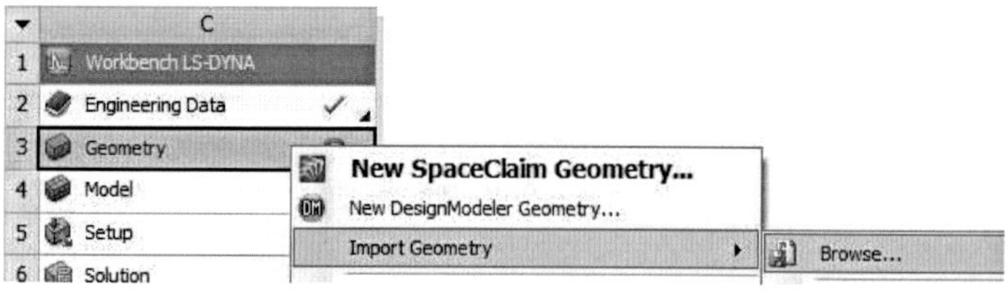

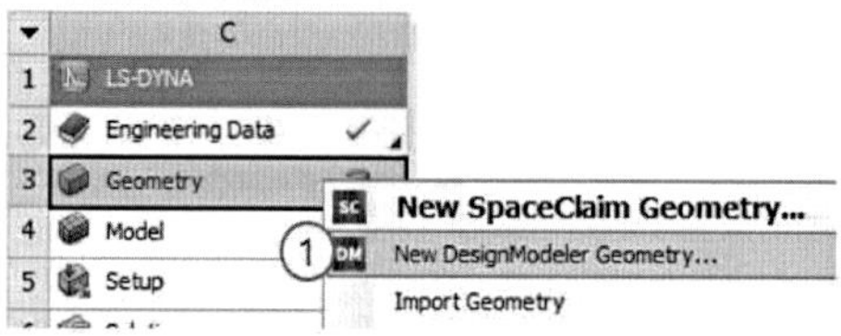

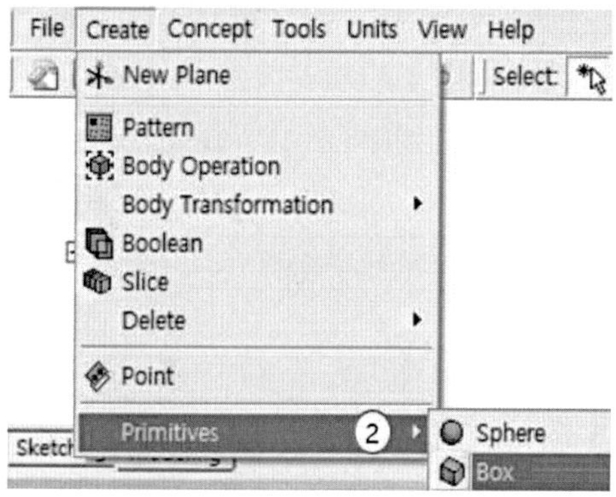

(2) Case 2:

이번 구조해석에서는 DesingModeler를 사용하여 디자인한다.

① Geometry에서 New DesignModeler를 불러온다.

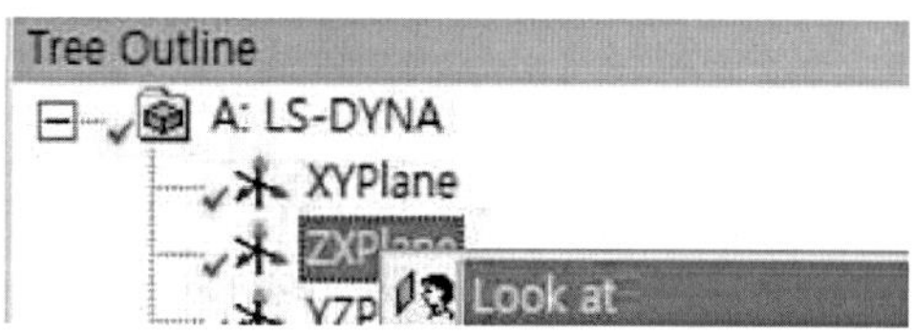

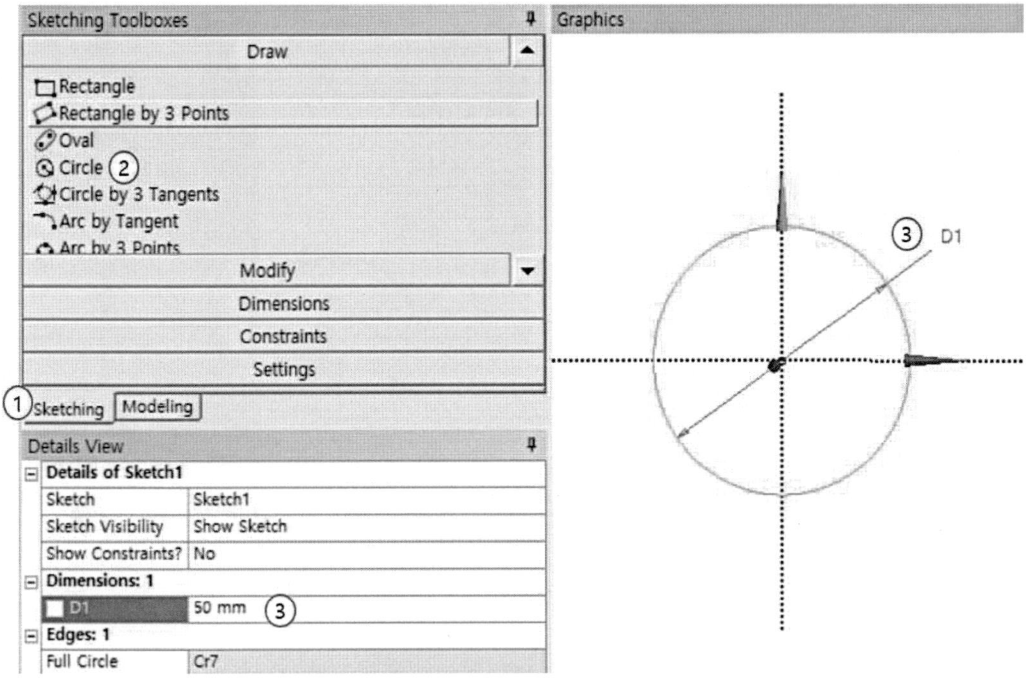

① ZY 평면을 설정하고 스케치 모드(Sketching)로 간다.

② Draw에서 원을 그리고, Dimension에서 지름을 설정하고

③ 값을 50mm로 입력한다.

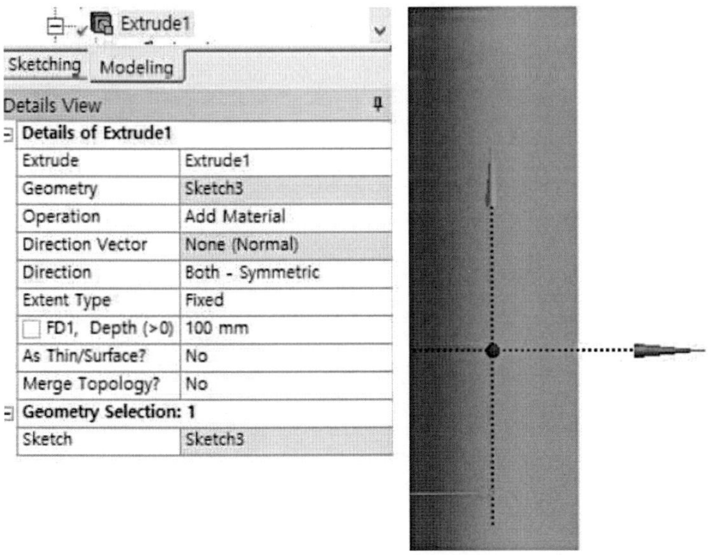

④ Extrude를 설정하여 solid를 모델링한다.

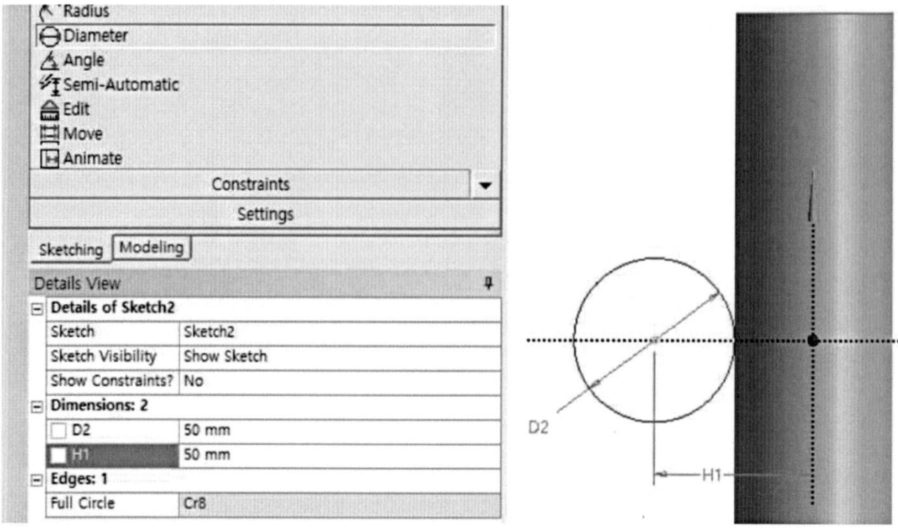

① XY 평면을 설정하고 스케치 모드로 간다.

② Draw에서 원을 그리고, Dimension에서 지름을 설정하고

③ 위와 같이 치수를 입력한다.

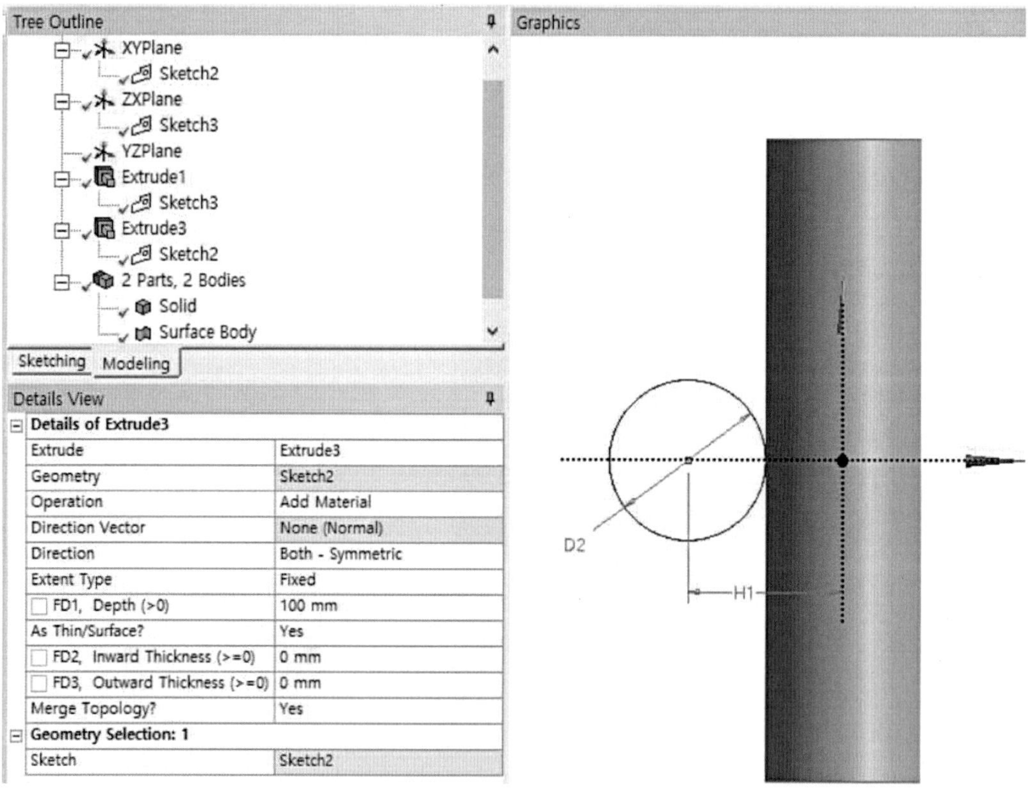

④ Extrude를 설정하여 surface를 모델링한다.

4) 부품 동작 정의

(1) 구조해석을 하기 위하여 Mechanical 창을 활성화한다.

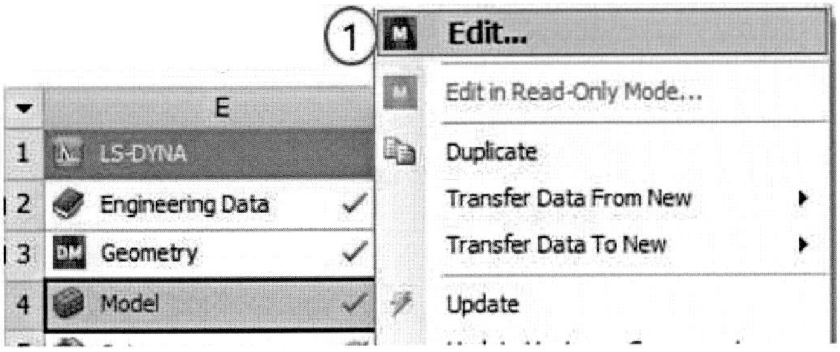

(2) 부품 동작 정의에서 부품 동작에 대한 정보를 정의한다.

① solid는 Stiffness Behavior를 rigid로, 재질은 Structural steel로 설정한다.

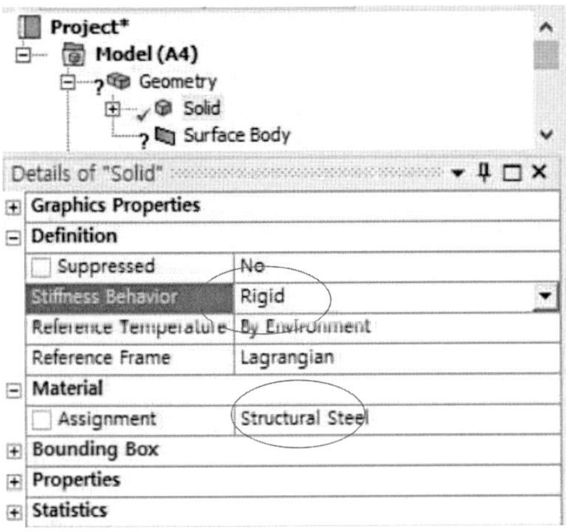

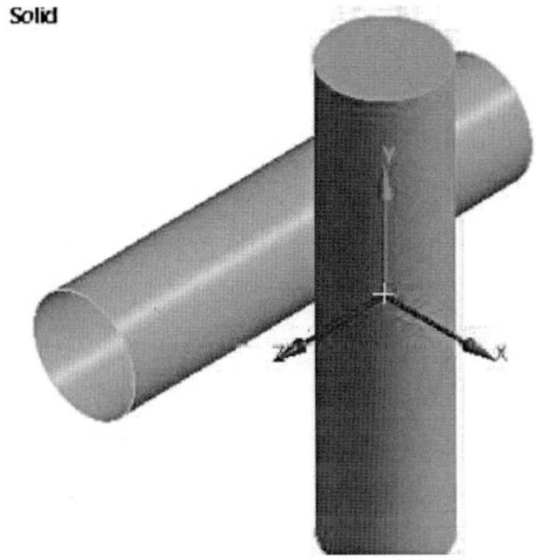

③ surface body는 Stiffness Behavior를 flexible로,
재질은 Aluminum Alloy modify로 설정한다.

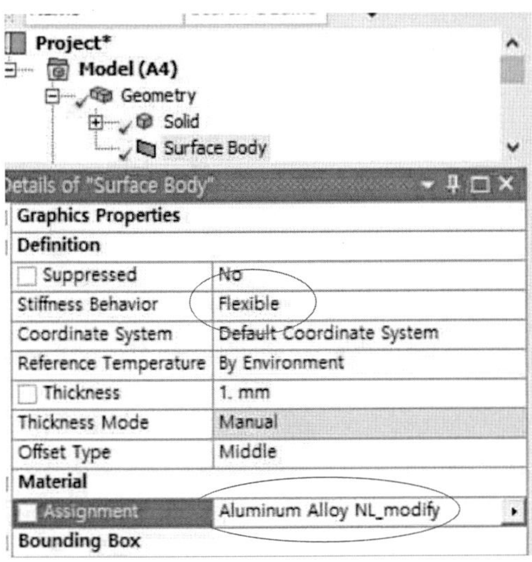

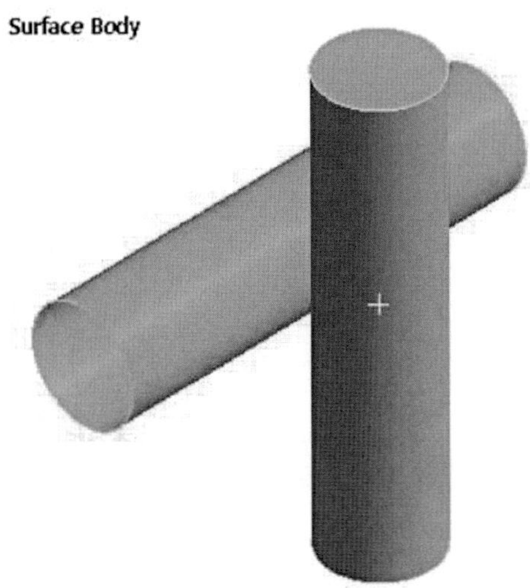

5) 좌표계 정의

시스템에서 설정한 Global 좌표계를 사용한다.

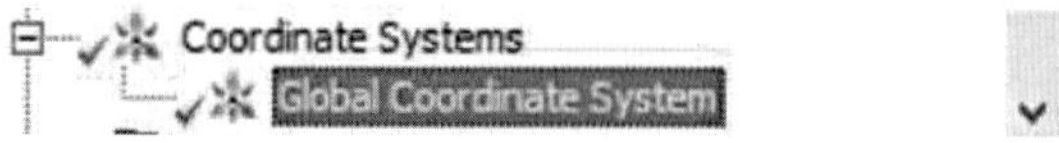

6) 연결 정의

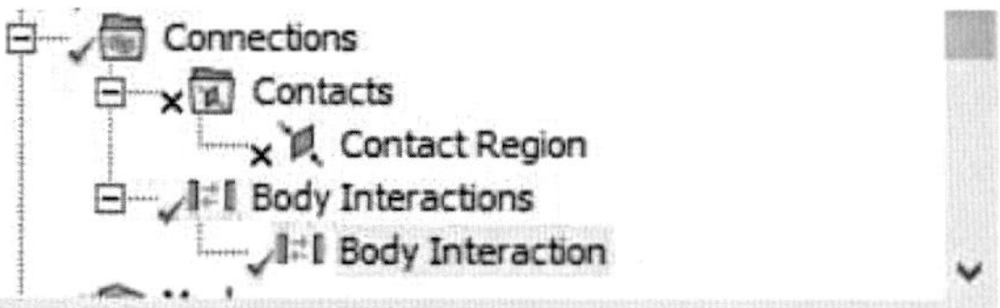

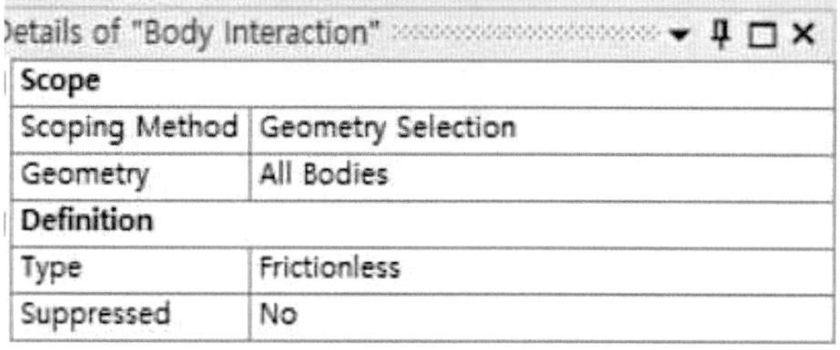
Details of "Body Interaction"

Scope	
Scoping Method	Geometry Selection
Geometry	All Bodies
Definition	
Type	Frictionless
Suppressed	No

Contact Region은 suppress를 시키고, Body Interaction은 Frictionless로 설정한다.

7) 메쉬 설정 정의

메쉬 컨트롤 적용/메시 미리보기에서 메쉬 설정에 대한 정보를 찾을 수 있습니다.

(1) 메쉬 크기는 자동설정으로 하고 메쉬의 형상을 변경하기 위하여 Method를 사용한다.

(2) 메쉬 디자인

① Curvature Norma Angle을 10˚로 설정한다.

Details of "Mesh"

Display	
Display Style	Use Geometry Setting
Defaults	
Physics Preference	Explicit
Element Order	Linear
Element Size	Default (16.137 mm)
Sizing	
Use Adaptive Sizing	No
Use Uniform Size Function For Sheets	No
Growth Rate	Default (1.2)
Max Size	Default (16.137 mm)
Mesh Defeaturing	Yes
Defeature Size	Default (8.0683e-002 ...
Capture Curvature	Yes
Curvature Min Size	Default (0.16137 mm)
Curvature Normal Angle	10
Capture Proximity	No
Bounding Box Diagonal	300.0 mm
Average Surface Area	16665 mm²
Minimum Edge Length	157.08 mm

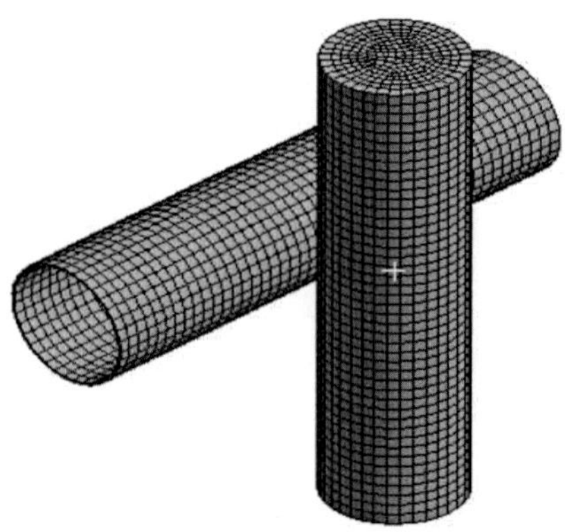

명시적 역학에서는 균일한 메쉬가 바람직하다.

참고 : Curvature Norma Angle = 45°인 경우

Details of "Mesh"	
Display	
Display Style	Use Geometry Setting
Defaults	
Physics Preference	Explicit
Element Order	Linear
Element Size	Default (16.137 mm)
Sizing	
Use Adaptive Sizing	No
Use Uniform Size Function For Sheets	No
Growth Rate	Default (1.2)
Max Size	Default (16.137 mm)
Mesh Defeaturing	Yes
Defeature Size	Default (8.0683e-002 ...
Capture Curvature	Yes
Curvature Min Size	Default (0.16137 mm)
Curvature Normal Angle	45.0°
Capture Proximity	No
Bounding Box Diagonal	300.0 mm

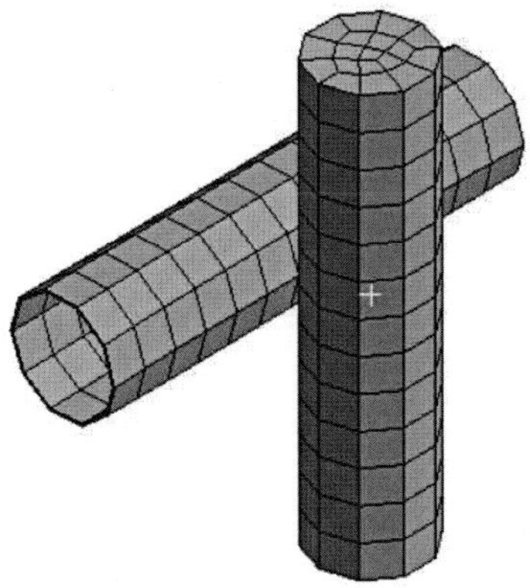

8) LS-DYNA 분석 설정 정의

Analysis Setting에서 분석 설정에 대한 정보를 찾을 수 있습니다.
솔버 제어(Solver Controls)에서 솔버 정밀도(Solver Precision)를 단일 또는 이중(Double)으로 설정하거나 프로그램 제어로 둘 수 있습니다.

① LS-DYNA에서는 End Time만 필수 입력정보이다. 0.0005sec으로 설정한다.
② Hourglass Controls는 기본 설정으로 한다.
③ Output Controls에서는 계산 결과 데이터가 20개 산출되도록 설정한다.
Equally Spaced Points를 20으로 설정한다.

Analysis Settings

Details of "Analysis Settings"	
Step Controls	
End Time	0.0005
Time Step Safety Factor	0.9
Maximum Number Of Cycles	10000000
Automatic Mass Scaling	No
CPU and Memory Management	
Solver Controls	
Initial Velocities	
Damping Controls	
Hourglass Controls	
SPH Controls	
ALE Controls	
Joint Controls	
Composite Controls	
Output Controls	

9) 구조해석 초기 조건 정의

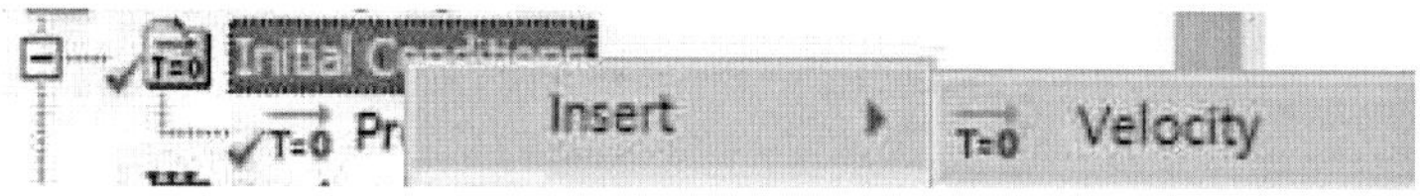

① Body Filter를 이용하여 Surface Body를 선택한다. (알루미늄 파이프)

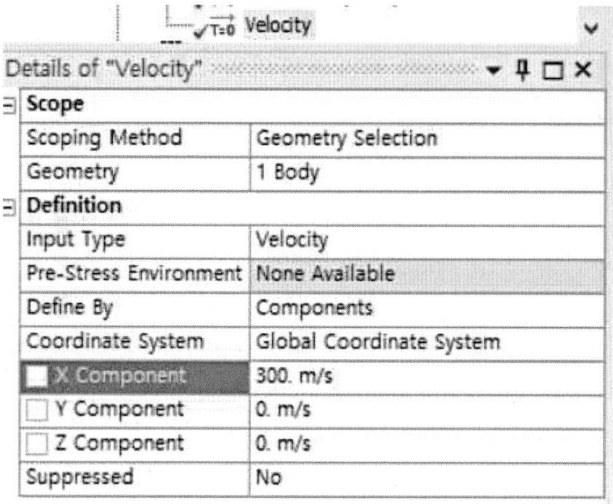

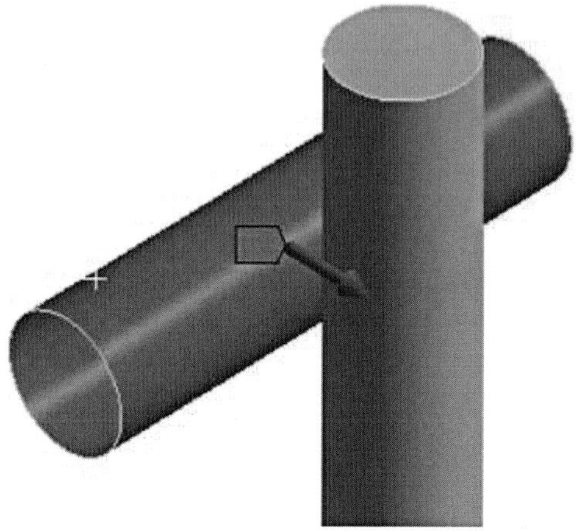

10) 구조해석 경계 조건 정의

(1) 하중 조건 설정 : 설정 없음.

(2) 구조물의 변위 구속조건 설정

① Fixed support

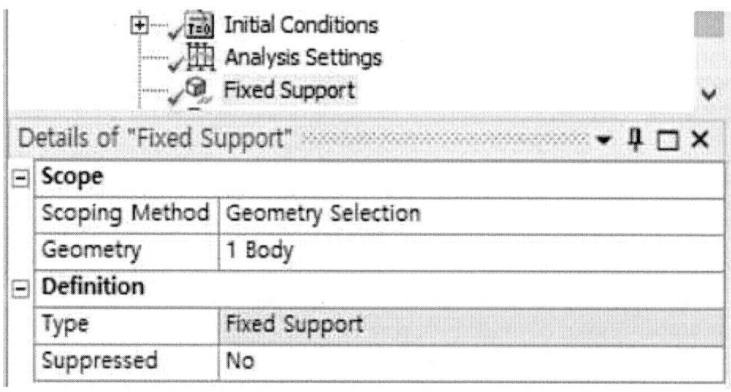

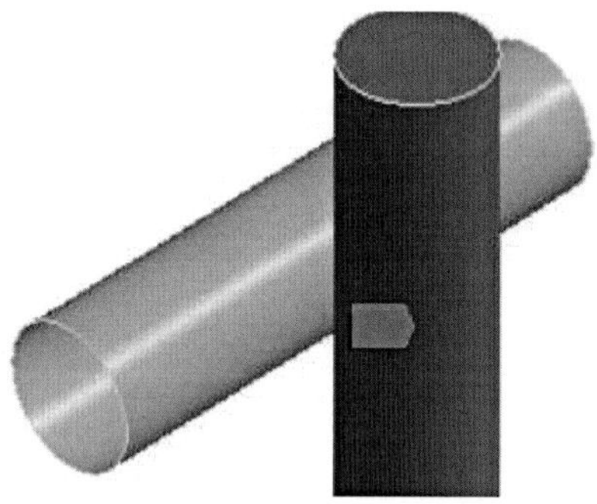

11) 구조해석 수행하기

경계 조건이 설정이 완료되면 구조해석을 수행한다. Solve 클릭하여 해석한다.

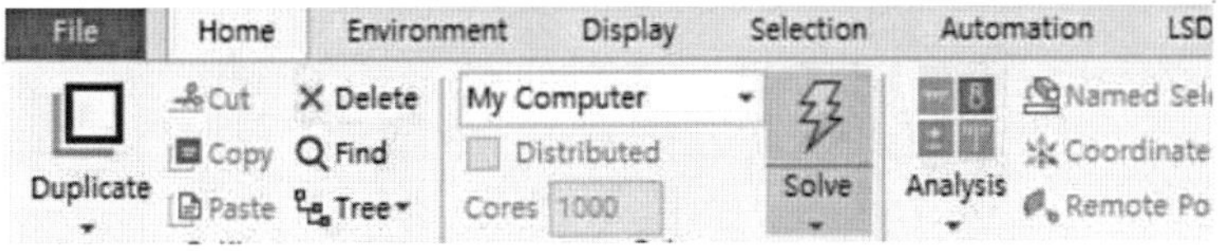

(1) 해석 소요 시간

```
39 t 2.4448E-05 dt 6.43E-07 write d3plot file
      40 t 2.5091E-05 dt 6.43E-07 write intfor file
      79 t 4.9512E-05 dt 6.04E-07 write d3plot file
      80 t 5.0116E-05 dt 6.04E-07 write intfor file
     122 t 7.4953E-05 dt 5.63E-07 write d3plot file
     123 t 7.5517E-05 dt 5.55E-07 write intfor file
     shell element 13479   failed at time   8.4003E-05
     shell element 13461   failed at time   8.6496E-05
     shell element 13533   failed at time   8.8459E-05
                           ---
    5047 t 5.0007E-04 dt 1.16E-07 write intfor file

 Elapsed time       515 seconds for 5047 cycles using 2 SMP threads
             ( 0 hour 8 minutes 35 seconds)
```

(2) Energy 변화 추이 : 내용 없음

12) 구조해석 결과에 확인

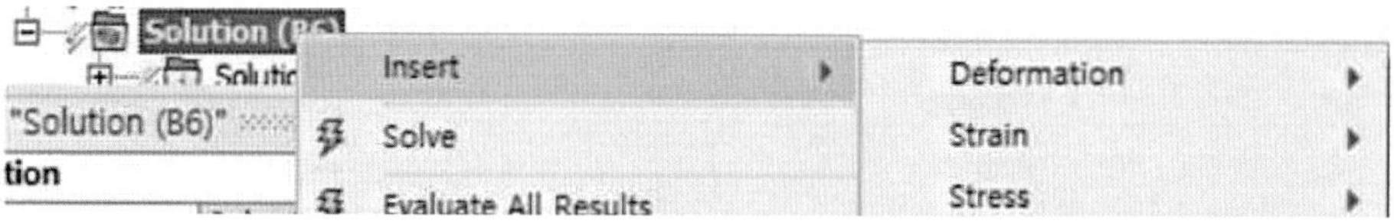

Solution에서 Deformation, Strain, Stress 등의 해석 결과를 불러온다.

(1) Total Deformation을 검토한다.

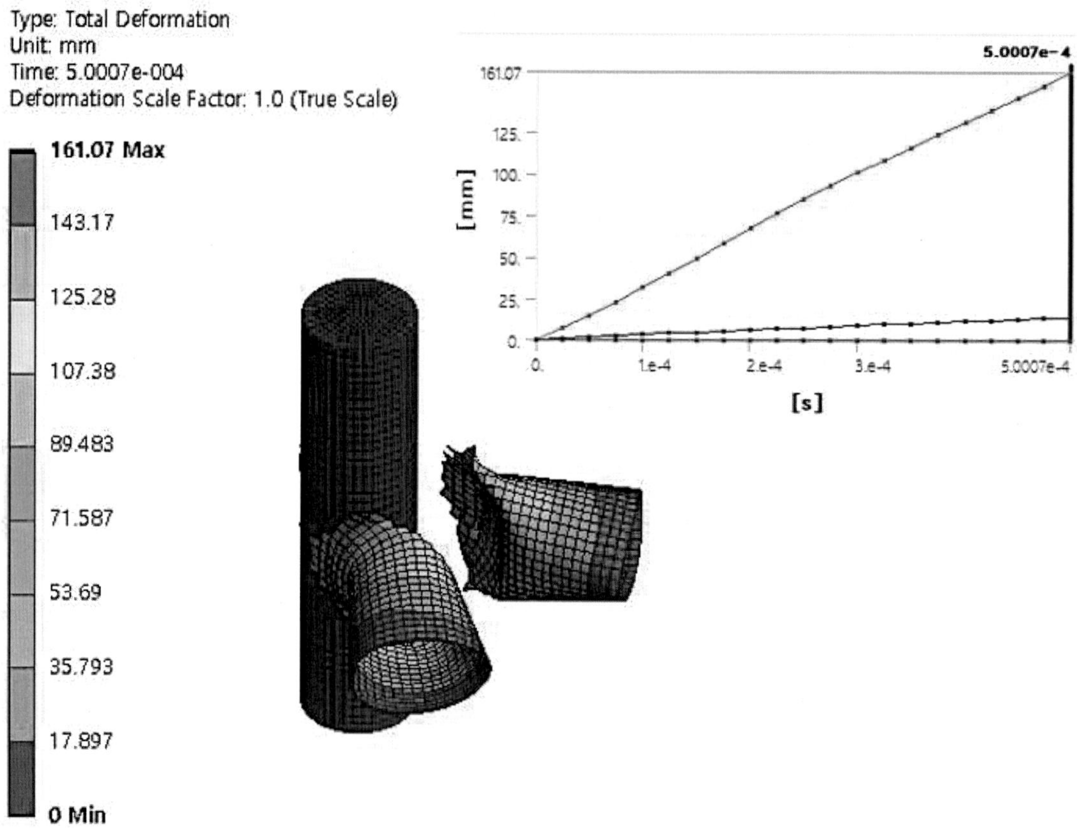

Output control을 20개로 설정하여서 그래프의 점이 20개다.

(2) Equivalent stress를 검토한다.

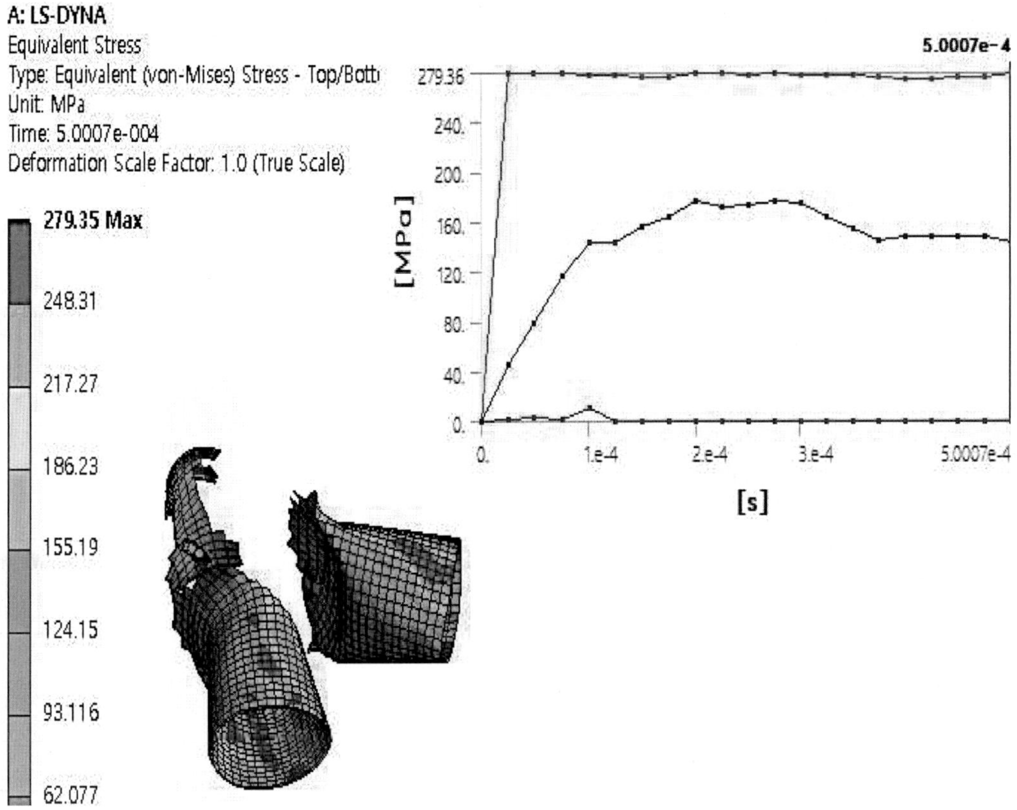

B. Aluminum Alloy NL적용 - Failure 정보 없음

1) 재질 변경

Workbench에서 제공하는 Aluminum Alloy NL을 사용하는 경우

① Young's Modulus=71,000MPa, Tangent Modulus 500MPa일 때

② Max Equivalent Plastic strain EPS 설정 없음

2) 해석 소요 시간

1074 t 5.0022E-04 dt 4.33E-07 write intfor file

Elapsed time   509 seconds for 1074 cycles using 2 SMP threads

(0 hour 8 minutes 29 seconds)

3) Equivalent stress를 검토한다.

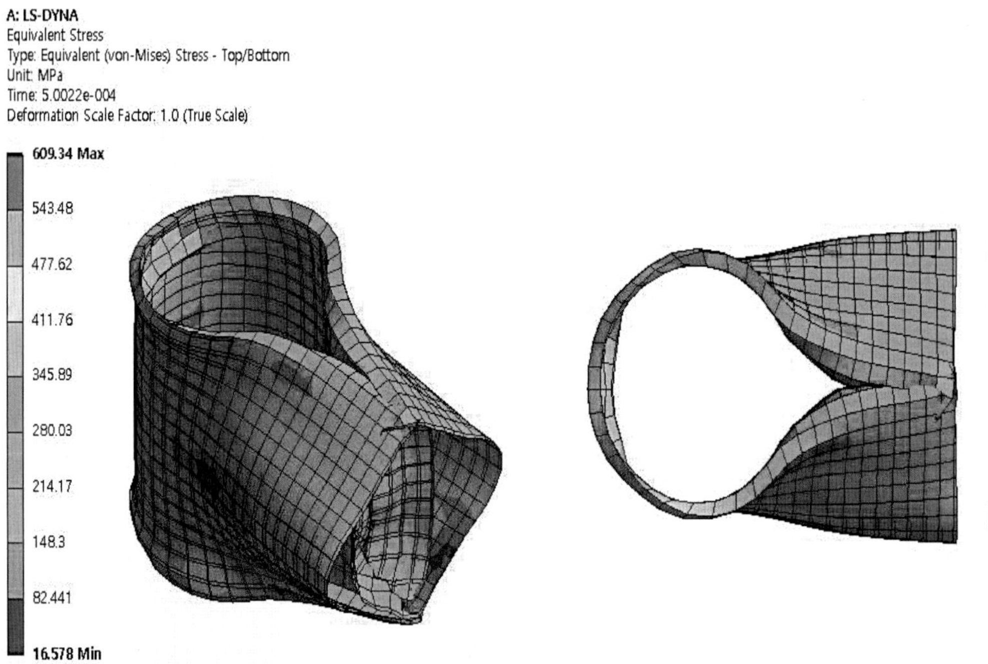

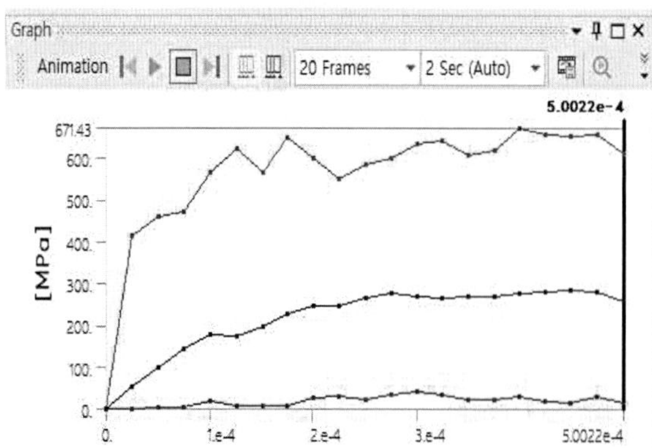

Tabular Data

	Time [s]	Minimum [MPa]	Maximum [MPa]	Average [MPa]
3	4.9688e-005	4.3157	458.4	97.076
4	7.4574e-005	4.7782	469.1	142.87
5	9.975e-005	17.601	565.01	179.56
6	1.2491e-004	8.0807	620.47	174.2
7	1.4997e-004	8.0132	565.35	196.37
8	1.7475e-004	9.4616	648.04	226.54
9	1.9997e-004	27.271	601.16	245.12
10	2.248e-004	28.58	549.88	247.64
11	2.497e-004	22.165	583.46	267.14
12	2.7499e-004	34.575	599.22	277.97
13	2.9981e-004	43.451	632.01	270.13
14	3.2465e-004	34.294	642.74	266.61
15	3.4995e-004	21.836	606.21	268.18
16	3.7481e-004	23.104	619.22	271.09
17	3.997e-004	30.579	671.43	275.56
18	4.2498e-004	20.068	655.78	279.5

C. Aluminum Alloy NL적용 - Plastic Strain Failure

1) 재질 변경

① Young's Modulus=71,000MPa, Tangent Modulus 200MPa일 때

② Max Equivalent Plastic strain EPS = 0.75

2) 해석 소요 시간

1119 t 5.0009E-04 dt 4.35E-07 write intfor file

Elapsed time 522 seconds for 1119 cycles using 2 SMP threads

(0 hour 8 minutes 42 seconds)

3) Equivalent stress를 검토한다.

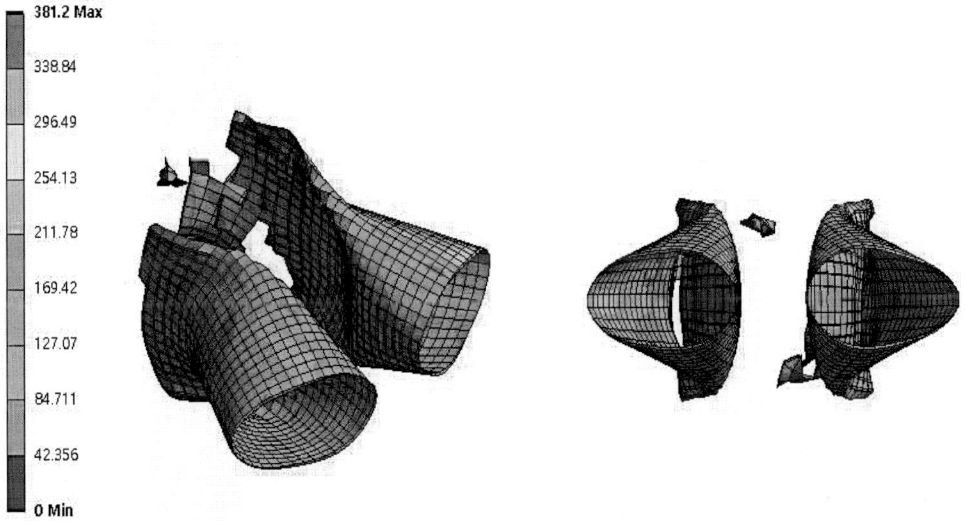

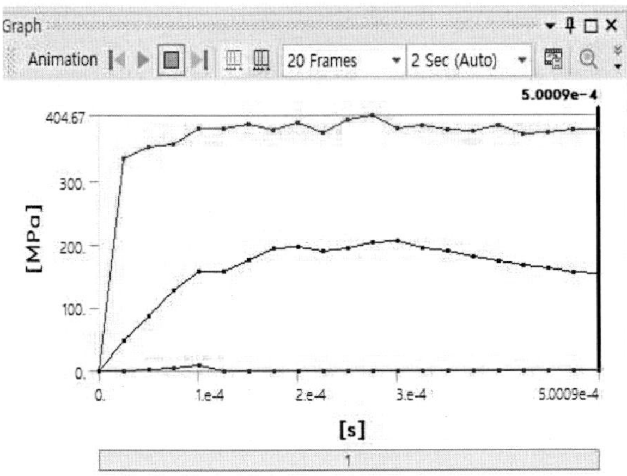

Tabular Data

	Time [s]	Minimum [MPa]	Maximum [MPa]	Avera
3	4.9571e-005	2.9082	354.68	86.776
4	7.4953e-005	5.6107	357.87	128.8
5	9.9747e-005	9.0229	384.25	157.36
6	1.2468e-004	0.	383.41	158.32
7	1.4999e-004	0.	391.05	176.43
8	1.7483e-004	0.	381.46	195.23
9	1.9993e-004	0.	393.86	197.59
10	2.2485e-004	0.	377.47	190.22
11	2.4968e-004	0.	398.79	195.38
12	2.7489e-004	0.	404.67	204.2
13	2.9993e-004	0.	384.49	206.04
14	3.2468e-004	0.	389.39	194.27
15	3.4959e-004	0.	380.75	190.66
16	3.7462e-004	0.	378.85	180.88
17	3.9997e-004	0.	389.37	172.76
18	4.2479e-004	0.	374.69	167.45
19	4.4988e-004	0.	378.08	161.94
20	4.7491e-004	0.	382.33	156.08
21	4.9965e-004	0.	381.2	153.43

D. Aluminum Alloy NL적용 - Plastic Strain Failure

1) 재질 변경

① Young's Modulus=71,000MPa, Tangent Modulus 500MPa일 때

② Max Equivalent Plastic strain EPS = 0.75

2) 해석 소요 시간

1119 t 5.0007E-04 dt 4.35E-07 write intfor file

Elapsed time   515 seconds for 1119 cycles using 2 SMP threads

(0 hour 8 minutes 35 seconds)

3) Equivalent stress를 검토한다.

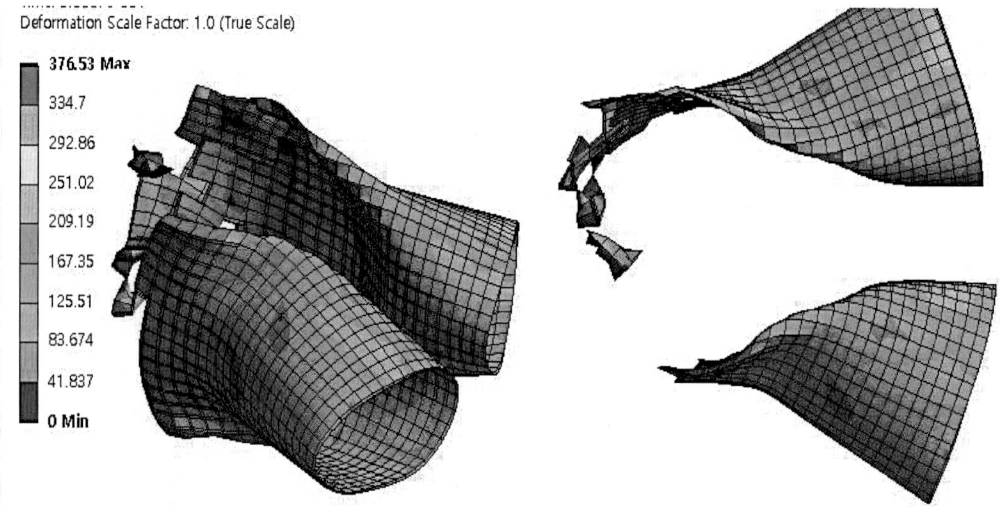

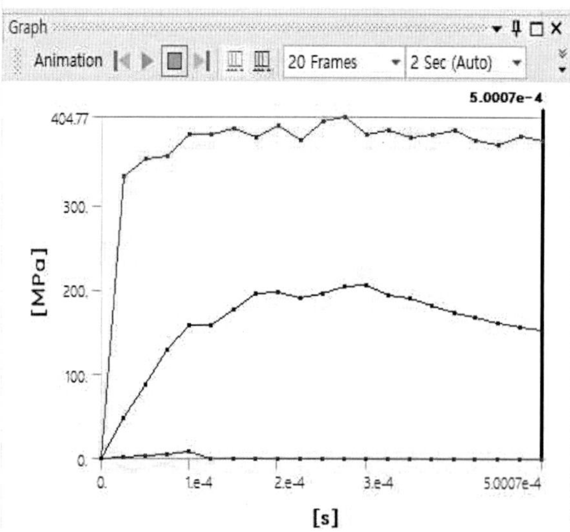

Tabular Data

	Time [s]	Minimum [MPa]	Maximum [MPa]	Ave
1	0.	0.	0.	0.
2	2.4448e-005	0.96158	335.09	48.166
3	4.9571e-005	2.9083	354.68	86.776
4	7.4953e-005	5.6109	357.87	128.8
5	9.9747e-005	9.0224	384.25	157.36
6	1.2468e-004	0.	383.41	158.32
7	1.4999e-004	0.	391.05	176.43
8	1.7483e-004	0.	381.46	195.23
9	1.9993e-004	0.	393.79	197.59
10	2.2485e-004	0.	377.49	190.23
11	2.4968e-004	0.	398.87	195.36
12	2.7488e-004	0.	404.77	204.2
13	2.9993e-004	0.	383.97	206.01
14	3.2466e-004	0.	389.62	194.41
15	3.4957e-004	0.	380.4	190.78
16	3.7461e-004	0.	383.99	181.15
17	3.9995e-004	0.	390.01	172.68
18	4.2477e-004	0.	376.6	167.37
19	4.4986e-004	0.	371.46	161.96
20	4.7489e-004	0.	382.27	156.12
21	4.9964e-004	0.	376.53	153.46

13. Slide Blast Boor

A. Blast Door with fixed support

1. 구조해석 정의

Structural Steel NL 강판에 삼각형 압력이 작용할 때 강판의 변동을 해석한다.
강판의 크기는 2000x3000x200 mm이며 상하부에 롤러 형상의 돌출을 각각 2개를 모형화한다. 강판의 모형은 슬라이딩 방폭문을 모형화한 것이다.

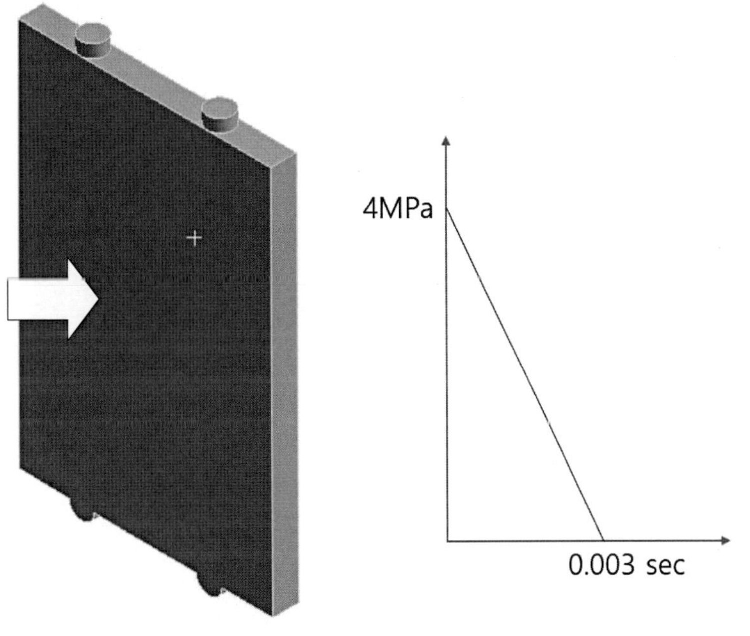

2. 구조해석 목적

- Tabular Data를 사용하여 Pressure를 설정한다.
- Reaction force를 관찰한다.
- Stp 파일 형태의 모델링 데이터를 가져온다.
- 메쉬설계에서 Type을 바꾸어 적용한다.

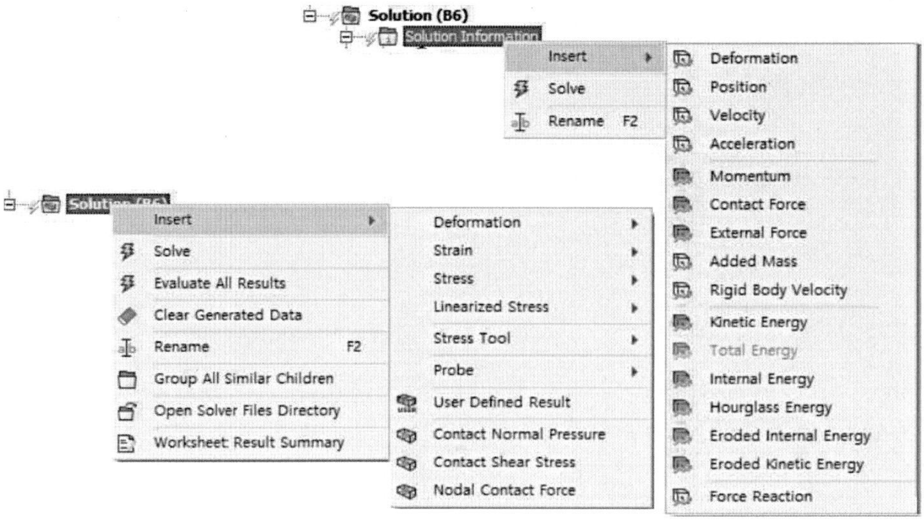

3. 구조해석 절차

1) 프로젝트 설정

① workbench에서 LSDYNA를 사용할 수 있도록 Extensions Manager에서 설정한다.

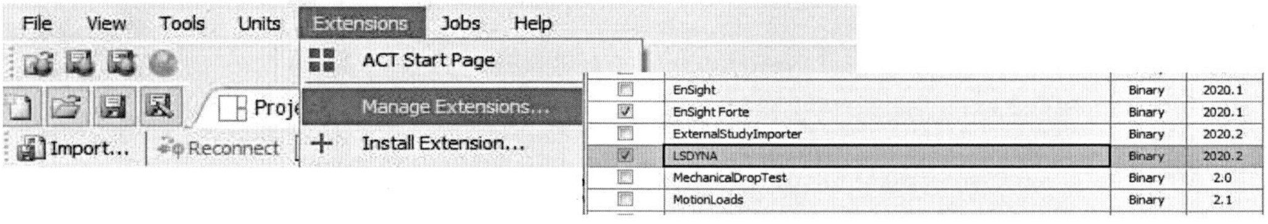

2) 엔지니어링 데이터 정의

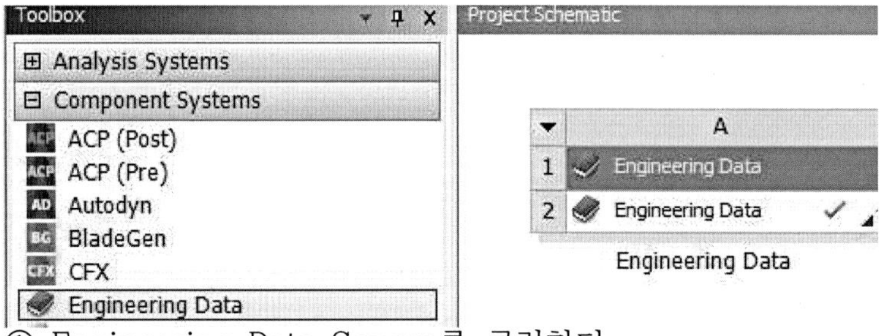

① Engineering Data Source를 클릭한다.

② General Nolinear Materials를 클릭한다.

③ Structural Steel NL의 +를 클릭하여 Engineering Data에 가져온다.

④ Engineering Data Source를 클릭하여 가져온 데이터를 확인한다.

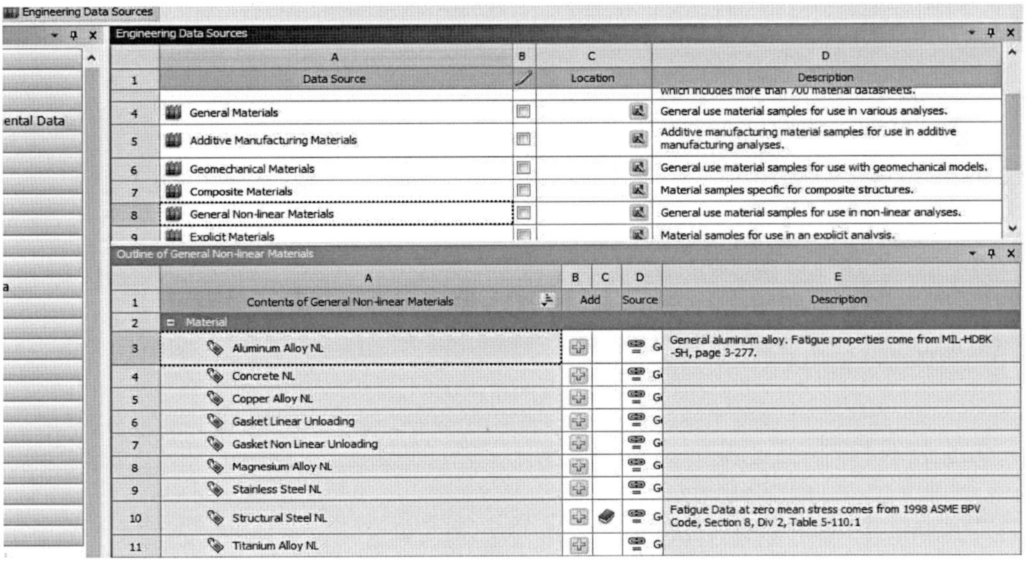

Engineering Data에 가져온 Structural NL은 위와 같다.

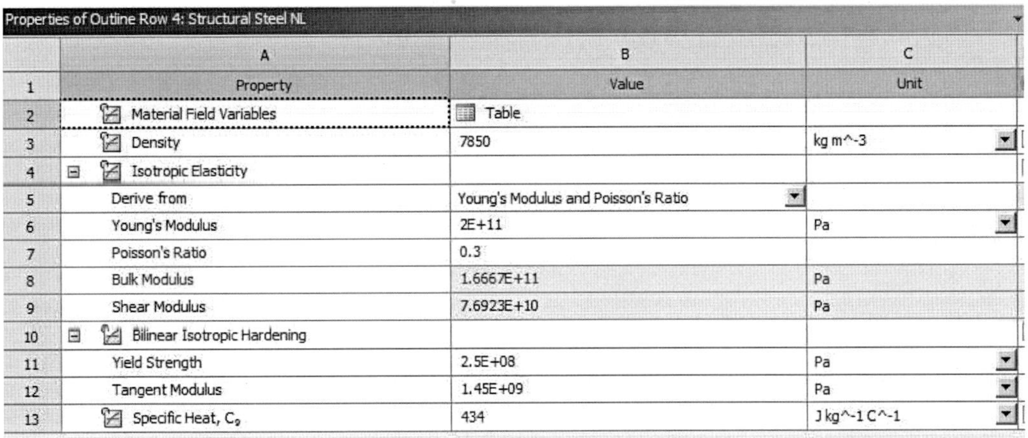

Properties of Outline Row 4: Structural Steel NL

	A	B	C
1	Property	Value	Unit
2	Material Field Variables	Table	
3	Density	7850	kg m^-3
4	Isotropic Elasticity		
5	Derive from	Young's Modulus and Poisson's Ratio	
6	Young's Modulus	2E+11	Pa
7	Poisson's Ratio	0.3	
8	Bulk Modulus	1.6667E+11	Pa
9	Shear Modulus	7.6923E+10	Pa
10	Bilinear Isotropic Hardening		
11	Yield Strength	2.5E+08	Pa
12	Tangent Modulus	1.45E+09	Pa
13	Specific Heat, C_p	434	J kg^-1 C^-1

3) 형상 부착 모델 데이터 불러오기(또는 모델 만들기)

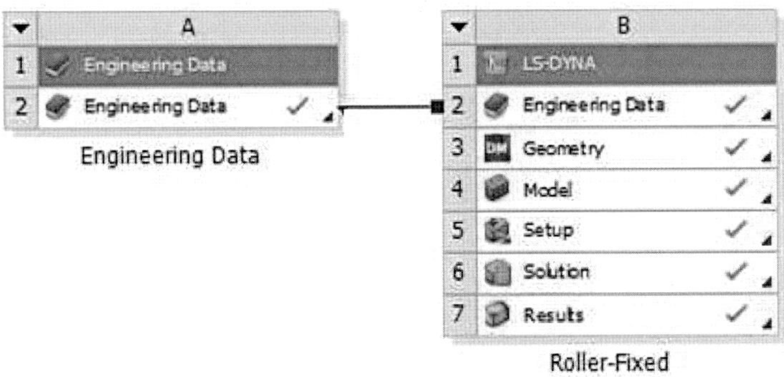

ⓑ 해석 모델은 SpaceClaim, DesingModeler를 사용하여 디자인한다.

또는 다른 소프트웨어서 디자인한 모델을 stp, IGES 등의 파일 형식으로 Import Geometry를 사용하여 가져온다.

① Geometry > Import Geometry에서 파일을 가져온다.

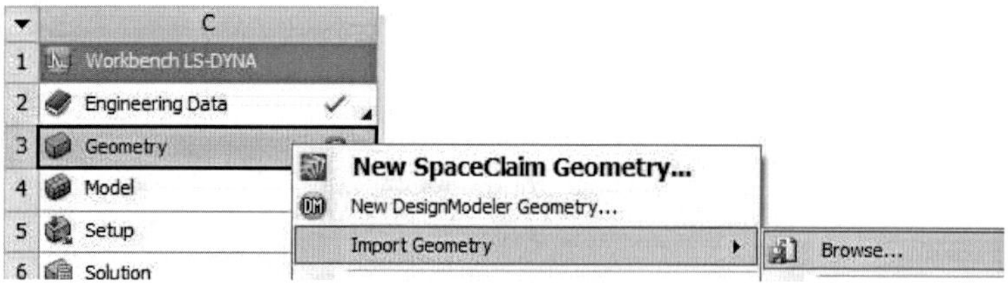

4) 부품 동작 정의

(1) 구조해석을 하기 위하여 Mechanical 창을 활성화한다.

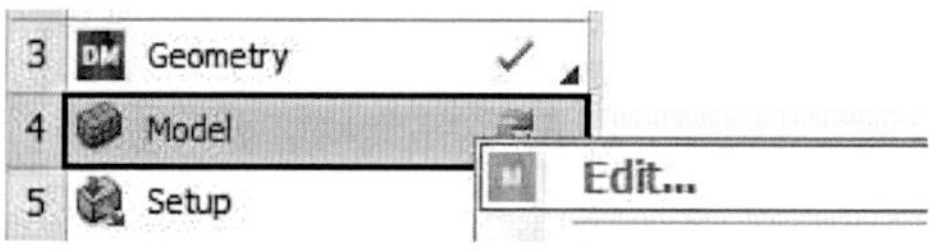

※ F7를 클릭하여 모델을 화면에 나타낸다.

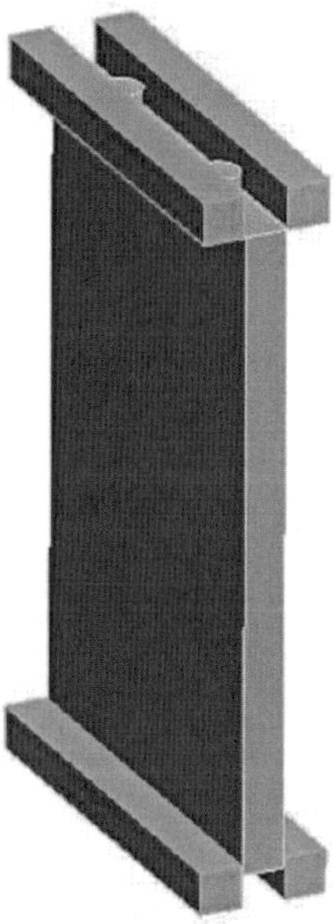

(2) 부품 동작 정의에서 부품 동작에 대한 정보를 정의한다.

① Block을 suppress 시킨다.
② plate는 Stiffness Behavior를 flexible로, 재질은 structural steel NL로 설정한다.

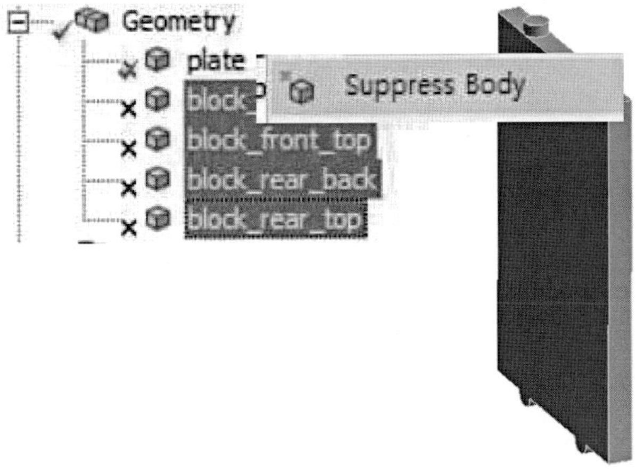

5) 좌표계 정의
시스템에서 설정한 Global 좌표계를 사용한다.

6) 연결 정의

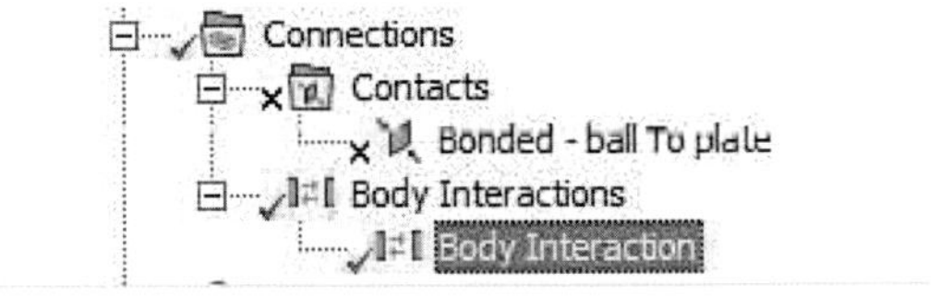

Contact Region은 suppress를 시키고, Body Interaction은 Frictionless로 설정한다.

7) 메쉬 설정 정의
메쉬 설정은 자동설정으로 수행한다.

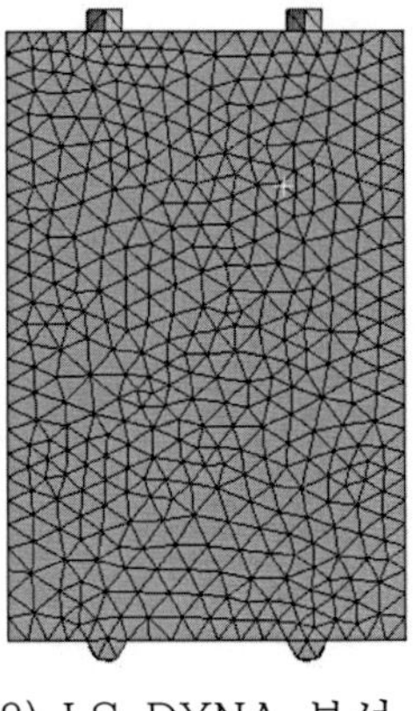

8) LS-DYNA 분석 설정 정의

Analysis Setting에서 분석 설정에 대한 정보를 찾을 수 있다.

솔버 제어(Solver Controls)에서 솔버 정밀도(Solver Precision)를 단일 또는 이중(Double)으로 설정하거나 프로그램 제어로 둘 수 있다.

① LS-DYNA에서는 End Time 는 0.02 sec으로 설정한다.
 Automatic Mass scaling Yes,
 Time Step size = 1e-7로 설정한다.

② Hourglass Controls는
 Belytschko-Bindeman 로 설정한다.
 coefficient = 0.01

③ Output Controls에서는
 Output Format LS-DYNA
 Binary File Size Scale Factor를 100으로 설정한다.

④ Time History Output Controls
 Calculate Results At
 = Equally Spaced Points, 1000

9) 구조해석 초기 조건 정의

- 설정 없음

10) 구조해석 경계 조건 정의

(1) 하중 조건 설정 :

① Press : 전면 강철판에 적용한다.

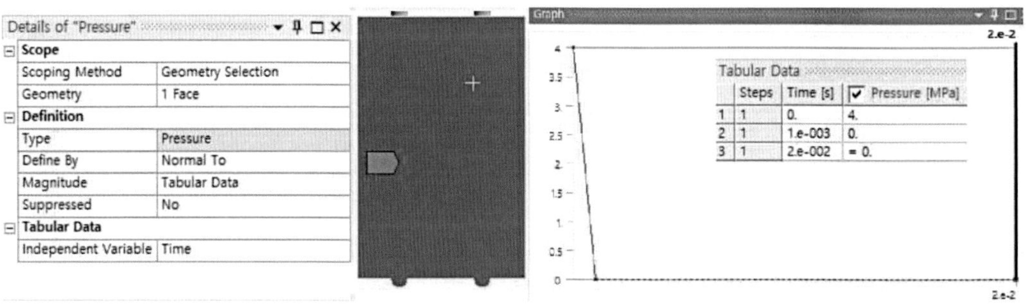

(2) 구조물의 변위 구속조건 설정

① Fixed support : 측면 4면을 설정한다.

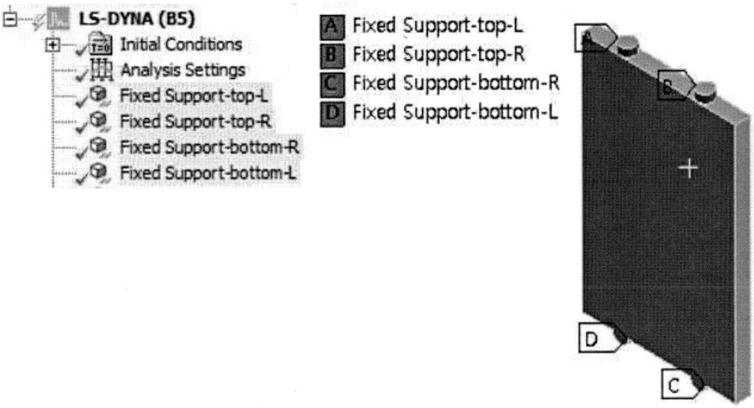

11) 구조해석 수행하기

경계 조건이 설정이 완료되면 구조해석을 수행한다. Solve 클릭하여 해석한다.

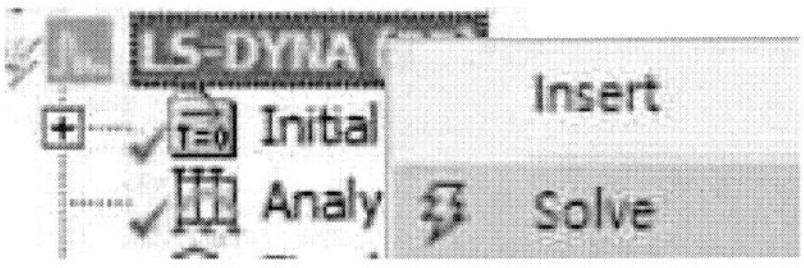

(1) 해석 소요 시간

Elapsed time 67 seconds for 23773 cycles using 1 SMP thread
(0 hour 1 minute 7 seconds)

(2) Energy 변화 추이

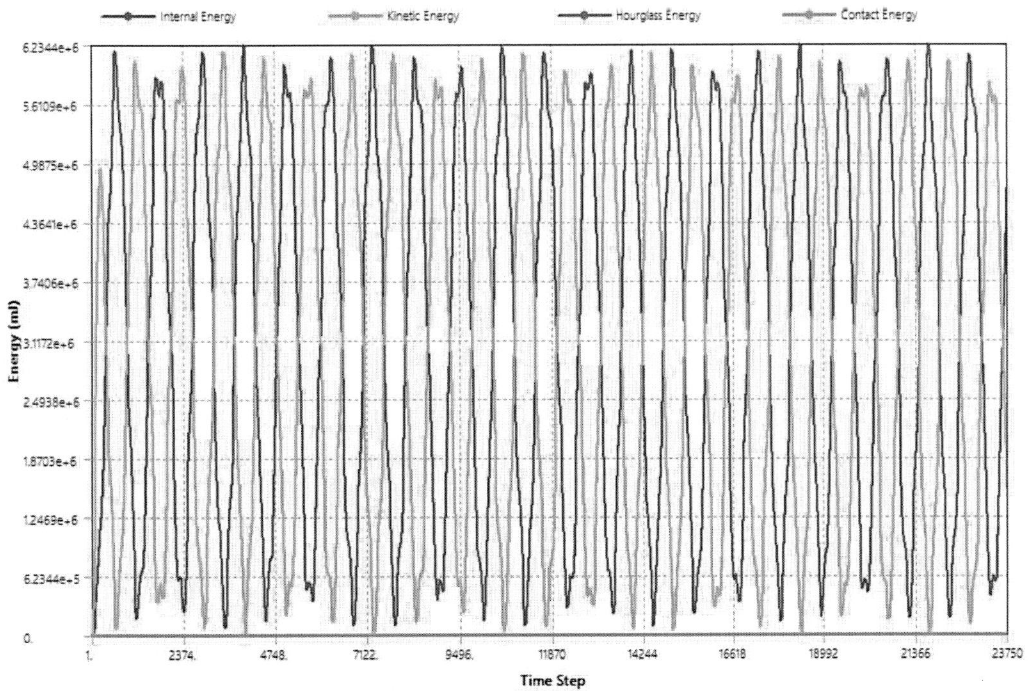

12) 구조해석 결과 확인

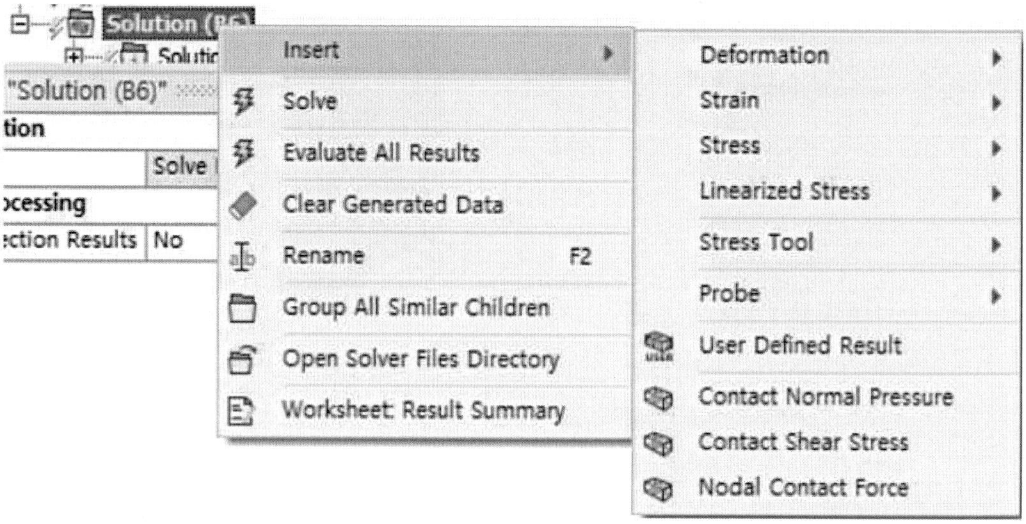

Solution에서 Deformation, Strain, Stress 등의 해석 결과를 불러온다.

(1) Total Deformation을 검토한다.

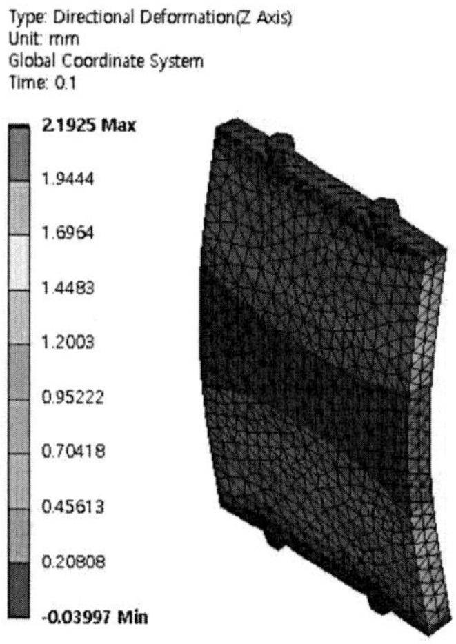

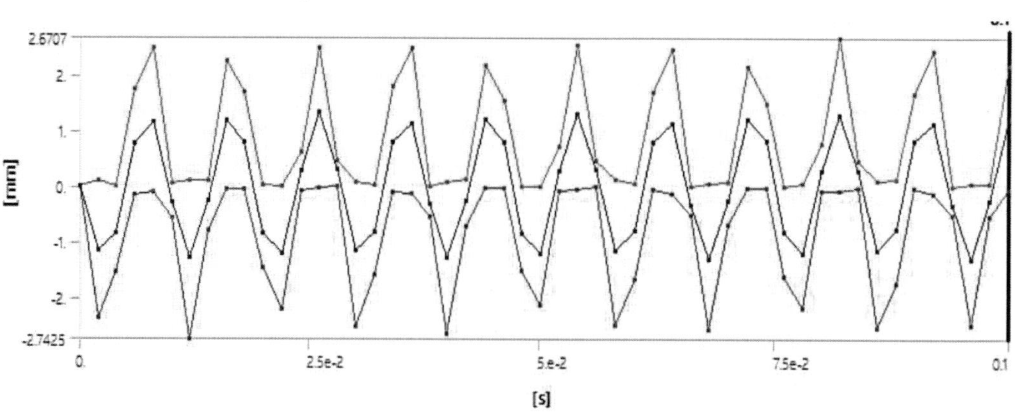

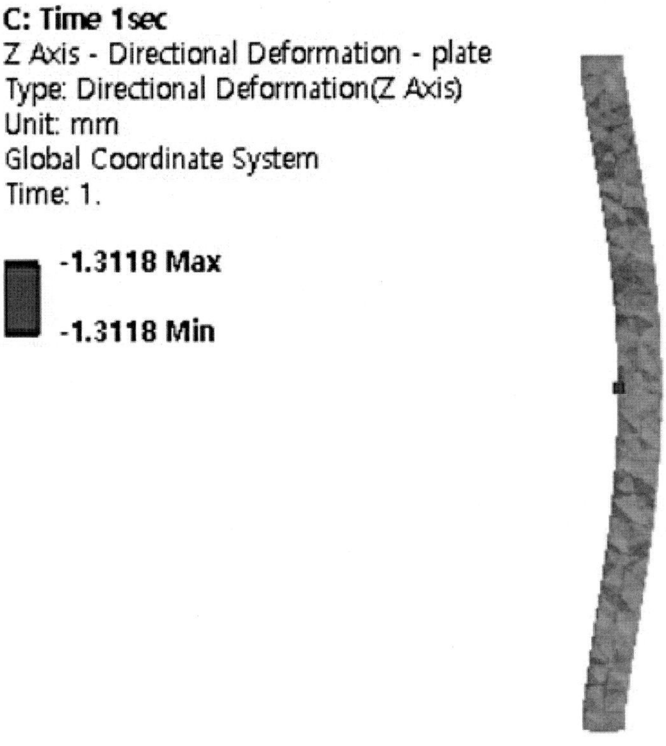
C: Time 1sec
Z Axis - Directional Deformation - plate
Type: Directional Deformation(Z Axis)
Unit: mm
Global Coordinate System
Time: 1.
-1.3118 Max
-1.3118 Min

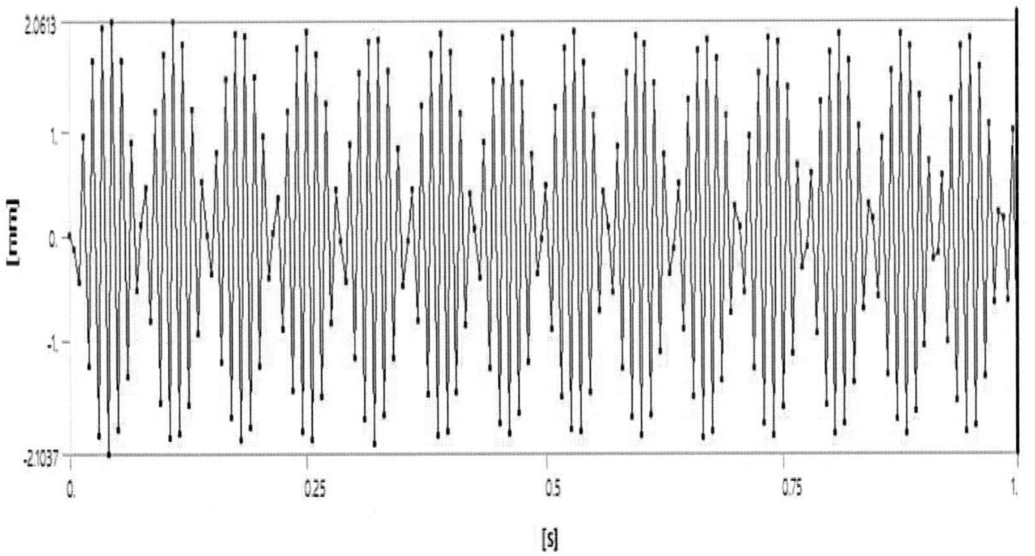
2.0613
1.
0.
-1.
-2.1037
[mm]
0.
0.25
0.5
0.75
1.
[s]

(2) Stress

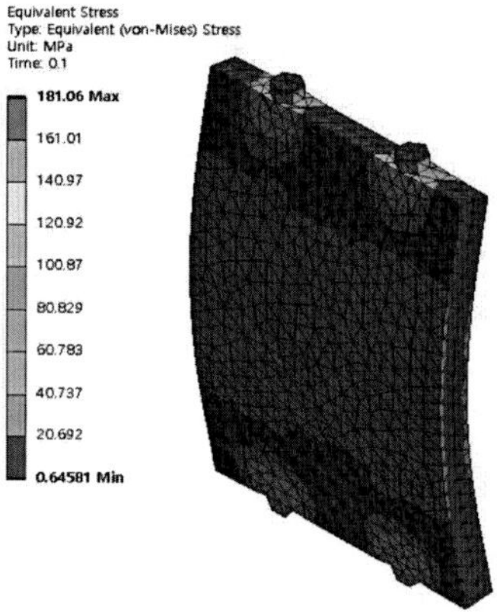

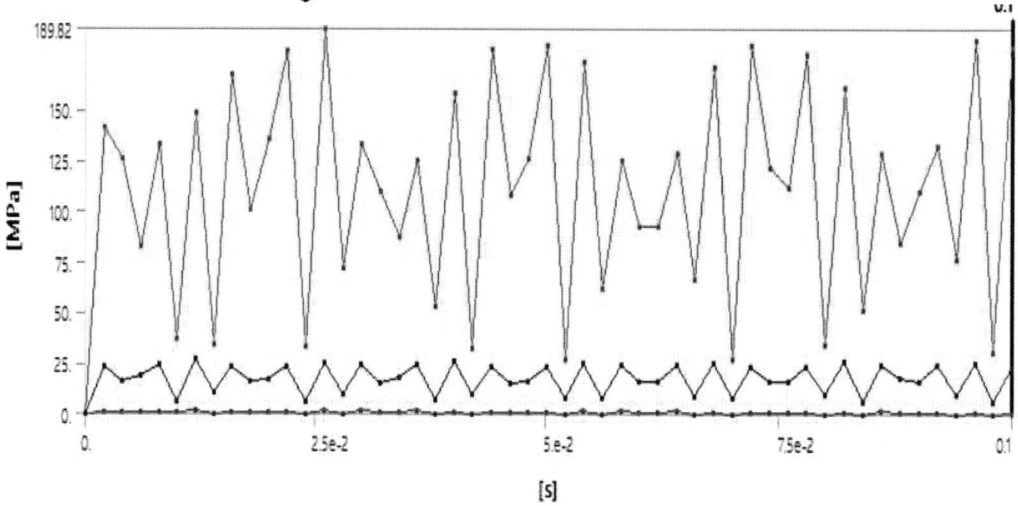

(3) Force Reaction

① Z축 방향 Reaction

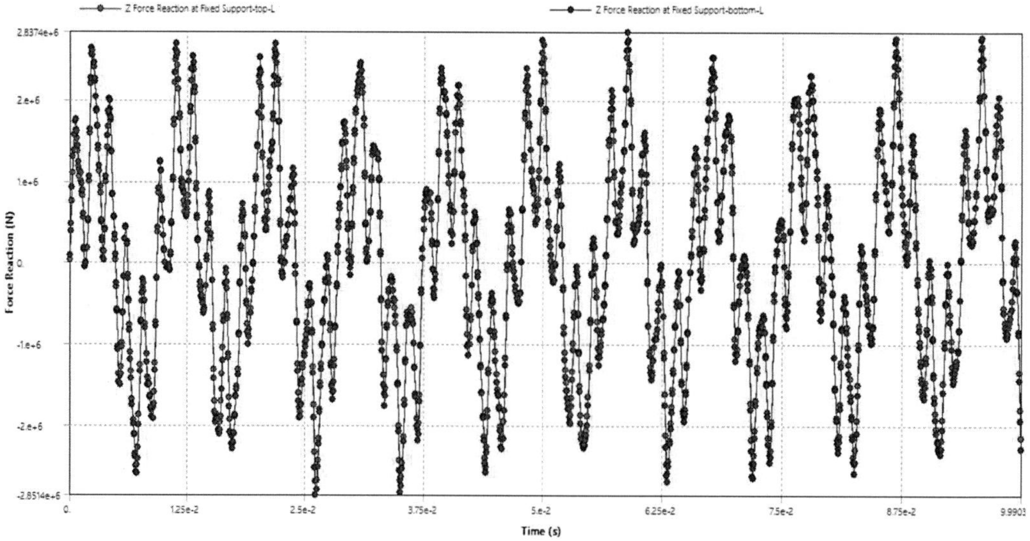

B. Blast Door with Roller Guide

1. 구조해석 정의

Structural Steel NL 강판에 삼각형 압력이 작용할 때 강판의 변동을 해석한다. 강판의 크기는 2000x3000x200 mm이며 상하부에 롤러 형상의 돌출을 각각 2개를 모형화한다. 강판의 모형은 슬라이딩 방폭문을 모형화한 것이다. 상부와 하부 롤러를 안내하는 구조물을 모형화한다.

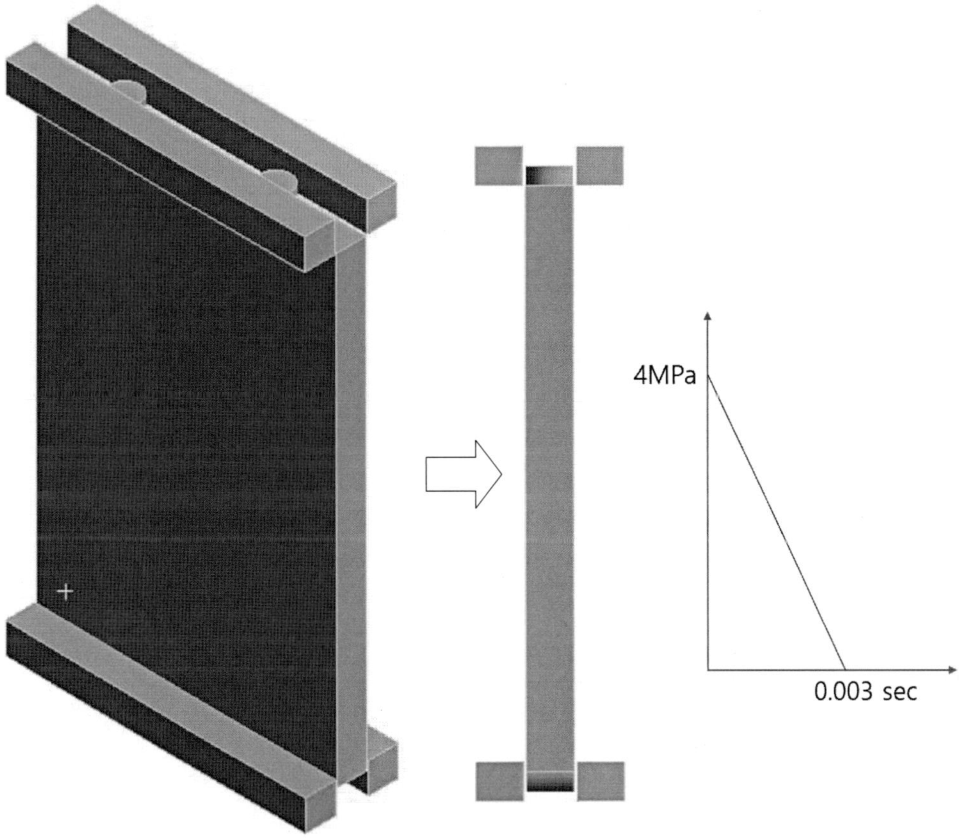

2. 구조해석 목적

- Failure에 대한 이해 및 적용
- 소성 변형 파손(Plastic strain failure) 적용
- 구조강의 재질을 변경하면서 파손 형태를 파악한다.
- Force Reaction을 계산한다.
- Contact Force를 산정한다.
- Post Process에서 확인할 수 있는 항목

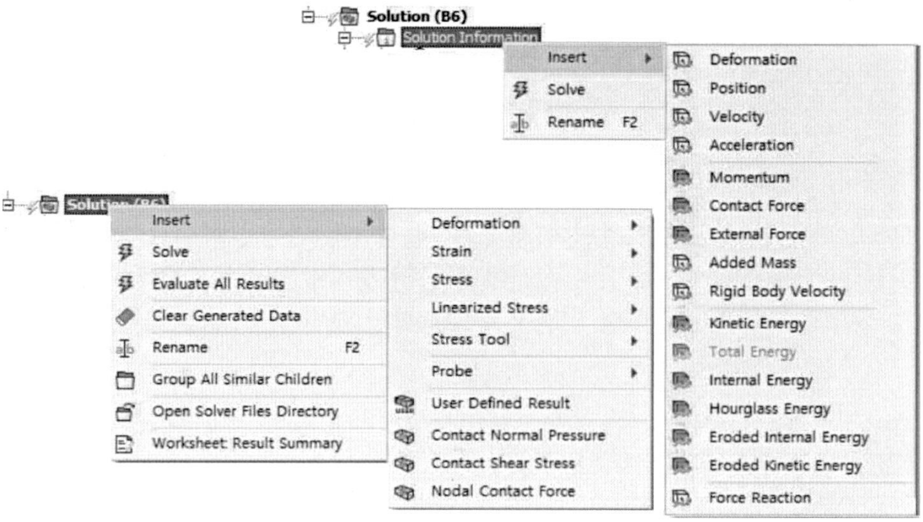

3. 구조해석 절차

1) 프로젝트 설정

① workbench에서 LSDYNA를 사용할 수 있도록 Extensions Manager에서 설정한다.

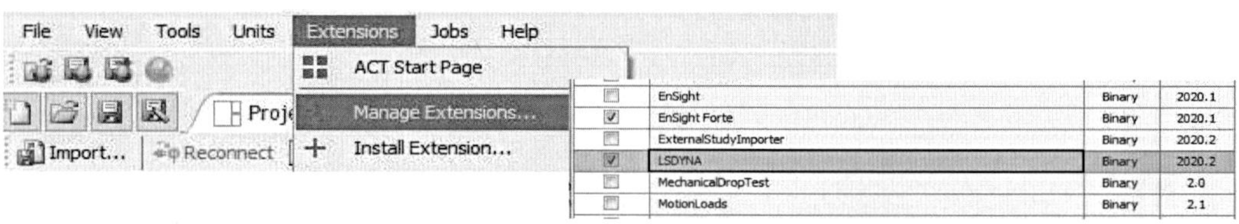

2) 엔지니어링 데이터 정의

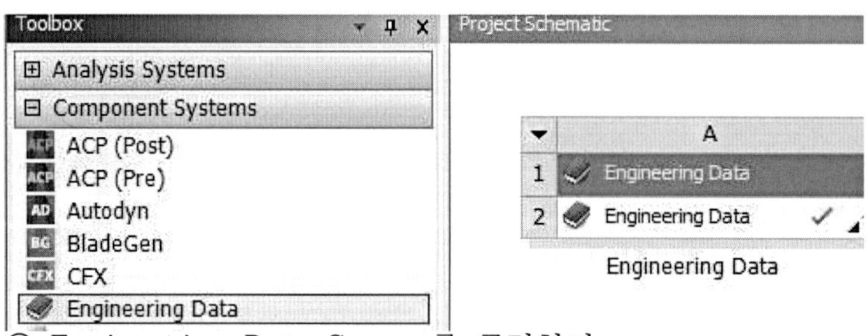

① Engineering Data Source를 클릭한다.

② General Nolinear Materials를 클릭한다.

③ Structural Steel NL의 +를 클릭하여 Engineering Data에 가져온다.

④ Engineering Data Source를 클릭하여 가져온 데이터를 확인한다.

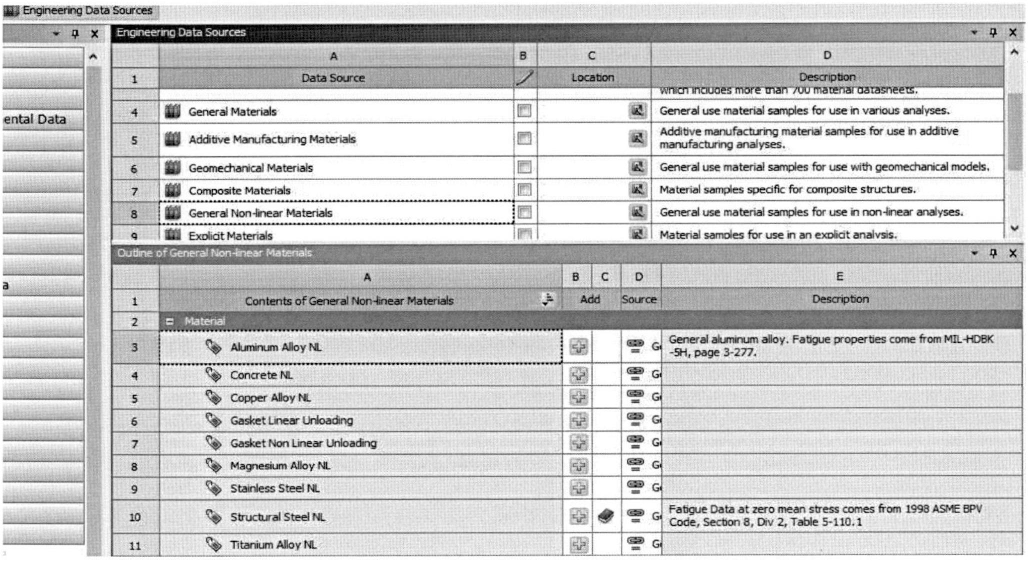

Engineering Data에 가져온 Structural NL은 위와 같다.

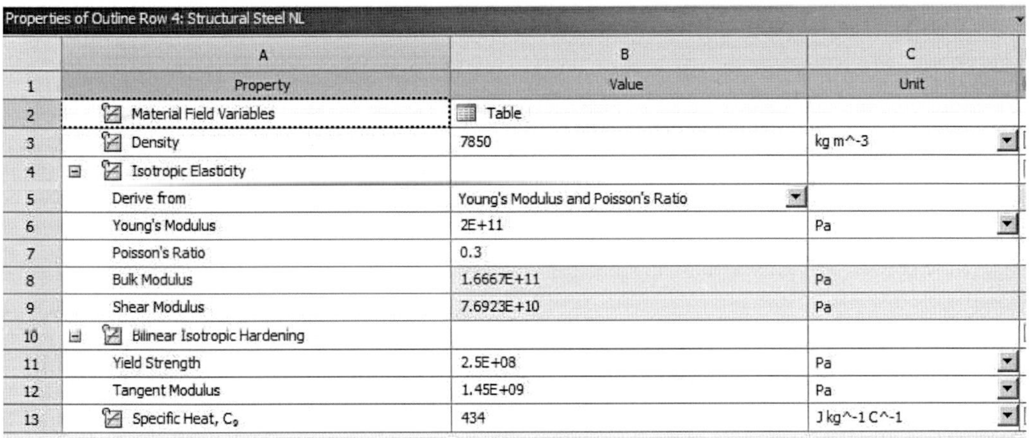

3) 형상 부착 모델 데이터 불러오기(또는 모델 만들기)

ⓐ LD-DYNA를 활성화하고 Engineering data를 연결한다.

ⓑ 해석 모델은 SpaceClaim, DesingModeler를 사용하여 디자인한다.

또는 다른 소프트웨어서 디자인한 모델을 stp, IGES 등의 파일 형식으로 Import Geometry를 사용하여 가져온다.

① Geometry > Import Geometry에서 파일을 가져온다.

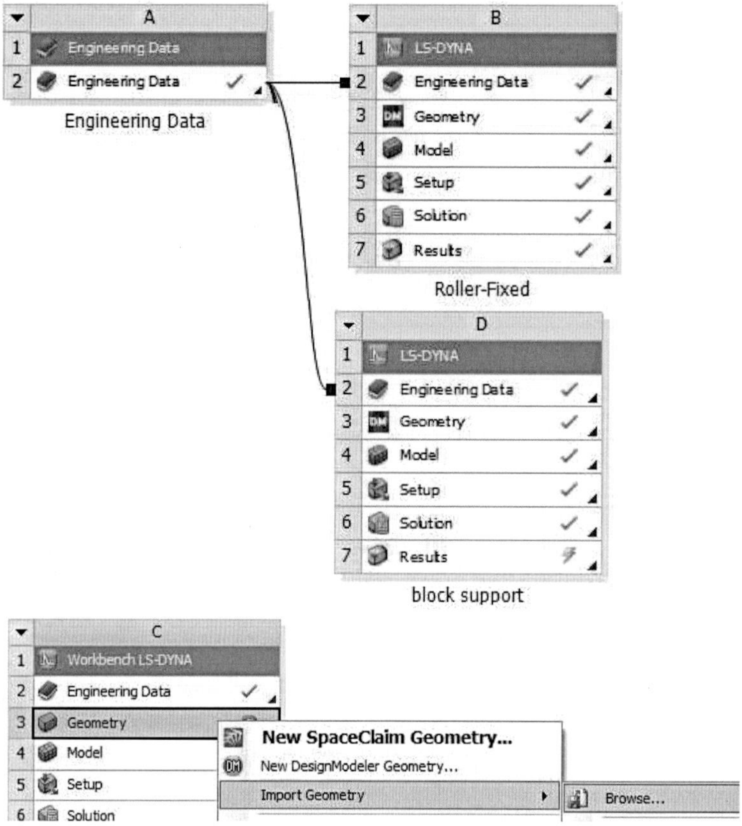

4) 부품 동작 정의

(1) 구조해석을 하기 위하여 Mechanical 창을 활성화한다.

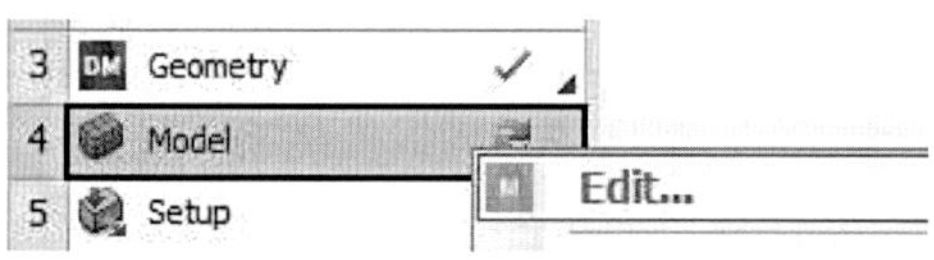

※ F7를 클릭하여 모델을 화면에 나타낸다.

(2) 부품 동작 정의에서 부품 동작에 대한 정보를 정의한다.

① Block을 suppress 시킨다.
② plate는 Stiffness Behavior를 flexible로, 재질은 structural steel NL로 설정한다.

5) 좌표계 정의
시스템에서 설정한 Global 좌표계를 사용한다.

6) 연결 정의

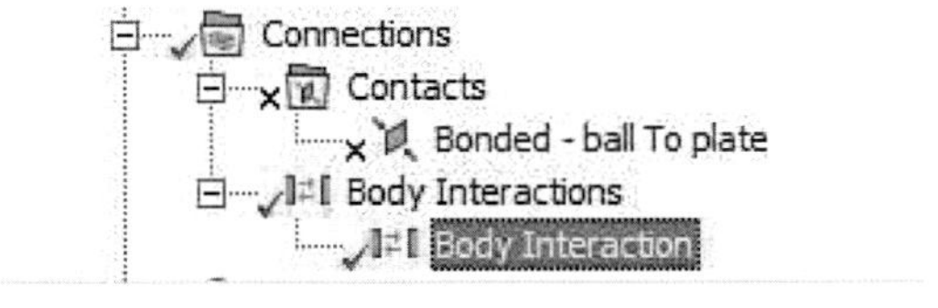

Contact Region은 suppress를 시키고,
Body Interaction은 Frictionless로 설정한다.

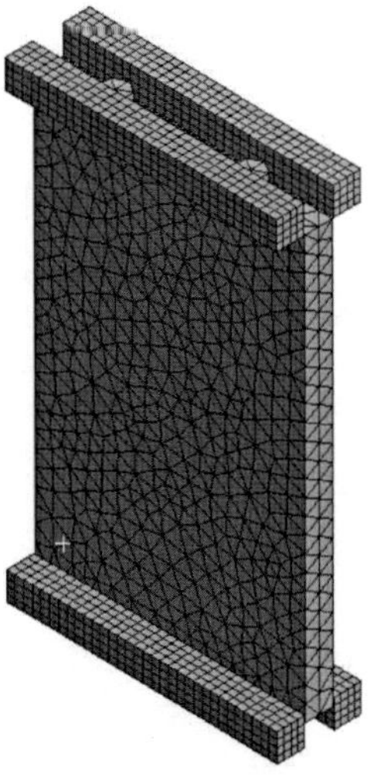

7) 메쉬 설정 정의
메쉬 설정은 자동설정으로 수행한다.

8) LS-DYNA 분석 설정 정의

Analysis Setting에서 분석 설정에 대한 정보를 찾을 수 있다.
솔버 제어(Solver Controls)에서 솔버 정밀도(Solver Precision)를 단일 또는 이중(Double)으로 설정하거나 프로그램 제어로 둘 수 있다.
① LS-DYNA에서는 End Time 는 0.02 sec으로 설정한다.

Automatic Mass scaling Yes,
Time Step size = 1e-7로 설정한다.

② Hourglass Controls는
Belytschko-Bindeman 로 설정한다.
coefficient = 0.01

③ Output Controls에서는
Output Format LS-DYNA
Binary File Size Scale Factor를 100으로 설정한다.

④ Time History Output Controls
Calculate Results At
= Equally Spaced Points, 1000

9) 구조해석 초기 조건 정의

- 설정 없음

10) 구조해석 경계 조건 정의

(1) 하중 조건 설정 :

① Press : 전면 강철판에 적용한다.

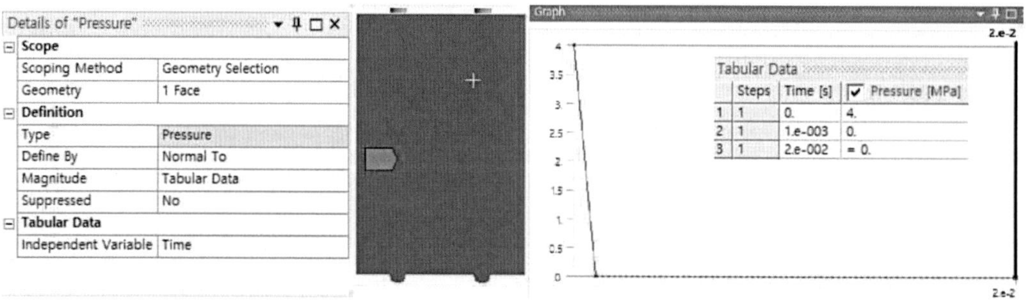

(2) 구조물의 변위 구속조건 설정

① Fixed support : 측면 4면을 설정한다.

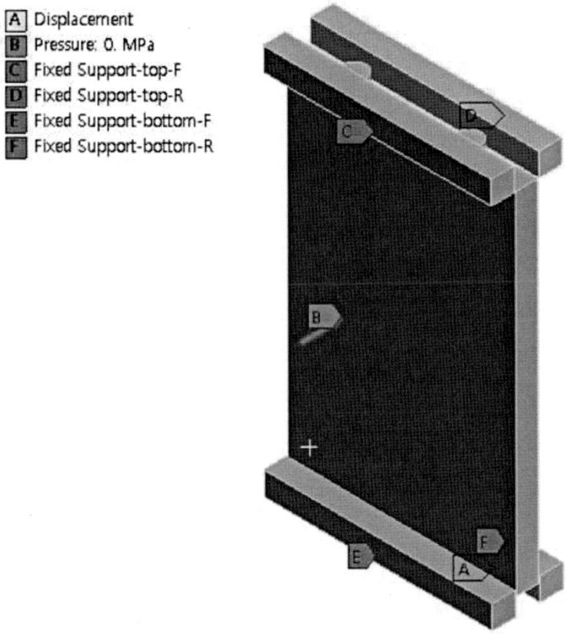

11) 구조해석 수행하기

경계 조건이 설정이 완료되면 구조해석을 수행한다. Solve 클릭하여 해석한다.

(1) 해석 소요 시간

Elapsed time 141 seconds for 23679 cycles using 1 SMP thread
(0 hour 2 minutes 21 seconds)

(2) Energy 변화 추이

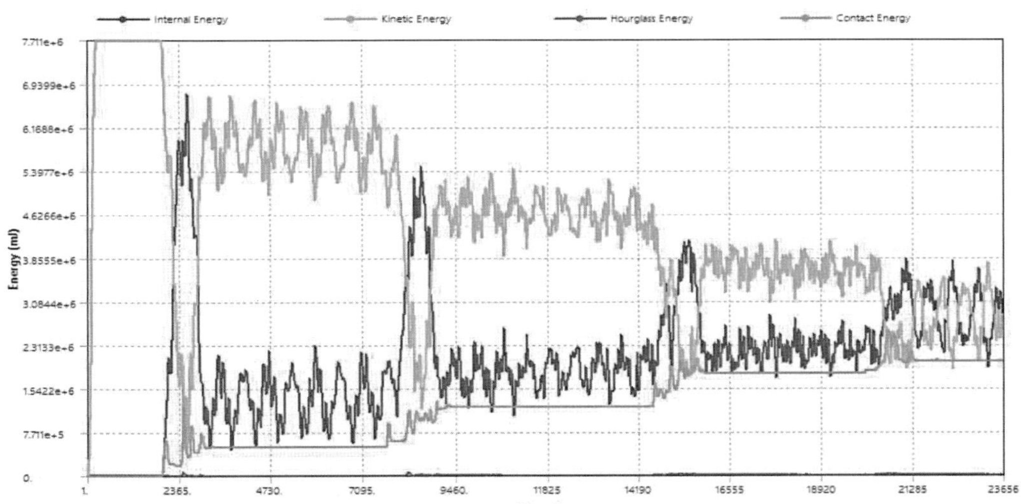

12) 구조해석 결과 확인

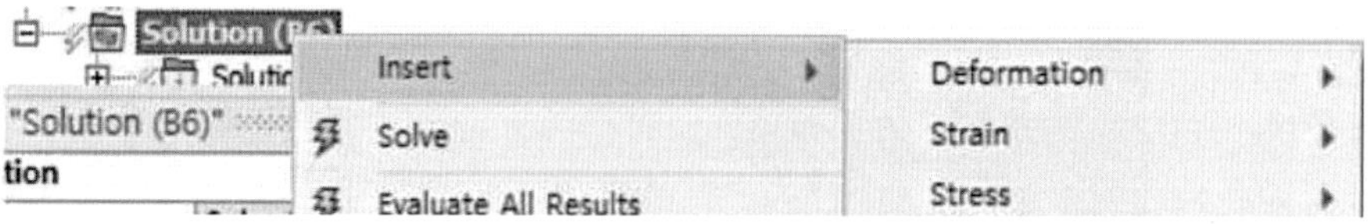

Solution에서 Deformation, Strain, Stress 등의 해석 결과를 불러온다.

(1) Total Deformation을 검토한다.

① Total body

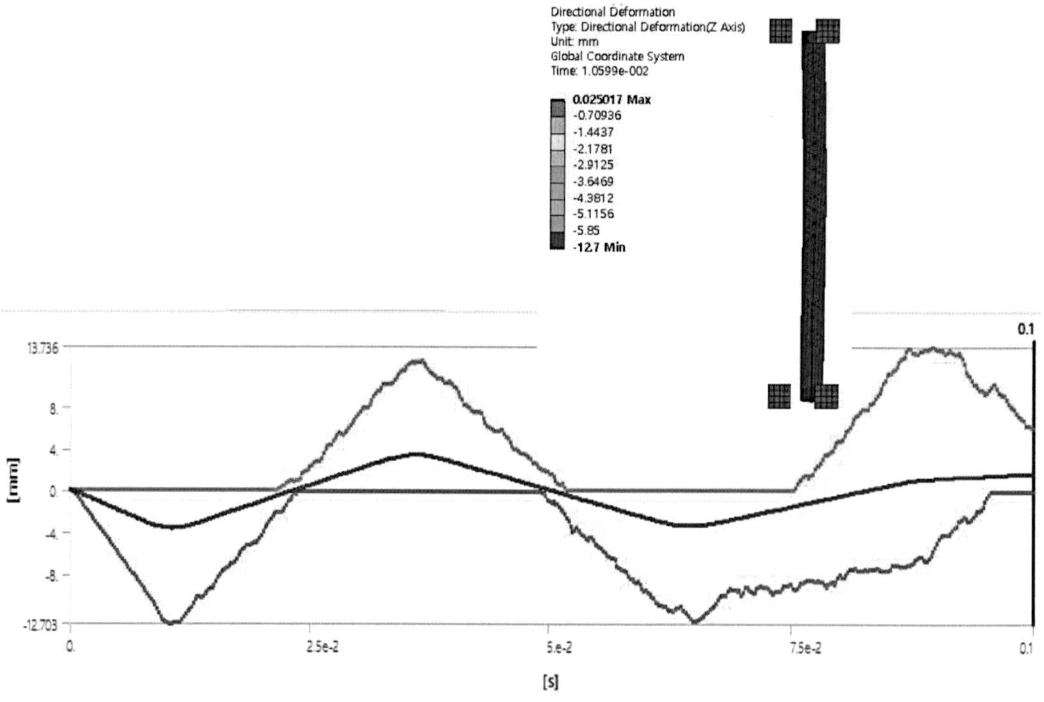

② Center Point

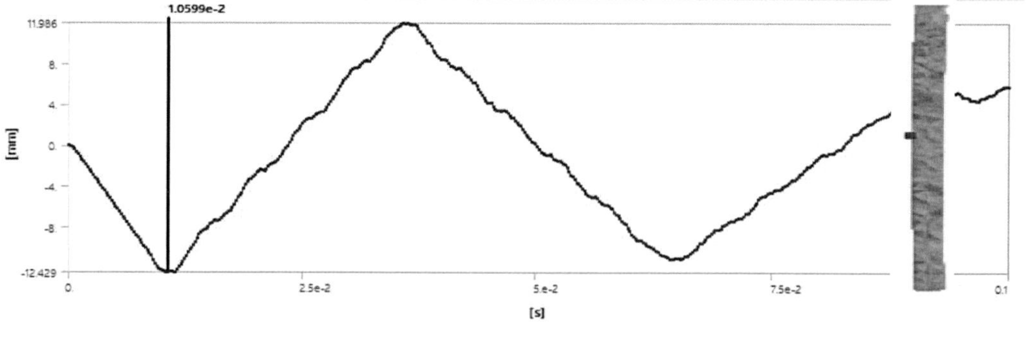

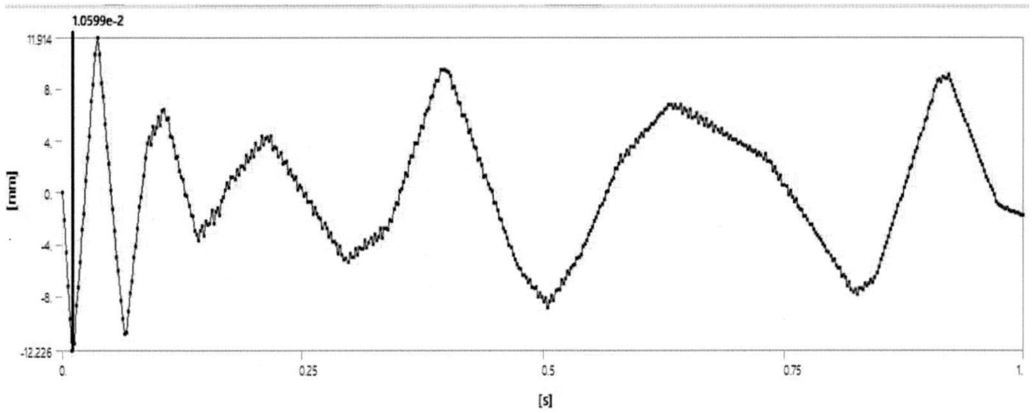

(2) Equivalent Stress : Center Point

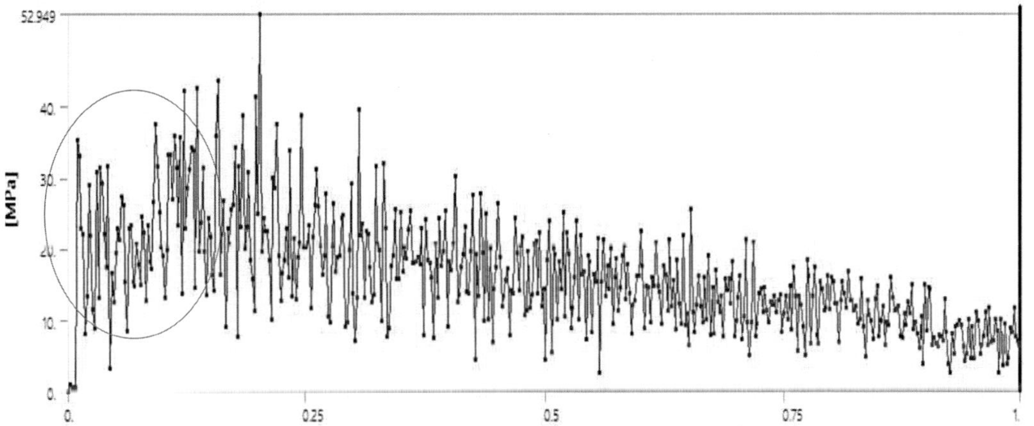

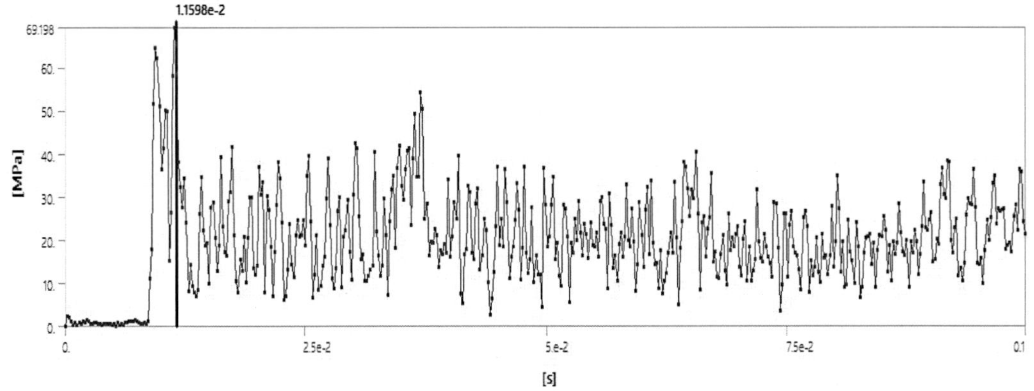

(3) Force Reaction

① Z축 방향 Reaction

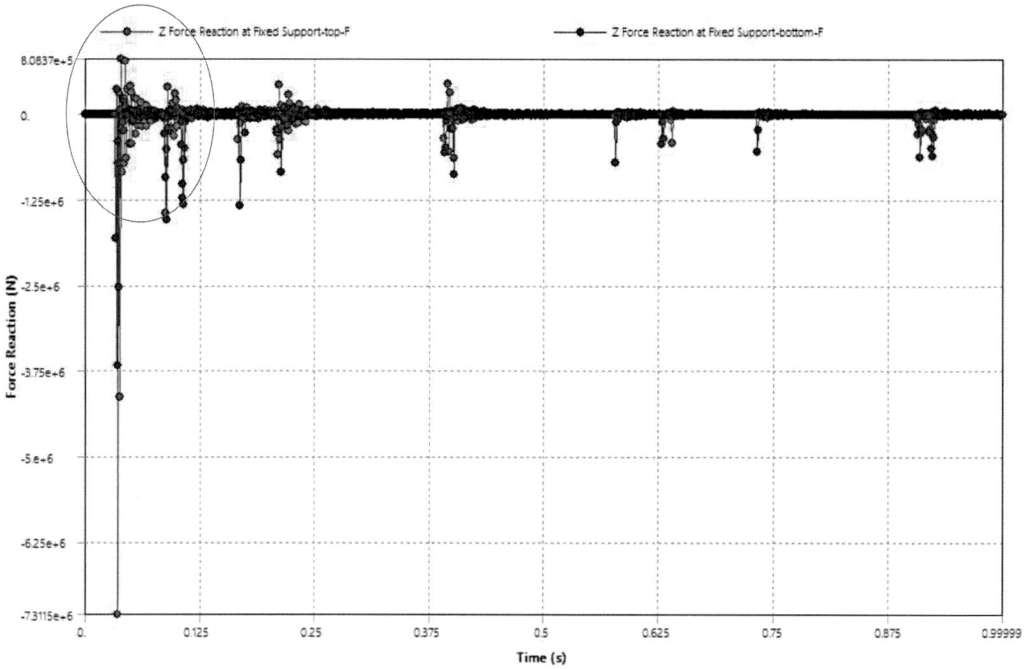

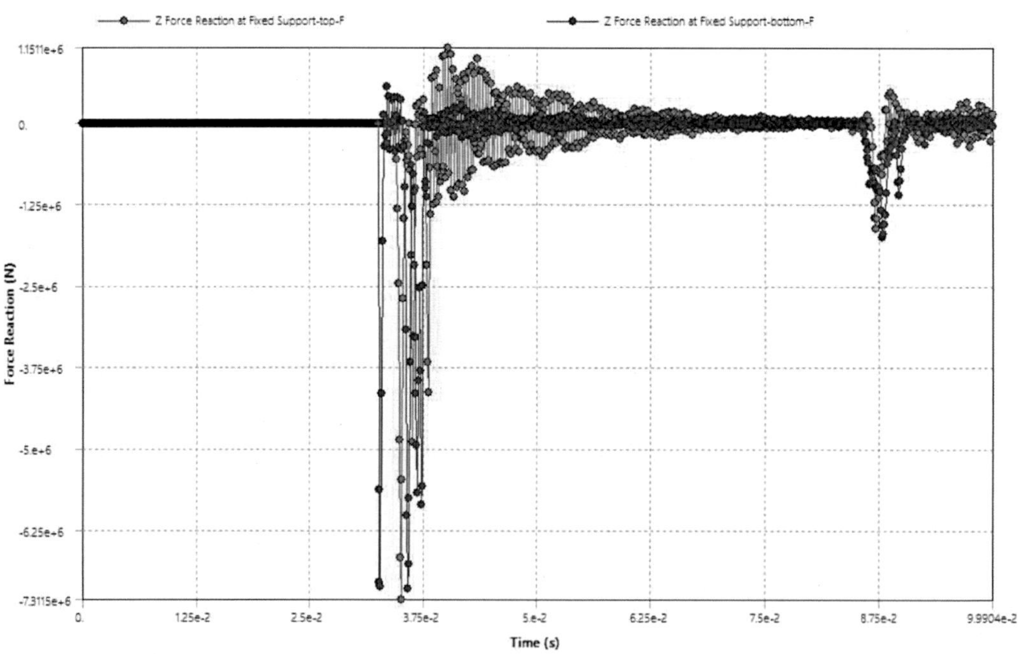

C. Blast Door with guide frame

1. 구조해석 정의

Structural Steel NL 강판에 삼각형 압력이 작용할 때 강판의 변동을 해석한다. 강판의 크기는 2000x3000x200 mm이며 상하부에 롤러 형상의 돌출을 각각 2개를 모형화한다. 강판의 모형은 슬라이딩 방폭문을 모형화한 것이다. 상부와 하부 롤러를 안내하는 구조물과 슬라이드 방폭문의 후면을 지지하는 콘크리트 프레임을 모형화한다.

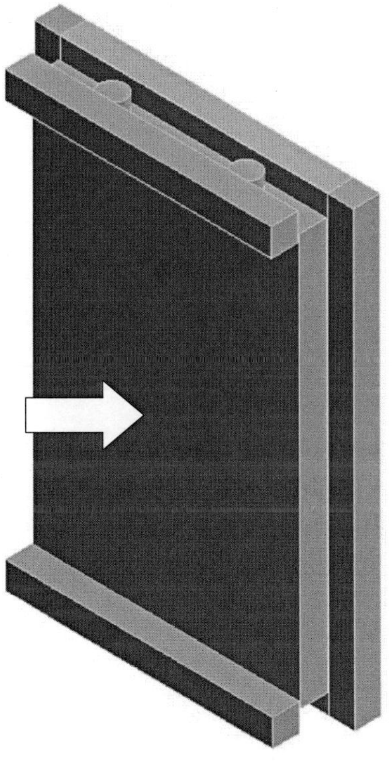

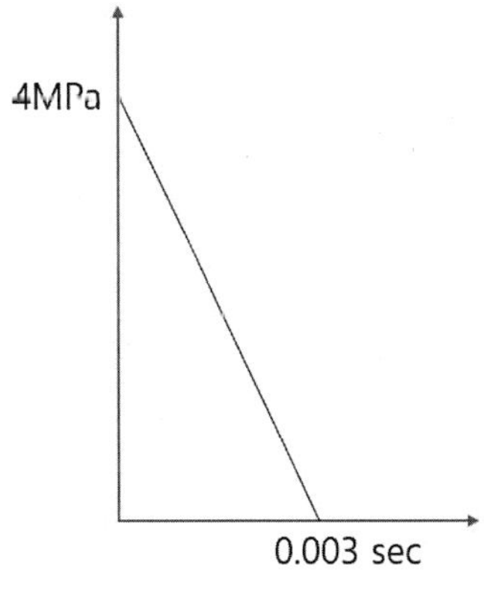

2. 구조해석 목적

- Failure에 대한 이해 및 적용
- 소성 변형 파손(Plastic strain failure) 적용
- 구조강의 재질을 변경하면서 파손 형태를 파악한다.
- Force Reaction을 계산한다.
- Contact Force를 산정한다.
- Post Process에서 확인할 수 있는 항목

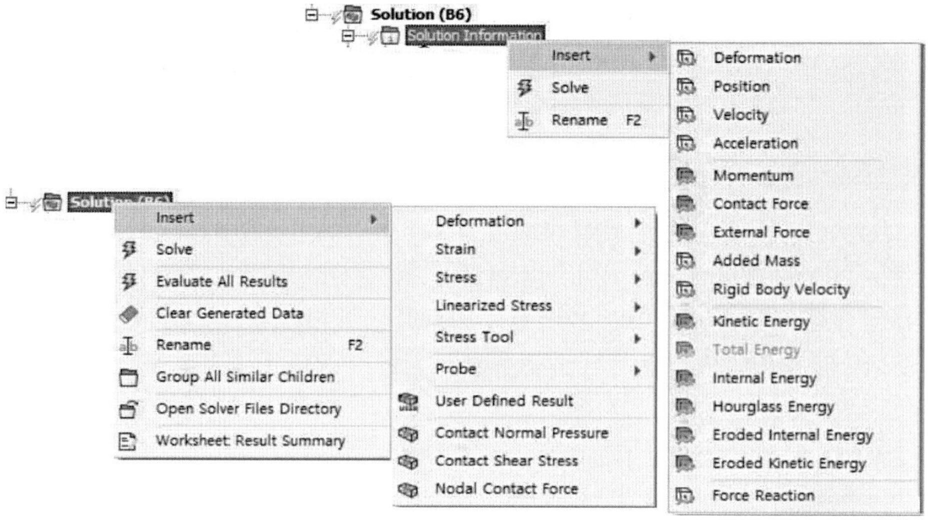

3. 구조해석 절차

1) 프로젝트 설정

① workbench에서 LSDYNA를 사용할 수 있도록 Extensions Manager에서 설정한다.

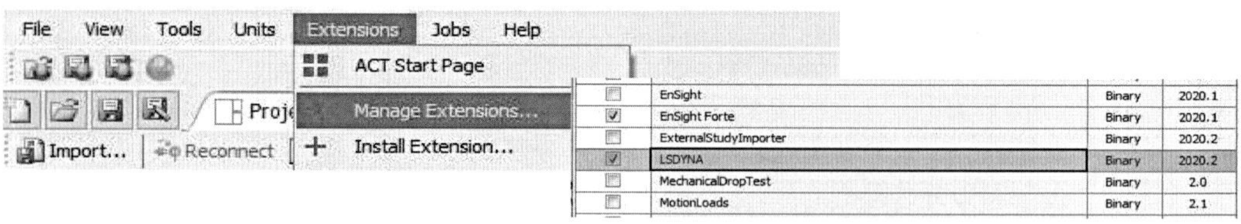

2) 엔지니어링 데이터 정의

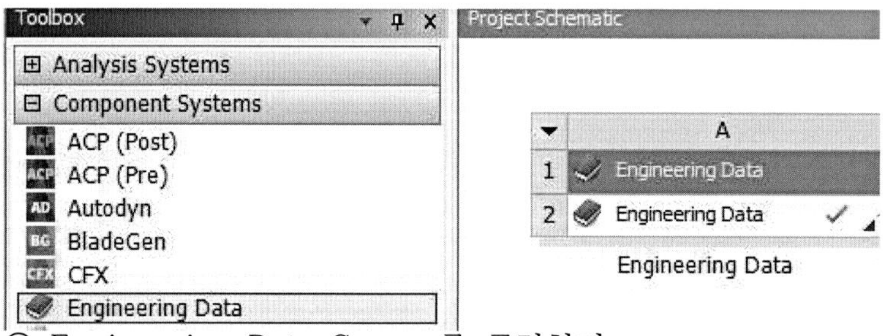

① Engineering Data Source를 클릭한다.

② General Nolinear Materials를 클릭한다.

③ Structural Steel NL의 +를 클릭하여 Engineering Data에 가져온다.

④ Engineering Data Source를 클릭하여 가져온 데이터를 확인한다.

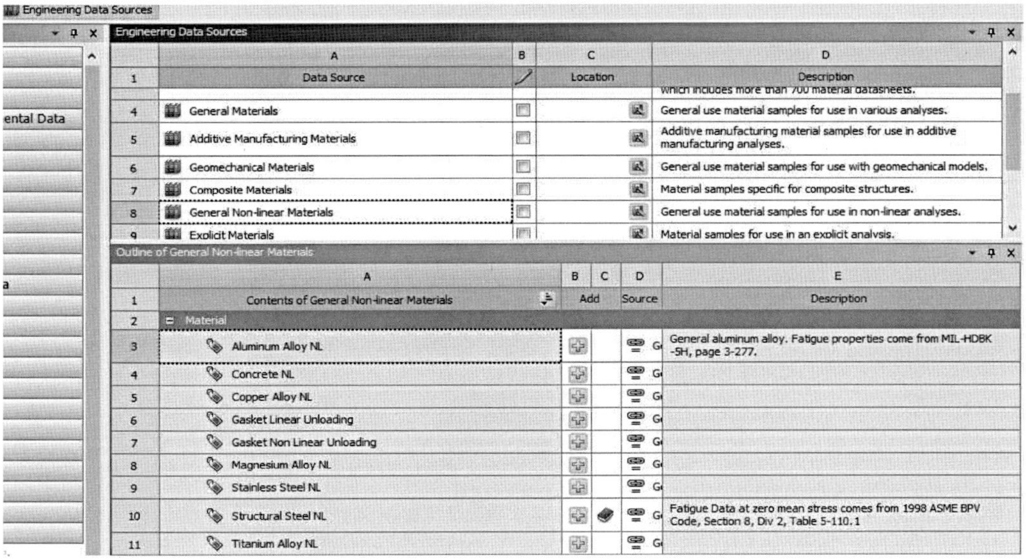

Engineering Data에 가져온 Structural NL은 위와 같다.

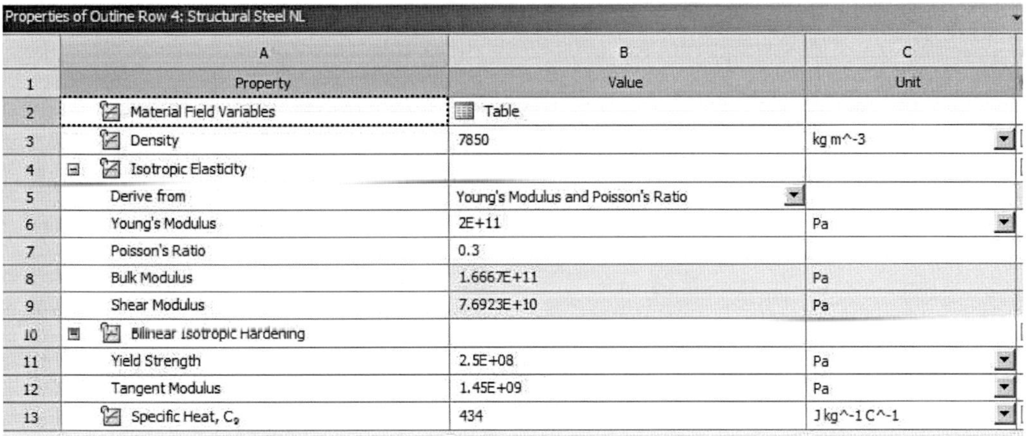

3) 형상 부착 모델 데이터 불러오기(또는 모델 만들기)

ⓐ LD-DYNA를 활성화하고 Engineering data를 연결한다.

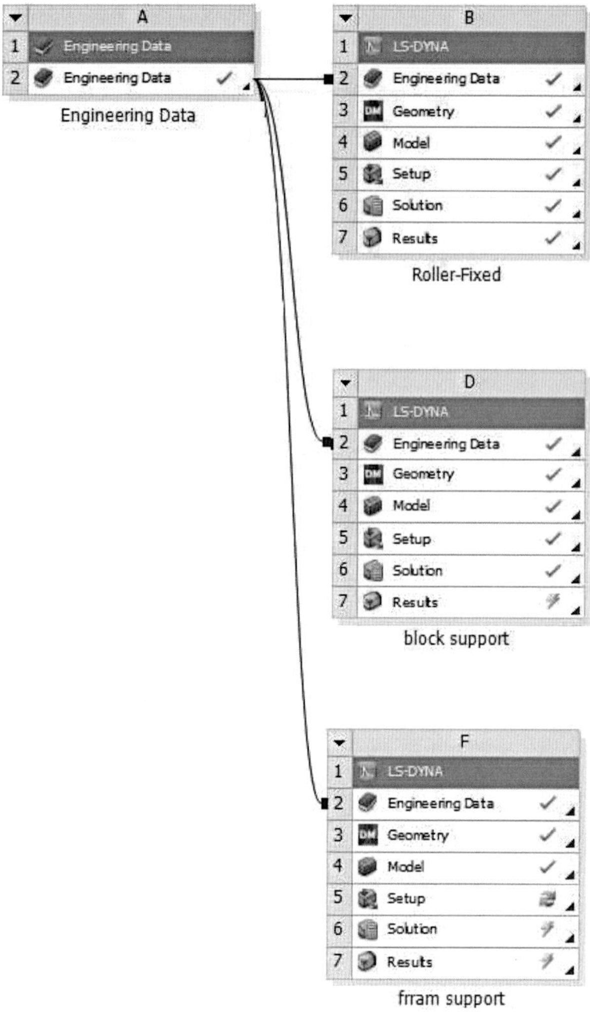

ⓑ 해석 모델은 SpaceClaim, DesingModeler를 사용하여 디자인한다.

또는 다른 소프트웨어서 디자인한 모델을 stp, IGES 등의 파일 형식으로 Import Geometry를 사용하여 가져온다.

① Geometry > Import Geometry에서 파일을 가져온다.

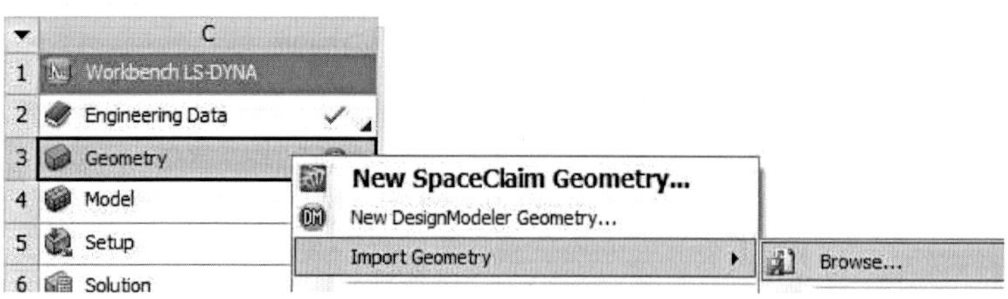

4) 부품 동작 정의

(1) 구조해석을 하기 위하여 Mechanical 창을 활성화한다.

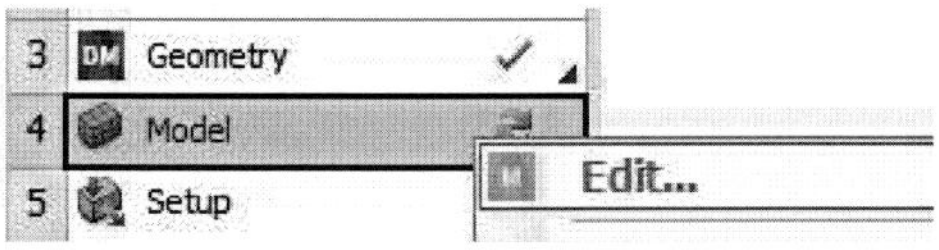

※ F7를 클릭하여 모델을 화면에 나타낸다.

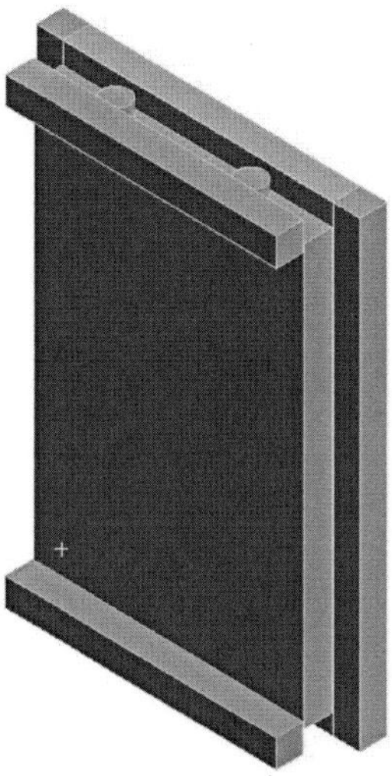

(2) 부품 동작 정의에서 부품 동작에 대한 정보를 정의한다.

① Block을 suppress 시킨다.

② plate는 Stiffness Behavior를 flexible로, 재질은 structural steel NL로 설정한다.

5) 좌표계 정의

시스템에서 설정한 Global 좌표계를 사용한다.

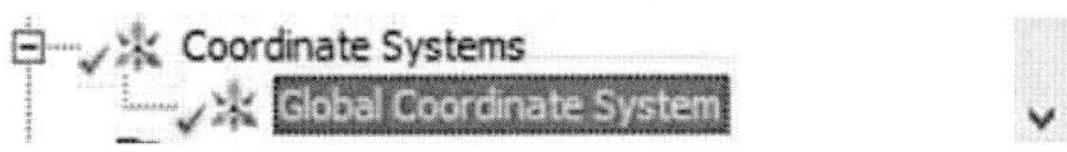

6) 연결 정의

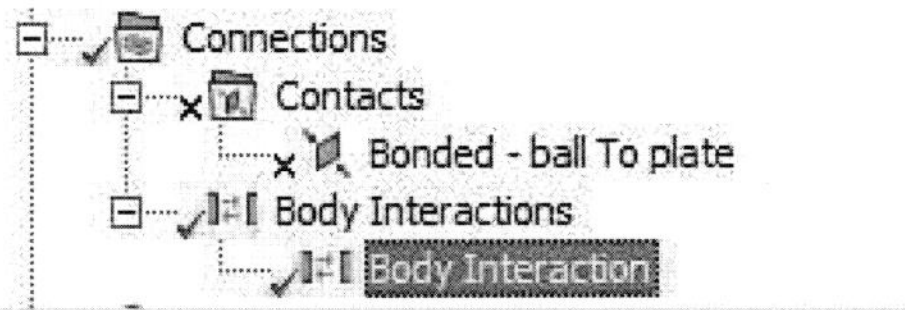

Contact Region은 suppress를 시키고, Body Interaction은 Frictionless로 설정한다.

7) 메쉬 설정 정의

메쉬 설정은 자동설정으로 수행한다.

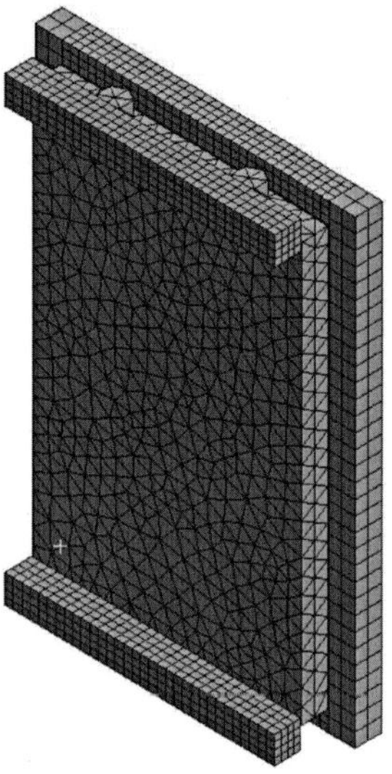

8) LS-DYNA 분석 설정 정의

Analysis Setting에서 분석 설정에 대한 정보를 찾을 수 있다.
솔버 제어(Solver Controls)에서 솔버 정밀도(Solver Precision)를 단일 또는 이중(Double)으로 설정하거나 프로그램 제어로 둘 수 있다.

① LS-DYNA에서는 End Time 는 0.02 sec으로 설정한다.
 Automatic Mass scaling Yes,
 Time Step size = 1e-7로 설정한다.

② Hourglass Controls는
 Belytschko-Bindeman 로 설정한다.
 coefficient = 0.01

③ Output Controls에서는
 Output Format LS-DYNA
 Binary File Size Scale Factor를 100으로 설정한다.

④ Time History Output Controls
 Calculate Results At
 = Equally Spaced Points, 1000

9) 구조해석 초기 조건 정의

- 설정 없음

10) 구조해석 경계 조건 정의

(1) 하중 조건 설정 :

① Press : 전면 강철판에 적용한다.

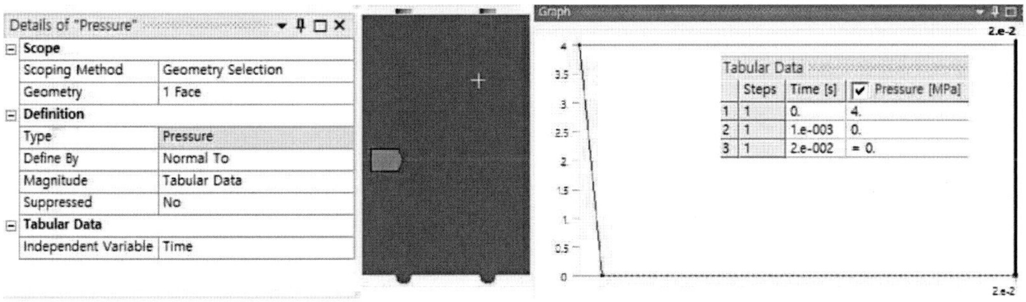

(2) 구조물의 변위 구속조건 설정

① Fixed support : 후면 4개의 블록과 전면 2개의 블록을 선택함.

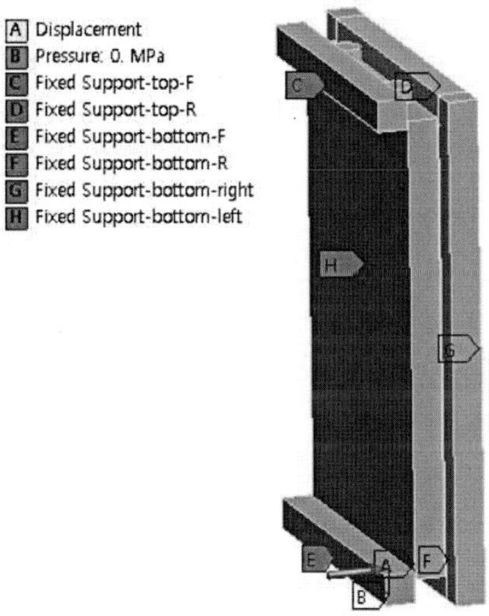

② Displacement Support : 방폭문의 하단 면을 선택

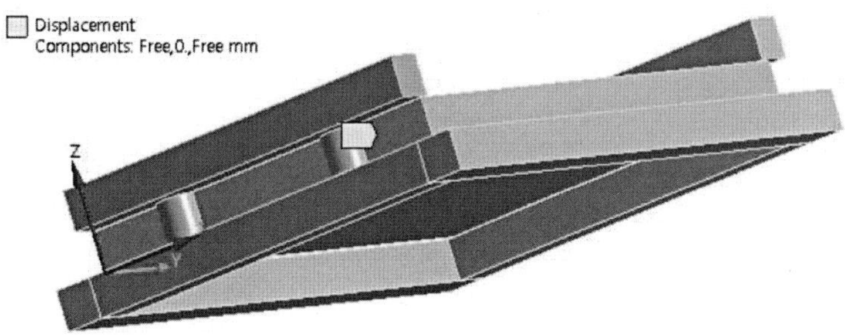

11) 구조해석 수행하기

경계 조건이 설정이 완료되면 구조해석을 수행한다. Solve 클릭하여 해석한다.

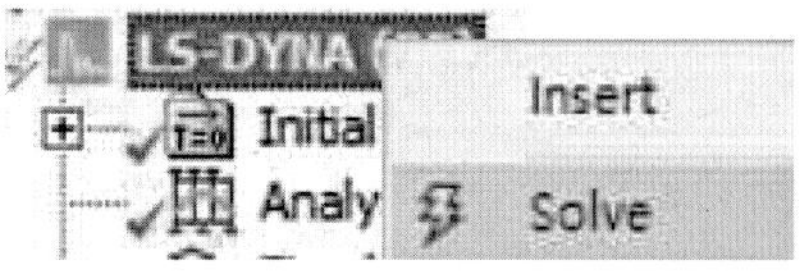

(1) 해석 소요 시간

Elapsed time 309 seconds for 47392 cycles using 1 SMP thread
(0 hour 5 minutes 9 seconds)

(2) Energy 변화 추이

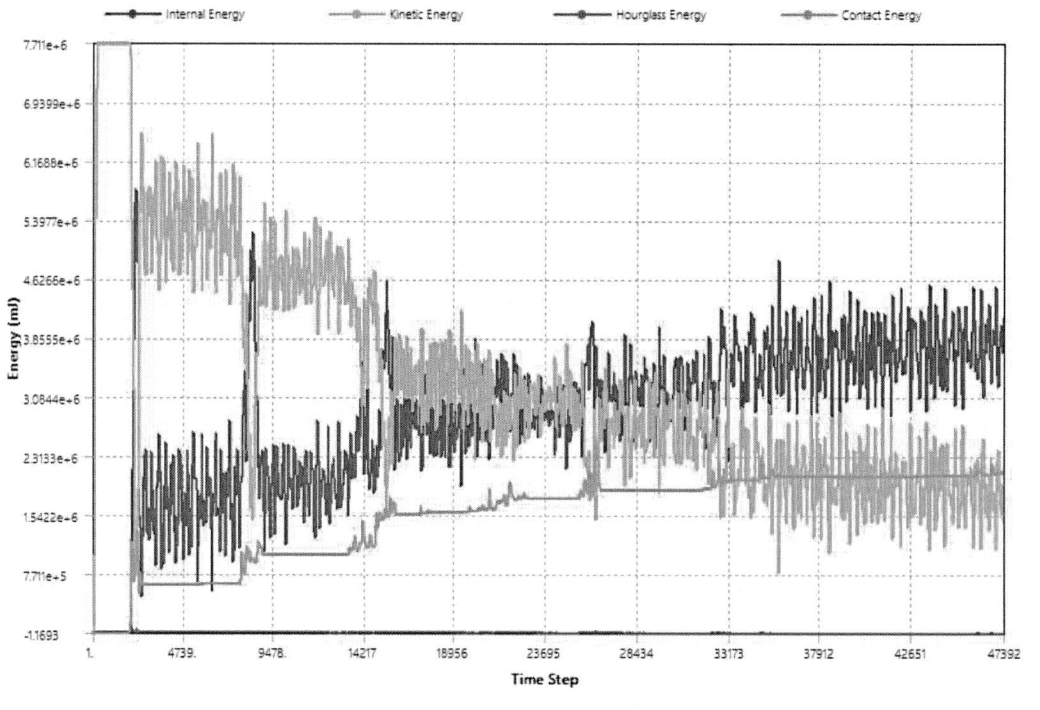

12) 구조해석 결과 확인

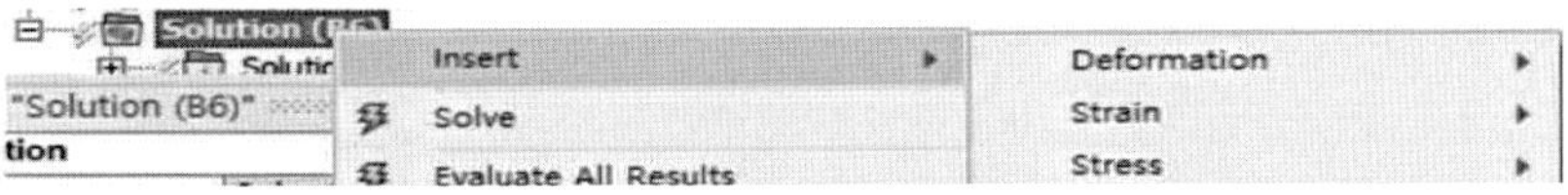

Solution에서 Deformation, Strain, Stress 등의 해석 결과를 불러온다.

(1) Total Deformation을 검토한다.

① Total body

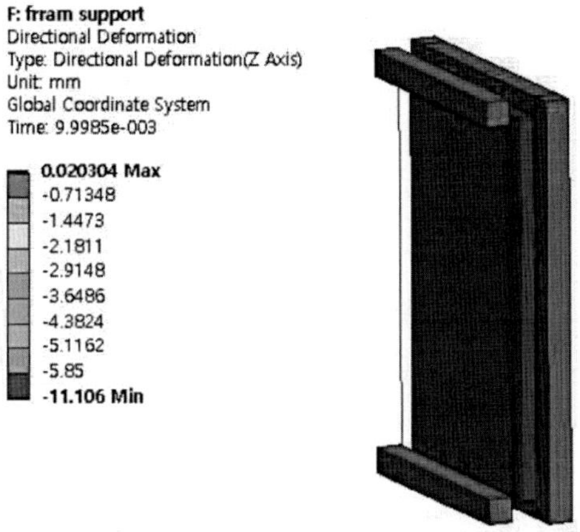

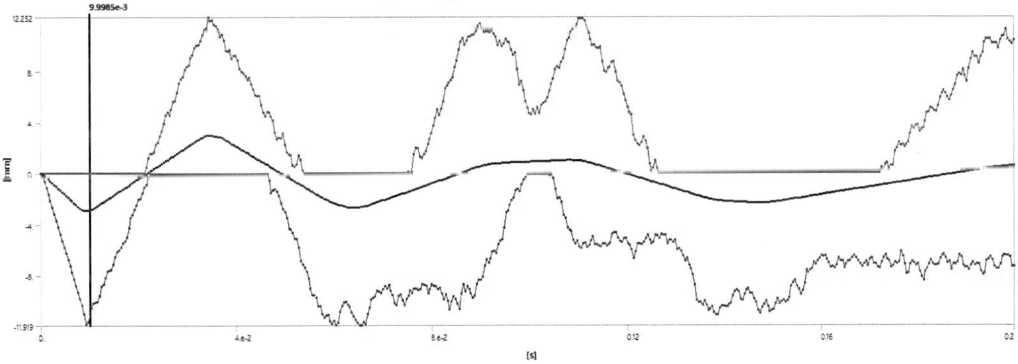

② Center Point

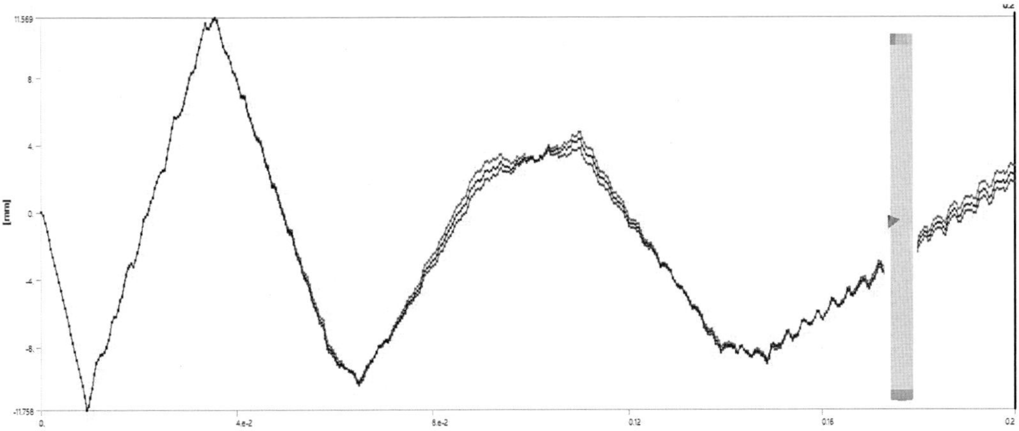

(2) Force Reaction

① Z축 방향 Reaction(Top)

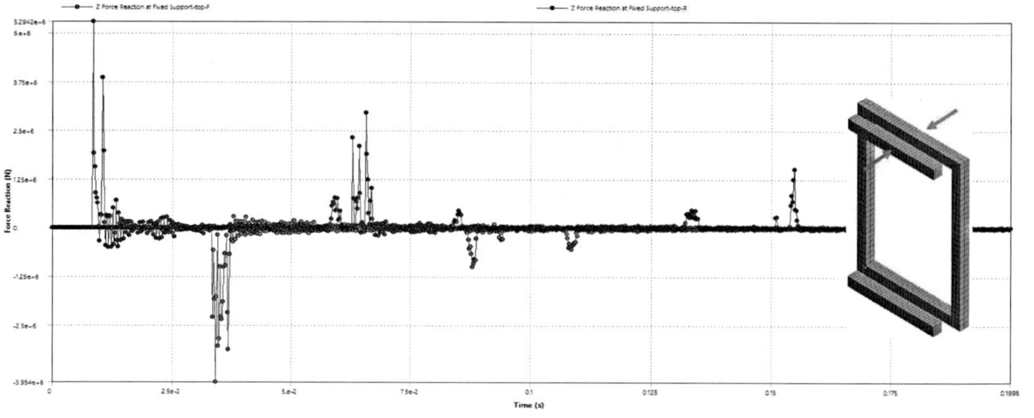

② Z축 방향 Reaction(Down)

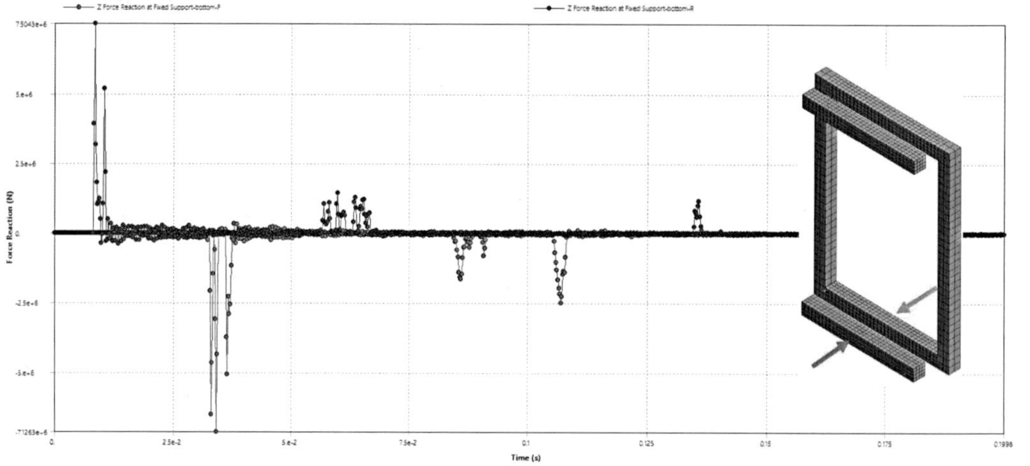

③ Z축 방향 Reaction(측면)

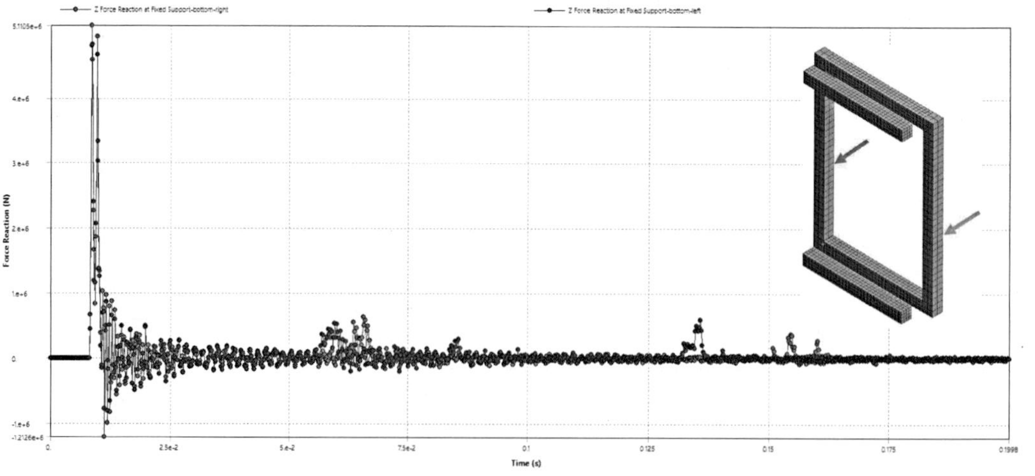

D. Blast Door with guide frame

1. 구조해석 정의

Structural Steel NL 강판에 4MPa의 정압을 받을 때 방폭문의 거동을 해석한다.

강판의 크기는 2000x3000x200 mm이며 상하부에 롤러 형상을 제외한다.
방폭문의 4면 edge를 완전고정으로 설정하여 해석한다.

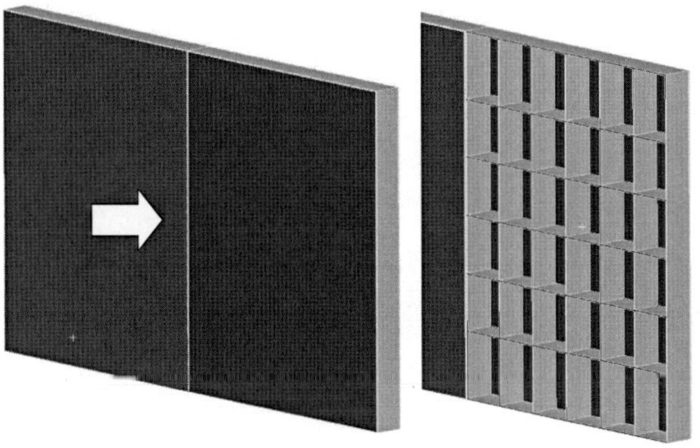

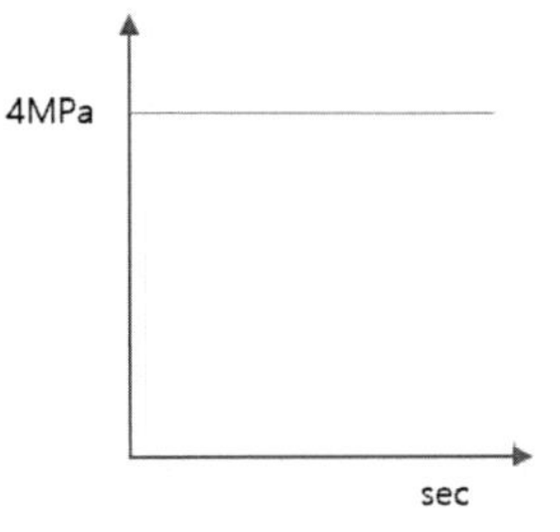

2. 구조해석 목적

- Failure에 대한 이해 및 적용
- 소성 변형 파손(Plastic strain failure) 적용
- 구조강의 재질을 변경하면서 파손 형태를 파악한다.
- Force Reaction을 계산한다.
- Contact Force를 산정한다.
- Post Process에서 확인할 수 있는 항목

3. 구조해석 절차

1) 프로젝트 설정

① workbench에서 LSDYNA를 사용할 수 있도록 Extensions Manager에서 설정한다.

2) 엔지니어링 데이터 정의

① Engineering Data Source를 클릭한다.

② General Nolinear Materials를 클릭한다.

③ Structural Steel NL의 +를 클릭하여 Engineering Data에 가져온다.

④ Engineering Data Source를 클릭하여 가져온 데이터를 확인한다.

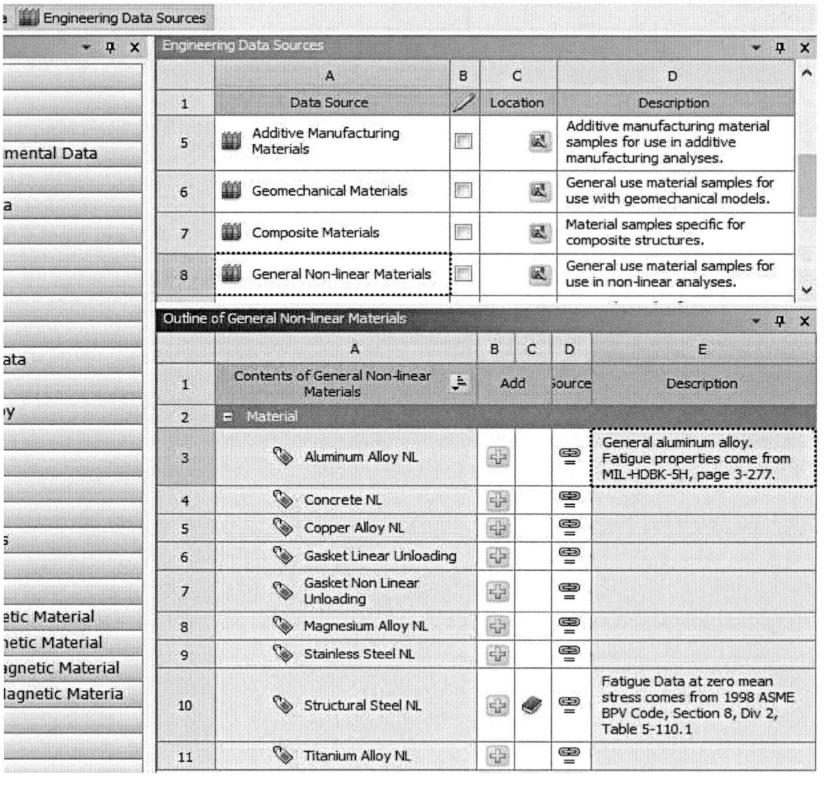

3) 형상 부착 모델 데이터 불러오기(또는 모델 만들기)

① Engineering data를 연결한다.

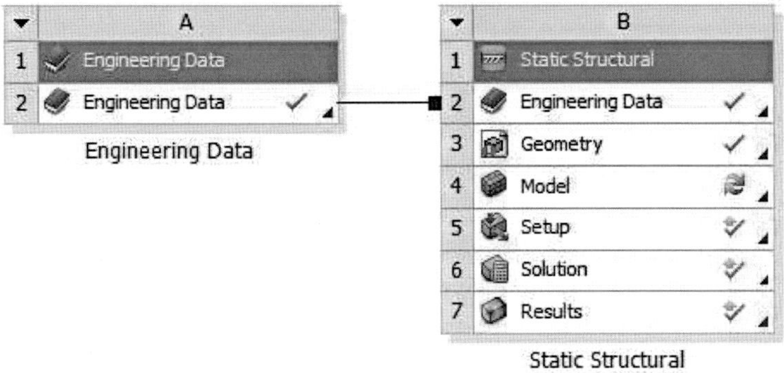

② Geometry > Import Geometry에서 파일을 가져온다.

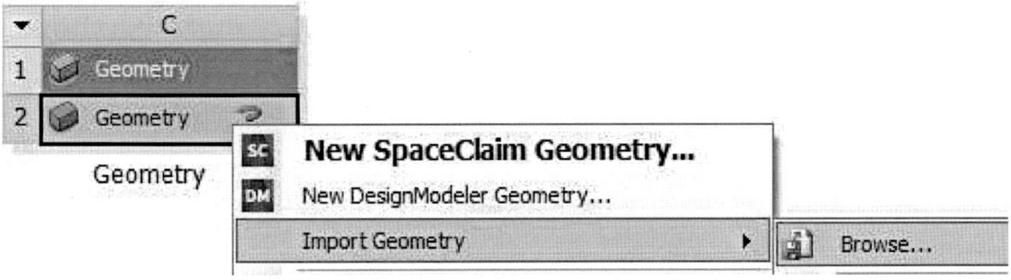

③ Static Structural을 활성화하고 Engineering data와 Geometry를 연결한다.

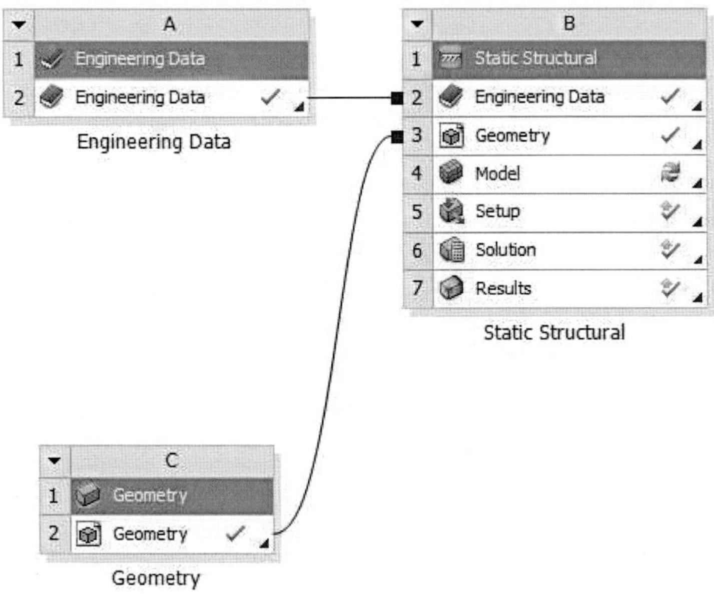

4) 부품 동작 정의

(1) 구조해석을 하기 위하여 Mechanical 창을 활성화한다.

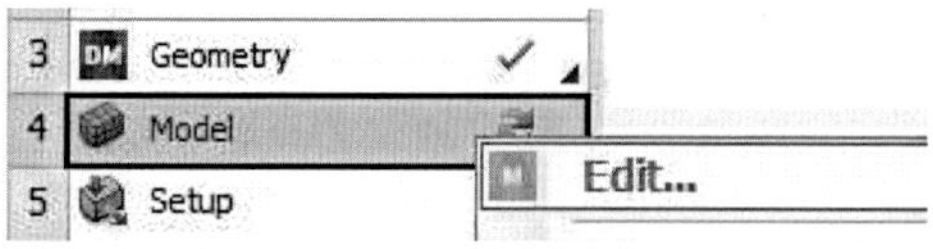

※ F7를 클릭하여 모델을 화면에 나타낸다.

(2) 부품 동작 정의에서 부품 동작에 대한 정보를 정의한다.

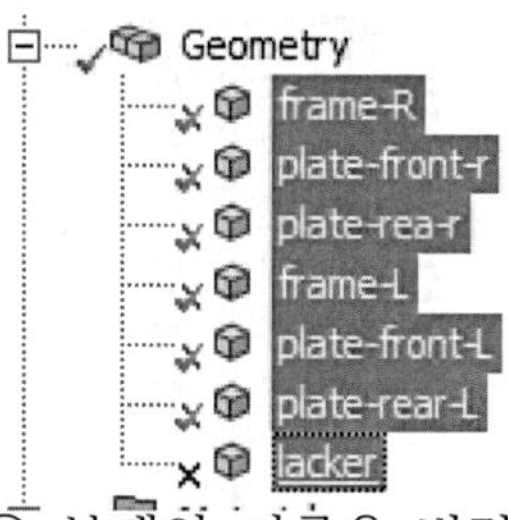

① 부재의 이름을 변경하고 lacker를 suppress 시킨다.

② 부재의 Stiffness Behavior를 flexible로, 재질은 structural steel NL로 설정한다.

5) 좌표계 정의

시스템에서 설정한 Global 좌표계를 사용한다.

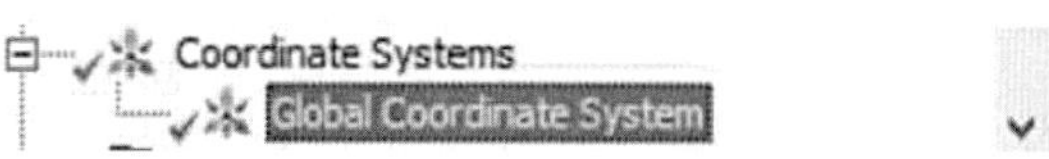

6) 연결 정의

모든 부재의 연결은 Bonded로 자동설정한 것을 사용한다.

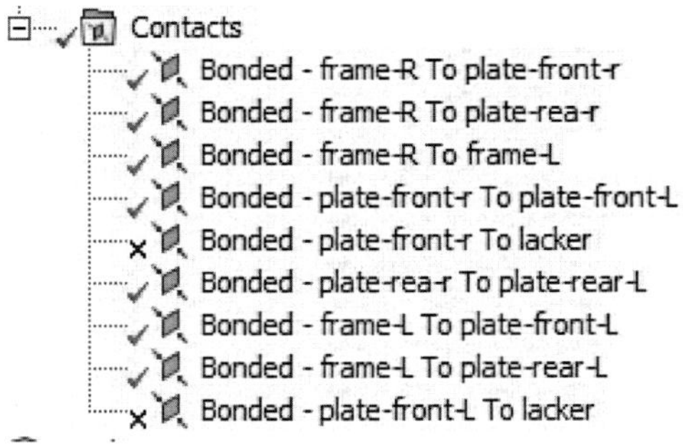

7) 메쉬 설정 정의

메쉬는 Method를 사용하여 MutiZon으로 설정하고, 메수 사이즈는 100mm로 설정한다.

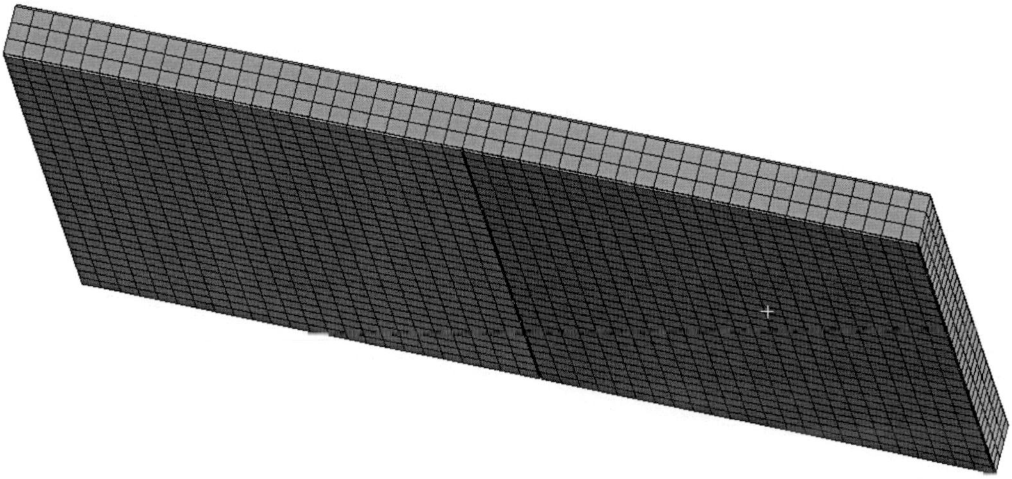

8) 분석 설정 정의

기본설정을 사용한다.

9) 구조해석 초기 조건 정의

- 설정 없음

10) 구조해석 경계 조건 정의

(1) 하중 조건 설정 :

① Press : 전면 강철판에 적용한다.

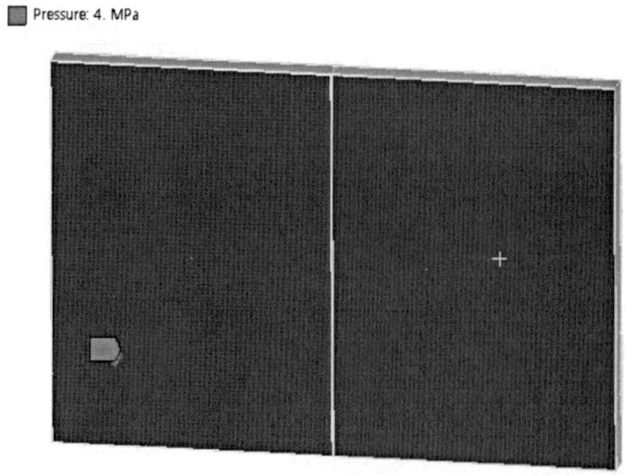

(2) 구조물의 변위 구속조건 설정

① Fixed support : 후면 절단의 Edge를 6개 선택한다.

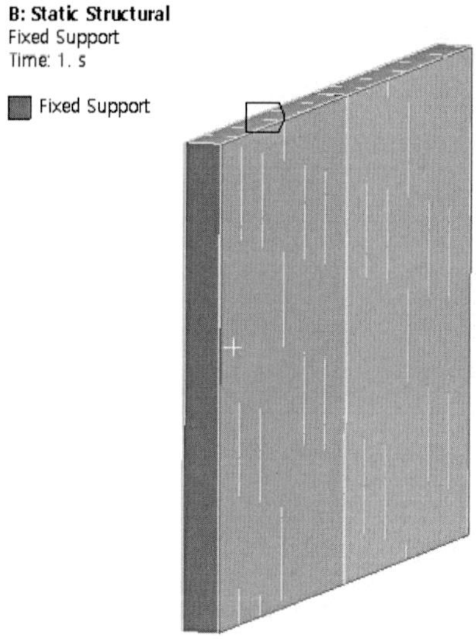

11) 구조해석 수행하기

경계 조건이 설정이 완료되면 구조해석을 수행한다. Solve 클릭하여 해석한다.

12) 구조해석 결과 확인

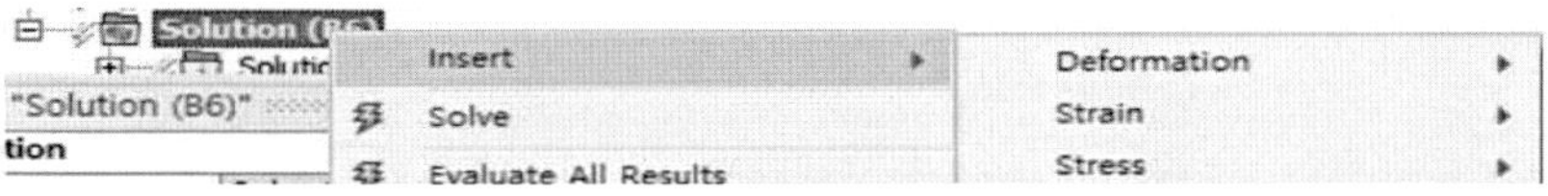

Solution에서 Deformation, Strain, Stress 등의 해석 결과를 불러온다.

(1) Total Deformation을 검토한다.

① Total body

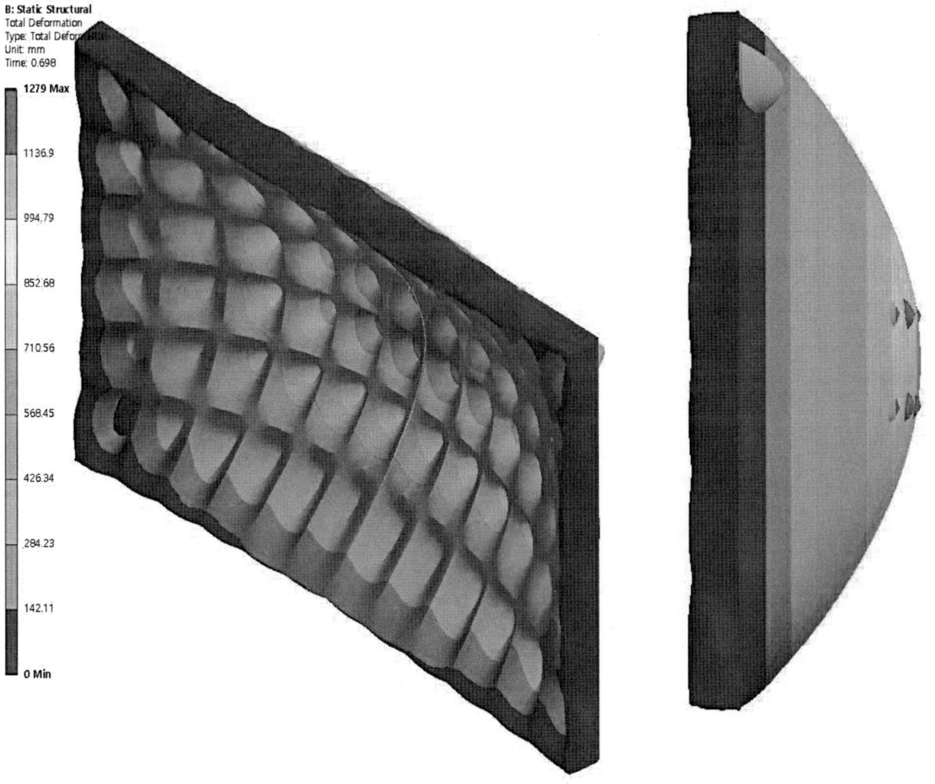

② path

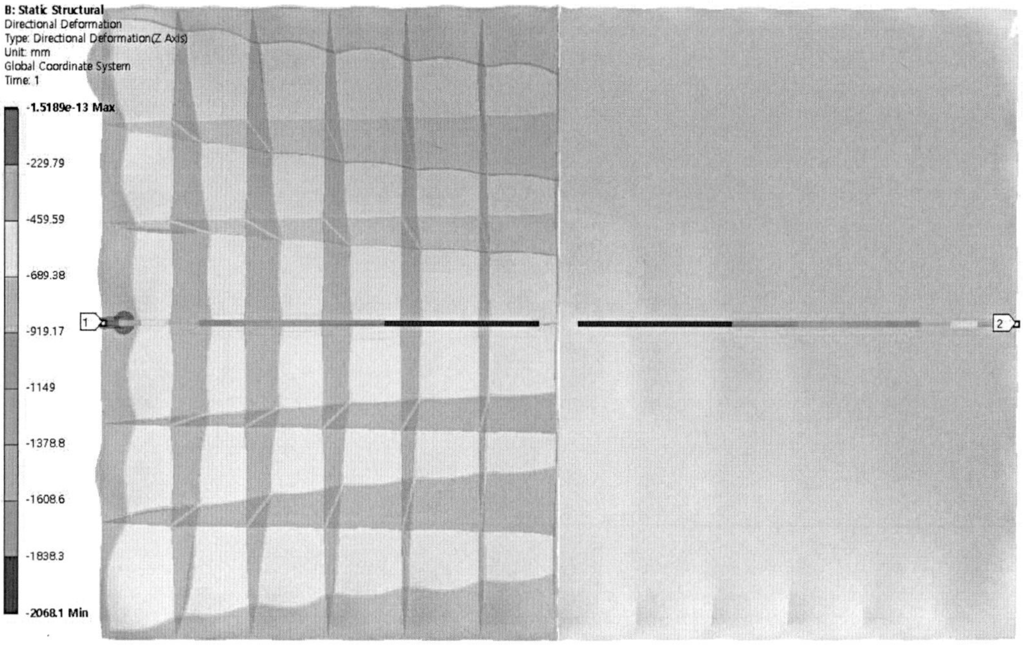

B: Static Structural
Directional Deformation
Type: Directional Deformation(Z Axis)
Unit: mm
Global Coordinate System
Time: 1
-1.5189e-13 Max
-229.79
-459.59
-689.38
-919.17
-1149
-1378.8
-1608.6
-1838.3
-2068.1 Min
1
2

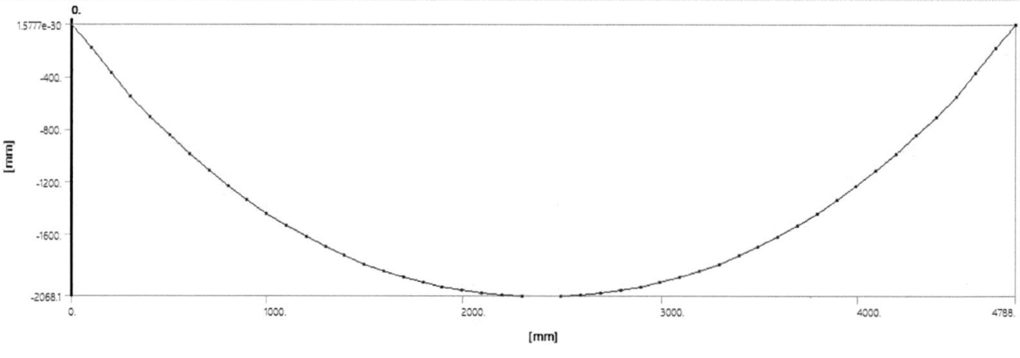

0.
1.5777e-30
-400.
-800.
-1200.
-1600.
-2068.1
[mm]
0.
1000.
2000.
3000.
4000.
4788.
[mm]

(2) Equivalent Stress :

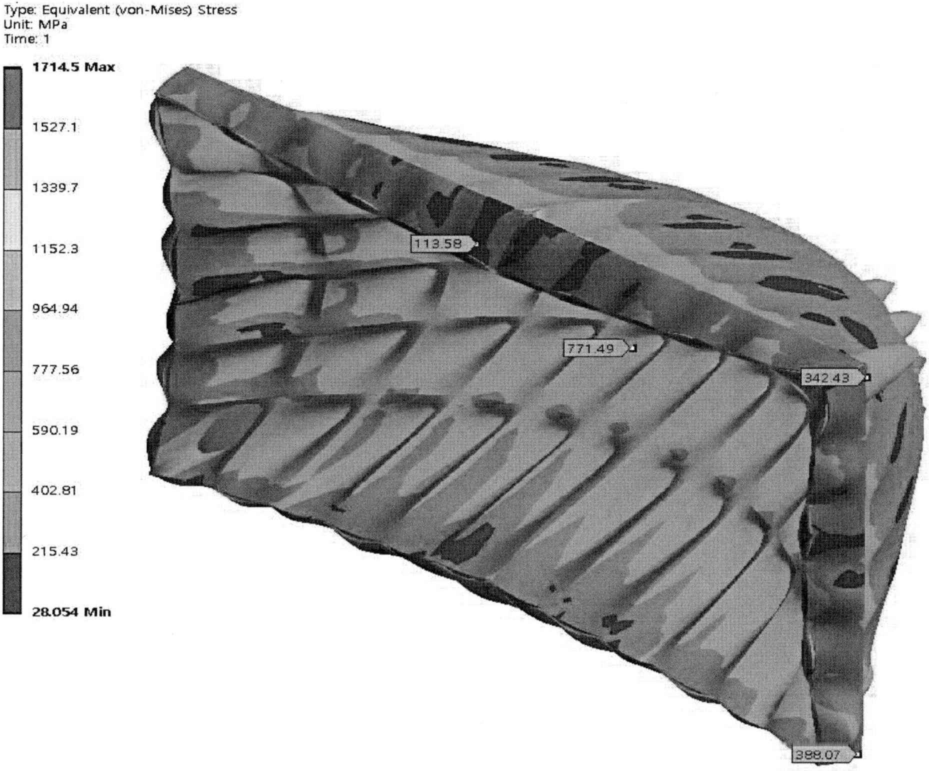

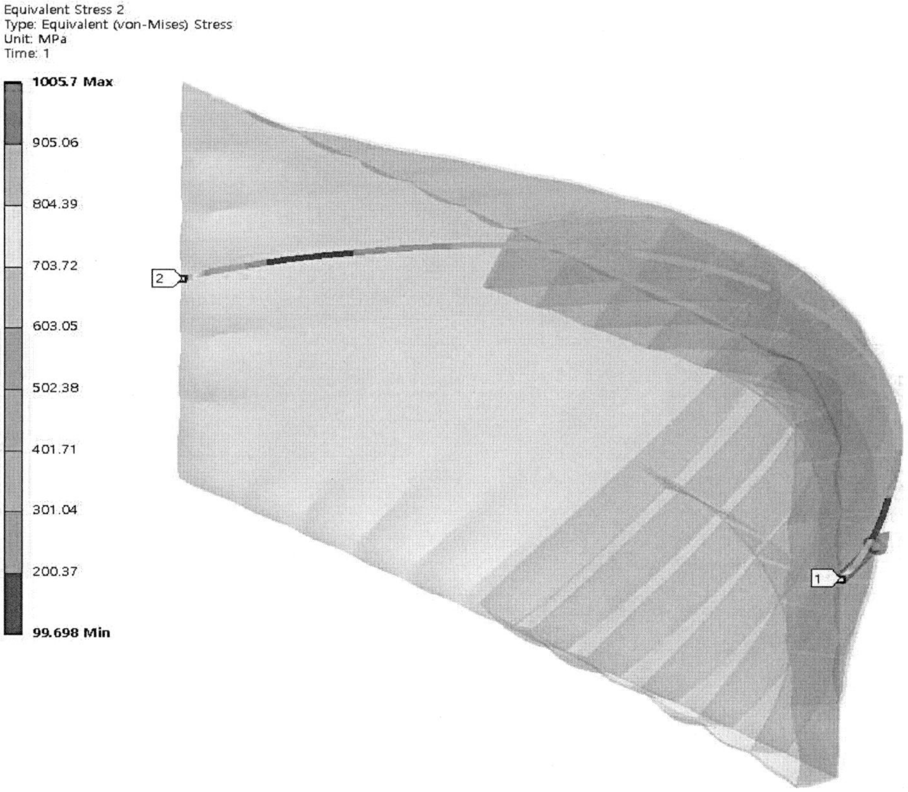

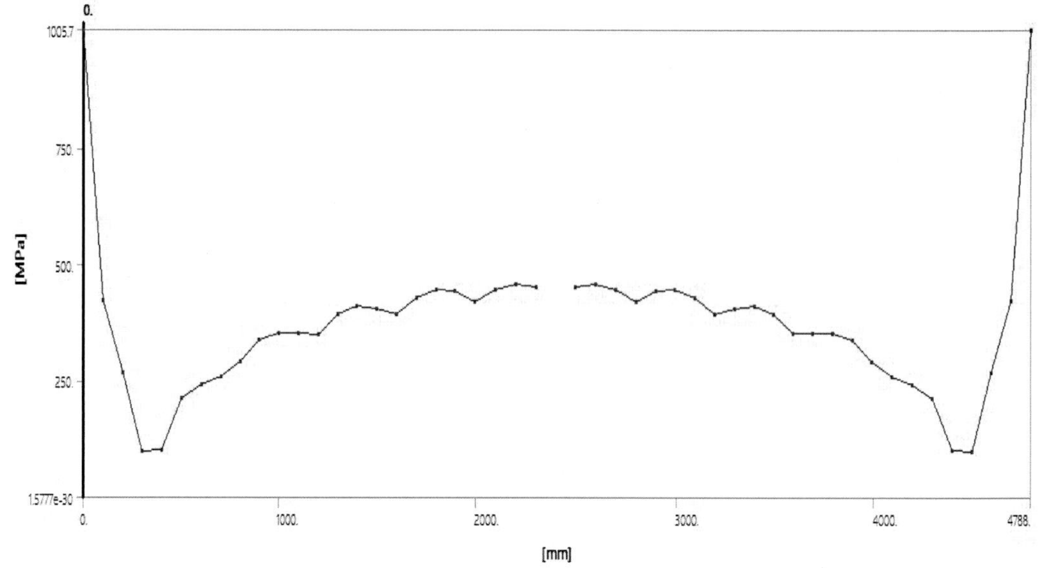

(2) Force Reaction

① Z축 방향 Reaction(Top)

Force Reaction
Force Reaction 2
Force Reaction 3
Force Reaction 4
Force Reaction 5
Force Reaction 6

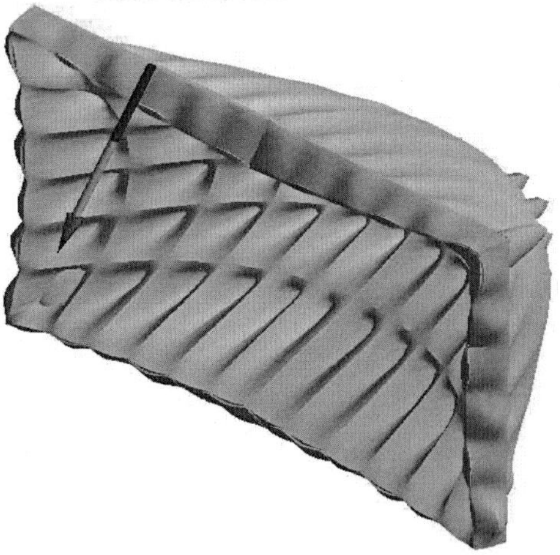

Maximum Value Over Time	
X Axis	-2.1729e+005 N
Y Axis	-3.5261e+006 N
Z Axis	1.0195e+007 N
Total	1.9716e+007 N

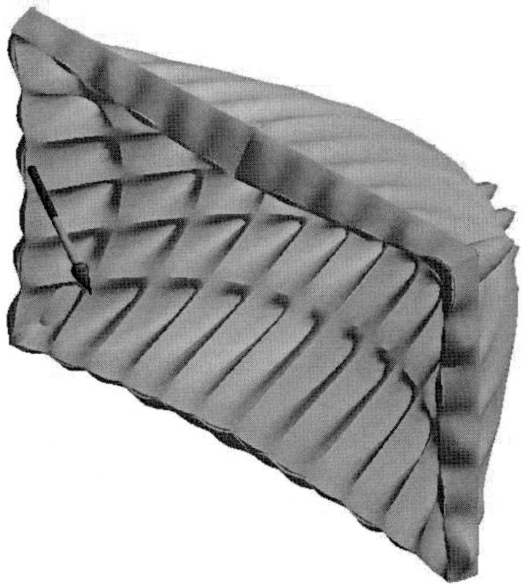

Maximum Value Over Time	
X Axis	1.5609e+007 N
Y Axis	1.6336e+005 N
Z Axis	9.4779e+006 N
Total	1.8262e+007 N

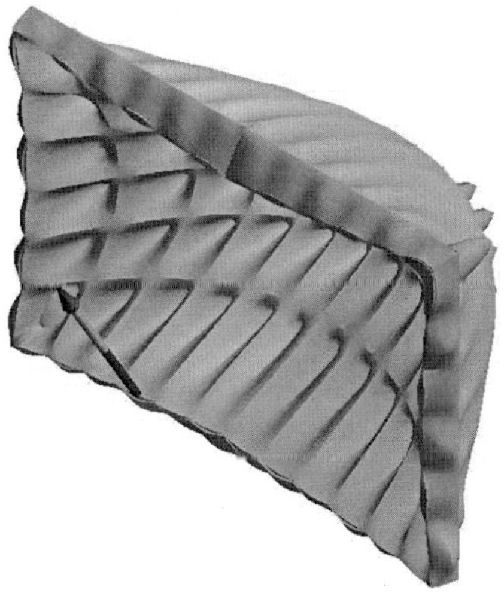

Maximum Value Over Time	
X Axis	-2.0371e+005 N
Y Axis	1.6787e+007 N
Z Axis	1.0119e+007 N
Total	1.9609e+007 N

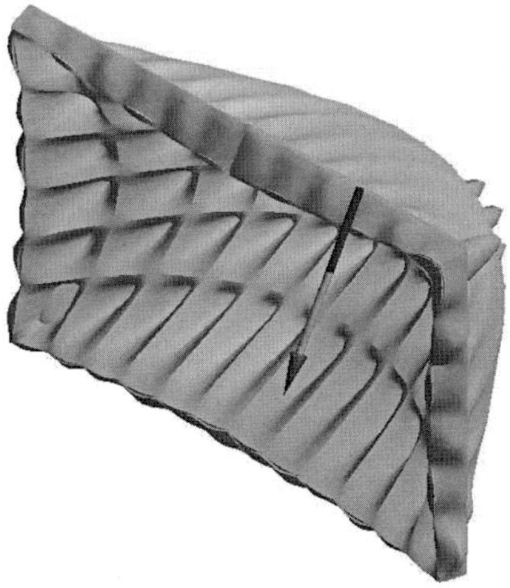

Maximum Value Over Time	
X Axis	5.223e+005 N
Y Axis	-3.5216e+006 N
Z Axis	1.0122e+007 N
Total	1.9605e+007 N

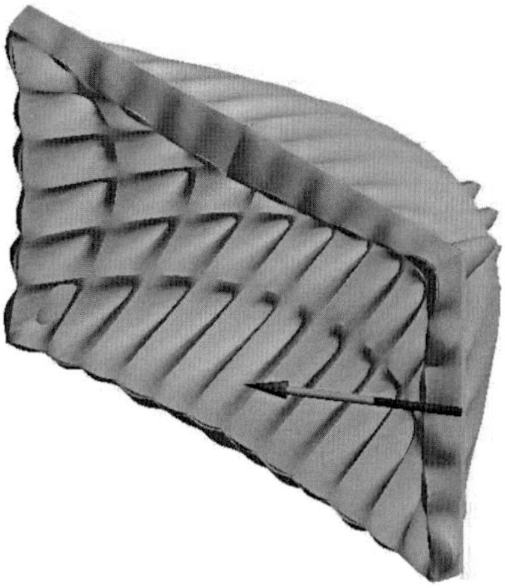

Maximum Value Over Time

X Axis	-3.1551e+006 N
Y Axis	-14602 N
Z Axis	9.4837e+006 N
Total	1.8258e+007 N

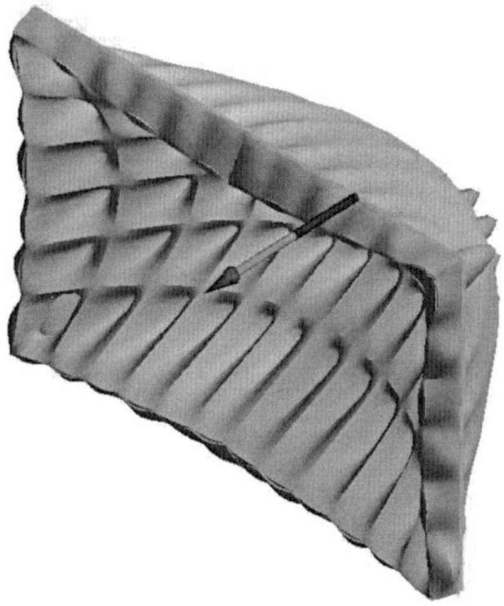

Maximum Value Over Time

X Axis	37.749 N
Y Axis	31.141 N
Z Axis	6.0904e+007 N
Total	6.0904e+007 N

14. Crimping Process

1. 구조해석 정의

Crimper가 정해진 속도로 움직이면서 Crimp를 변형시켜 wire와 Crimp사이의 Shaped Connection을 생성한다.

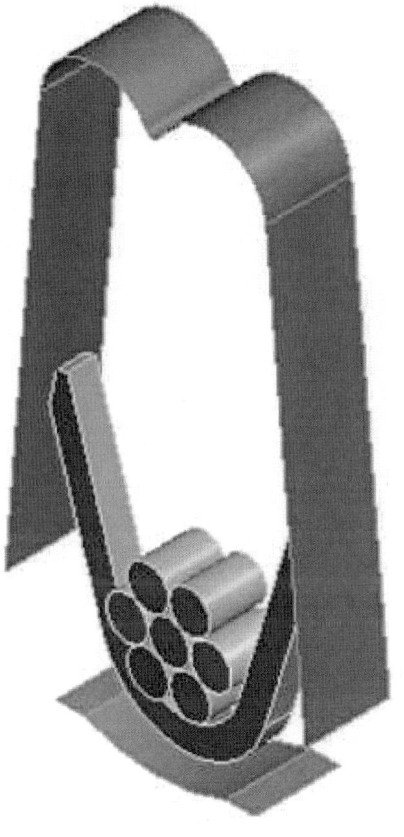

2. 구조해석 목적

- Velocity를 적용한다.
- Contact Property를 추가한다.
- Rigid Body Constraint를 적용한다.
- Body Contact tracker와 Result Tracker를 사용한다.
- Plastic Strain을 평가한다.

3. 구조해석 절차

A. Sphere를 유연제(flexible)로 설정하고 해석한다.

1) 프로젝트 설정

① workbench에서 LSDYNA를 사용할 수 있도록 Extensions Manager에서 설정한다.

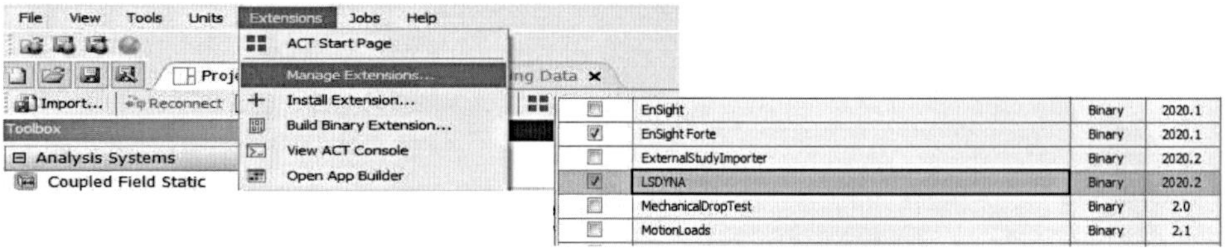

② LS-DYNA가 활성화된다.

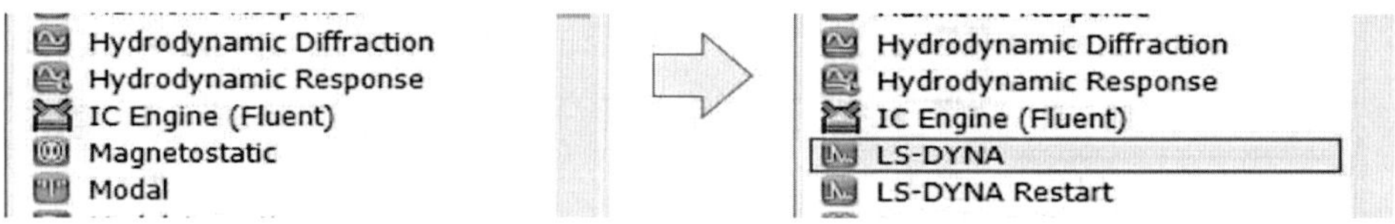

③ workbench에서 LS-DYNA를 드래그(또는 더블클릭) 한다.

2) 엔지니어링 데이터 정의

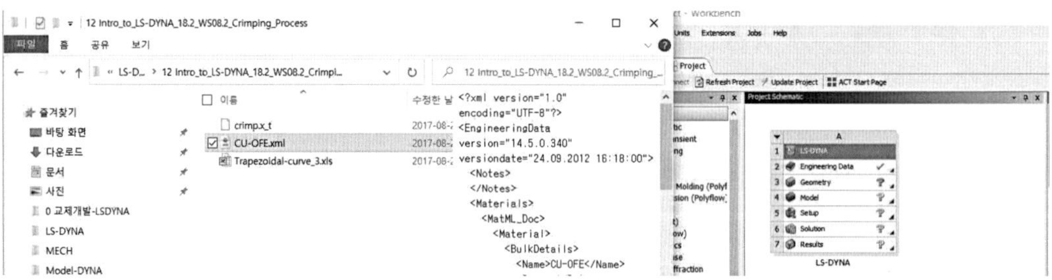

① 위 그림과 같이 Engineering Data 파일인 CU-OFE.xml을 Workbench Project Schematic에 드래그한다.

② A.Engineering Data를 B.Engineering Data에 연결한다.

3) 형상 부착 모델 데이터 불러오기(또는 모델 만들기)

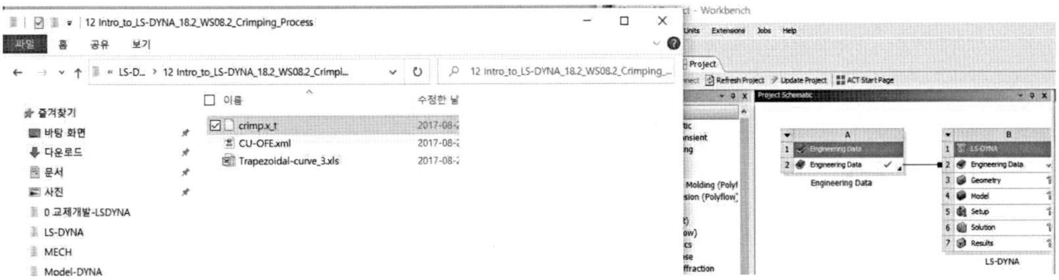

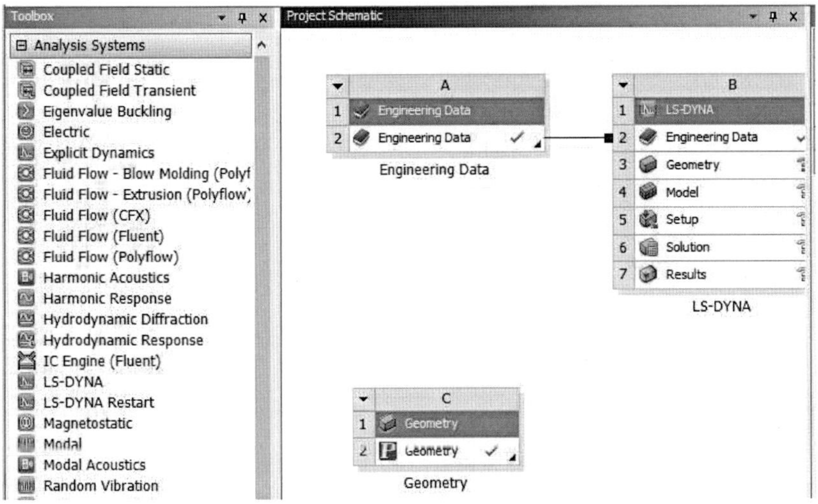

① 위 그림과 같이 Engineering Data 파일인 Crimp.x_t을 Workbench Project Schematic에 드래그한다.

② C.Geometry를 B.Geometry에 연결한다.

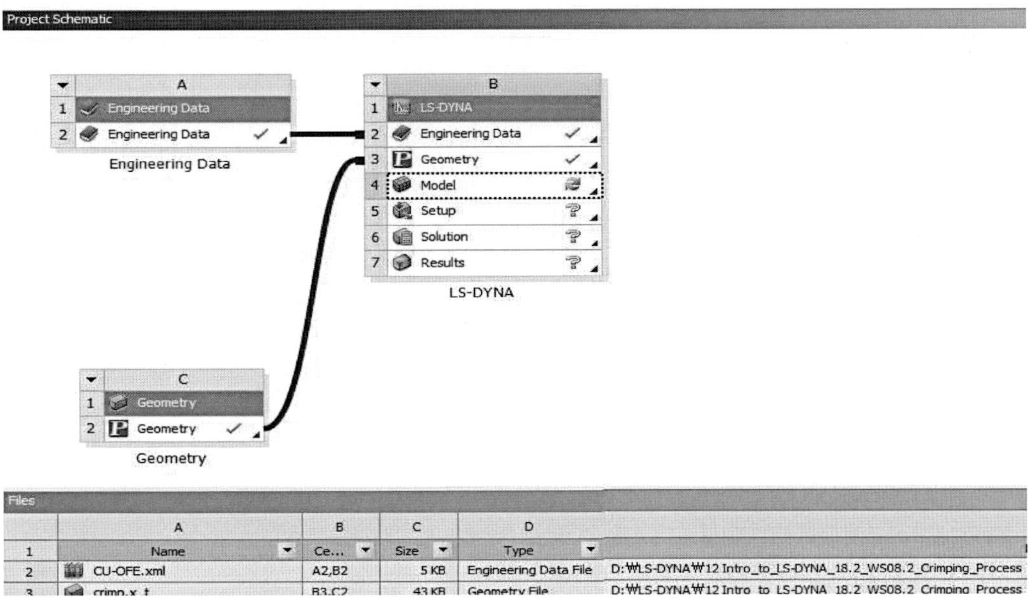

③ LS-DYNA를 클릭하여 crimp로 변경한다.

4) 부품 동작 정의

(1) 구조해석을 하기 위하여 Mechanical 창을 활성화한다.

(2) 부품 동작 정의에서 부품 동작에 대한 정보를 정의한다.
CU-OFE.xml에서 가져온 데이터는 CU-OFE로 정도는 다음과 같다.

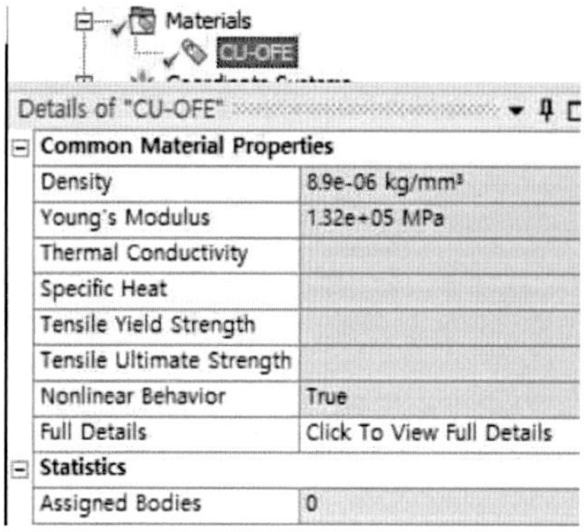

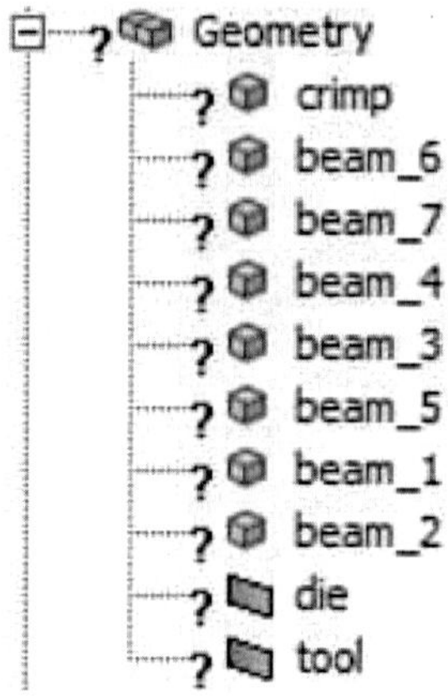

① 모든 Body의 재료는 Structural Steel로 설정한다.
② Die와 Tool의 Thickness = 0.1mm, Behavior = Rigid로 설정한다.

5) 좌표계 정의

시스템에서 설정한 Global 좌표계를 사용한다.

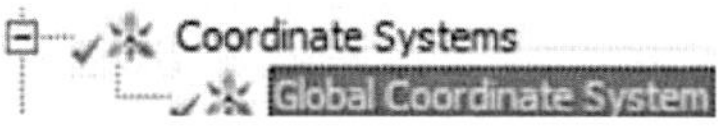

6) 연결 정의

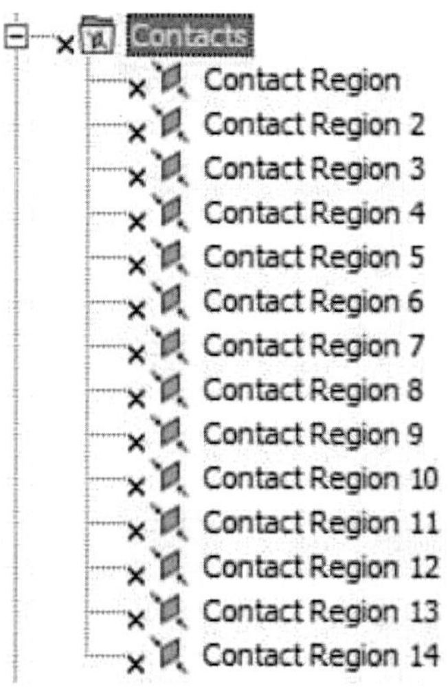

Connections 에서 모든 연결에 suppress를 한다.

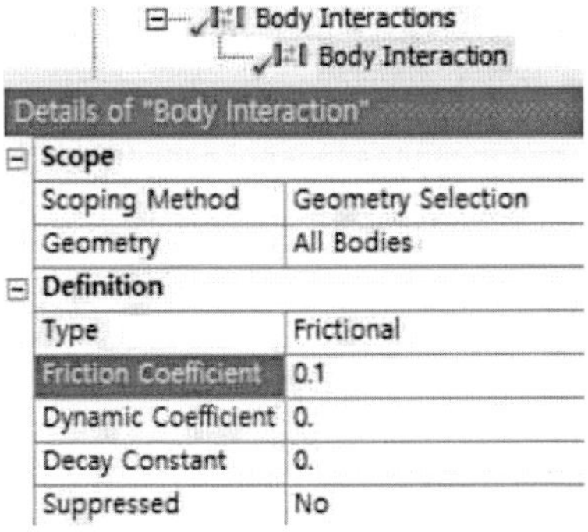

Body Interaction은 Frictional로 설정하고 마찰계수는 0.1로 한다.

7) 메쉬 설정 정의

① face Meshing

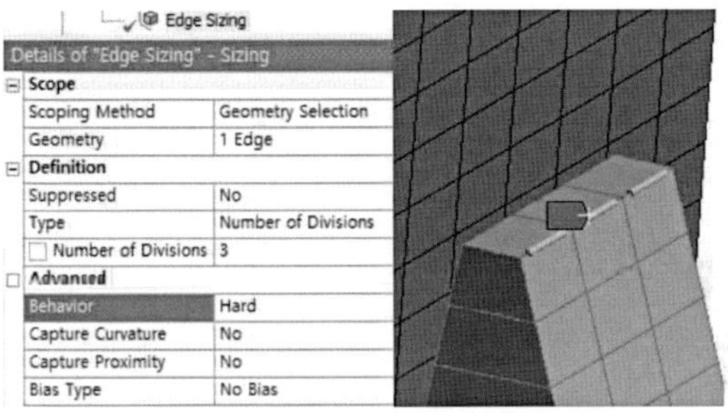

② sizing를 선택하여 Type : Number of divisions = 3, Behavior : Hard로 설정한다.

③ Method를 선택하여 wire와 crimp에 Multizone을 설정한다.

8) LS-DYNA 분석 설정 정의

Analysis Setting에서 분석 설정에 대한 정보를 찾을 수 있다.
솔버 제어(Solver Controls)에서 솔버 정밀도(Solver Precision)를 단일 또는 이중(Double)으로 설정하거나 프로그램 제어로 둘 수 있다.

① LS-DYNA에서는 End Time 는 6e-4 sec으로 설정한다.
Automatic Mass scaling Yes,
Time Step size = 1e-8로 설정한다.

② Hourglass Controls는 Belytschko-Bindeman 로 설정한다.

③ Output Controls에서는 Equally Spaced Points를 50으로 설정한다.

Details of "Analysis Settings"	
Step Controls	
End Time	0.0006
Time Step Safety Factor	0.9
Maximum Number Of Cycles	10000000
Automatic Mass Scaling	Yes
Time Step Size	1E-08
CPU and Memory Management	
Solver Controls	
Initial Velocities	
Damping Controls	
Hourglass Controls	
Hourglass Type	Belytschko-Bindeman
LS-DYNA ID	6
Default Hourglass Coefficient	0.1
SPH Controls	
ALE Controls	
Joint Controls	
Composite Controls	
Output Controls	
Output Format	Program Controlled
Binary File Size Scale Factor	70
Stress	Yes
Strain	No
Plastic Strain	Yes
History Variables	No
Calculate Results At	Equally Spaced Points
--- Value	50
Stress File for flexible parts	No
Time History Output Controls	
Calculate Results At	Equally Spaced Points
--- Value	1000
Output	No

9) 구조해석 초기 조건 정의 : 설정 없음.

10) 구조해석 경계 조건 정의

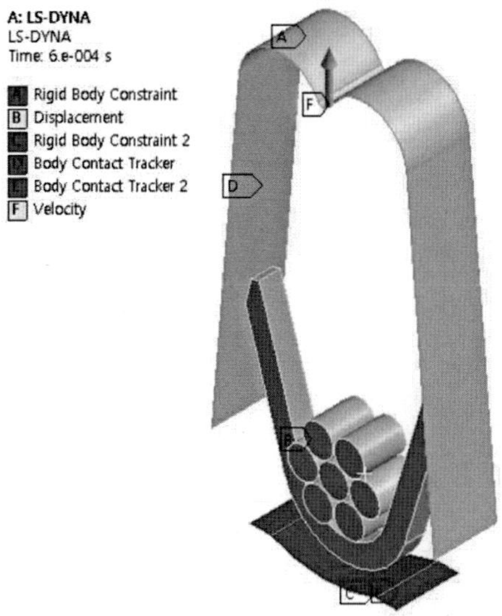

(1) Displacement 설정

Details of "Displacement"

Scope	
Scoping Method	Geometry Selection
Geometry	Apply / Cancel
Definition	
Type	Displacement
Define By	Components
Coordinate System	Global Coordinate System
X Component	Free
Y Component	Free
Z Component	0. mm (ramped)
Suppressed	No

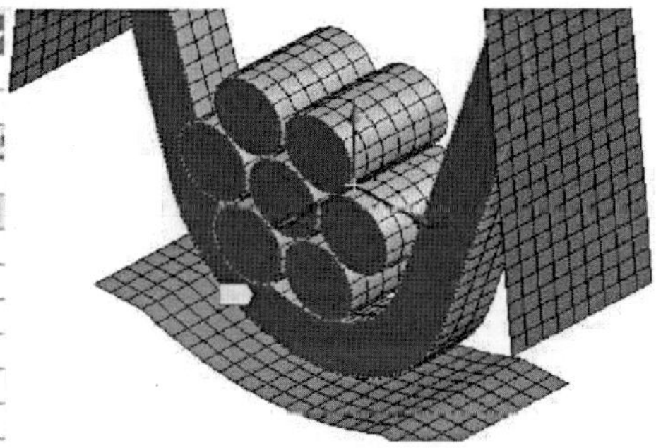

① 8개의 면에 displacement를 설정한다. z component를 0으로 설정한다.

Details of "Velocity"

Scope	
Scoping Method	Geometry Selection
Geometry	Apply / Cancel
Definition	
Type	Velocity
Define By	Components
Coordinate System	Global Coordinate System
X Component	Free
Y Component	Tabular Data
Z Component	Free
Suppressed	No

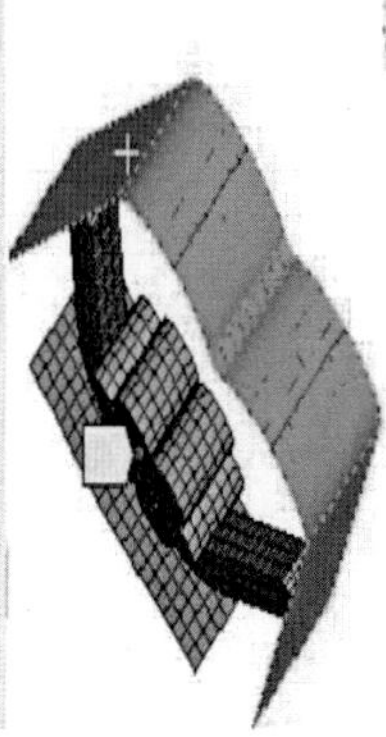

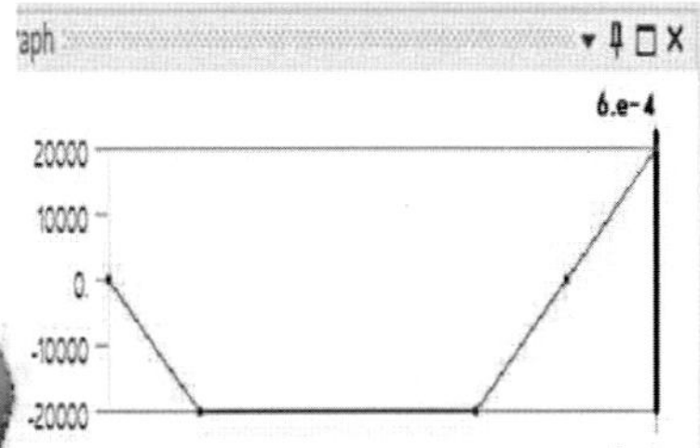

Tabular Data

	Steps	Time [s]	Y [m
1	1	0.	0.
2	1	1.e-004	-20000
3	1	4.e-004	-20000
4	1	5.e-004	0.
5	1	6.e-004	20000
*			

② Tool의 속도를 설정한다.
속도는 Table을 사용하여 적용한다.
이 속도는 8mm Displacement가 되도록 만든 것이다.

(2) Rigid Body Constraint

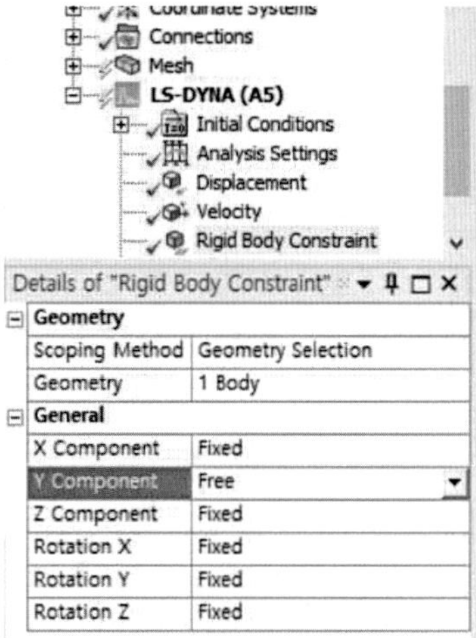

Geometry	
Scoping Method	Geometry Selection
Geometry	1 Body
General	
X Component	Fixed
Y Component	Free
Z Component	Fixed
Rotation X	Fixed
Rotation Y	Fixed
Rotation Z	Fixed

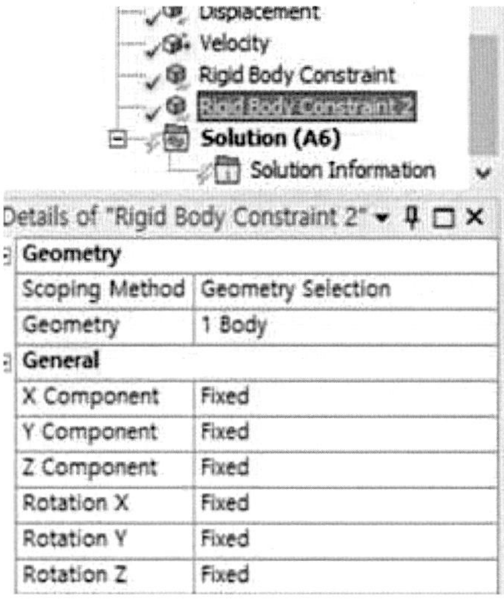

Geometry	
Scoping Method	Geometry Selection
Geometry	1 Body
General	
X Component	Fixed
Y Component	Fixed
Z Component	Fixed
Rotation X	Fixed
Rotation Y	Fixed
Rotation Z	Fixed

(3) Contact properties

General	
Contact	Body Interaction
Type	Program Controlled
Formulation	AUTOMATIC_SINGLE_...
Common Controls	
Birth Time	0
Death Time	0
Viscous damping coefficient	10
Slave Penalty Scale Factor	0
Master Penalty Scale Factor	0
Advanced Controls	
Optional Thickness for Slave Surface	0 mm
Optional Thickness for Master Surface	0 mm
Optional Solid Element Thickness	0 mm
Soft Constraint Formulation	Segment Based
Segment Based Contact Options	Program Controlled
Soft Constraint Scale Factor	0.1
Depth	5

Soft Constraint Formulation을 Segment Based로 설정한다.

(4) Result Tracker

Tool과 Die에 Body Contact Trackers를 정의한다.

모든 접촉은 Body Interaction을 통해 발생하므로, 원하는 바디의 접촉력을 출력하려면 Body Contact Tracker가 필요하다.

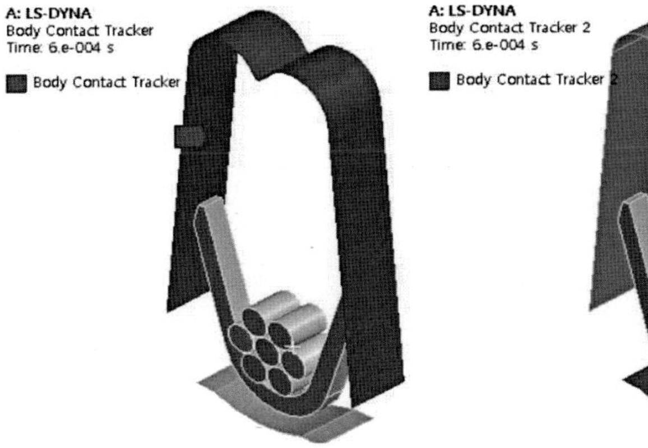

11) 구조해석 수행하기

경계 조건이 설정이 완료되면 구조해석을 수행한다.

Solve 클릭하여 해석한다.

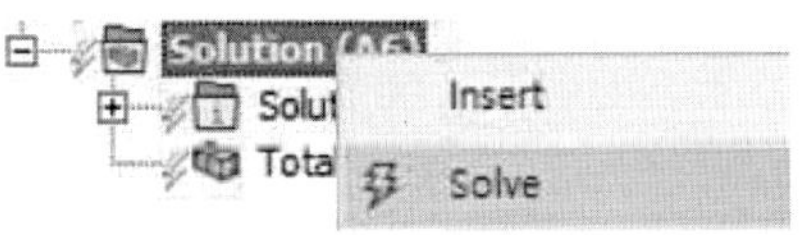

(1) 해석 소요 시간

1 t 9.0000E+05 dt 9.00E+05 write intfor file

~ ~ ~

Elapsed time 2 seconds for 1 cycles using 1 SMP thread

(0 hour 0 minute 2 seconds)

(2) 에너지 변화 추이

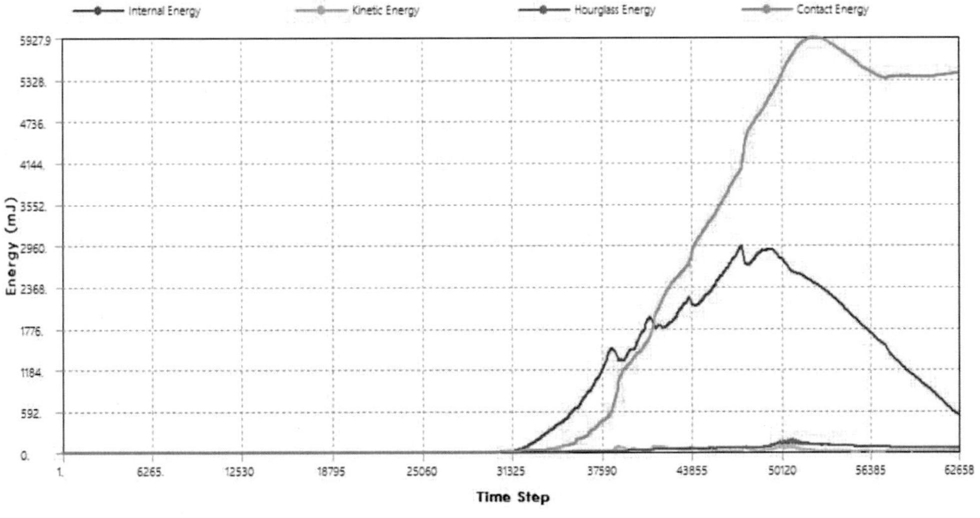

12) 구조해석 결과 확인

(1) Total Deformation을 검토한다.

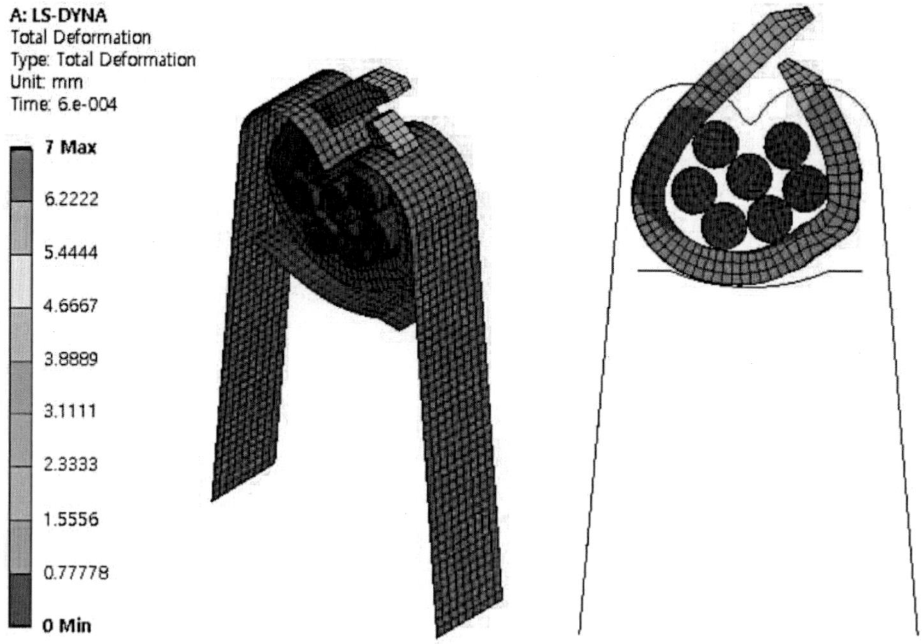

B. 재질변경

1) Engineering Data 변경

Properties of Outline Row 5: Structural Steel Multilinear

	A	B	
1	Property	Value	
2	Material Field Variables	Table	
3	Density	8900	kg m^-3
4	Isotropic Elasticity		
5	Derive from	Young's Modulus and Poisso...	
6	Young's Modulus	1.32E+05	MPa
7	Poisson's Ratio	0.34	
8	Bulk Modulus	1.375E+11	Pa
9	Shear Modulus	4.9254E+10	Pa
10	Multilinear Isotropic Hardening	Tabular	
11	Scale	1	
12	Offset	0	Pa
13	Specific Heat, C_p	434	J kg^-1 C^-1

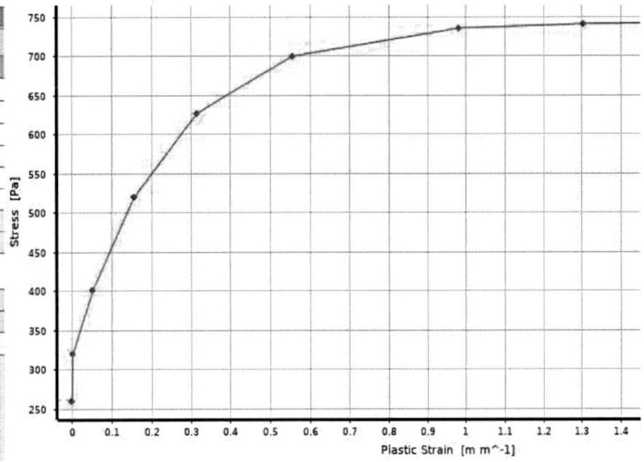

2) 구조해석하기

(1) 해석 소요 시간

Elapsed time 209 seconds for 60644 cycles using 1 SMP thread

(0 hour 3 minutes 29 seconds)

(2) 에너지 변화 추이

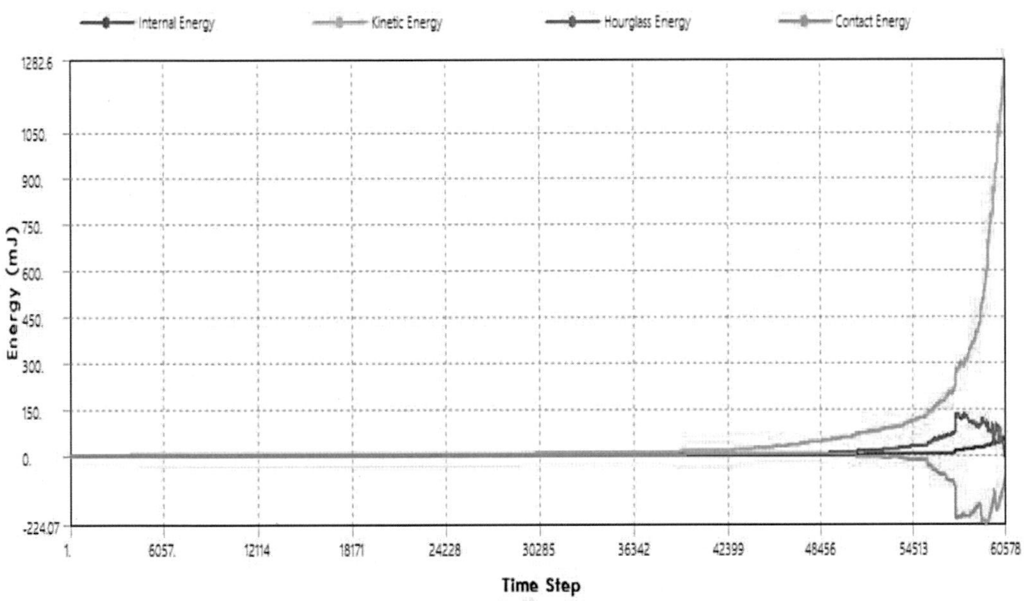

3) Contact force 평가

(1) 두 개의 Result Tracker

① contact force : Body Interaction에 의한 Die와 Crimp사이에 발생하는 Force

- Contact Region : Body Interaction
- Geometry : Die
- Orientation : Y축

Details of "Contact Force"

Scope	
Scoping Method	Geometry Selection
Geometry	1 Body
Contact Region	Body Interaction
Definition	
Type	Contact Force
Orientation	Y Axis
Suppressed	No
Results	
Minimum	
Maximum	
Filter	
Type	None

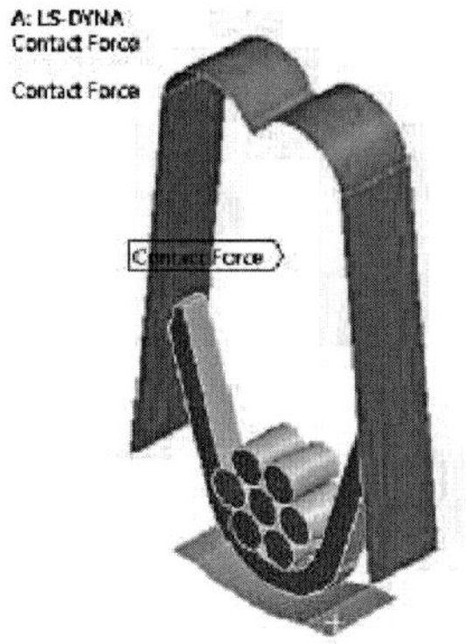

② contact force 2 : Body Interaction에 의한 Tool와 Crimp사이에 발생하는 Force

- Contact Region : Body Interaction
- Geometry : Tool
- Orientation : Y축

Details of "Contact Force 2"

Scope	
Scoping Method	Geometry Selection
Geometry	1 Body
Contact Region	Body Interaction
Definition	
Type	Contact Force
Orientation	Y Axis
Suppressed	No
Results	
Minimum	
Maximum	
Filter	
Type	None

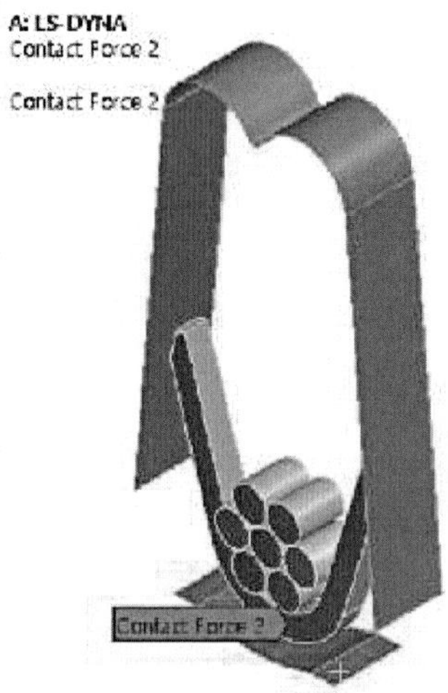

(2) Two Result Trackers

① Contact force : Die와 Crimp

Details of "Contact Force"	
Scope	
Scoping Method	Geometry Selection
Geometry	1 Body
Contact Region	Body Interaction
Definition	
Type	Contact Force
Orientation	Y Axis
Suppressed	No
Results	
Minimum	-26.701 N
Maximum	63.133 N
Filter	
Type	None

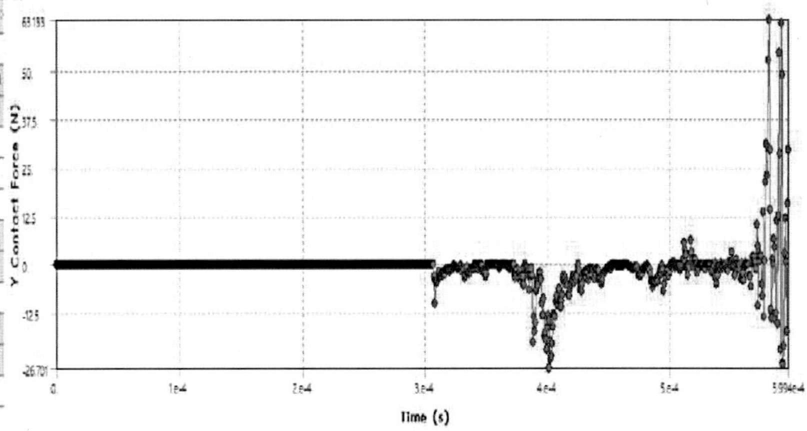

② Contact force 2: Tool과 Crimp

Details of "Contact Force 2"	
Scope	
Scoping Method	Geometry Selection
Geometry	1 Body
Contact Region	Body Interaction
Definition	
Type	Contact Force
Orientation	Y Axis
Suppressed	No
Results	
Minimum	-200. N
Maximum	244.28 N
Filter	
Type	None

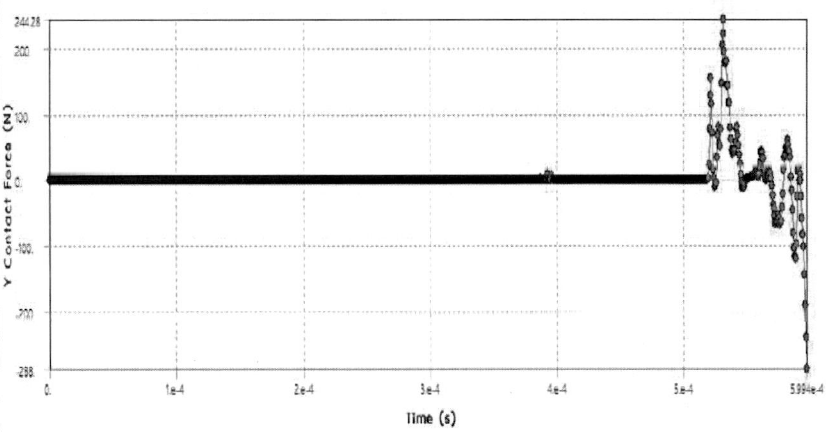

15. Rotary draw bending

1. 구조해석 정의

강체 툴을 활용하여 사각파이프를 70°까지 굽힘을 하는 해석을 한다. (단위 : mm)

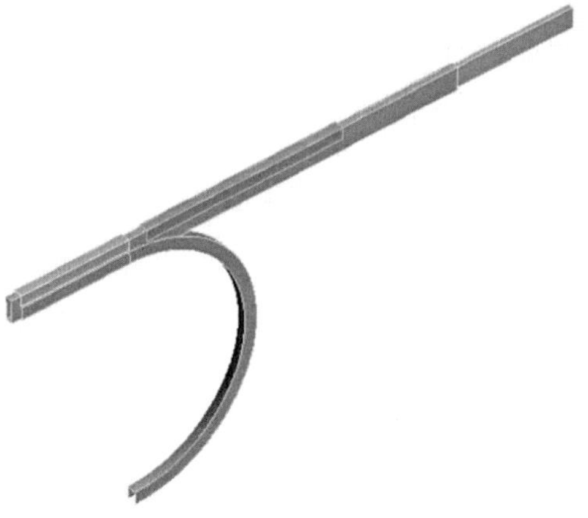

2. 구조해석 목적

- rigid 사용 방법을 적용한다.
- 재료 물성에 Cowper Symonds Piecewize Linear 적용한다.

3. 구조해석 절차

1) 프로젝트 설정

① workbench에서 LSDYNA를 사용할 수 있도록 Extensions Manager에서 설정하고, workbench에서 LS-DYNA를 드래그(또는 더블클릭) 한다.

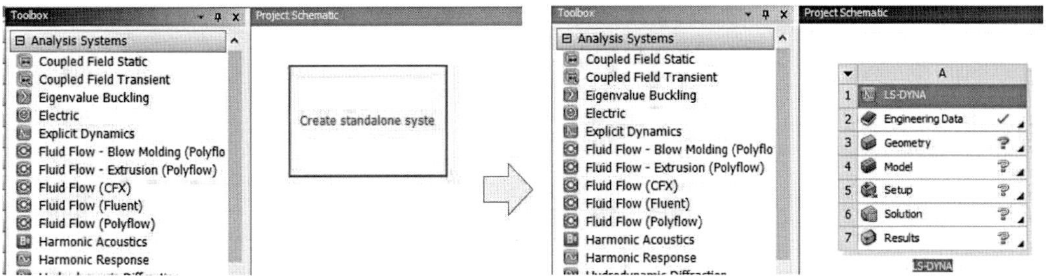

2) 엔지니어링 데이터 정의

Properties of Outline Row 4: Structural Steel

	A	B	
1	Property	Value	
2	Material Field Variables	Table	
3	Density	7850	kg m^-3
4	Isotropic Elasticity		
5	Derive from	Young's Modu...	
6	Young's Modulus	2E+05	MPa
7	Poisson's Ratio	0.3	
8	Bulk Modulus	1.6667E+11	Pa
9	Shear Modulus	7.6923E+10	Pa
10	Isotropic Thermal Conductivity	60.5	W m^-1 C^-1
11	Specific Heat, C_p	434	J kg^-1 C^-1

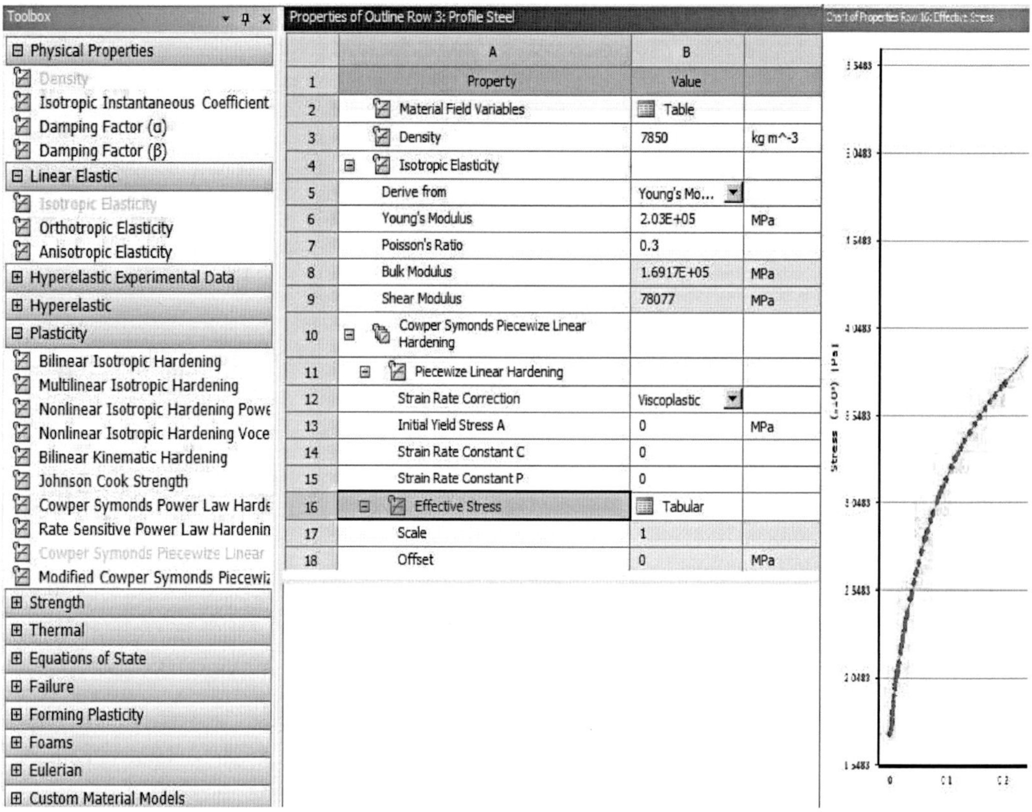

3) 형상 부착 모델 데이터 불러오기(또는 모델 만들기)

해석 모델은 SpaceClaim, DesingModeler를 사용하여 디자인한다.

또는 다른 소프트웨어서 디자인한 모델을 stp, IGES 등의 파일 형식으로 Import Geometry를 사용하여 가져온다.

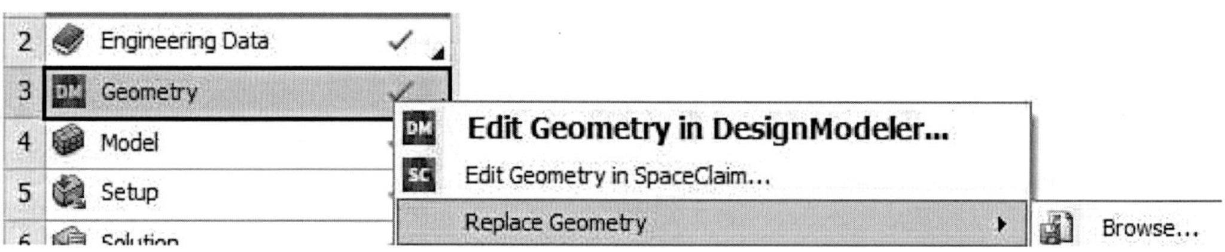

이번 구조해석에서는 DesingModeler를 사용하여 Profile-bending.stp 파일을 사용한다.

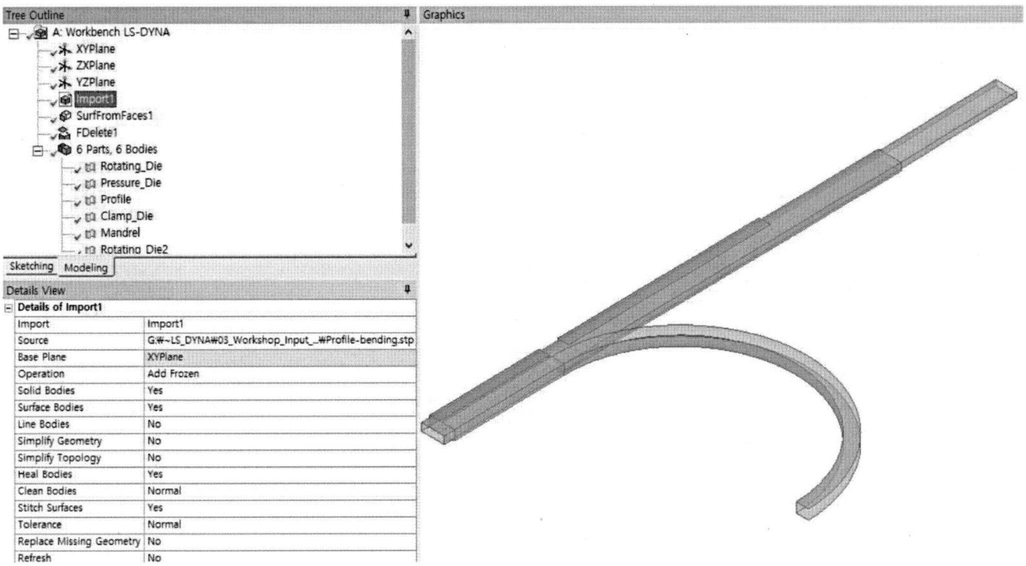

4) 부품 동작 정의

(1) 구조해석을 하기 위하여 Mechanical 창을 활성화한다.

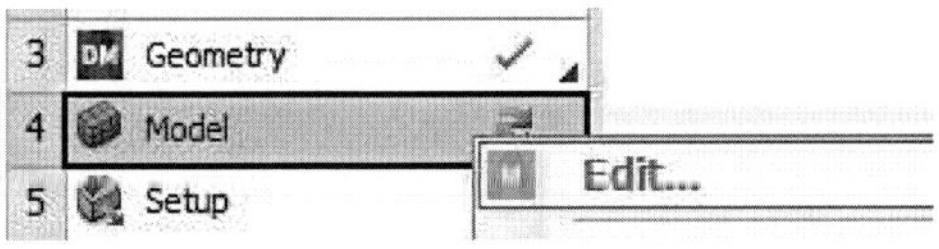

※  F7를 클릭하여 모델을 화면에 나타낸다.

(2) 부품 동작 정의에서 부품 동작에 대한 정보를 정의한다.

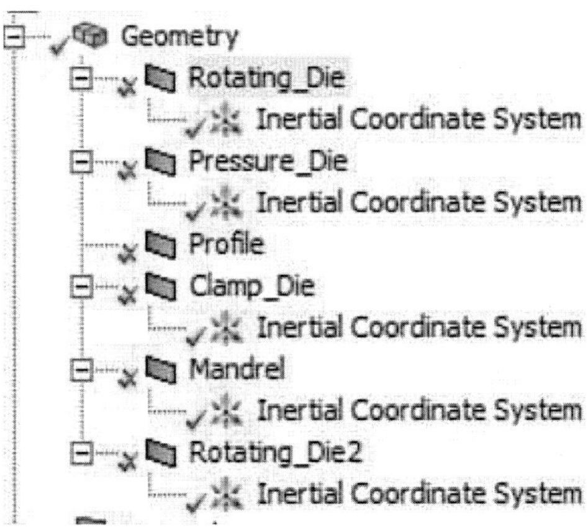

① Stiffness Behavior를 rigid로 선언한 부품들은 다음과 같다,

→ Rotating_Die, Pressure_Die, Clamp_Die, Mandrel, Rotating_Die2

Graphics Properties	
Definition	
Suppressed	No
Stiffness Behavior	Rigid
Reference Temperature	By Environment
Thickness	0.3 mm
Thickness Mode	Manual
Offset Type	Middle
Material	
Assignment	Structural Steel
Bounding Box	
Properties	
Statistics	
CAD Attributes	
DMSheetThickness	0

② plate는 Stiffness Behavior를 flexible로 선언한 부품은 다음과 같다.

→ Profile

Details of "Profile"

Graphics Properties	
Definition	
Suppressed	No
Stiffness Behavior	Flexible
Coordinate System	Default Coordinate System
Reference Temperature	By Environment
Thickness	0.3 mm
Thickness Mode	Manual
Offset Type	Middle
Material	
Assignment	Profile Steel
Bounding Box	
Properties	
Statistics	

5) 좌표계 정의

시스템에서 설정한 Global 좌표계를 사용한다.

6) 연결 정의

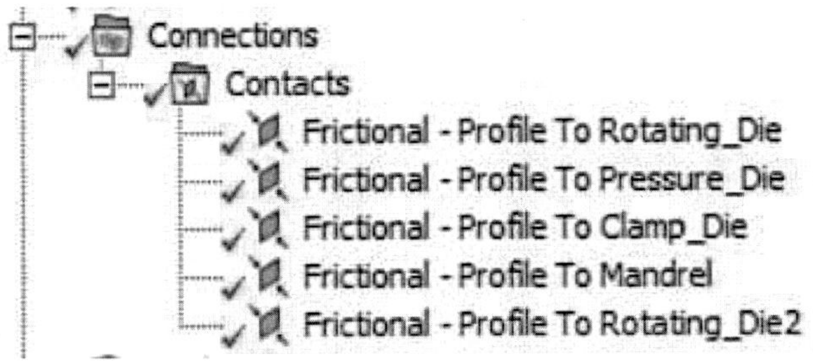

① Contacts

Friction Coefficient = 0.15로 설정한다.

② Body Interaction은 삭제한다.

7) 메쉬 설정 정의

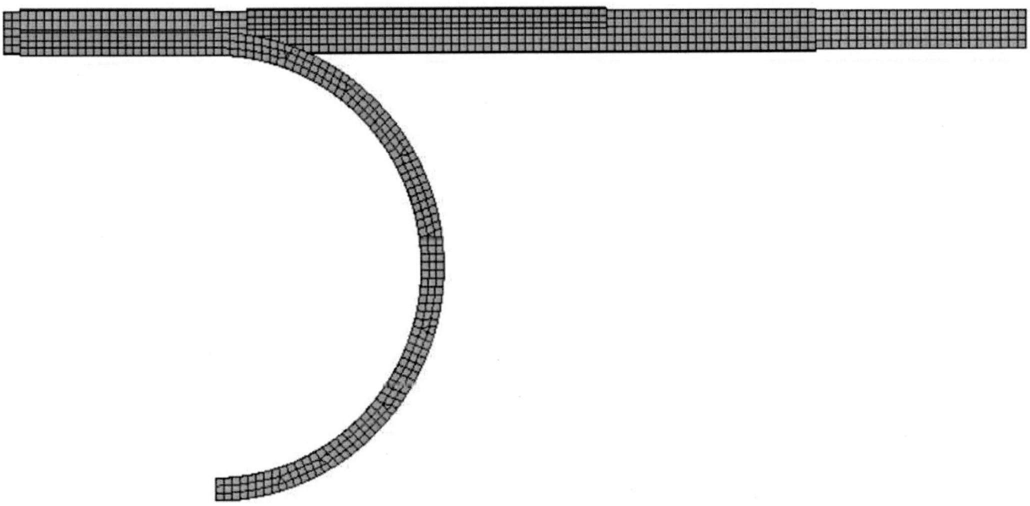

Details of "Mesh"

Display	
Display Style	Use Geometry Setting
Defaults	
Physics Preference	Explicit
Element Order	Linear
Element Size	2.5 mm

① element size를 2.5mm로 설정한다.

8) Named Selections

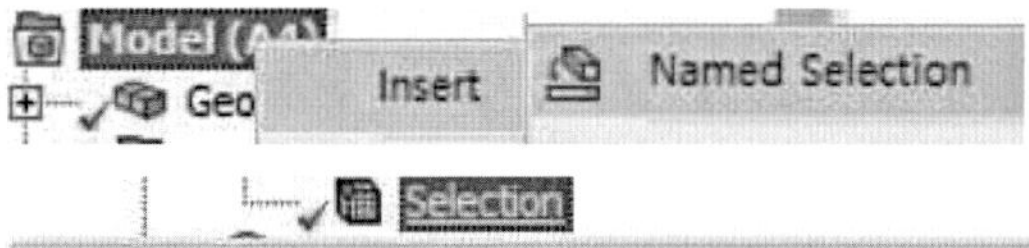

Details of "Selection"

Scope	
Scoping Method	Worksheet
Geometry	378 Nodes
Definition	
Send to Solver	Yes
Visible	Yes
Program Controlled Inflation	Exclude
Statistics	
Type	Manual
Total Selection	378 Nodes
Suppressed	0
Used by Mesh Worksheet	No
Tolerance	
Tolerance Type	Program Controlled
Zero Tolerance	1.e-008
Relative Tolerance	1.e-003
Angular Tolerance	1. °

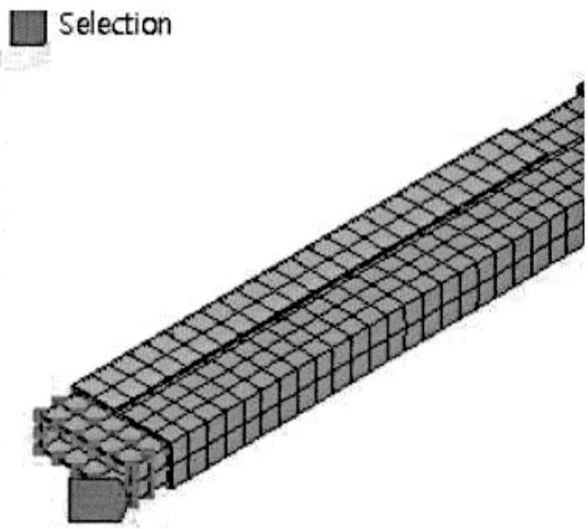

Worksheet

Selection

Generate

Note: Internal comparisons of values that have units are done in the CAD Unit System. See help for more information.
Current CAD Unit System: Metric (m, kg, N, s, V, A)

	Action	Entity Type	Criterion	Operator	Units	Value	Lower Bound	Upper Bound	Coordinate System
☑	Add	Body	Material	Equal	N/A	Profile Steel	N/A	N/A	N/A
☑	Convert To	Mesh Node	N/A	N/A	N/A	N/A	N/A	N/A	N/A
☑	Filter	Mesh Node	Location Z	Range	mm	N/A	128.	200.	Global Coordinate ...

9) MergeRigidBides

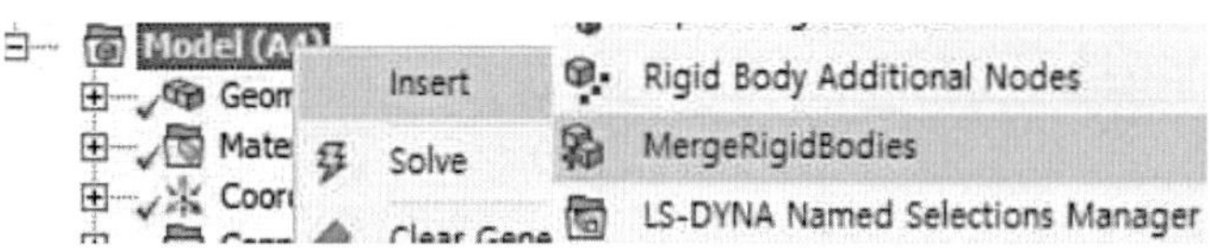

① MergeRigidBides

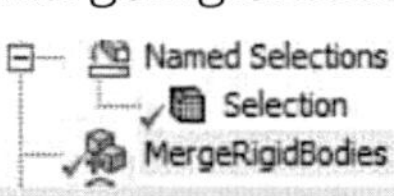

Details of "MergeRigidBodies"

Master Rigid Body	
Scoping Method	Geometry Selection
Geometry	1 Body
Slave Rigid Body	
Scoping Method	Geometry Selection
Geometry	1 Body

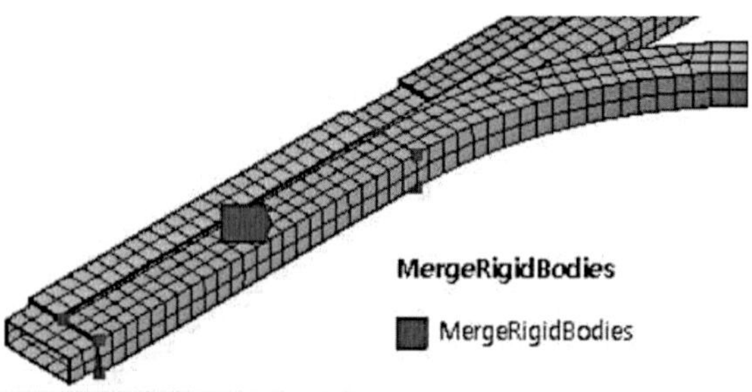

② MergeRigidBides 2

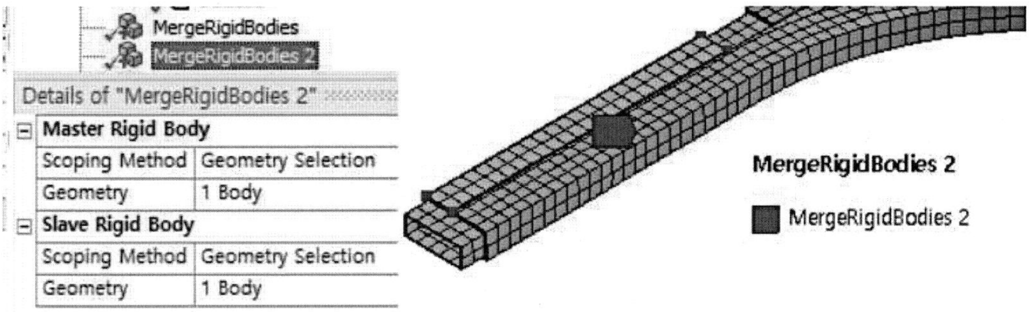

10) Rigid Body Additional Nodes

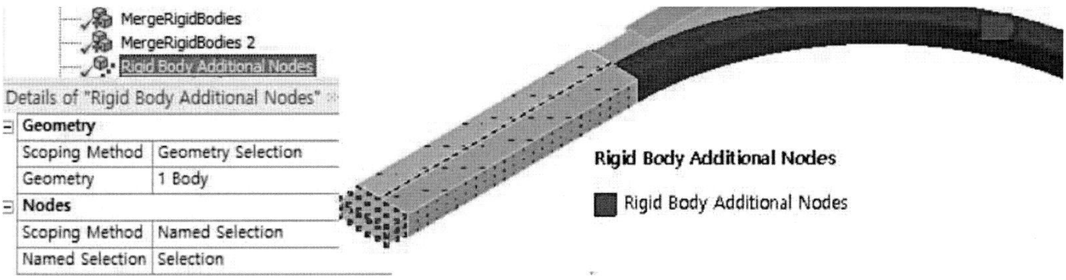

11) LS-DYNA 분석 설정 정의

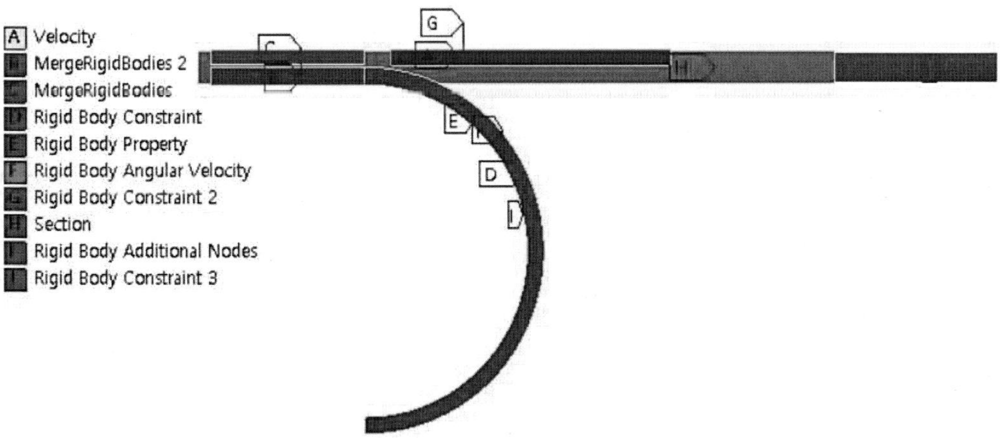

① Step Controls

End Time = 0.01

Automatic Mass Scaling = No

② CPU and Memory Management

Number of CPUS = 2

③ Hourglass Control Type = Program Controlled

④ Output Controls

Calculate Results At = Equally Scoped Points, Value = 50

⑤ Time History Output

Time History Output Controls	
Calculate Results At	Equally Spaced Points
--- Value	1000
Output	Rigid Body Data
Output	Sliding Interface Energy
Output	No

12) 구조해석 초기 조건 정의 : 없음

13) Velocity 설정

Velocity

Details of "Velocity"

Scope	
Scoping Method	Geometry Selection
Geometry	1 Body
Definition	
Type	Velocity
Define By	Components
Coordinate System	Global Coordinate S
X Component	Free
Y Component	Free
Z Component	Tabular Data
Suppressed	No

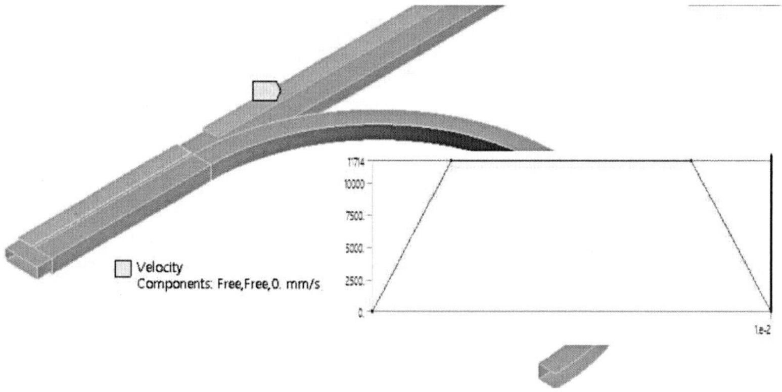

14) Contact Property 설정

- Contact Properties
- Contact Properties 2
- Contact Properties 3
- Contact Properties 4
- Contact Properties 5

① Contact Properties

Details of "Contact Properties"

General	
Contact	Frictional - Profile To F
Type	Forming
Formulation	FORMING_ONE_WAY_S
Common Controls	
Birth Time	0
Death Time	0
Viscous damping coefficient	10
Slave Penalty Scale Factor	0
Master Penalty Scale Factor	0
Advanced Controls	
Optional Thickness for Slave Surface	0 mm
Optional Thickness for Master Surface	0 mm
Optional Solid Element Thickness	0 mm
Soft Constraint Formulation	Program Controlled
Soft Constraint Scale Factor	0.1
Depth	5

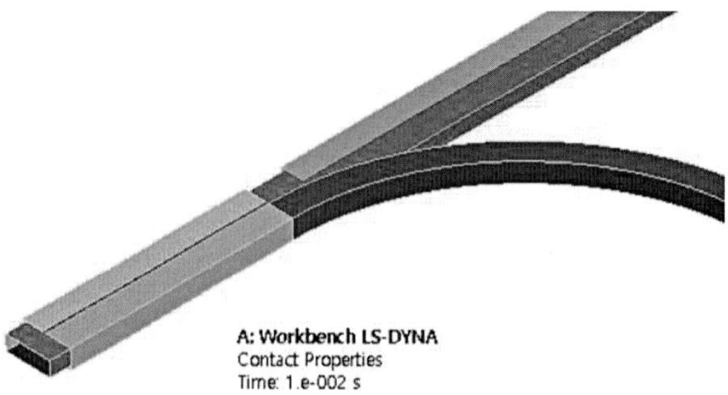

② Contact Properties 2

Details of "Contact Properties 2"	
General	
Contact	Frictional - Profile To Pressure_Die
Type	Forming
Formulation	FORMING_ONE_WAY_SURFACE_TO_SURFACE
Common Controls	
Birth Time	0
Death Time	0
Viscous damping coefficient	10
Slave Penalty Scale Factor	0
Master Penalty Scale Factor	0
Advanced Controls	
Optional Thickness for Slave Surface	0 mm
Optional Thickness for Master Surface	0 mm
Optional Solid Element Thickness	0 mm
Soft Constraint Formulation	Program Controlled
Soft Constraint Scale Factor	0.1
Depth	5

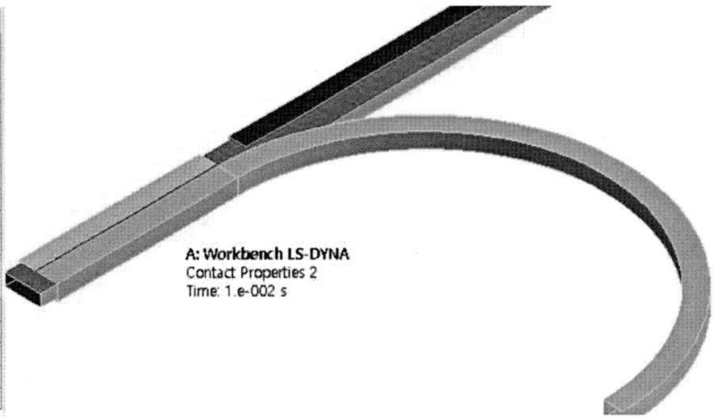

③ Contact Properties 3

Details of "Contact Properties 3"	
General	
Contact	Frictional - Profile To Rotating_Die2
Type	Forming
Formulation	FORMING_ONE_WAY_SURFACE_TO_SURFACE
Common Controls	
Birth Time	0
Death Time	0
Viscous damping coefficient	10
Slave Penalty Scale Factor	0
Master Penalty Scale Factor	0
Advanced Controls	
Optional Thickness for Slave Surface	0 mm
Optional Thickness for Master Surface	0 mm
Optional Solid Element Thickness	0 mm
Soft Constraint Formulation	Program Controlled
Soft Constraint Scale Factor	0.1
Depth	5

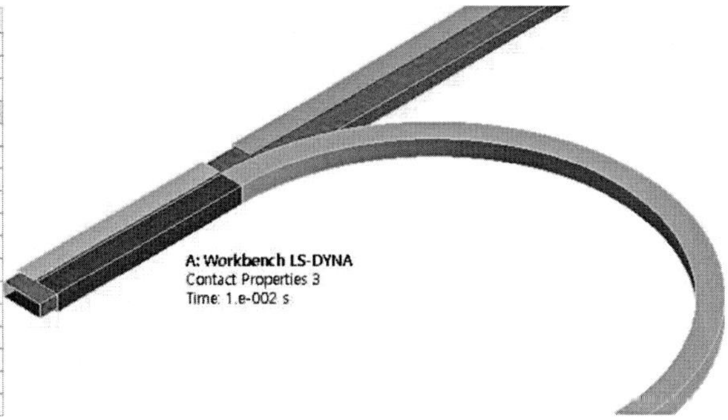

④ Contact Properties 4

Details of "Contact Properties 4"	
General	
Contact	Frictional - Profile To Clamp_Die
Type	Forming
Formulation	FORMING_ONE_WAY_SURFACE_TO_SURFACE
Common Controls	
Birth Time	0
Death Time	0
Viscous damping coefficient	10
Slave Penalty Scale Factor	0
Master Penalty Scale Factor	0
Advanced Controls	
Optional Thickness for Slave Surface	0 mm
Optional Thickness for Master Surface	0 mm
Optional Solid Element Thickness	0 mm
Soft Constraint Formulation	Program Controlled
Soft Constraint Scale Factor	0.1
Depth	5

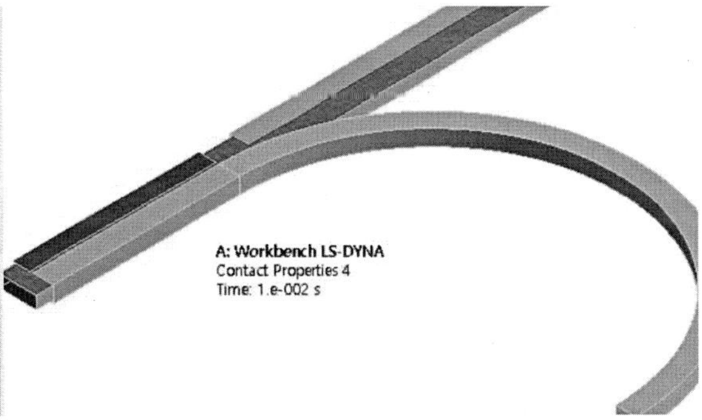

⑤ Contact Properties 5

Details of "Contact Properties 5"	
General	
Contact	Frictional - Profile To Mandrel
Type	Forming
Formulation	FORMING_ONE_WAY_SURFACE_TO_SURFACE
Common Controls	
Birth Time	0
Death Time	0
Viscous damping coefficient	10
Slave Penalty Scale Factor	0
Master Penalty Scale Factor	0
Advanced Controls	
Optional Thickness for Slave Surface	0 mm
Optional Thickness for Master Surface	0 mm
Optional Solid Element Thickness	0 mm
Soft Constraint Formulation	Program Controlled
Soft Constraint Scale Factor	0.1
Depth	5

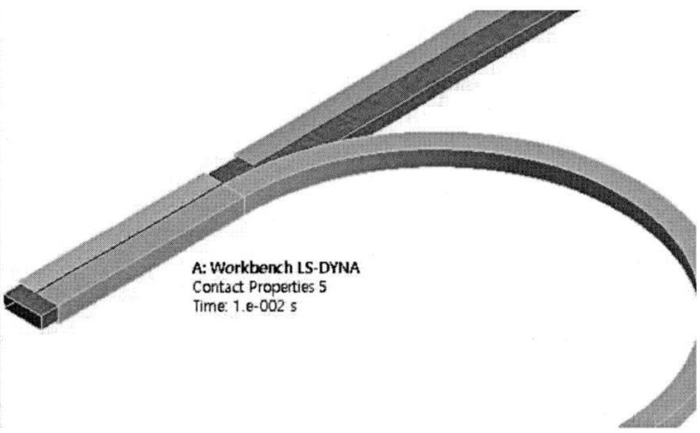

15) Rigid Body Constraint 설정

- Rigid Body Constraint
- Rigid Body Constraint 2
- Rigid Body Constraint 3
- Rigid Body Property
- Rigid Body Angular Velocity

① Rigid Body Constraint

Details of "Rigid Body Constraint"

Geometry	
Scoping Method	Geometry Selection
Geometry	1 Body
General	
X Component	Fixed
Y Component	Fixed
Z Component	Fixed
Rotation X	Fixed
Rotation Y	Free
Rotation Z	Fixed

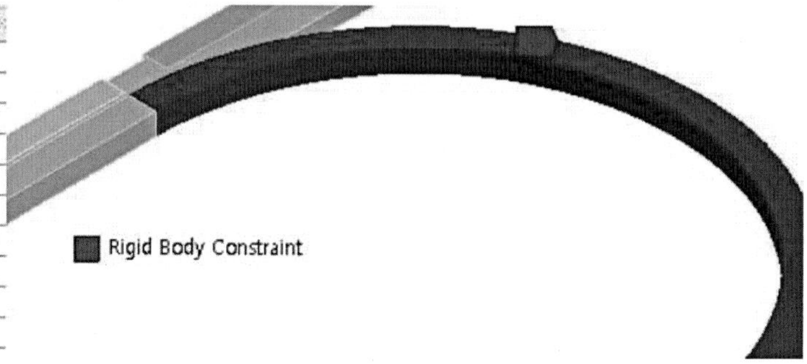

② Rigid Body Constraint 2

Details of "Rigid Body Constraint 2"

Geometry	
Scoping Method	Geometry Selection
Geometry	1 Body
General	
X Component	Fixed
Y Component	Fixed
Z Component	Free
Rotation X	Fixed
Rotation Y	Fixed
Rotation Z	Fixed

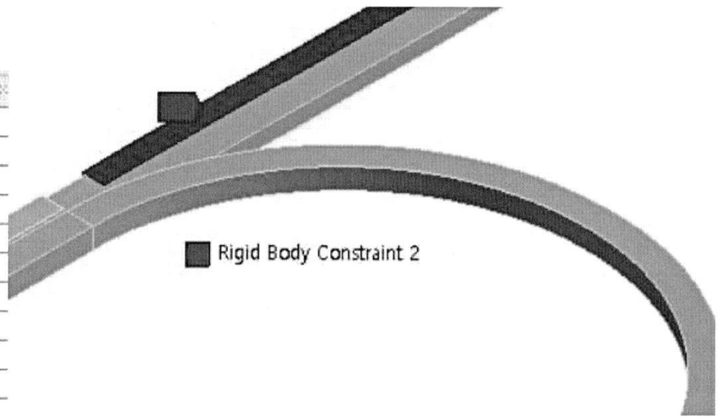

③ Rigid Body Constraint 3

Details of "Rigid Body Constraint 3"

Geometry	
Scoping Method	Geometry Selection
Geometry	1 Body
General	
X Component	Fixed
Y Component	Fixed
Z Component	Fixed
Rotation X	Fixed
Rotation Y	Fixed
Rotation Z	Fixed

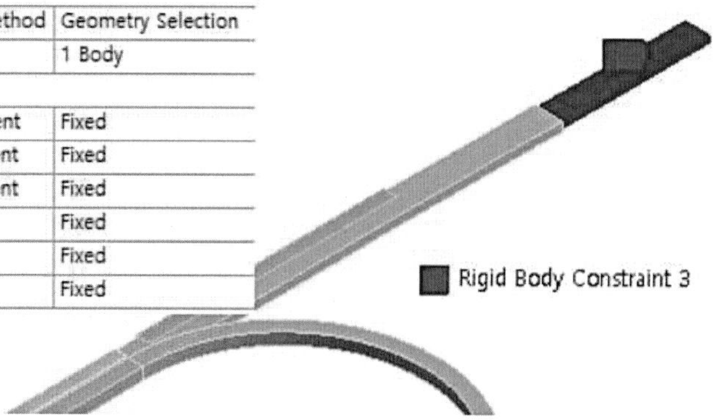

④ Rigid Body Angular velocity

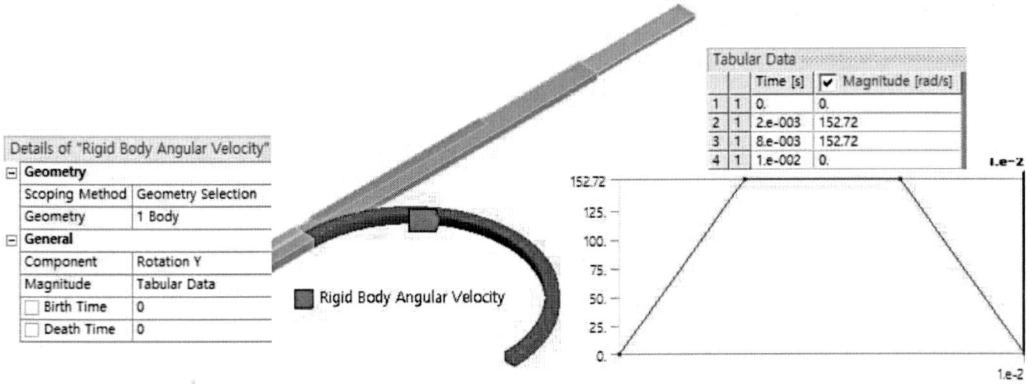

16) Section 설정

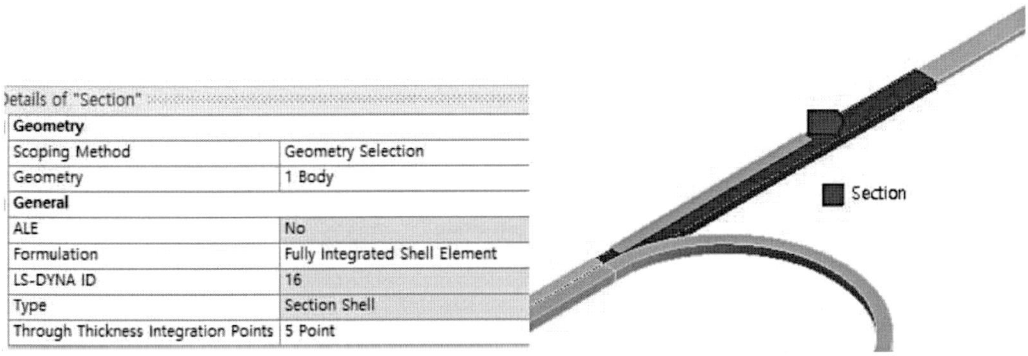

17) 구조해석 수행하기

경계 조건이 설정이 완료되면 구조해석을 수행한다. Solve 클릭하여 해석한다.

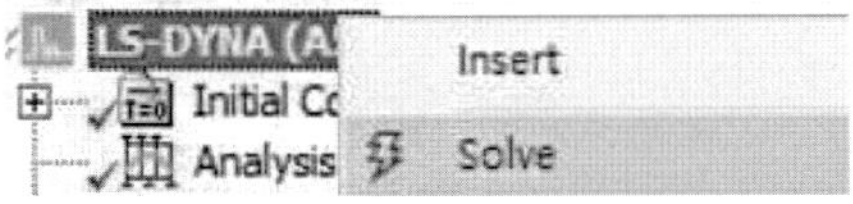

(1) 해석 소요 시간

31746 t 1.0000E-02 dt 3.11E-07 write intfor file

Elapsed time 203 seconds for 31746 cycles using 1 SMP thread
(0 hour 3 minutes 23 seconds)

(2) Energy 변화 추이

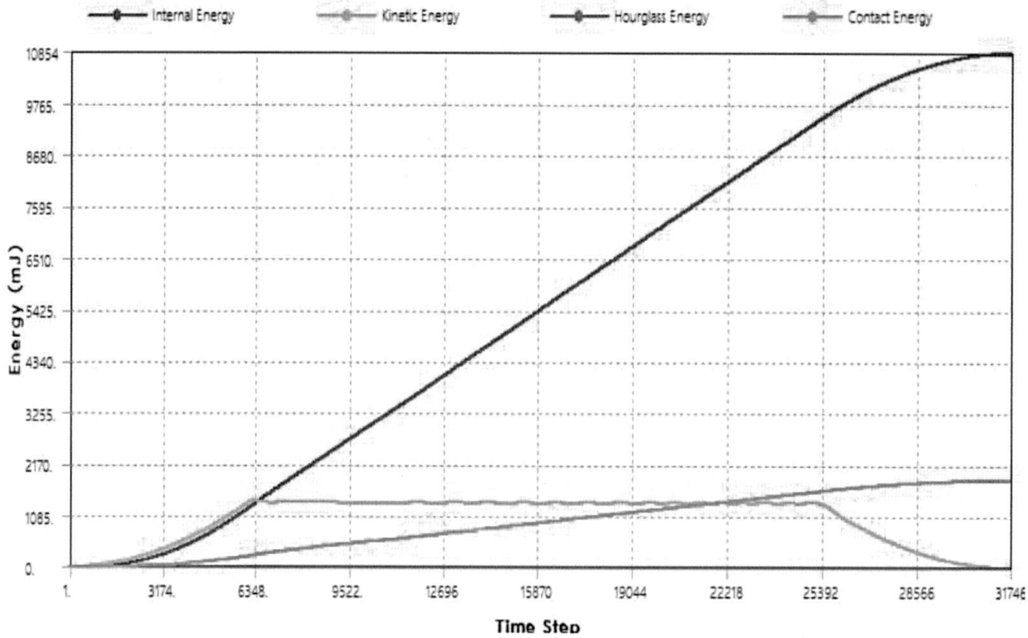

18) 구조해석 결과확인

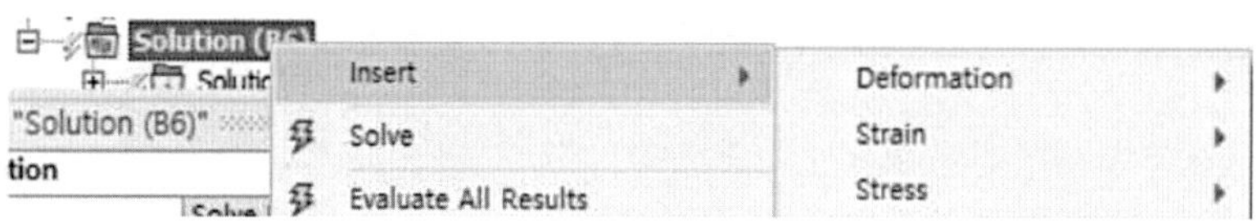

Solution에서 Deformation, Strain, Stress 등의 해석 결과를 불러온다.

(1) Total Deformation을 검토한다.

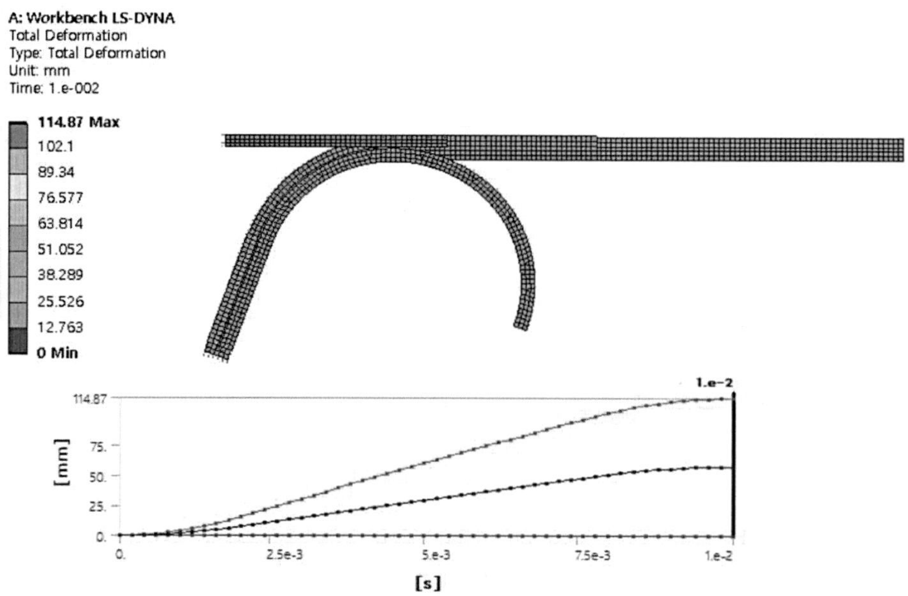

(2) 변형 부재의 Total Deformation을 검토한다.

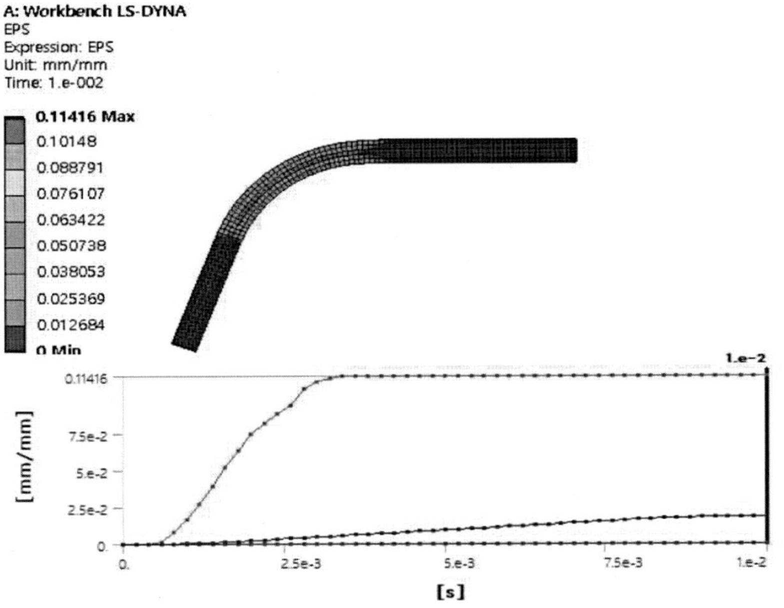

(3) EPS

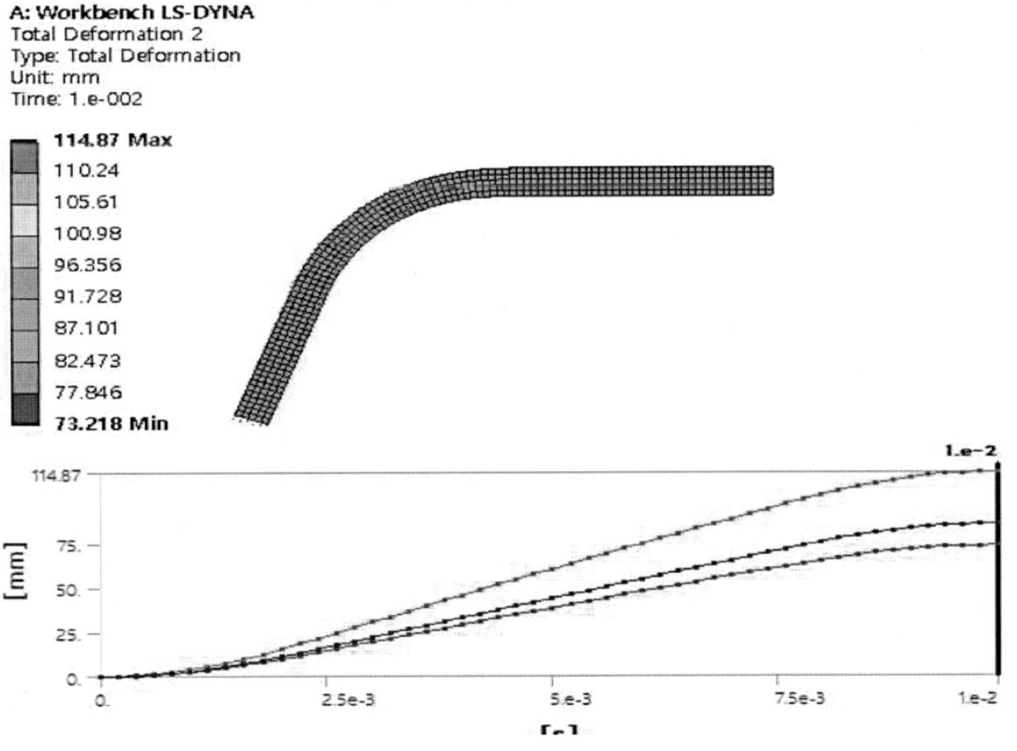

16. Impact on simple support tubes

1. 구조해석 정의

양단 지지된 두 개의 중첩된 Tube에 초기 속도를 가진 원형실린더가 충돌하는 것에 대한 해석이다. Tube는 회전가능한 실린더로 3점지지되어 있다.

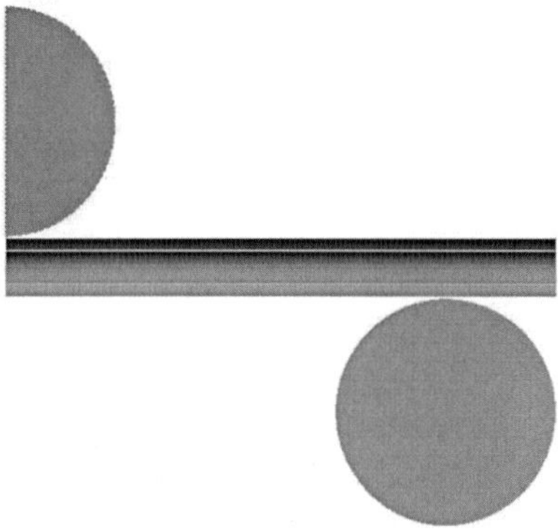

2. 구조해석 목적

- 대칭 해석
- 초기 속도를 가진 물체의 충돌
- Impactor의 Kinetic Energy가 Tube 의 Internal Energy로 변환되는 현상.
-

3. 구조해석 절차

A. Impector 가 초기속도를 가질 때.

1) 프로젝트 설정

① workbench에서 LSDYNA를 사용할 수 있도록 Extensions Manager에서 활성화하고, workbench에서 LS-DYNA를 드래그(또는 더블클릭) 한다.

2) 엔지니어링 데이터 정의

① 이번 구조해석에 사용할 steel.xml 파일을 드래그하여 workbench의 Project 화면으로 가져온다.

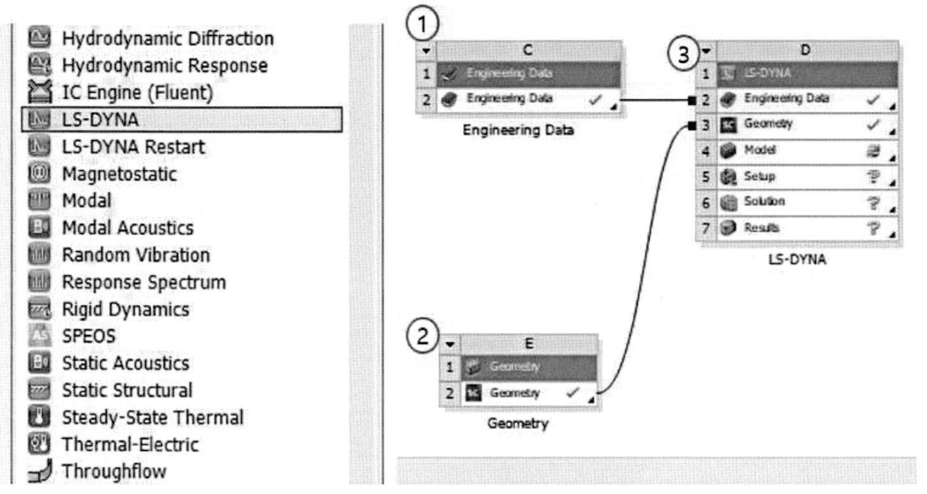

3) 형상 부착 모델 데이터 불러오기(또는 모델 만들기)

② 이번 구조해석에 사용할 rotate2.agdb 파일을 드래그하여 workbench의 Project 화면으로 가져온다.
③ LS-DYNA를 드래그하여 프로젝트를 만든다.
④ Engineering data 와 Geometry를 드래그하여 LS-DYNA와 연결한다.

4) 부품 동작 정의

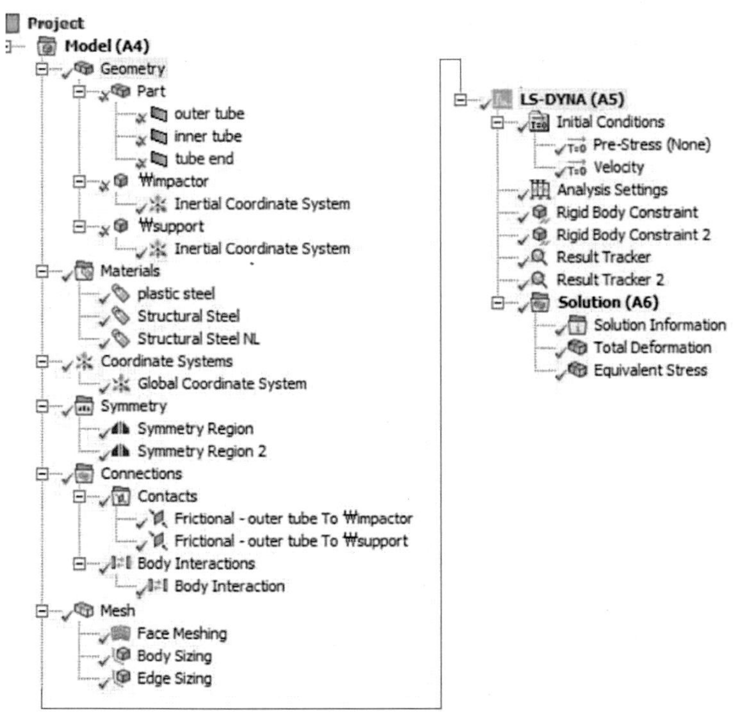

(1) 구조해석을 하기 위하여 Mechanical 창을 활성화한다.

※ F7를 클릭하여 모델을 화면에 나타낸다.

(2) 부품 동작 정의에서 부품 동작에 대한 정보를 정의한다.

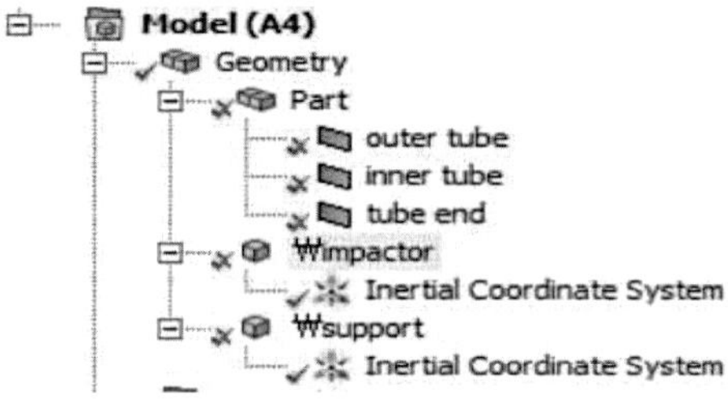

① outer tube는 Stiffness Behavior를 flexible로, 재질은 plastic steel로 설정한다. Thickness = 4 mm

② inner tube는 Stiffness Behavior를 flexible로, 재질은 Structural steel로 설정한다. Thickness = 2 mm

③ tube end는 Stiffness Behavior를 flexible로, 재질은 Structural steel로 설정한다. Thickness = 4 mm

④ impactor는 Stiffness Behavior를 rigid로, 재질은 Structural steel로 설정한다.

⑤ impactor는 Stiffness Behavior를 rigid로, 재질은 Structural steel로 설정한다.

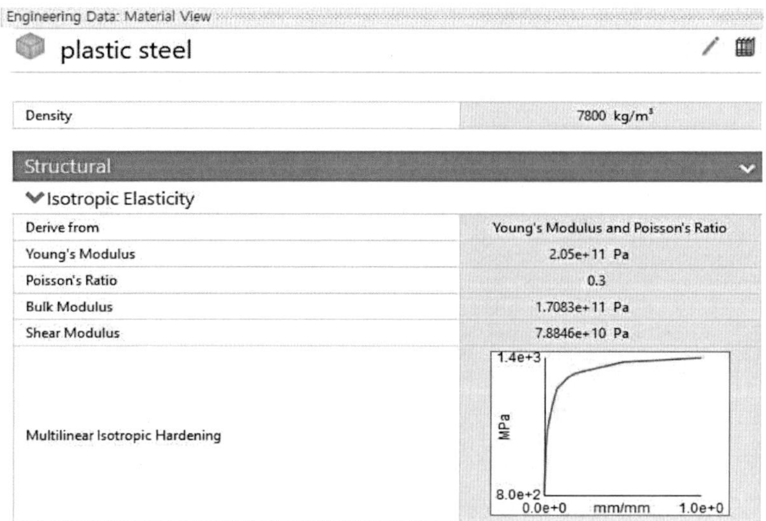

5) 좌표계 정의 및 대칭설정

① 시스템에서 설정한 Global 좌표계를 사용한다.

② Z축 대칭설정

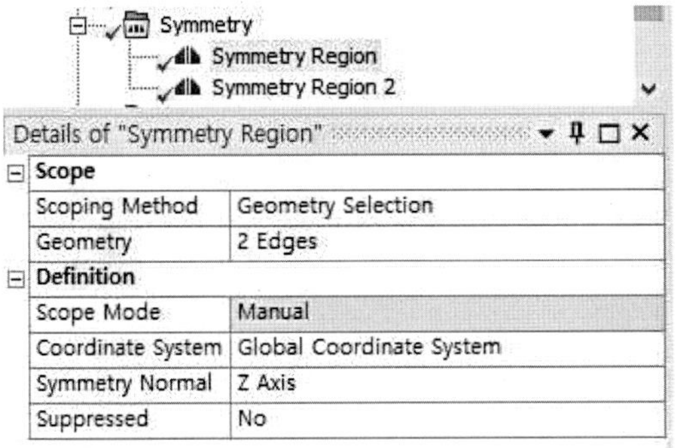

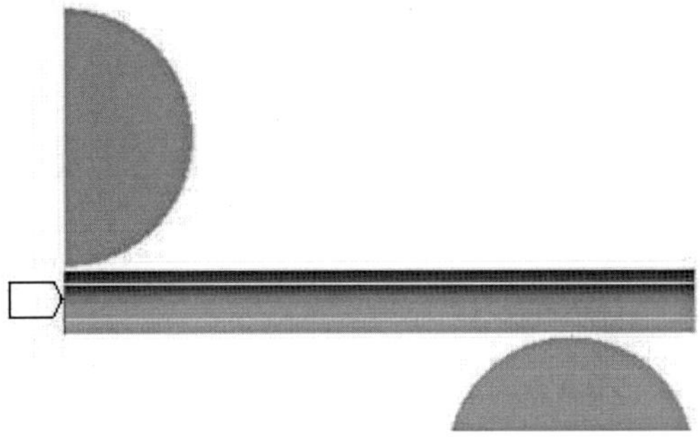

③ X축 대칭설정

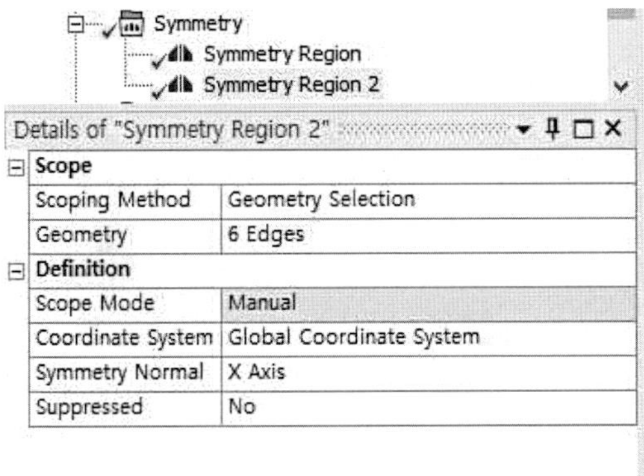

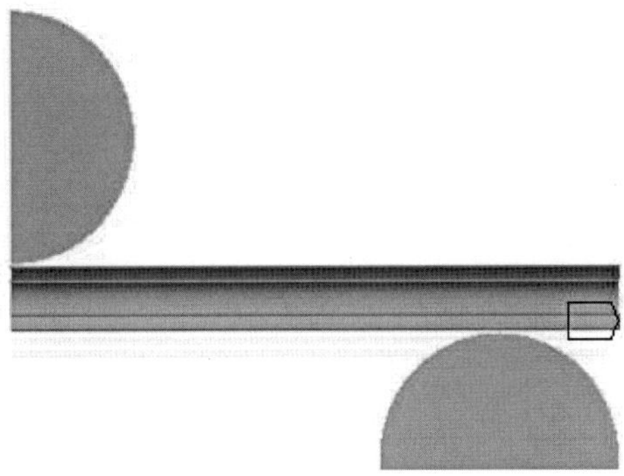

6) 연결 정의

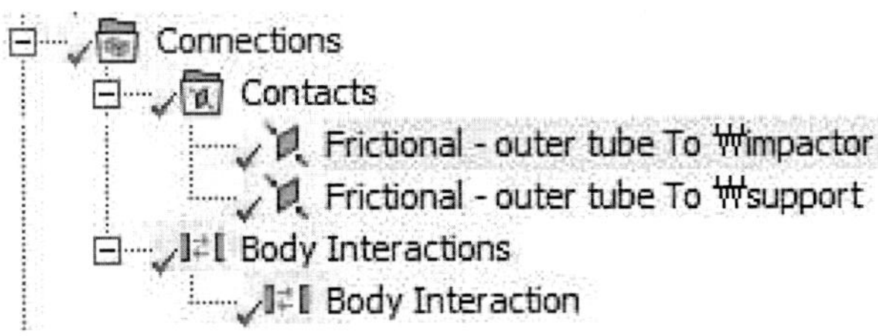

① Contacts

자동으로 생성되는 Contacts에서 Bonded를 Frictional 마찰계수 0.1로 변경한다.

② Body Interaction은 Frictional로 설정하고 마찰계수는 0.1로 한다.

7) 메쉬 설정 정의

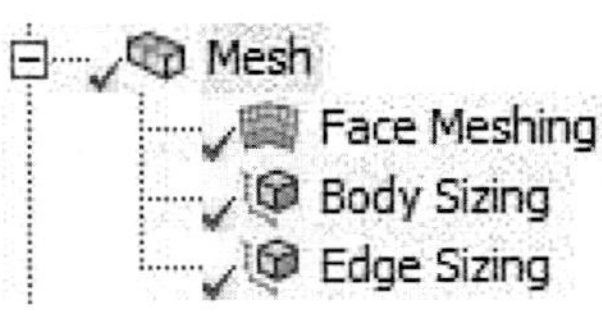

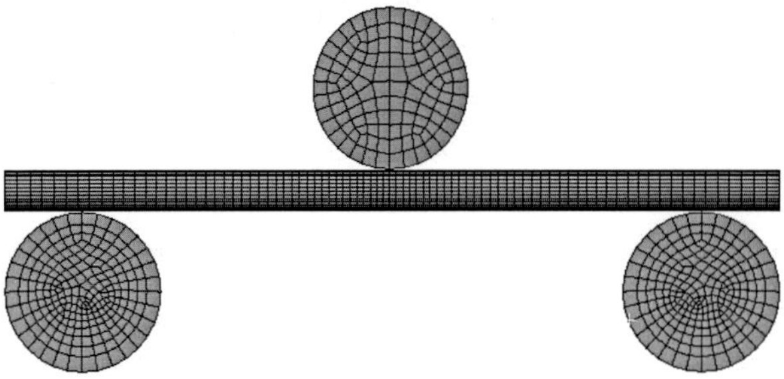

① Face Meshing

Details of "Face Meshing" - Mapped Face Meshin	
Scope	
Scoping Method	Geometry Selection
Geometry	3 Faces
Definition	
Suppressed	No
Mapped Mesh	Yes
Method	Quadrilaterals
Constrain Boundary	No
Advanced	
Specified Sides	No Selection
Specified Corners	No Selection
Specified Ends	No Selection

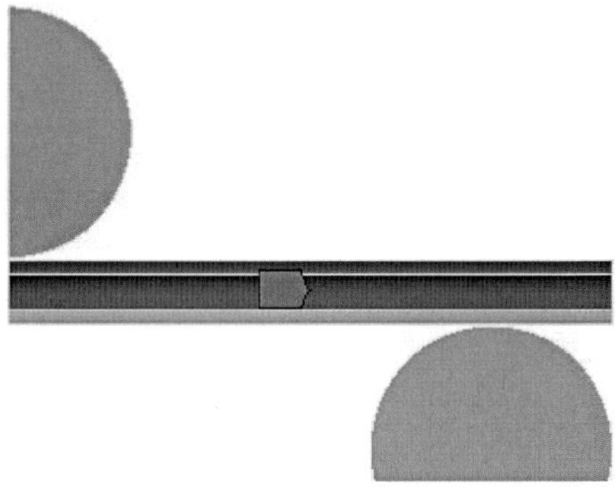

② Body Sizing

Details of "Body Sizing" - Sizing	
Scope	
Scoping Method	Geometry Selection
Geometry	2 Bodies
Definition	
Suppressed	No
Type	Element Size
Element Size	2.e-002 m
Advanced	
Defeature Size	Default
Behavior	Soft

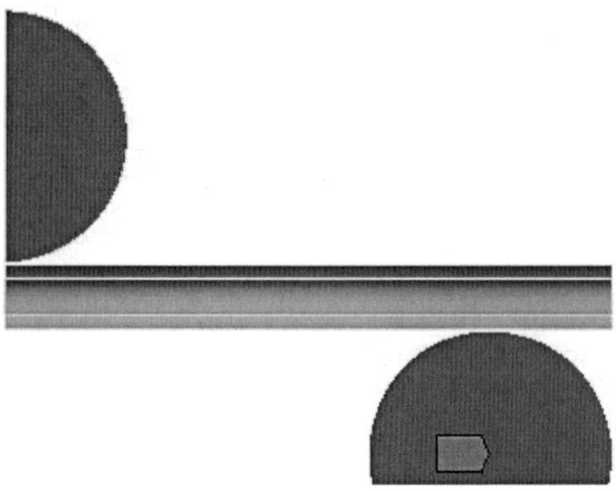

③ Edge Sizing

Details of "Edge Sizing" - Sizing	
Scope	
Scoping Method	Geometry Selection
Geometry	4 Edges
Definition	
Suppressed	No
Type	Element Size
Element Size	1.2e-002 m
Advanced	
Behavior	Soft
Bias Type	_ _ __ ___
Bias Option	Bias Factor
Bias Factor	2.0
Reverse Bias	2 Edges

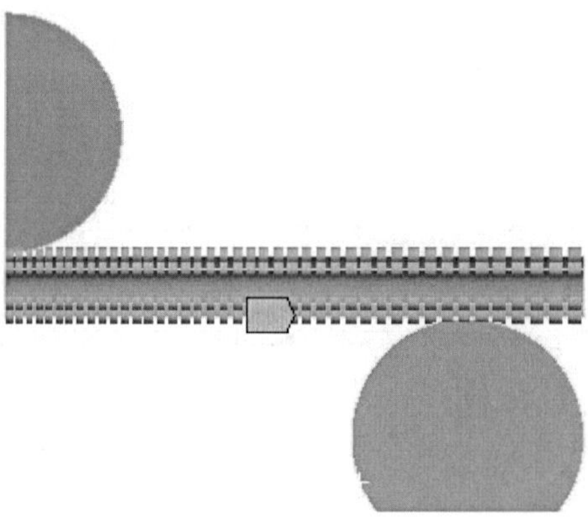

8) LS-DYNA 분석 설정 정의

① Step Controls
End Time = 0.025
Automatic Mass Scaling = No
② CPU and Memory Management
Number of CPUS = 2
③ Solver Control
Solver type : Program Controlled
④ Hourglass Control Type = Program Controlled,
⑤ Output Controls
Calculate Results At = Equally Scoped Points, Value = 1000
⑥ Time History Output = No

9) 구조해석 초기 조건 정의

Impactor 에 초기속도를 설정한다.

LS-DYNA (A5)
Initial Conditions
Pre-Stress (None)
Velocity

Details of "Velocity"

Scope	
Scoping Method	Geometry Selection
Geometry	1 Body
Definition	
Input Type	Velocity
Pre-Stress Environment	None Available
Define By	Components
Coordinate System	Global Coordinate System
X Component	0. m/s
Y Component	-30. m/s
Z Component	0. m/s
Suppressed	No

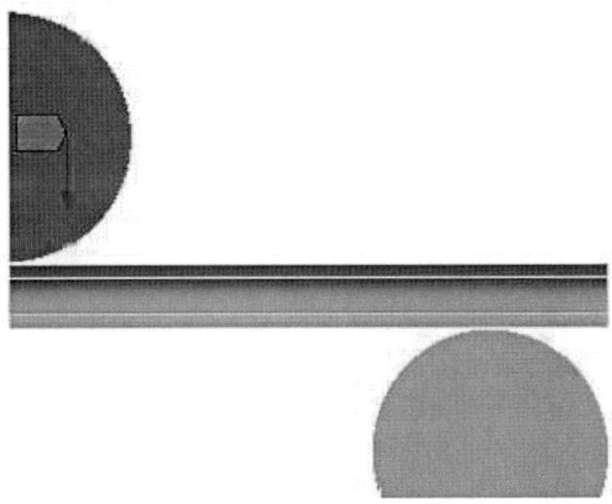

10) 구조해석 경계 조건 정의

(1) 하중 조건 설정 : 설정 없음

(2) 구조물의 변위 구속조건 설정

① Rigid Body Constraint : Y 축을 Free로 설정

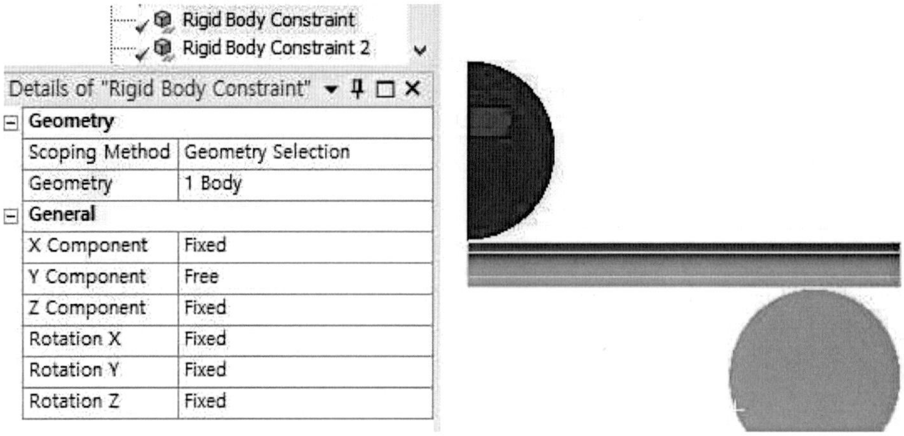

② Rigid Body Constraint 2 : Rotation X를 Free로 설정

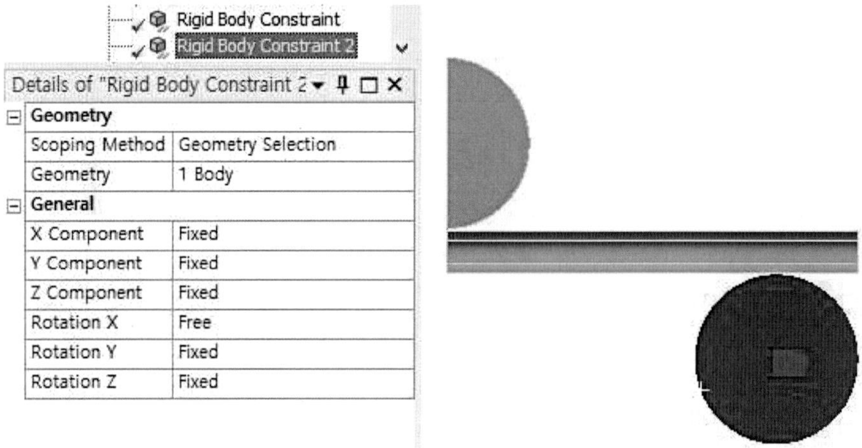

③ Result Tracker

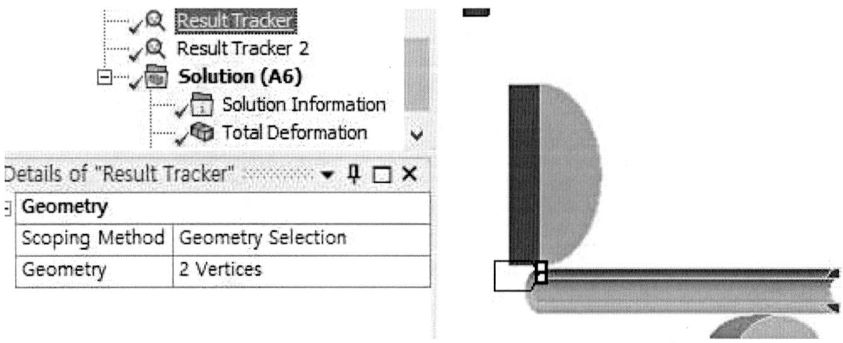

④ Result Tracker 2

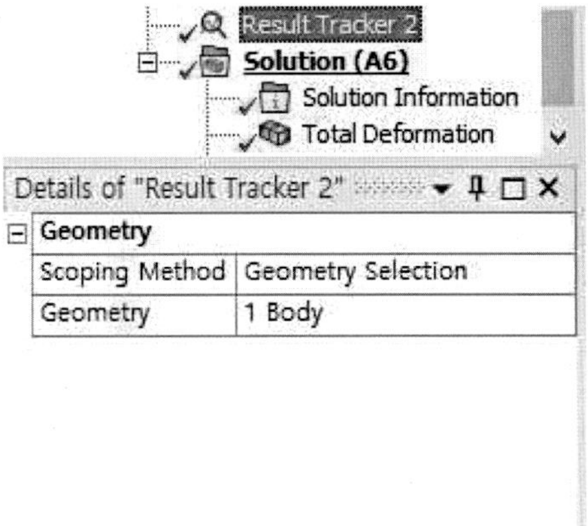

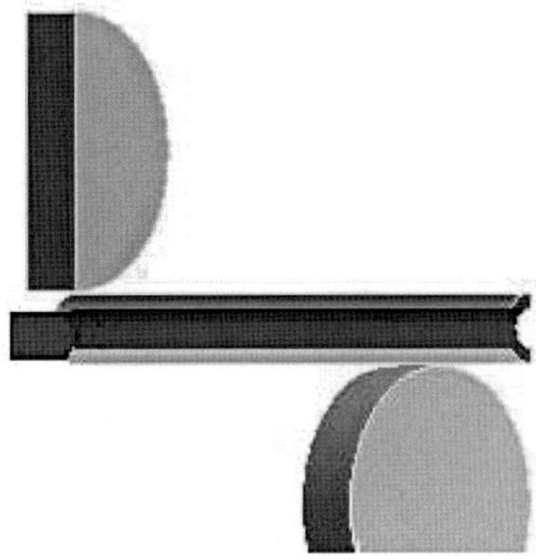

11) 구조해석 수행하기

경계 조건이 설정이 완료되면 구조해석을 수행한다. Solve 클릭하여 해석한다.

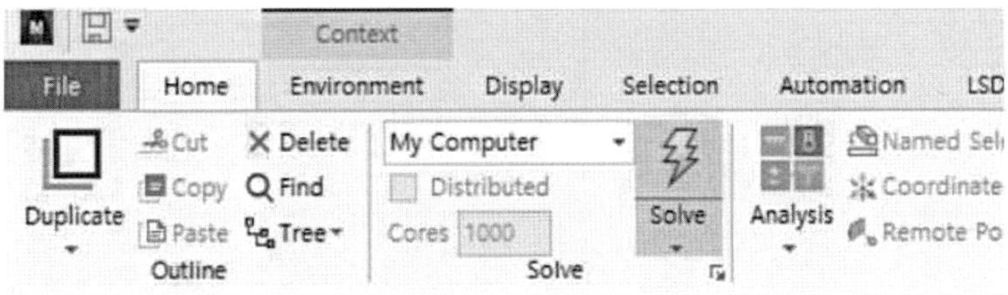

해석 시간정보 :

58,114 t 2.5000E-02 dt 4.08E-07 write intfor file

Elapsed time 99 seconds for 58114 cycles using 1 SMP thread

(0 hour 1 minute 39 seconds)

11) 구조해석 결과에 확인

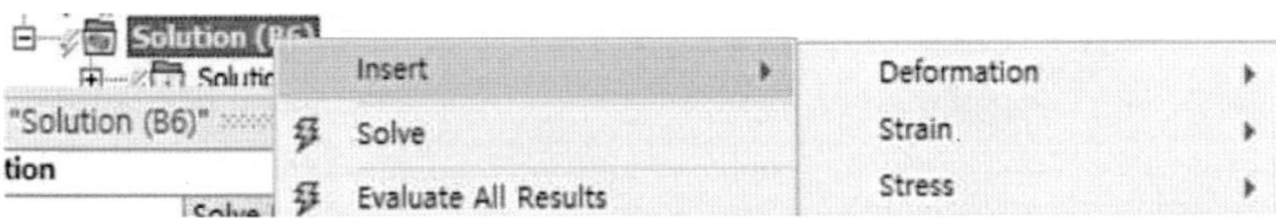

(1) Total Deformation을 검토한다.

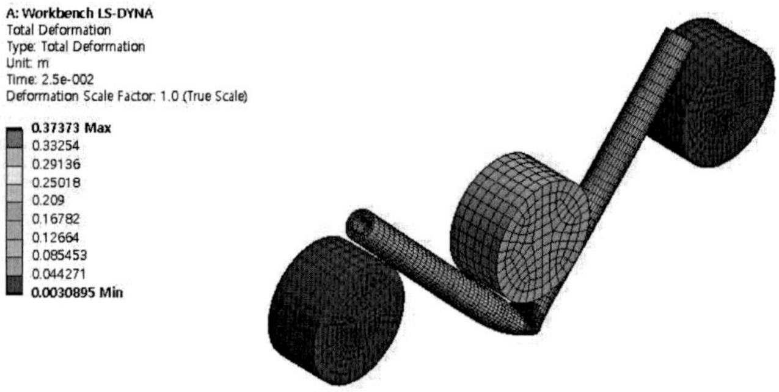

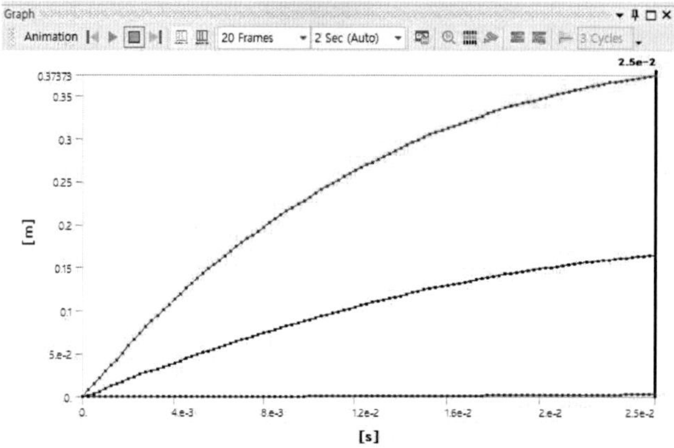

Tabular Data

	Time [s]	Minimum [m]	Maximum [m]	Average [m]
1	0.	0.	0.	0.
2	2.4996e-004	0.	8.0811e-003	1.0305e-003
3	4.9979e-004	0.	1.5334e-002	2.8603e-003
4	7.4964e-004	0.	2.2021e-002	6.0337e-003
5	9.9962e-004	2.0472e-007	2.9572e-002	9.2775e-003
6	1.2499e-003	6.284e-007	3.7035e-002	1.2176e-002
7	1.4998e-003	1.817e-006	4.2726e-002	1.497e-002
8	1.7499e-003	5.1147e-006	5.069e-002	1.759e-002
9	1.9998e-003	1.0653e-005	5.9521e-002	2.0307e-002
10	2.2498e-003	1.8028e-005	6.5937e-002	2.316e-002
11	2.4997e-003	2.5471e-005	7.3581e-002	2.5871e-002
12	2.7496e-003	3.2907e-005	8.0729e-002	2.8123e-002
13	2.9997e-003	4.0411e-005	8.7539e-002	3.0033e-002
14	3.2497e-003	4.846e-005	9.3982e-002	3.2073e-002
15	3.4999e-003	5.7684e-005	0.10012	3.4524e-002
16	3.75e-003	6.9126e-005	0.10651	3.7078e-002
17	3.9996e-003	8.2629e-005	0.11311	3.9408e-002
18	4.2498e-003	9.6712e-005	0.11931	4.1689e-002
19	4.4996e-003	1.1095e-004	0.12532	4.4062e-002
20	4.7496e-003	1.2565e-004	0.1311	4.6485e-002
21	4.9998e-003	1.4062e-004	0.13688	4.8822e-002
22	5.2496e-003	1.5553e-004	0.14278	5.0951e-002
23	5.4996e-003	1.7046e-004	0.1482	5.2951e-002
24	5.7499e-003	1.8578e-004	0.15295	5.4977e-002
25	6.e-003	2.0336e-004	0.15813	5.7123e-002
26	6.2499e-003	2.232e-004	0.16372	5.9383e-002
27	6.4998e-003	2.4333e-004	0.16917	6.1674e-002
28	[illegible]	[illegible]	[illegible]	[illegible]

(2) Equivalent stress

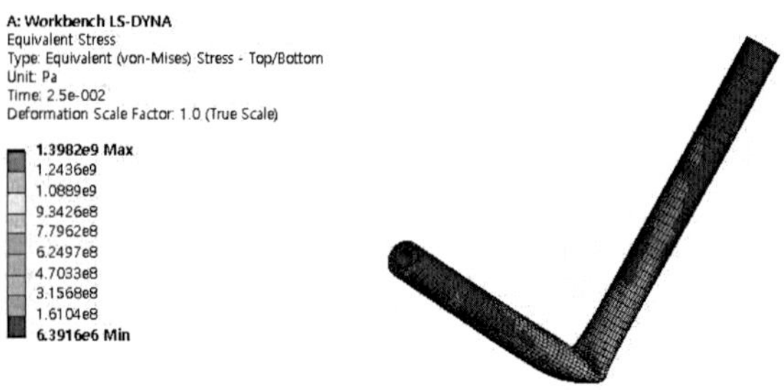

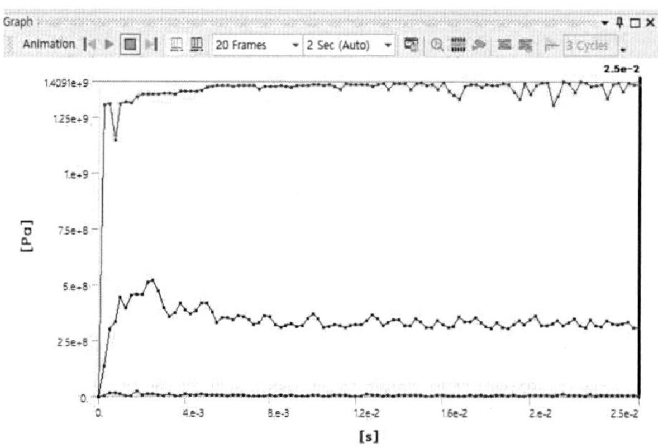

Tabular Data

	Time [s]	Minimum [Pa]	Maximum [Pa]	Average [Pa]
1	0.	0.	0.	0.
2	2.4996e-004	4.2406e+006	1.3067e+009	1.3724e+008
3	4.9979e-004	1.6788e+007	1.3098e+009	2.9986e+008
4	7.4964e-004	1.7212e+007	1.1444e+009	3.3408e+008
5	9.9962e-004	1.222e+007	1.3099e+009	4.4251e+008
6	1.2499e-003	4.0098e+006	1.3165e+009	3.9757e+008
7	1.4998e-003	5.3875e+006	1.316e+009	4.5275e+008
8	1.7499e-003	2.5158e+007	1.3419e+009	4.5622e+008
9	1.9998e-003	9.2867e+006	1.351e+009	4.5554e+008
10	2.2498e-003	1.0898e+007	1.3514e+009	5.1105e+008
11	2.4997e-003	1.2682e+007	1.3534e+009	5.194e+008
12	2.7496e-003	8.7195e+006	1.3549e+009	4.7205e+008
13	2.9997e-003	5.7576e+006	1.3561e+009	3.9617e+008
14	3.2497e-003	1.2706e+007	1.3584e+009	3.5627e+008
15	3.4999e-003	5.1242e+006	1.3529e+009	3.7492e+008
16	3.75e-003	4.9175e+006	1.3656e+009	4.1693e+008
17	3.9996e-003	1.4886e+007	1.3667e+009	3.8964e+008
18	4.2498e-003	9.7772e+006	1.3658e+009	3.703e+008
19	4.4996e-003	9.9564e+006	1.3681e+009	3.838e+008
20	4.7496e-003	1.0998e+007	1.3712e+009	4.1788e+008
21	4.9998e-003	1.0657e+007	1.3838e+009	4.1988e+008
22	5.2496e-003	1.0366e+007	1.3881e+009	3.7893e+008
23	5.4996e-003	9.3108e+006	1.3909e+009	3.3048e+008
24	5.7499e-003	9.2671e+006	1.3936e+009	3.5526e+008
25	6.e-003	5.0321e+006	1.394e+009	3.5182e+008
26	6.2499e-003	7.6679e+006	1.3896e+009	3.4639e+008
27	6.4998e-003	9.5492e+006	1.3922e+009	3.6095e+008
28	6.7499e-003	9.0183e+006	1.3925e+009	3.5608e+008

(3) Energy Summary

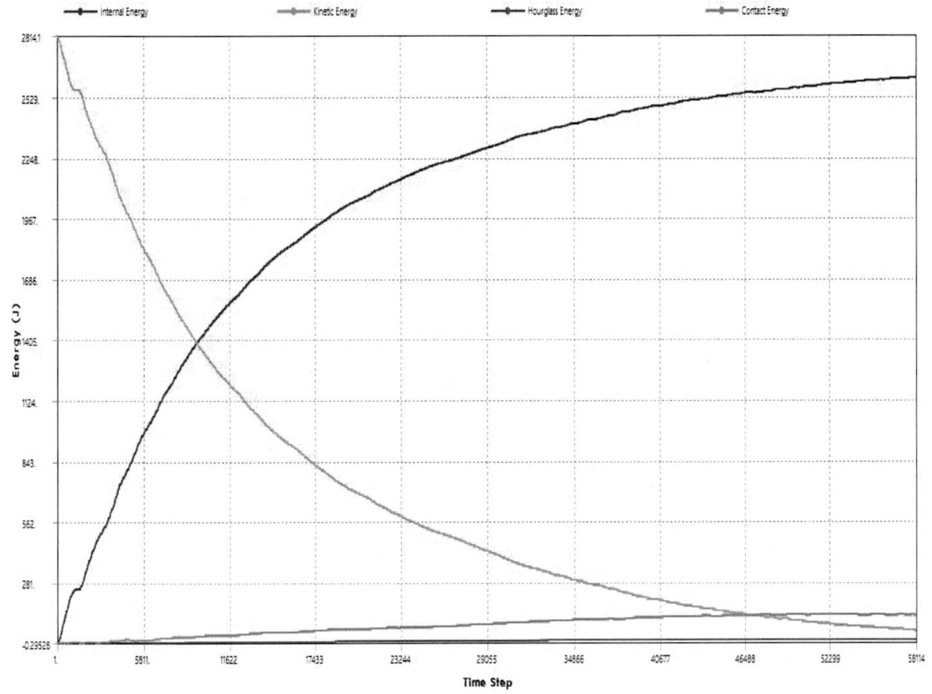

(4) Contact force

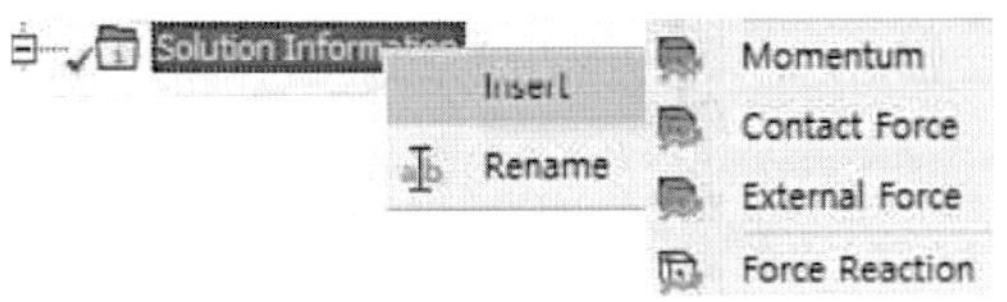

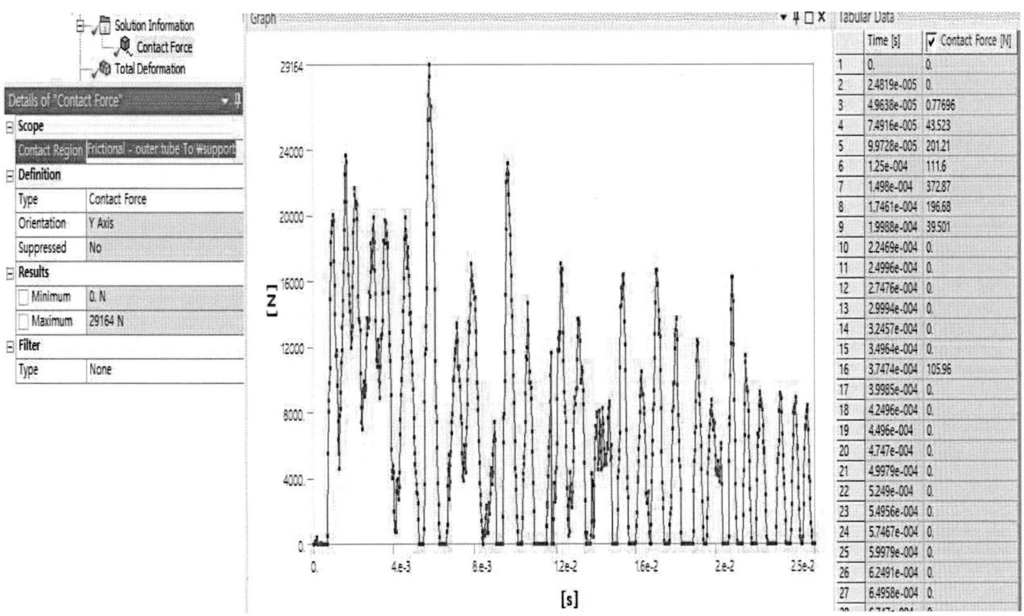

	Time [s]	Contact Force [N]
1	0.	0.
2	2.4819e-005	0.
3	4.9638e-005	0.77696
4	7.4916e-005	43.523
5	9.9728e-005	201.21
6	1.25e-004	111.6
7	1.498e-004	372.87
8	1.7461e-004	196.68
9	1.9988e-004	39.501
10	2.2469e-004	0.
11	2.4996e-004	0.
12	2.7476e-004	0.
13	2.9994e-004	0.
14	3.2457e-004	0.
15	3.4964e-004	0.
16	3.7474e-004	105.96
17	3.9985e-004	0.
18	4.2496e-004	0.
19	4.496e-004	0.
20	4.747e-004	0.
21	4.9979e-004	0.
22	5.249e-004	0.
23	5.4956e-004	0.
24	5.7467e-004	0.
25	5.9979e-004	0.
26	6.2491e-004	0.
27	6.4958e-004	0.

(5) Time History of Deformation

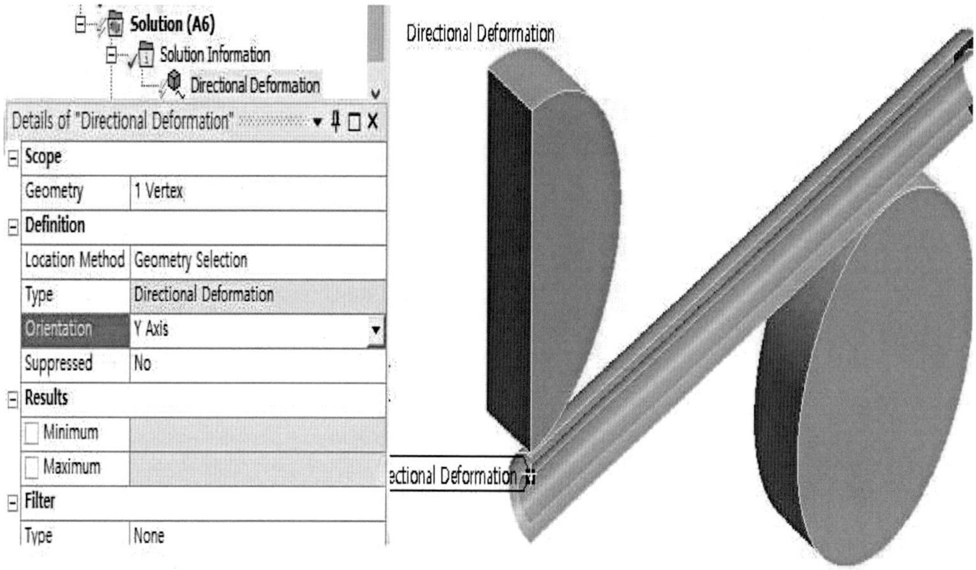

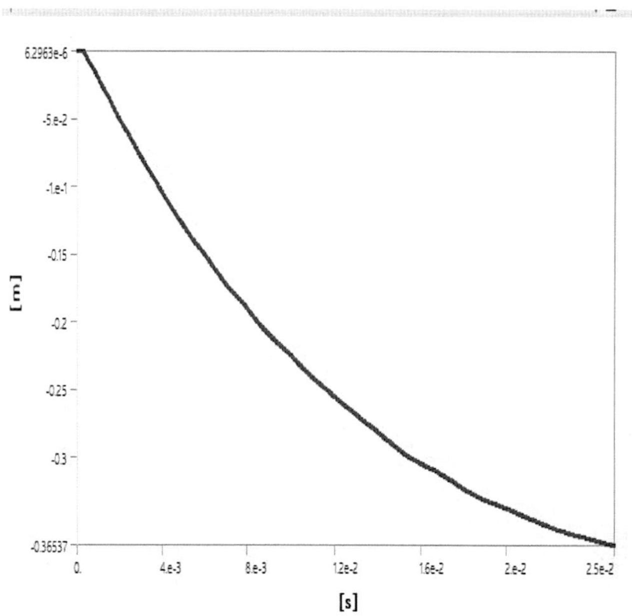

	Time [s]	Directional Deformation [m]
1	0.	0.
2	2.4819e-005	0.
3	4.9638e-005	7.7298e-022
4	7.4916e-005	1.6433e-007
5	9.9729e-005	-6.9304e-007
6	1.25e-004	-3.0389e-006
7	1.498e-004	1.8179e-008
8	1.7461e-004	5.7552e-006
9	1.9988e-004	-7.8447e-006
10	2.2469e-004	-3.2714e-006
11	2.4996e-004	6.2963e-006
12	2.7476e-004	-2.0632e-004
13	2.9994e-004	-9.5661e-004
14	3.2457e-004	-1.7685e-003
15	3.4964e-004	-2.5512e-003
16	3.7474e-004	-3.2655e-003
17	3.9985e-004	-3.9859e-003
18	4.2496e-004	-4.7069e-003
19	4.496e-004	-5.6598e-003
20	4.7469e-004	-6.3268e-003
21	4.9979e-004	-7.0792e-003
22	5.249e-004	-7.7851e-003
23	5.4956e-004	-8.4715e-003
24	5.7467e-004	-9.1563e-003
25	5.9979e-004	-9.8114e-003
26	6.2491e-004	-1.0495e-002
27	6.4958e-004	-1.1157e-002

(6) Time History of Deformation, Velocity

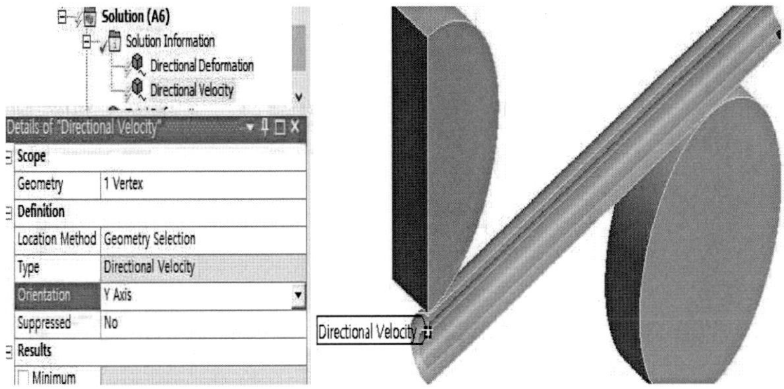

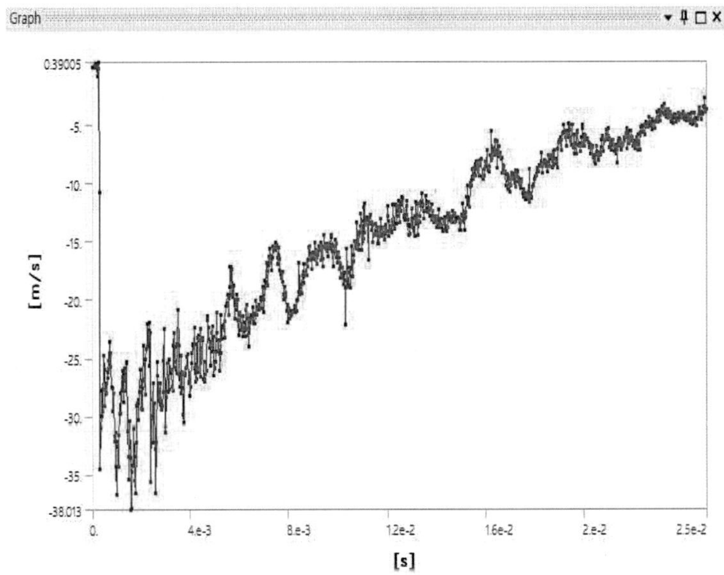

Tabular Data

	Time [s]	Directional Velocity [m/s]
1	0.	0.
2	2.4819e-005	0.
3	4.9638e-005	1.3022e-015
4	7.4916e-005	3.2268e-002
5	9.9729e-005	-8.6626e-002
6	1.25e-004	0.25366
7	1.498e-004	2.0534e-002
8	1.7461e-004	-7.4163e-002
9	1.9988e-004	-0.83289
10	2.2469e-004	0.39005
11	2.4996e-004	-0.16864
12	2.7476e-004	-10.808
13	2.9994e-004	-34.578
14	3.2457e-004	-31.071
15	3.4964e-004	-30.017
16	3.7474e-004	-27.766
17	3.9985e-004	-27.664
18	4.2496e-004	-29.527
19	4.496e-004	-24.731
20	[illegible]	[illegible]
21	4.9979e-004	-29.114
22	5.249e-004	-27.64
23	5.4956e-004	-27.141
24	5.7467e-004	-27.986
25	5.9979e-004	-26.763
26	6.2491e-004	-26.155
27	6.4958e-004	-25.185

B. Impector 가 초기속도를 가질 때.

1) 프로젝트 설정

① A해석 결과에서 Workbench 객체를 복사(Duplicate)하여 사용한다.

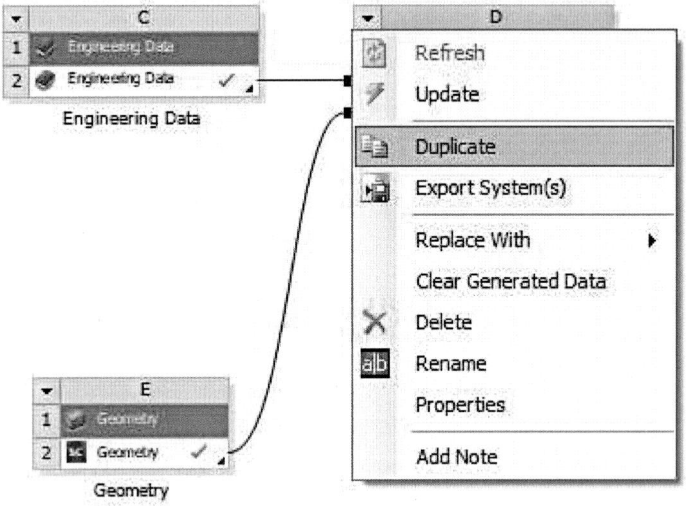

2) 엔지니어링 데이터 정의

설정 내용 없음 (A 해석 내용과 동일)

3) 형상 부착 모델 데이터 불러오기(또는 모델 만들기)

설정 내용 없음 (A 해석 내용과 동일)

4) 부품 동작 정의

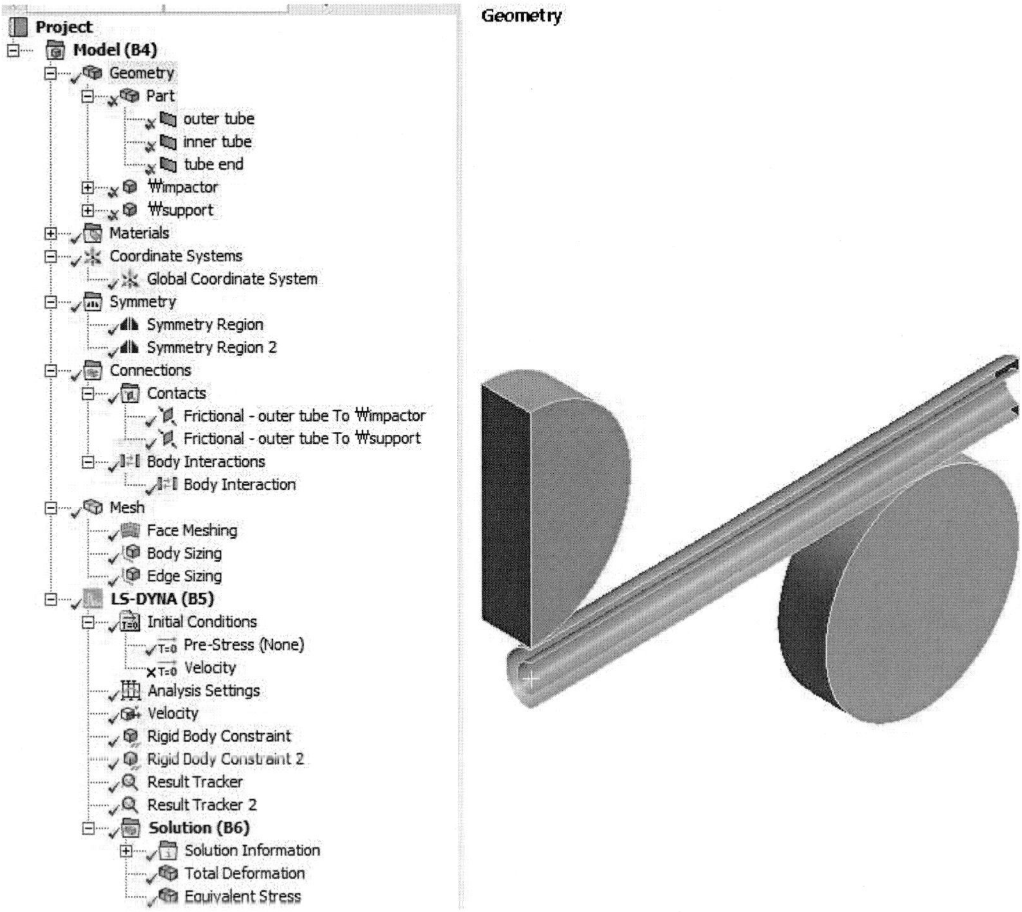

(1) 구조해석을 하기 위하여 Mechanical 창을 활성화한다.

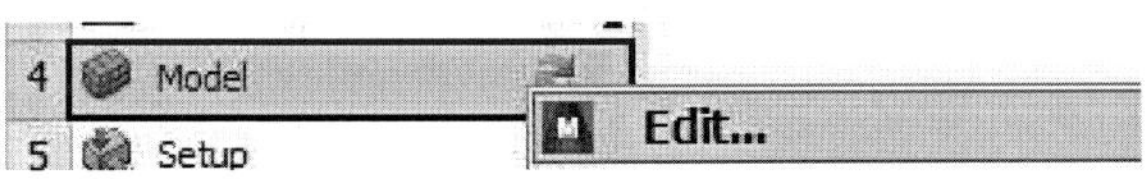

(2) 부품 동작 정의에서 부품 동작에 대한 정보를 정의한다.
설정 내용 없음 (A 해석 내용과 동일)

5) 좌표계 정의 및 대칭 설정

① 시스템에서 설정한 Global 좌표계를 사용한다.

② 대칭설정 : 설정 내용 없음 (A 해석 내용과 동일)

6) 연결 정의 : 설정 내용 없음 (A 해석 내용과 동일)

7) 메쉬 설정 정의 : 설정 내용 없음 (A 해석 내용과 동일)

8) LS-DYNA 분석 설정 정의

① Step Controls

- Outer Tube의 Lowest Natural Frequency는 양쪽에 단순지지 조건이 있다고 가정했을 때 229Hz (stress와 strain에 대한 Roark's Formulas)
- 이 Frequency를 설명하기 위해 이 Frequency에 대한 10개의 Cycle을 포함하는 실험 수행한다.
- 1/229 x 10 = 0.45 sec 소요됨

End Time = 0.045
Automatic Mass Scaling = No

② CPU and Memory Management
Number of CPUS = 2

③ Solver Control
Solver type : Program Controlled

④ Hourglass Control Type = Program Controlled,

⑤ Output Controls
Calculate Results At = Equally Scoped Points, Value = 1000

⑥ Time History Output = No

9) 구조해석 초기 조건 정의
Impactor 에 초기 속도는 Suppress 한다.

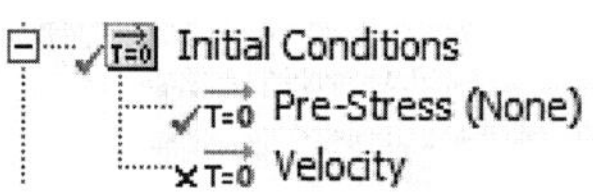

10) 구조해석 경계 조건 정의

(1) 하중 조건 설정 : 설정 없음

(2) 구조물의 변위 구속조건 설정
① Rigid Body Constraint : Y 축을 Free로 설정 (A 해석 내용과 동일)

② Rigid Body Constraint 2 : Rotation X를 Free로 설정 (A 해석 내용과 동일)

③ Result Tracker : (A 해석 내용과 동일)

④ Result Tracker 2 : (A 해석 내용과 동일)

⑤ velocity

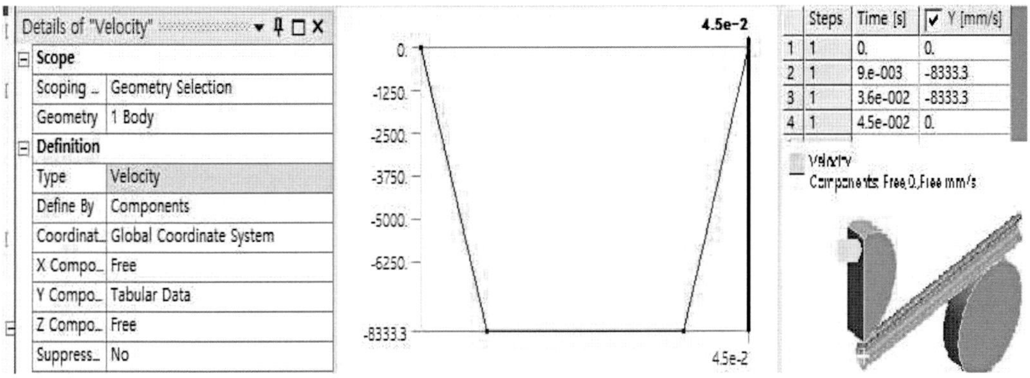

10) 구조해석 수행하기

경계 조건이 설정이 완료되면 구조해석을 수행한다. Solve 클릭하여 해석한다.

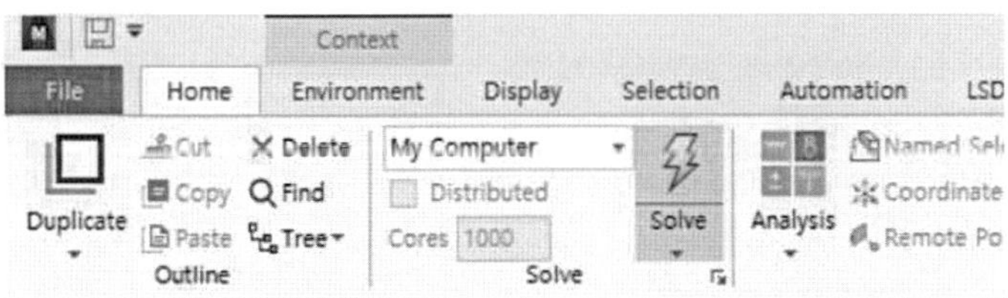

해석 시간정보 :

58,114 t 2.5000E-02 dt 4.08E-07 write intfor file

Elapsed time 99 seconds for 58114 cycles using 1 SMP thread
(0 hour 1 minute 39 seconds)

11)

(1)

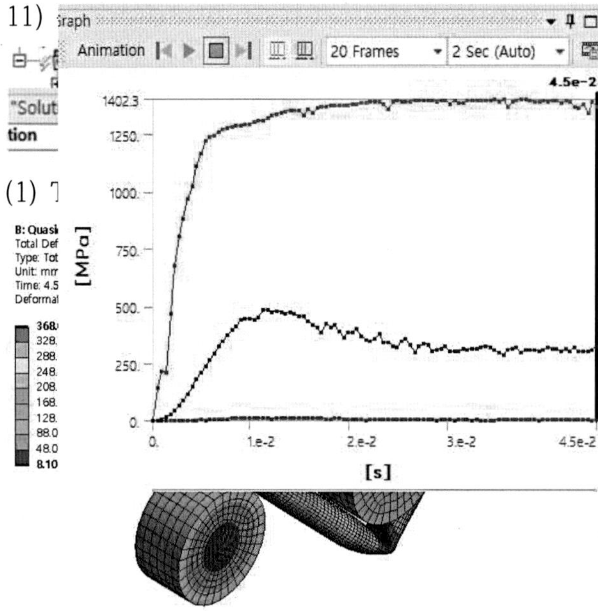

	Time [s]	Minimum [MPa]	Maximum [MPa]
1	0.	0.	0.
2	4.4996e-004	1.4033e-003	141.83
3	8.9992e-004	1.3064e-002	216.7
4	1.3499e-003	0.27285	206.36
5	1.7998e-003	0.686	469.62
6	2.2497e-003	0.54575	673.86
7	2.6996e-003	0.22788	804.29
8	3.1499e-003	1.8018	881.53
9	3.5997e-003	0.81554	966.52
10	4.0499e-003	0.59321	1025.6
11	4.4997e-003	2.4628	1110.3
12	4.9499e-003	6.8998	1167.
13	5.3997e-003	2.3942	1218.9
14	5.8499e-003	3.0586	1237.6
15	6.2997e-003	4.0207	1242.7
16	6.7498e-003	6.0043	1257.2
17	7.1998e-003	7.3235	1270.2
18	7.6497e-003	6.7935	1273.2
19	8.0999e-003	12.143	1281.2
20	8.5498e-003	9.4859	1285.1
21	9.e-003	9.7479	1287.8
22	9.4499e-003	12.632	1290.
23	9.8998e-003	10.537	1293.7

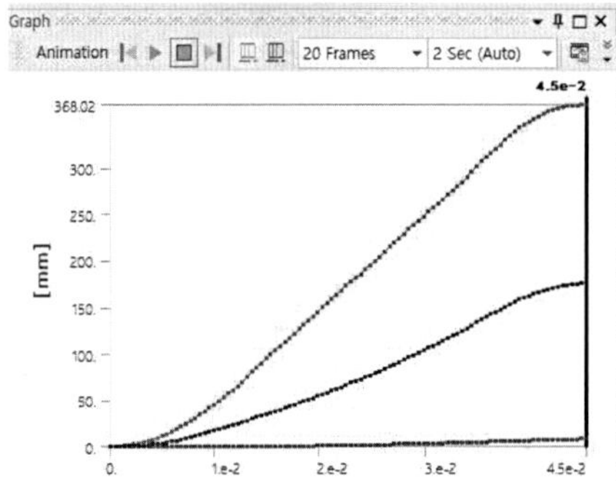

	Time [s]	Minimum [mm]	Maximum [mm]	Average
1	0.	0.	0.	0.
2	4.4996e-004	0.	9.3735e-002	1.5168e-002
3	8.9992e-004	0.	0.37494	9.2853e-002
4	1.3499e-003	0.	0.84358	0.23818
5	1.7998e-003	0.	1.4996	0.41922
6	2.2497e-003	7.6294e-006	2.3431	0.66601
7	2.6996e-003	1.5259e-005	3.3739	0.99325
8	3.1499e-003	4.3158e-005	4.5933	1.366
9	3.5997e-003	8.6317e-005	5.9989	1.8113
10	4.0499e-003	1.5259e-004	7.5934	2.3428
11	4.4997e-003	1.9541e-004	9.3736	2.9143
12	4.9499e-003	3.412e-005	11.344	3.5207
13	5.3997e-003	9.4259e-004	13.514	4.2051
14	5.8499e-003	2.7863e-003	15.895	5.1591
15	6.2997e-003	5.709e-003	18.429	6.2907
16	6.7498e-003	1.0093e-002	21.17	7.4761
17	7.1998e-003	1.5734e-002	24.085	8.6146
18	7.6497e-003	2.2337e-002	27.147	9.7536
19	8.0999e-003	2.978e-002	30.435	11.072
20	8.5498e-003	3.7768e-002	33.935	12.495
21	9.e-003	4.6658e-002	37.623	13.987

(2) Equivalent stress

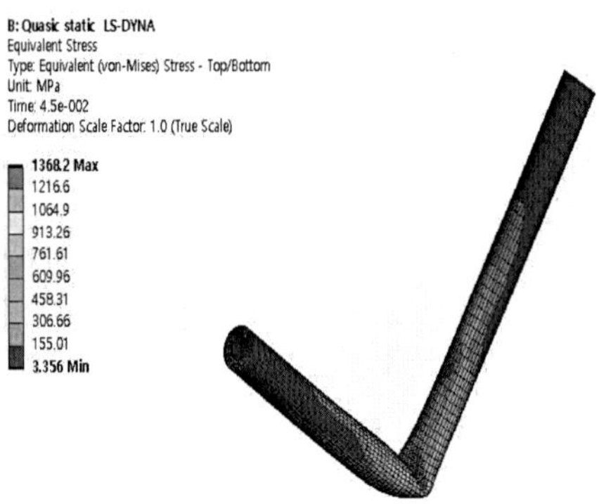

(3) Energy Summary

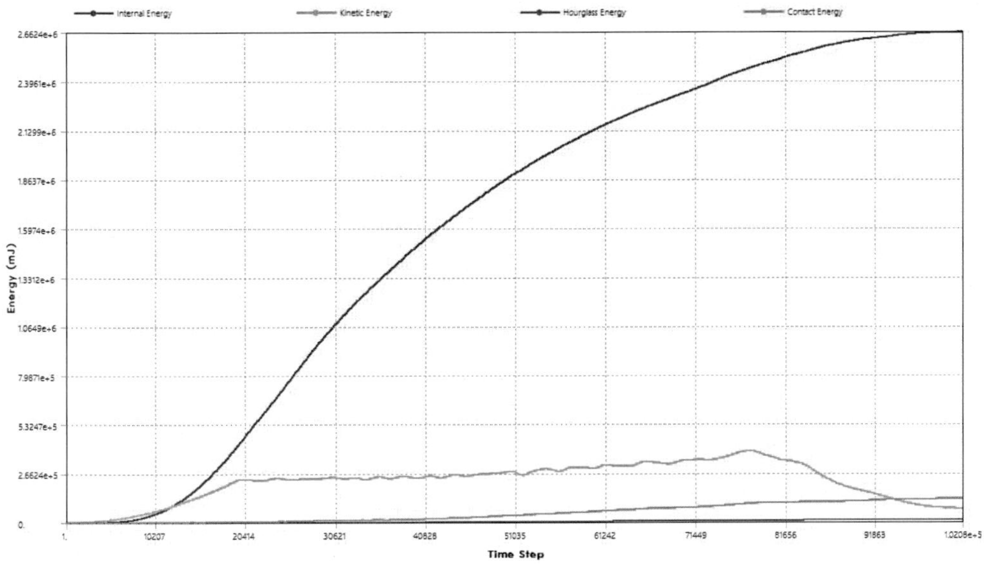

세 개의 변형체의 Internal Energy가 Kinetic Energy보다 훨씬 커짐

(4) Contact force

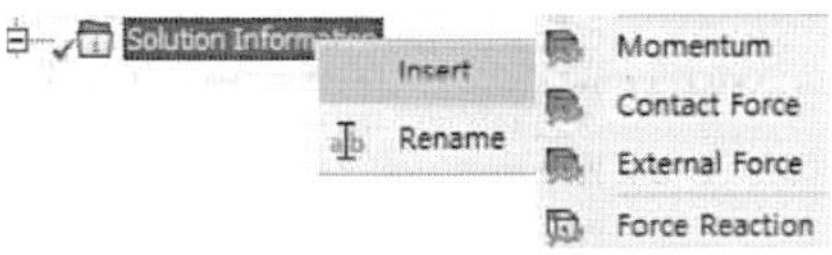

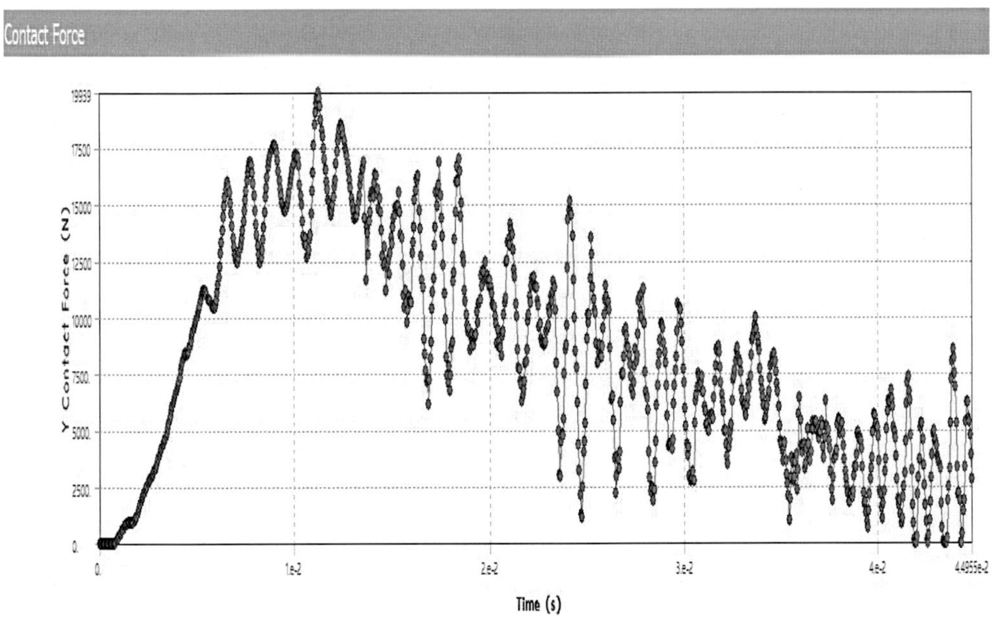

17. Slider block

1. 구조해석 정의

10MPa의 하중을 받는 slider가 plate에 미끄러지면서 발생하는 온도변화를 해석한다.

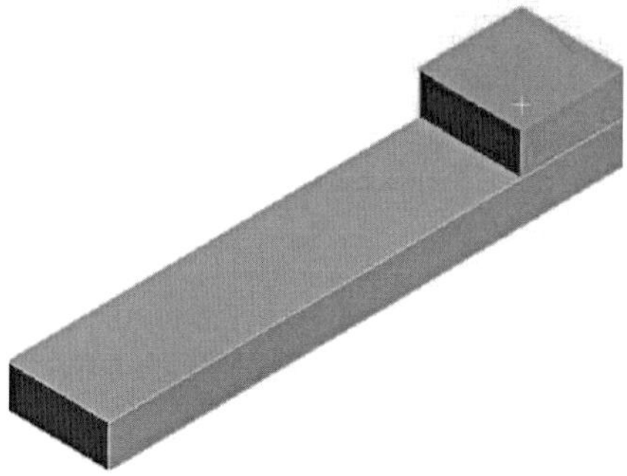

2. 구조해석 목적

- Solver type에 Coupled Structural Thermal Analysis를 적용한다.

3. 구조해석 절차

A. Explicit Dynamic 해석

1) 프로젝트 설정

① workbench에서 LSDYNA를 사용할 수 있도록 Extensions Manager에서 설정하고, workbench에서 LS-DYNA를 드래그(또는 더블클릭) 한다.

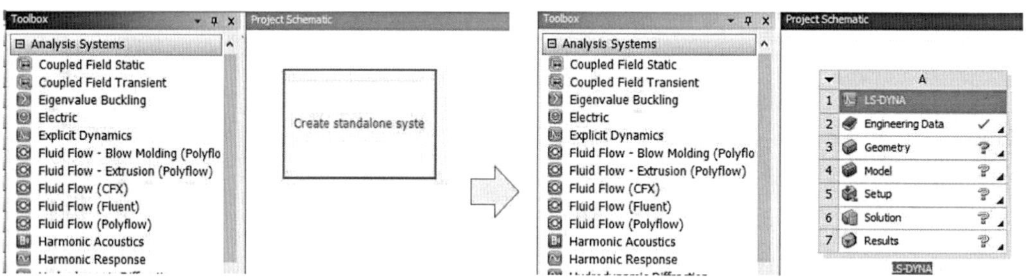

2) 엔지니어링 데이터 정의

특별한 설정 없이 structural steel을 사용한다.

3) 형상 부착 모델 데이터 불러오기(또는 모델 만들기)

해석 모델은 SpaceClaim, DesingModeler를 사용하여 디자인한다.

또는 다른 소프트웨어서 디자인한 모델을 stp, IGES 등의 파일 형식으로 Import Geometry를 사용하여 가져온다.

(1) Case 1:

① Geometry > Import Geometry에서 파일을 가져온다.

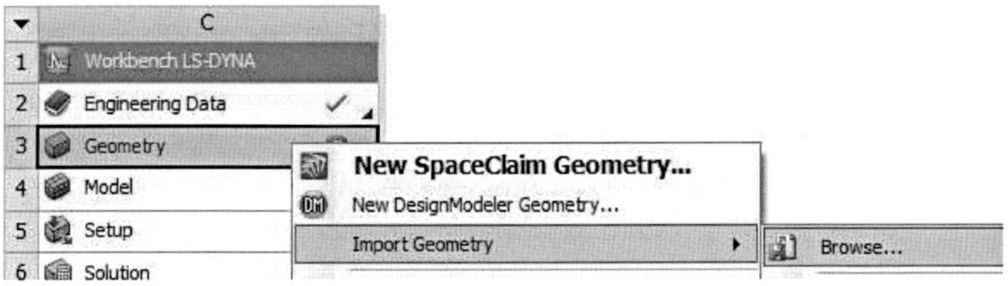

(2) Case 2:

이번 구조해석에서는 DesingModeler를 사용하여 디자인한다.

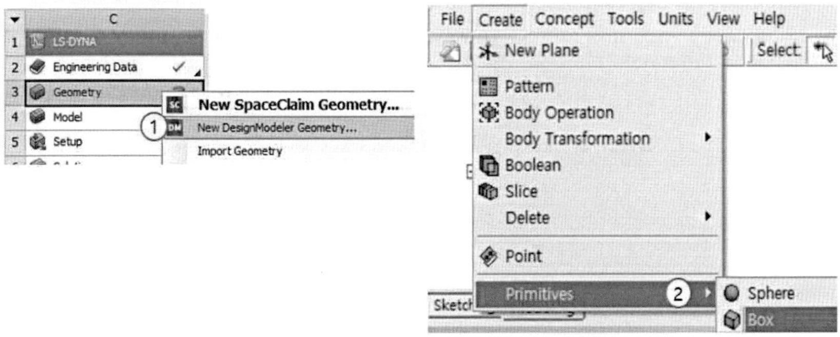

① Geometry에서 New DesignModeler를 불러온다.

② DesignModeler에서 Primitives로 Box1, Box2를 모형화한다.

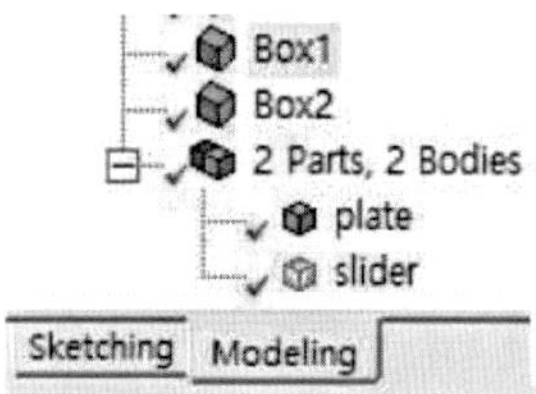

Details View

Details of Box1	
Box	Box1
Base Plane	XYPlane
Operation	Add Material
Box Type	From One Point and Diagonal
Point 1 Definition	Coordinates
FD3, Point 1 X Coordinate	0 mm
FD4, Point 1 Y Coordinate	0 mm
FD5, Point 1 Z Coordinate	0 mm
Diagonal Definition	Components
FD6, Diagonal X Component	10 mm
FD7, Diagonal Y Component	4 mm
FD8, Diagonal Z Component	50 mm
As Thin/Surface?	No

Details View

Details of Box2	
Box	Box2
Base Plane	XYPlane
Operation	Add Frozen
Box Type	From One Point and Diagonal
Point 1 Definition	Coordinates
FD3, Point 1 X Coordinate	0 mm
FD4, Point 1 Y Coordinate	4 mm
FD5, Point 1 Z Coordinate	0 mm
Diagonal Definition	Components
FD6, Diagonal X Component	10 mm
FD7, Diagonal Y Component	4 mm
FD8, Diagonal Z Component	10 mm
As Thin/Surface?	No

4) 부품 동작 정의

(1) 구조해석을 하기 위하여 Mechanical 창을 활성화한다.

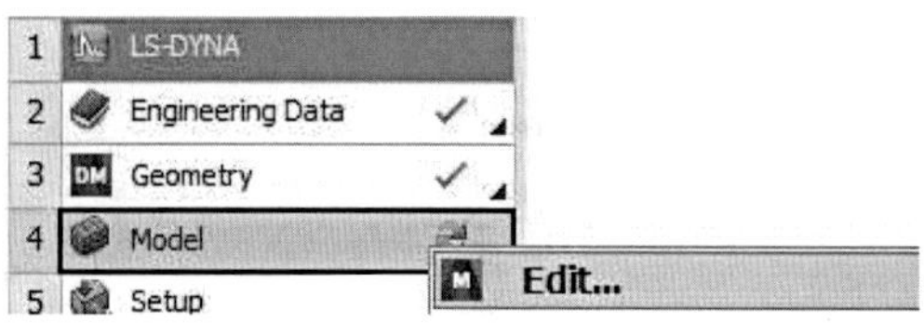

※  F7를 클릭하여 모델을 화면에 나타낸다.

(2) 부품 동작 정의에서 부품 동작에 대한 정보를 정의한다.

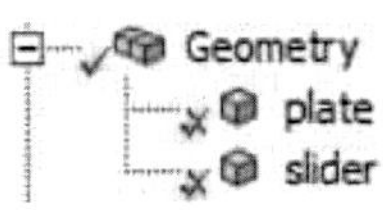

① plate는 Stiffness Behavior를 flexible로, 재질은 Structural steel로 설정한다.

② slider는 Stiffness Behavior를 flexible로, 재질은 Structural steel로 설정한다.

5) 좌표계 정의

시스템에서 설정한 Global 좌표계를 사용한다.

6) 연결 정의

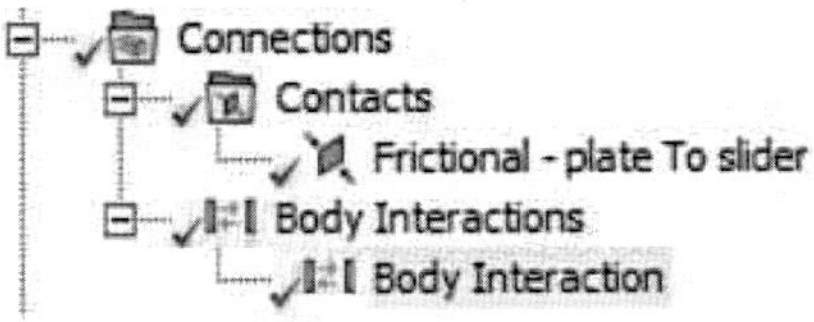

Details of "Body Interaction"

Scope	
Scoping Method	Geometry Selection
Geometry	All Bodies
Definition	
Type	Frictional
Friction Coefficient	0.3
Dynamic Coefficient	0.
Decay Constant	0.
Suppressed	No

① Contacts

자동으로 생성되는 Contacts에서 Bonded를 Frictional 마찰계수 0.3으로 변경한다.

② Body Interaction은 Frictional로 설정하고 마찰계수는 0.3으로 한다.

7) 메쉬 설정 정의

① Plate는 element size를 2mm로 설정한다.

② slider는 element size를 2mm로 설정한다.

③ Rename Base on Definition으로 이름을 변경한다.

8) LS-DYNA 분석 설정 정의

① Step Controls

End Time = 0.2

Automatic Mass Scaling = No

② CPU and Memory Management

Number of CPUS = 2

③ Solver Control

Solver type : Coupled Structural Thermal Analysis

④ Hourglass Control Type = Program Controlled,

⑤ Output Controls

Calculate Results At = Equally Scoped Points, Value = 50

⑥ Time History Output = No

9) 구조해석 초기 조건 정의 : 설정 내용 없음.

10) 구조해석 경계 조건 정의

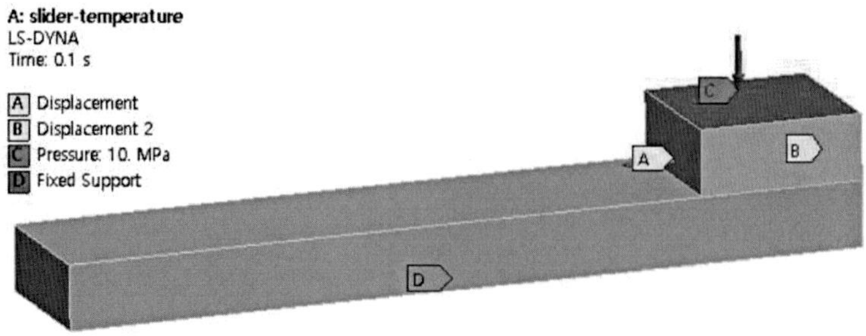

(1) 하중 조건 설정

① Pressure

Pressure

Details of "Pressure"

Scope	
Scoping Method	Geometry Selection
Geometry	1 Face
Definition	
Type	Pressure
Define By	Normal To
Magnitude	10. MPa (step applied)
Suppressed	No

(2) 구조물의 변위 구속조건 설정

① Fixed support : plate의 하부면 선정

② Displacement 1

tails of "Displacement"

cope	
coping Method	Geometry Selection
ieometry	1 Face
efinition	
ype	Displacement
efine By	Components
oordinate System	Global Coordinate System
Component	Free
Component	Free
Component	Tabular Data
uppressed	No
abular Data	
ndependent Variable	Time

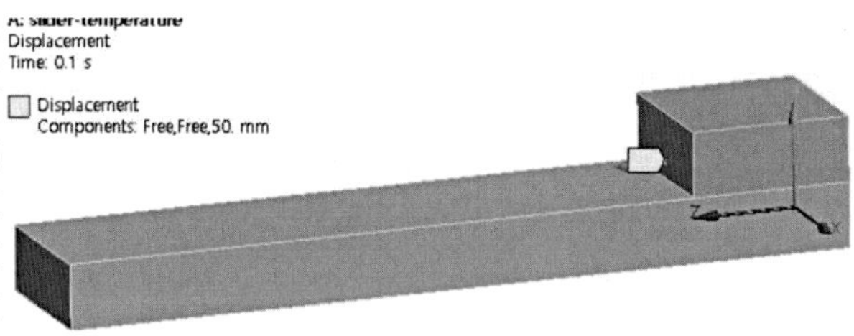

Tabular Data

	Steps	Time [s]	Z [mm]
1	1	0.	0.
2	1	0.1	50.

③ Displacement 2

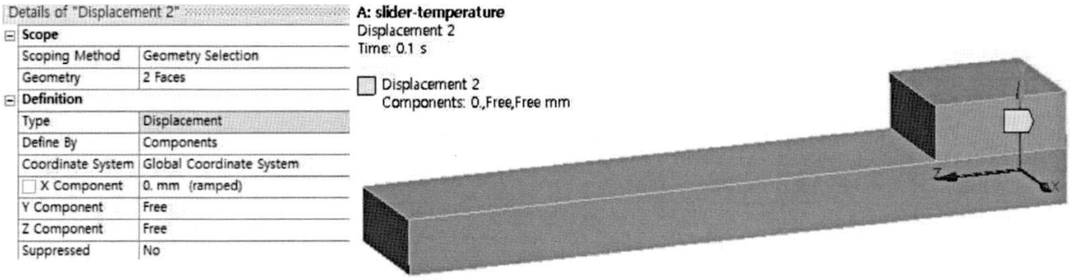

10) 구조해석 수행하기

경계 조건이 설정이 완료되면 구조해석을 수행한다. Solve 클릭하여 해석한다.

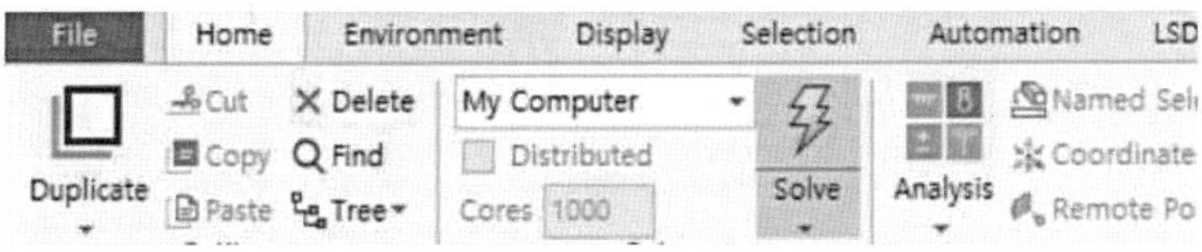

(1) 해석 소요 시간

345,510 t 1.0000E-01 dt 2.89E-07 write intfor file

Elapsed time 289 seconds for 345510 cycles using 2 SMP threads
(0 hour 4 minutes 49 seconds)

11) 구조해석 결과 확인

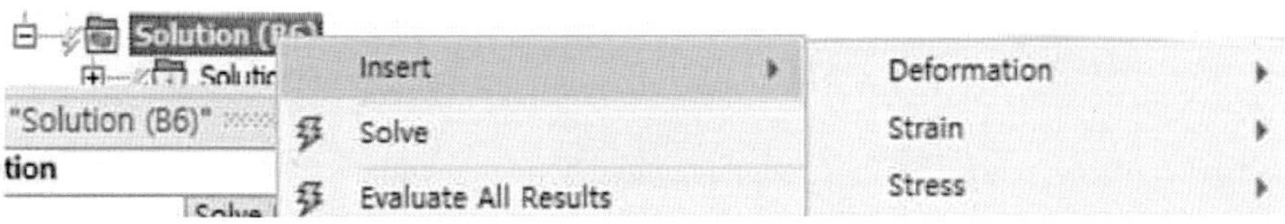

Solution에서 Deformation, Strain, Stress 등의 해석 결과를 불러온다.

(1) Total Deformation을 검토한다.

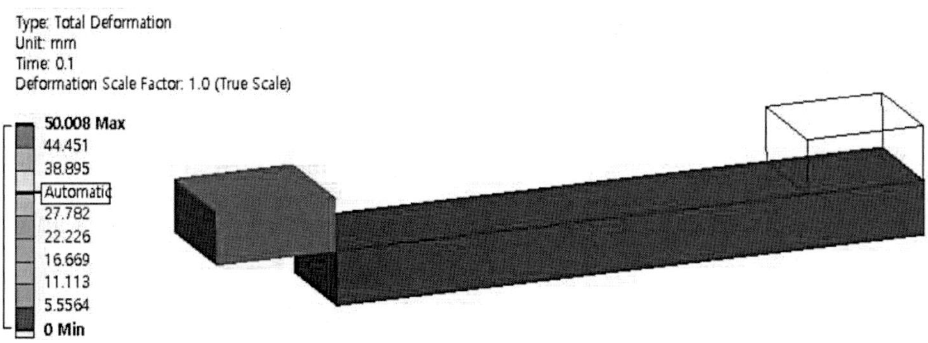

(2) Equivalent stress 을 검토한다.

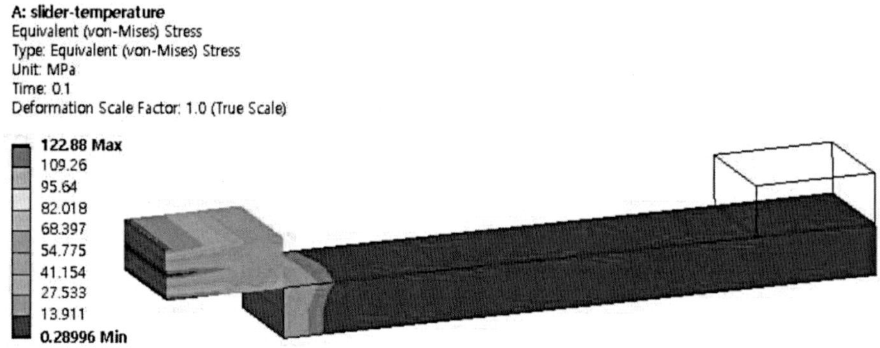

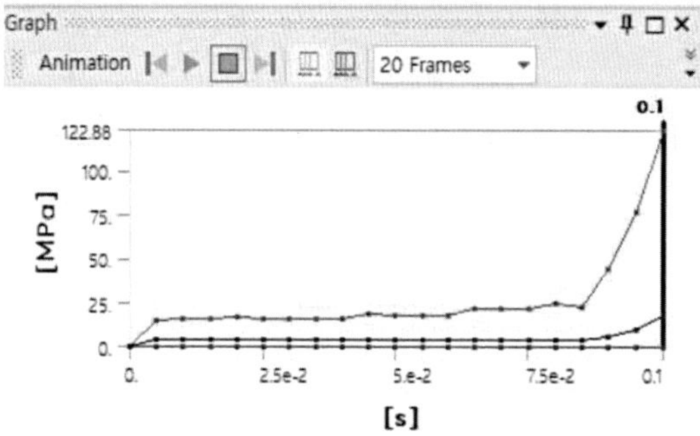

Tabular Data

	Time [s]	Minimum [MPa]	Maximum [MPa]	Average [MPa
1	0.	0.	0.	0.
2	4.9999e-003	7.8835e-003	14.601	3.4901
3	9.9999e-003	7.5302e-003	15.66	3.4655
4	1.5e-002	1.7419e-002	16.056	3.4739
5	2.e-002	1.2008e-002	16.523	3.5198
6	2.5e-002	1.9398e-002	15.708	3.4894
7	3.e-002	1.4313e-002	15.748	3.4865
8	3.5e-002	1.9846e-002	15.439	3.5392
9	4.e-002	8.3428e-003	15.246	3.5602
10	4.5e-002	3.7789e-002	18.201	3.7037
11	5.e-002	7.1492e-002	17.849	3.6695
12	5.5e-002	2.0062e-002	17.899	3.5851
13	6.e-002	1.7887e-002	17.606	3.6029
14	6.5e-002	8.9043e-002	21.232	3.9322

(3) Temperature

Details of "User Defined Result"

Scope	
Scoping Method	Geometry Selection
Geometry	All Bodies
Definition	
Type	User Defined Result
Expression	TEMP
Input Unit System	Metric (mm, kg, N, s, mV, mA)
Output Unit	
By	Time
Display Time	Last

① 상부 블록

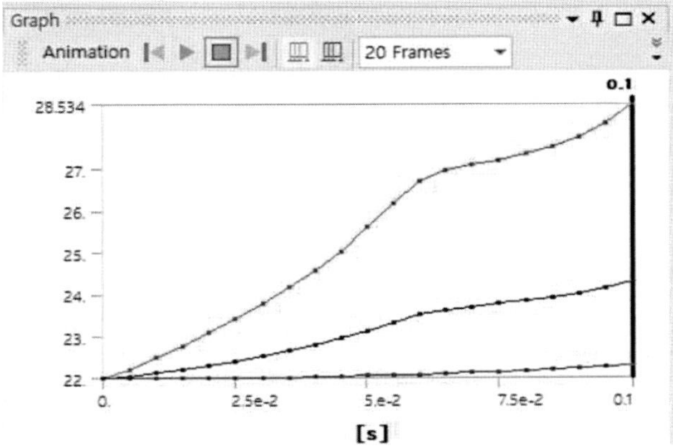

Tabular Data

	Time [s]	Minimum	Maximum	Aver
1	0.	22.	22.	22.
2	4.9999e-003	22.	22.199	22.043
3	9.9999e-003	22.	22.479	22.121
4	1.5e-002	22.	22.763	22.198
5	2.e-002	22.002	23.086	22.301
6	2.5e-002	22.002	23.416	22.405
7	3.e-002	22.011	23.764	22.515
8	3.5e-002	22.011	24.159	22.643
9	4.e-002	22.025	24.55	22.779
10	4.5e-002	22.033	25.031	22.939
11	5.e-002	22.05	25.614	23.13
12	5.5e-002	22.064	26.18	23.326
13	6.e-002	22.082	26.698	23.505
14	6.5e-002	22.098	26.965	23.615
15	7.e-002	22.124	27.073	23.689
16	7.5e-002	22.142	27.191	23.759
17	8.e-002	22.175	27.356	23.828
18	8.5e-002	22.2	27.52	23.897
19	9.e-002	22.223	27.731	23.99

② 하부 블록

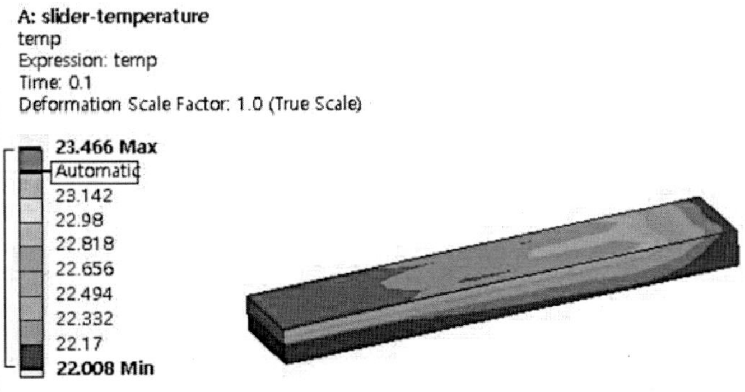

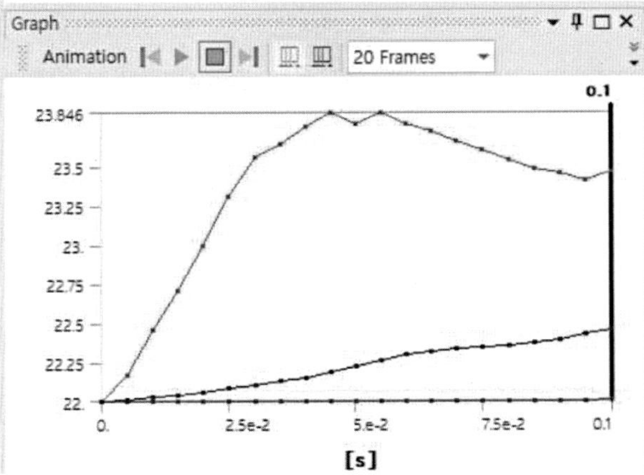

Tabular Data

	Time [s]	Minimum	Maximum	Average
1	0.	22.	22.	22.
2	4.9999e-003	22.	22.169	22.009
3	9.9999e-003	22.	22.45	22.024
4	1.5e-002	22.	22.71	22.039
5	2.e-002	22.	22.993	22.059
6	2.5e-002	22.	23.306	22.079
7	3.e-002	22.	23.557	22.102
8	3.5e-002	22.	23.639	22.127
9	4.e-002	22.	23.755	22.153
10	4.5e-002	22.	23.846	22.184
11	5.e-002	22.	23.776	22.221
12	5.5e-002	22.	23.843	22.26
13	6.e-002	22.	23.771	22.295
14	6.5e-002	22.	23.724	22.317
15	7.e-002	22.	23.663	22.33
16	7.5e-002	22.	23.601	22.344
17	8.e-002	22.	23.536	22.356
18	8.5e-002	22.	23.482	22.369
19	9.e-002	22.	23.457	22.39